A Bela Anarquia

COMO CRIAR SEU PRÓPRIO MUNDO LIVRE NA ERA DIGITAL

JEFFREY TUCKER

A Bela Anarquia

COMO CRIAR SEU PRÓPRIO MUNDO LIVRE NA ERA DIGITAL

Tradução por
Paulo Polzonoff

Prefácio à Edição Brasileira por
Ricardo Sondermann

LVM EDITORA

São Paulo - 2018

Impresso no Brasil, 2012

Título original: *A Beautiful Anarchy: How to Create Your Own Civilization in the Digital Age*
Copyright © 2012 by Jeffrey A. Tucker

Os direitos desta edição pertencem ao
Instituto Ludwig von Mises Brasil
Rua Leopoldo Couto de Magalhães Júnior, 1098, Cj. 46
04.542-001. São Paulo, SP, Brasil
Telefax: 55 (11) 3704-3782
contato@mises.org.br · www.mises.org.br

Editor Responsável | Alex Catharino
Tradução | Paulo Polzonoff
Revisão da tradução | Marcelo Schild Arlin / BR 75
Revisão ortográfica e gramatical | Moacyr Francisco e Márcio Scansani / Armada
Preparação de texto | Alex Catharino
Revisão final | Márcio Scansani / Armada
Produção editorial | Alex Catharino
Capa | Mariangela Ghizellini / LVM
Projeto gráfico | Rogério Salgado / Spress
Diagramação e editoração | Spress Diagramação
Elaboração do índice remissivo | Márcio Scansani / Armada
Pré-impressão e impressão | Rettec

Dados Internacionais de Catalogação na Publicação (CIP)
Angélica Ilacqua CRB-8/7057

T826b   Tucker, Jeffrey A.
         A bela anarquia: como criar seu próprio mundo livre na era digital/Jeffrey A. Tucker; prefácio à edição brasileira por Ricardo Sondermann; tradução de Paulo Polzonoff. – São Paulo: LVM, 2018.
         688 p.

      ISBN: 978-85-93751-31-8
      Título original: A beautiful anarchy

      1. Mudanças sociais 2. Inovações tecnológicas 3. Comunicações digitais - Aspectos sociais 4. Tecnologia e civilização 5. Sociedade da informação I. Título II. Sodermann, Ricardo III. Polzonoff, Paulo

18-0748   CDD 303.4833

Índices para catálogo sistemático:
1. Mudanças sociais : desenvolvimento da ciência e tecnologia 303.4833

Reservados todos os direitos desta obra.
Proibida toda e qualquer reprodução integral desta edição por qualquer meio ou forma, seja eletrônica ou mecânica, fotocópia, gravação ou qualquer outro meio de reprodução sem permissão expressa do editor.
A reprodução parcial é permitida, desde que citada a fonte.

Esta editora empenhou-se em contatar os responsáveis pelos direitos autorais de todas as imagens e de outros materiais utilizados neste livro.
Se porventura for constatada a omissão involuntária na identificação de algum deles, dispomo-nos a efetuar, futuramente, os possíveis acertos.

Sumário

Prefácio à Edição Brasileira 17
Ricardo Sondermann

A Bela Anarquia
como criar seu próprio mundo livre na era digital

Introdução 25

Parte I
As Mídias Sociais Como Forma de Libertação

Ensaio 1
Somos oprimidos pela tecnologia? 33

Ensaio 2
Poder x povo na era digital. 39

Ensaio 3
Porque o *Facebook* funciona e a democracia não 45

Ensaio 4
LinkedIn: Uma ferramenta de libertação humana ... 50

Ensaio 5
O que faz do *Twitter* algo tão bom? 56

Ensaio 6
Podemos quantificar a contribuição
econômica da *Internet*? 62

Ensaio 7
Em defesa dos "*hotspots* sem-teto" 67

Ensaio 8
A corrida pelo produto mais legal 73

Ensaio 9
O ataque dos legisladores ao *e-book* 77

Ensaio 10
A morte do compartilhamento de arquivos 82

Ensaio 11
Dois pontos de vista sobre a *Internet* 88

Ensaio 12
A economia por trás da *timeline* 93

Parte II
Abandone o Estado-nação

Ensaio 13
Como pensar como um Estado 101

Ensaio 14
O Estado regulador não gosta de você 109

SUMÁRIO

Ensaio 15
Brasil e o espírito da liberdade 114

Ensaio 16
Meu governo é pior do que o seu 121

Ensaio 17
A democracia é nosso "Jogos Vorazes" 127

Ensaio 18
Morte por regulação 132

Ensaio 19
Não há como escapar da marca da besta? 137

Ensaio 20
Migração política no nosso tempo 141

Ensaio 21
É um mundo novo e os Estados Unidos não
o estão liderando............................... 146

Ensaio 22
Peter Schiff sobre a cidadania americana........... 153

Ensaio 23
A economia clandestina......................... 158

Ensaio 24
Protestando digitalmente contra o governo 163

Ensaio 25
Não existe essa coisa de Estado estável 168

Parte III
A Destruição do Mundo Físico

Ensaio 26
As mãos ociosas do governo:
O terrorista da cueca 2.0........................ 175

Ensaio 27
Um século de cosméticos: O fim está próximo? 180

Ensaio 28
Você o próximo prisioneiro? 186

Ensaio 29
Tire suas mãos de burocrata do meu micro-ondas... 191

Ensaio 30
Como o governo arruinou a lata de combustível..... 196

Ensaio 31
Como o governo arruinou nossos cortadores
de grama 201

Ensaio 32
A grande modificação do cortador de grama........ 206

Ensaio 33
Como estragar a vida de uma criança.............. 211

Ensaio 34
O fim do trabalhador marginal 216

Ensaio 35
Soluções estranhas e assustadoras para
o desemprego 222

Ensaio 36
O caso do desaparecimento do carro econômico 228

Ensaio 37
É traição discordar 233

Ensaio 38
O pagamento de impostos é voluntário? 237

Parte IV
Comércio, Amigo da Humanidade

Ensaio 39
Comércio, nosso benfeitor 245

Ensaio 40
O maravilhoso mundo do comércio 251

Ensaio 41
O armazém: Beleza e solenidade 256

Ensaio 42
O suco que desafiou um Império 262

Ensaio 43
Cinco pilares da liberdade econômica 268

Ensaio 44
Governos gananciosos e o *Double Irish* 274

Ensaio 45
Wal-Mart: Vítima de extorsão 279

Ensaio 46
As lições econômicas de Silly Putty 284

Ensaio 47
Os Jetsons, episódio 5437: "A máquina de
venda automática Kroger" 289

Ensaio 48
Uma ode ao Taco Bell 295

Ensaio 49
O mercado preserva ou destrói a tradição? 300

Ensaio 50
Quem mexeu na minha garrafa de suco? 304

Ensaio 51
Botem essas crianças para trabalhar!............ **310**

Ensaio 52
Capitalistas que temem mudanças............... **319**

Ensaio 53
Quem deve controlar o mundo?................. **325**

Parte V
O Amor Pelo Dinheiro

Ensaio 54
O grande debate monetário..................... **333**

Ensaio 55
Meros mortais no Fed.......................... **338**

Ensaio 56
Os homens do Fed nos bastidores................ **343**

Ensaio 57
O Fed dá uma chave de perna **349**

Ensaio 58
Dinheiro e finanças como se você fosse importante.. **354**

Ensaio 59
Lavagem de dinheiro **359**

Ensaio 60
A dádiva da queda de preços.................... **364**

Ensaio 61
A moeda metálica que simplesmente não morre **369**

Ensaio 62
Saltando rumo ao sonho keynesiano **374**

Ensaio 63
A desalavancagem do mundo **379**

Ensaio 64
Dinheiro ou capitalismo em crise? **384**

Ensaio 65
O mundo bizarro das taxas do cartão de crédito **389**

Ensaio 66
A transformação do sistema bancário **394**

Ensaio 67
Uma forma de explorar os ricos. **399**

Ensaio 68
Zero por cento acima de tudo **404**

Ensaio 69
A autoexpropriação dos milionários patriotas **409**

Parte VI
Sociedades Digitais Privadas

Ensaio 70
A história do Clube, parte 1 . . . .   **415**

Ensaio 71
A história do Clube, parte 2 . . . .   **422**

Ensaio 72
Jogando fora o que é velho **427**

Ensaio 73
Como pensar: Lições na hora do almoço **432**

Ensaio 74
Por que eles odeiam a liberdade de expressão? **437**

Ensaio 75
Como *Jogos Vorazes* se beneficiou com
a pirataria *online* 442

Ensaio 76
O fracasso de outro filme distópico 447

Ensaio 77
Violando direitos em nome da propriedade 451

Ensaio 78
O Lórax: Uma alegoria da propriedade intelectual ... 457

Ensaio 79
Fracasso do mercado: O caso do direito autoral 462

Ensaio 80
Os provedores de serviços de *internet*
estão se tornando fiscais do Estado............... 466

Ensaio 81
A teoria ganha vida........................... 471

Parte VII
Os Agentes da Libertação

Ensaio 82
A genialidade do sistema de preços 479

Ensaio 83
O não crime de saber 484

Ensaio 84
A economia somos nós:
Uma homenagem a John Papola.................. 489

Ensaio 85
Não existe "liberdade demais" 494

Ensaio 86
A obsessão pela igualdade **498**

Ensaio 87
Como a mudança acontece **503**

Ensaio 88
Os elfos do capitalismo **508**

Ensaio 89
Tentei, mas não consegui me tornar um
enófilo esnobe **516**

Ensaio 90
O retorno triunfal da banha de porco **521**

Ensaio 91
A boa notícia do sistema de saúde
(para os animais) **526**

Ensaio 92
A verdade na publicidade **531**

Ensaio 93
Desespero e Estado **536**

Parte VIII
A Literatura da Liberdade

Ensaio 94
O que é *laissez-faire*? **543**

Ensaio 95
O que é ou deveria ser a lei? **551**

Ensaio 96
Veja o mundo pelo olhar de Bonner **556**

Ensaio 97
Em defesa do perigo 562

Ensaio 98
Mencken, o grande 568

Ensaio 99
Amar o desconhecido......................... 575

Ensaio 100
Spooner, o profeta............................. 584

Ensaio 101
A sentença de doze anos 589

Ensaio 102
O que são os Estados Unidos, afinal? 595

Ensaio 103
As conspirações e como derrotá-las 602

Ensaio 104
Economia por e para seres humanos 607

Ensaio 105
Em defesa de fazer um *blog* em tempo
real ao ler um livro 613

Parte IX
Piratas e Imperadores

Ensaio 106
O Irã e o pesadelo recorrente.................... 621

Ensaio 107
Que dia incrível para o Estado totalitário.......... 626

Ensaio 108
Nicarágua e o teatro político da Guerra Fria 631

Ensaio 109
Vitória no Iraque? **638**

Ensaio 110
O Irã e a perspectiva do terrorismo interno **643**

Ensaio 111
As eleições e a ilusão de escolha **647**

Ensaio 112
A diferença entre OWS e os protestos contra
a Guerra do Vietnã **652**

Ensaio 113
Como os políticos destruíram o mundo **656**

Epílogo
Momentos hayekianos da vida **663**

Índice Remissivo e Onomástico **669**

Prefácio à Edição Brasileira

Ricardo Sondermann

Certas leituras são transcendentais. Elas ativam nossos sentidos além da mera compreensão de uma narrativa, quaisquer que sejam elas. *A Bela Anarquia* é uma daquelas obras que nos levam para um universo de análise e imersão, na tentativa de compreender o século que vivemos e o futuro que se desenha a nossa frente.

Jeffrey Tucker nos convida para uma discussão moderna e ao mesmo tempo futurística, alicerçada em séculos de evolução da sociedade ocidental. O século XXI já nos oferece tecnologias que permitirão avanços nunca antes pensados. O desenvolvimento exponencial do conhecimento e a aplicação destes avanços em produtos e serviços permite que o ser humano faça mais coisas ao mesmo tempo, a custo praticamente zero. Lazer, prazer, conhecimento e saúde estão disponíveis a milhões de pessoas, em qualquer parte do planeta. O compartilhamento de ideias e a comunicação instantânea são realidade e permitem a construção de pontes antes inimagináveis.

Construímos uma possibilidade de expressar opiniões e ideias de forma direta, sem a interferência de organizações ou governos. Estima-se que em 2020, dois terços da população mundial, cerca de 5 bilhões de pessoas, terão acesso a internet e as redes sociais. O que pensam, o que desejam, como irão contribuir? Um admirável mundo novo se desenha a nossa frente quando as trocas entre as pessoas serão incalculáveis.

Ao mesmo tempo, problemas como a produção de energia e o fornecimento de água potável começam a ser equacionados. O custo de produção de energia solar, por exemplo, é hoje uma fração do que foi há cerca de 20 anos e já representa metade do que se paga para produzir energia a partir do carvão. Com custos decrescentes de energia o processo de dessanilização da água do mar se torna especialmente barato. Novas tecnologias baseadas na nanotecnologia permitem que rios e lagos poluídos possam ser limpos e utilizados para consumo humano. Novas técnicas agrícolas como plantio vertical e a hidroponia permitirão alimentos baratos e próximos dos consumidores, reduzindo custos de produção, transporte e armazenagem.

Novas tecnologias e conhecimentos estão permitindo avanços gigantes na área da saúde. Já possuímos recursos para evitar doenças hereditárias através da alteração do DNA daqueles seres ainda não nascidos. Novas drogas permitem que o ser humano viva mais e melhor, com qualidade e dignidade. Próteses mecânicas e exo-esqueletos permitem locomoção para paralíticos ou acidentados. Softwares permitem a comunicação com portadores de certos tipos de

Prefácio à Edição Brasileira

paralisias cerebrais ou pacientes que sofreram acidentes vasculares cerebrais. Doenças específicas ou massivas poderão ser erradicadas nos próximos 5 a 20 anos.

A exploração do espaço está sendo feita pela iniciativa privada e a conquista do espaço não depende mais dos impostos dos contribuintes, constituindo um negócio rentável e, consequentemente, viável. Os minérios da lua ou asteroides serão utilizados para a fabricação de naves que poderão explorar o espaço nos próximos 50 anos. Impressoras 3D já estão sendo utilizadas na Estação Espacial Internacional para fabricar peças, fibra ótica e até mesmo satélites.

Em um universo com extrema facilidade de comunicação a troca de conhecimento deixa de ser uma exclusividade de poucos. Praticamente todas as grandes universidades no planeta disponibilizam cursos, palestras e artigos de forma gratuita. As plataformas para promover o aprendizado estão abertas e ao alcance de todos.

Portanto estamos vivendo um dos mais fantásticos períodos da história humana. Mais educação, saúde, energia, água, tecnológica, participação e colaboração estão disponíveis e serão realizadas a custos cada vez menores, impactando positivamente a vida de bilhões de pessoas.

Mas por que então não estamos evoluindo com mais rapidez? O que nos impede? As reações de diversos setores da politica, economia e imprensa denotam desconhecimento, aversão e intolerância.

O impacto inicial da revolução promovida pelas organizações exponenciais é a disrupção de mercados e negócios estabelecidos ou avesso às mudanças. Isso é evidente e a então chamada 4ª revolução industrial que vivemos, afeta especialmente os governos e as estruturas corporativas de poder. A agenda pela manutenção do status quo permeia uma visão equivocada e incapaz de perceber as possibilidades que se mostram à frente da humanidade. O *establishment* comporta-se desta forma em relação ao novo e isso não é de hoje: Galileo, Copérnico e tantos outros desbravadores do conhecimento sofrerão a ira do poder e do obscurantismo.

É clara a transformação que se avizinha. Empregos, negócios e o balanço de poder estão mudando e a reação tende a ser negativa e por vezes violenta. As incertezas no horizonte fazem com que a maioria dos governos e corporações sindicalistas cerrem fileiras contra toda e qualquer mudança na esperança de deter, interromper ou protelar estes novos fluxos. Historicamente os processos onde ocorrem choques tecnológicos ou geracionais ocasionam ondas de fluxo e refluxo, até a ruptura definitiva. Viveremos mais tempo, teremos trabalhos diferentes e contratados de forma livre, sem amarras corporativas. Nossa vida custará menos por conta da gratuidade de diversos aplicativos e plataformas e teremos mais tempo livre e ocioso. O desafio é estarmos preparados para um mundo completamente diferente do que conhecíamos até então. E isto, para muitos, é uma enorme ameaça.

Neste novo conflito temos um mundo que se vê, de um lado, frente a uma nova era renascentista vinculada às novas tecnologias e de outro, uma idade média islâmica ou neo-comunista. As reações às transformações se baseiam ou no obscurantismo religioso ou ideológico. É interessante observar que ambos se utilizam das mesmas técnicas de propaganda para captar e manipular seus seguidores. Em comum a mentira, a falta de transparência e de liberdade para a discussão de assuntos fora de suas cartilhas dogmáticas.

A batalha deste inicio de século parece se repetir em relação a épocas anteriores. Faz-se necessária a recuperação de valores que servem de pilares para a civilização ocidental como a liberdade de pensamento, de opinião, de empreender

Prefácio à Edição Brasileira

e a tolerância. O historiador Niall Fergunsson, em sua obra *Civilização*, relembra parodiando a linguagem tecnologia que *"estes são os seis incríveis aplicativos que permitiram chegarmos até aqui: a competição, a ciência, os direitos de propriedade, a medicina, a sociedade de consumo e a ética do trabalho"*. Bem, as organizações exponenciais são uma ampliação disso.

A obra de Jeffrey Tucker nos faz viajar sobre esse momento de iluminação e de confronto, quando as portas de um novo mundo e de um novo inferno se abrem. É sobre esta nova dialética que estamos parados, como atores ou expectadores. Como em toda viagem, nunca voltamos para casa iguais. De forma análoga à narrativa dos "12 passos do herói", de Joseph Campbell (1904-1987), Tucker nos desafia, encoraja, propõem obstáculos, lutas e nos presenteia com um novo universo de conhecimentos e argumentos, quando retornamos a nossa vida mundana transformados e motivados.

O leitor sairá nesta aventura alterado, engrandecido e disposto a novas aventuras.

Boa viagem!

A Bela Anarquia

COMO CRIAR SEU PRÓPRIO MUNDO LIVRE NA ERA DIGITAL

Introdução

Desde os primórdios até 1837, a única forma de nos comunicarmos um com o outro através de um espaço geográfico grande demais para o alcance de um grito era enviando mensagens por meio de cavalos, barcos, caminhadas, pombos-correio, lanternas, fogueiras ou sinais de fumaça. Então surgiu o telégrafo, o primeiro grande passo para pôr um fim ao poder das sentinelas. Agora, podíamos nos comunicar diretamente, de igual para igual. E assim teve início a modernidade.

O fato fundamental da comunicação é seu poder criativo. Ela é uma forma de troca, mas os bens trocados não são propriedades, e sim ideias, e esta troca resulta em novas ideias, em uma nova riqueza intelectual, a precondição para mudar o mundo. A comunicação espontânea, descontrolada e livre ilustra o poder produtivo da anarquia. Quanto mais esta comunicação anárquica avançou se tornou mais útil na construção da civilização.

O telefone foi uma invenção da Era Dourada, mas o primeiro telefonema de costa a costa só aconteceu em 1915. Quanto à invenção, vamos, por favor, dar crédito a Elisha Gray (1835-1901), Antonio Meucci (1808-1889) e Thomas Edison (1847-1931), além de Alexander Graham Bell (1847-1922).

Na década de 1930, era possível a quase todos fazerem uma ligação telefônica, desde que você tivesse acesso a um armazém de secos e molhados. Depois, surgiram as linhas compartilhadas. Ainda na década de 1950, você precisava esperar que o vizinho de rua saísse do telefone para poder fazer uma ligação.

As telefonistas dominavam a comunicação na década de 1960. Na década de 1970, praticamente todas as casas nos Estados Unidos tinham seu próprio telefone, mas seria necessário esperar mais algumas décadas antes que se alcançasse o fim desta trajetória: um telefone em cada bolso, com energia e tecnologia o bastante para fazer ligações de vídeo instantâneas com qualquer pessoa no planeta.

Tudo isso aconteceu em menos de cem anos.

Mas repare na trajetória. Ano após ano, avanço após avanço, o processo de mercado, agindo sem um planejamento central, acabou por fim disponibilizando esse aparelho maravilhoso a todos. Antes voltado a grupos e comunidades, a preferência sistemática do mercado acaba por delegar o poder tecnológico para o indivíduo. E antes primitivo e rudimentar, o processo mercadológico se aperfeiçoa e melhora tudo ao longo do tempo.

E não estamos falando apenas do telefone. O *smartphone* é tudo: radar, instrumento musical, medidor de pressão arterial, tabuleiro de jogos, previsor meteorológico, informativo financeiro, leitor de livros eletrônicos e milhões de outras coisas, tudo em um aparelho que cabe em nossos bolsos.

As sentinelas que atrapalhavam nossa capacidade de nos comunicar, de aprender, de compartilhar e de criar foram destruídas. As barreiras que mantinham esta mercadoria tão preciosa – a informação – fora do nosso alcance foram derrubadas. E o que as substituiu foi uma bela anarquia na qual os indivíduos podem criar seus próprios mundos mesmo em uma era de despotismo.

Lembro-me da minha infância. Havia três canais de televisão. As mesmas notícias eram transmitidas por três vozes diferentes durante trinta minutos por noite e mais uns poucos programas de fim de semana. Estávamos presos ao que eles queriam que soubéssemos, e era assim desde a década de 1930, quando os norte-americanos se debruçavam sobre seus aparelhos de rádio para ouvir seu grande líder falar sobre todas as coisas incríveis que o governo estava fazendo pela comunidade.

O noticiário de hoje é o que fazemos dele. Não existe essa coisa viva chamada nação, então não há um noticiário nacional, exceto, talvez, pela divertida corrida de cavalos que chamamos de eleição presidencial. Ao contrário, recebemos notícias de acordo com nossos interesses únicos. Antes, precisávamos ser alimentados como prisioneiros; hoje, preparamos ou pedimos nossas próprias refeições. Uma única *interface* virtual chamada Google News pôs fim ao monopólio e nos permitiu personalizar nossa percepção de mundo de acordo com nossas escolhas individuais. Para os jovens, as notícias são as atualizações dos amigos no *Facebook* e no *Twitter*.

As pessoas se arrependem disso. Eu não. Isso me parece uma forma mais normal, real, natural e refletidora dos anseios e desejos humanos do que qualquer sistema de distribuição de conhecimento que a precedeu. Hoje, podemos ter uma experiência de vida que é nossa própria criação, em vez de dependermos de que pessoas e instituições poderosas nos digam o que pensar.

Mais importante do que isso, qualquer pessoa pode criar um *website*, um *blog*, um filme, um *podcast* ou um livro, e tudo isso pode se espalhar pelo mundo em um instante. Parece estranho e impressionante que eu possa até mesmo escrever estas palavras. Não vai demorar muito até que este livro seja impresso e impressoras 3D estejam acessíveis a muitas pessoas, permitindo, assim, que objetos físicos migrem de um mundo de escassez para o espaço digital da disponibilidade infinita.

Este é um triunfo da liberdade humana, e com a liberdade vem a prosperidade e o cultivo da vida civilizada. Filósofos de todas as eras sonhavam com um mundo sem poder, déspotas e valentões, um mundo criado pelo povo e para o povo. O mercado na era digital está nos dando isso.

E não se trata apenas de nós. Trata-se de todos. Onde quer que o Estado não esteja se intrometendo, a prosperidade está aparecendo. Estamos em meio ao mais prolongado e drástico período de redução da pobreza que o mundo já conheceu. Nos últimos dez anos, cerca de setenta milhões de pessoas foram tiradas da miséria. Menos da metade das pessoas consideradas miseráveis há vinte e cinco anos ainda o são hoje.

O motivo disso é a tecnologia, a comunicação, o empreendedorismo e a maravilhosa trajetória que se afastou das sentinelas e conferiu poder pessoal a todo mundo. Esta é a bênção da Era Digital, o período de mudanças mais espetacular e revolucionário que o mundo já viu.

Quem reconhece isso? Pouca gente. O presidente Barack Obama certamente não reconhece. Como ele deixou claro em seu hoje famoso discurso na Virgínia: "Se você tem uma empresa, você não a criou". Como quer que você interprete o contexto, ele acredita que a única forma verdadeira de "trabalharmos juntos" é por meio do governo. A maioria dos políticos pensa assim. Mas, na realidade, o mercado faz com que trabalhemos juntos todos os dias, e não com uma arma apontada para nossa cabeça. Trabalhamos juntos para a melhora mútua e por meio do nosso livre-arbítrio. Essas relações de troca são a maior fonte de progresso social que o homem conhece. A Era Digital as disseminou como nunca antes, e o fez bem a tempo de salvar o mundo das depredações do poder.

O objetivo deste livro é: 1) chamar a atenção para a realidade que nos cerca mas que raramente nos damos ao trabalho de notar, muito menos celebrar; 2) estimular a disponibilidade de aceitar este novo mundo como forma de melhorar nossas vidas a despeito do que as instituições anacrônicas do poder querem que façamos; 3) elucidar as causas e efeitos que criaram este novo mundo; e 4) pedir mais das boas instituições que criaram esta bela anarquia.

O livro é um hino a uma velha ideia: *laissez-faire* – que significa "deixar em paz". O mundo se organiza sozinho. É outra forma de dizer que todos nós, como indivíduos, trabalhando juntos, somos capazes de criar nossa própria civilização, desde que entendamos as forças que criaram os instrumentos que nos foram dados e desde que estejamos dispostos a usar estes instrumentos e a agir.

Agradeço especialmente à equipe da Agora Financial, que me estimulou a escrever e me deu liberdade para escrever o que eu quisesse, independentemente das consequências. Sei bem como tenho sorte. A clareza do título do livro se deve a Demetri Kofinas, e o conteúdo foi altamente influenciado pelos comentários de Douglas French e Addison Wiggin.

Além disso, tenho dívidas intelectuais demais para mencionar, mas citarei os gurus dos meus anos de formação: Thomas Paine (1737-1809), Albert Jay Nock (1870-1945), Garet Garrett (1878-1954), H. L. Mencken (1880-1956), Frank Chodorov (1887-1966), Ludwig von Mises (1881-1973), F. A. Hayek (1899-1992), Murray N. Rothbard (1926-1995) e toda a tradição liberal. Todas estas pessoas estão sorrindo diante de nosso trabalho hoje.

PARTE I
As Mídias Sociais como Forma de Libertação

ENSAIO 1

Somos oprimidos pela tecnologia?

Precisamos mesmo de um *iPad* 3 depois de o *iPad* 2 ter sido lançado aparentemente há poucos meses? Era necessário mesmo que a Google nos desse o Google+? Os telefones precisam mesmo ser "inteligentes", sendo que os velhos celulares funcionavam muito bem? Aliás, é realmente necessário que seja possível alcançar instantaneamente todas as pessoas no mundo por videoconferência sem fio?

A resposta a todas essas perguntas é "não". Nenhuma inovação é absolutamente necessária. Na verdade, o telefone, o avião, o motor de combustão interna, a eletricidade e as ferrovias – nada disso é absolutamente necessário. Poderíamos escolher livremente viver em um estado natural no qual grande parte das crianças morresse no parto e as que não morressem vivessem poucas décadas, e no qual "medicina" se resumisse a cortar membros, se você tivesse sorte o bastante de dispor de uma ferramenta capaz desse feito.

É bem verdade que as pessoas que reclamam da velocidade do avanço tecnológico não desejam realmente a volta a um estado natural. Elas só estão cansadas de serem perseguidas, importunadas, intimidadas e pressionadas constantemente – como veem a situação – a aprender coisas novas, adquirir novos aparelhos, manter-se atualizadas e a comprar a última novidade.

Uma pesquisa do Underwriters Laboratories realizada no ano passado revelou que metade dos consumidores "sente que os fabricantes de alta tecnologia lançam novos produtos mais rápido do que as pessoas precisam". Há várias preocupações, como privacidade, segurança, rentabilidade e coisas do tipo, mas suspeito que o que está por trás do resultado da pesquisa seja principalmente um tipo mais rudimentar de desconforto.

Aprender coisas novas pode ser incômodo. As pessoas sentem que estão à vontade com a tecnologia de alguns anos atrás, então por que deveriam se atualizar? Elas sentem que procurar sempre por coisas novas é algo que difama implicitamente nosso estilo de vida atual ou passado.

Percebo isso o tempo todo quando converso sobre novidades com as pessoas. Em geral, a primeira reação delas é "não, obrigado. Estou cansado de todas essas peripécias tecnológicas e manias da Era Digital. O que aconteceu ao mundo no qual as pessoas tinham contato humano genuíno, admiravam a beleza das criações de Deus e desenvolviam relações reais, e não virtuais?"

Todos nós já ouvimos algo parecido. Portanto, sejamos claros. Não há nada de moralmente errado em não adotar a novidade mais recente. Ninguém obriga ninguém a comprar um *smartphone*, um computador rápido, um leitor de *e-books* mais bonito ou qualquer outra coisa. Ninguém põe uma arma na cabeça de ninguém. As atualizações tecnológicas são uma extensão da vontade humana – podemos aceitá-las ou não.

E temperamentos são diferentes. Algumas pessoas adoram novidades, enquanto outras resistem a elas. Há quem as adota prematuramente, há quem as adota tardiamente e há quem as rejeita.

Conversei com uma pessoa outro dia cuja irmã que está envelhecendo se recusa terminantemente a comprar um computador, ter um endereço de *e-mail* ou um celular. Sim, pessoas assim existem. Quando os irmãos querem entrar em contato com ela, eles ligam ou enviam uma carta pelo correio. Não há compartilhamento de fotos, reunião por Skype, acompanhamento do noticiário. Todos na família são muito próximos da maneira que somente a tecnologia digital permite, mas esta pessoa é uma marginal, excluída das experiências cotidianas dos outros.

Perguntei se ela se sente excluída. A resposta: sim, e está muito infeliz com isso. Ela reclama que as pessoas não fazem viagens longas para visitá-la com frequência. Elas não lhe telefonam o suficiente. Ela está perdendo o que acontece com os netos. Ela tem a sensação constante de estar simplesmente alheia a tudo, e isso a deprime.

Exatamente. Ela não está realmente feliz com sua escolha. Mas fazer esta escolha parece mais fácil do que aprender coisas novas e comprar novidades. Então ela racionaliza suas decisões se colocando por princípio contra a digitalização do mundo.

Minha experiência diz que estas pessoas não têm ideia do quanto atrapalham os demais. Na verdade, diria que isso chega perto da falta de educação. Não é imoral, mas certamente é irritante. Em vez de mandar um *e-mail* ou publicar algo no Facebook ou clicar num botão do Skype, os familiares precisam escrever o que querem dizer, colocar o papel em um envelope, encontrar um selo, ir até uma caixa do correio e esperar uma ou duas semanas até obter uma resposta.

É uma loucura completa. As pessoas fazem isso por um tempo, mas acabam por se irritar e desistem. Então, a pessoa do outro lado fica com raiva e irritada e se sente ignorada ou excluída. Isso é escolha delas também! É uma consequência direta de se recusarem a se juntar ao mundo moderno.

Há ainda os atrasados que se orgulham de não darem atenção à novidade. Eles se imaginam acima da balbúrdia, mais sábios e prudentes do que seus semelhantes. Há um motivo para chamá-los de "atrasados". Uma hora eles mudam de ideia. Os que resistem às novas tecnologias estão se pondo à margem do próprio fluxo da vida.

Uma confissão verdadeira: já estive entre os atrasados. Desdenhava de livre e espontânea vontade dos entusiastas da tecnologia. Escrevi uma crítica negativa ao provocador livro *The Future and Its Enemies* [*O Futuro e seus Inimigos*] de Virginia Postrel, que provou ter visto o que eu não enxergava. Depois que a revolução digital avançou ainda mais, comecei a notar algo. Por ser atrasado, eu não tinha nenhuma vantagem. Só significava que eu pagava um preço alto por isso, na forma de oportunidades perdidas. Se algo for extremamente útil amanhã, há uma boa chance de que também seja extremamente útil hoje. Levei muito tempo para aprender essa lição.

Por fim, aprendi, e meus medos, desculpas, racionalizações e o estranho orgulho antitecnológico derreteram.

Envolver-se ao máximo na vida hoje significa estar disposto a aceitar o novo sem medo. Significa perceber que temos mais recursos mentais e emocionais para enfrentar novos desafios. Se pudermos ordenar tais recursos e encarar estes desafios com coragem e convicção, quase sempre descobrimos que nossas vidas se tornam mais completas e felizes.

A maior falácia que existe é a de que a Era Digital reduziu o contato humano. Ela a ampliou enormemente. Podemos entrar em contato com todo mundo, em qualquer lugar. Fazemos novos amigos em uma fração de segundo. Esta sensação de isolamento que tantos sentem está evaporando dia a dia. Apenas pense nisso: podemos nos mudar para uma nova região ou país e nos descobrirmos cercados por grupos de interesse semelhantes numa fração do tempo que antes levávamos para isso.

Como resultado, as mídias digitais tornaram o mundo mais sociável, mais envolvente, mais conectado com tudo do que nunca. Este não é um mundo assustador de ficção científica no qual as máquinas nos controlam; ao contrário, as máquinas nos servem e permitem que tenhamos vidas muito melhores do que jamais fora possível. Por meio da tecnologia, milhões e bilhões foram libertados de uma existência estática e receberam a dádiva de uma visão de mundo mais otimista e esperançosa.

No século XIX, as pessoas amavam a tecnologia. A Feira Mundial foi a coisa mais esplendorosa e maravilhosa que aconteceu na década. Todos queriam celebrar os empreendedores que a realizaram. Todos entendiam que a tecnologia que fazia sucesso conseguia isso porque nós, como povo, optamos por isso, e o fazemos por uma razão: a tecnologia combina com nossa busca por uma vida melhor.

Talvez este otimismo tenha mudado com a pressão governamental pela criação da bomba atômica. Na Segunda Guerra Mundial, vimos a tecnologia ser usada para o assassinato em massa e para a concretização aterrorizante do mal humano como nunca antes na História. Então passamos por quase cinquenta anos durante os quais o mundo ficou paralisado, com medo de como a tecnologia seria utilizada. Este período não é chamado de Guerra Fria à toa. Quando ele finalmente terminou, o mundo se abriu e pudemos voltar nossas energias novamente para a tecnologia que serve as pessoas, em vez de matá-las.

O verdadeiro "bônus da paz" está na sua mão. É seu *smartphone*. É seu leitor de *e-books*. São os filmes que você assiste via *streaming*, a música que você descobriu, os livros que pode ler, os novos amigos que você tem, a incrível explosão de prosperidade mundial que aconteceu nos últimos dez anos. É a tecnologia a serviço do bem-estar da Humanidade.

Concluindo, não, não somos oprimidos pela tecnologia. Podemos aceitá-la ou não. Quando a aceitamos, descobrimos que ela ilumina tanto o cenário mais amplo quanto nossas vidas individuais. Não é algo de que se deva lamentar, jamais. O estado natural não é algo pelo que jamais devemos ser tentados a ansiar. Temos todos muita sorte de vivermos neste tempo. Minha sugestão: tente adotar prematuramente a tecnologia e veja como sua vida melhora.

ENSAIO 2

Poder x povo na era digital

O governo parece determinado a apagar as luzes da Era Digital. E isso com ou sem a Lei de Combate à Pirataria *Online* (SOPA, no acrônimo em inglês para Stop Online Piracy Act) ou outras leis que esta semana foram denunciadas pela comunidade digital na Quarta de Blecaute. No dia seguinte, depois que o apoio a esta legislação desmoronou após um incrível protesto em massa, o FBI e o Departamento de Justiça demonstraram que não precisam prestar atenção a este clamor estúpido. O Congresso, a legislação, as eleições, os debates, os políticos, a vontade popular — tudo isso é secundário para estas pessoas.

O FBI e o Departamento de Justiça, por iniciativa própria, tiraram do ar o Megaupload, o maior dentre milhares de *sites* de compartilhamento de arquivos, e prenderam quatro de seus funcionários mais graduados. O FBI está à procura de mais três que, ao que parece, conseguiram escapar. Todos correm o risco de serem extraditados e de passarem vinte anos presos. Como parte da operação, os agentes emitiram vinte mandados de busca e chegaram às casas dos indivíduos em helicópteros. Eles invadiram as casas, ameaçaram pessoas com armas, confiscaram US$ 50 milhões em bens e roubaram dezoito domínios e vários servidores.

E qual o grave crime? O *site* é acusado de auxiliar a violação da lei de direitos autorais, isto é, de permitir a criação de cópias de ideias expressas através de mídias. Nenhuma violência, nenhuma fraude, nenhuma vítima (mas vários magnatas corporativos que afirmam, sem provas, que seus lucros são menores por conta do compartilhamento de arquivos).

O Megaupload tinha milhões de usuários felizes. Era o 71º *site* mais popular do mundo. Somente 2% de seu tráfego vinha de *sites* de busca, o que significa que sua base de clientes era leal, conquistada por meio do trabalho duro e do empenho de proprietários de *sites*. Para os usuários, era um serviço totalmente legítimo. Para os proprietários, os lucros eram obtidos arduamente por meio de anúncios.

Mas o governo não via da mesma maneira. E, contrário à crença de muitos, a lei existente permite ao governo fazer praticamente o que quiser, como este caso demonstra. O governo usou uma lei de 2008 para fazer uma acusação criminal, e não civil. Uma recém-criada força-tarefa de propriedade intelectual trabalhou em conjunto com governos estrangeiros para selar o acordo.

No final das contas, foi uma demonstração exata do pesadelo que os manifestantes anti-SOPA disseram que aconteceria se a SOPA fosse aprovada. O fato é que, como as profundezas do Estado já sabiam, tudo isso era possível sem qualquer ação do Congresso. O Congresso não precisa fazer nada. Podemos assistir aos debates, votar, eleger pessoas para nos representar e realizar todos os rituais apropriados da religião cívica, mas nada disso importa. O poder está aqui, ativo, opressor, no comando e permanente, independente do que você possa acreditar.

Será que parte do conteúdo compartilhado pelos usuários do Megaupload estava protegido pelas leis de direito autoral? Absolutamente. É quase impossível não violar a lei, como foi mostrado pelo próprio *site* de campanha do defensor da SOPA, Lamar Smith, que usava uma imagem de fundo sem crédito, numa violação técnica da lei. O principal oponente da pirataria pode ser ele mesmo um pirata!

Mas tendência do Megaupload era claramente o uso do espaço para lançar novos artistas com novo conteúdo – não pirataria, mas criatividade. Como escreveu a Wired.co.uk, esta medida enérgica:

> [...] foi executada pouco depois que o Megaupload anunciou o produtor musical Swizz Beatz – casado com Alicia Keys – como CEO. Eles chamaram vários músicos, entre eles Will.i.am, P. Diddy, Kanye West e Jamie Foxx, para dar apoio ao serviço de armazenamento em nuvem. O Megaupload estava criando um sistema legítimo para artistas ganharem dinheiro e os fãs terem acesso ao conteúdo.

De que se trata tudo isso? São lobistas corporativos poderosos tentando impedir o surgimento de um sistema alternativo de distribuição de música e arte, um sistema movimentado pelas pessoas, e não apenas pelos que têm boas conexões no ramo.

O maior feito da *Internet* é sua capacidade aparentemente mágica de distribuir informações de todos os tipos para todo mundo e infinitamente. A ideia da regulação estatal da informação – instituída por legisladores no século XIX – reza que esta característica é perigosíssima e deve ser impedida. Portanto, é inevitável que os poderes instaurados tentem silenciar a *Internet*; a imposição das leis de direitos autorais é tão somente a arma de choque mais conveniente à disposição.

Esta é a batalha que decidirá se a Era Digital poderá existir numa atmosfera de liberdade de expressão, liberdade de associação, liberdade de iniciativa e o verdadeiro direito à propriedade ou se será controlada pelo governo, aliado a velhos barões da mídia vindos de oligarquias corporativas monopolistas. Os limites estão claramente estabelecidos e a batalha está acontecendo em tempo real.

Exemplo: poucos minutos depois da prisão dos funcionários do Megaupload, um grupo mundial de *hackers* chamado Anonymous tirou do ar os *sites* do Departamento de Justiça, da Motion Picture Association of America, da Recording Industry Association of America, da Universal Music e da BMI – as principais forças lobistas em Washington que defendem as restrições e reações contra a *Internet*.

Em outro palco da grande batalha pela liberdade de informação, a Suprema Corte, no mesmo dia dos protestos contra a SOPA, tomou uma decisão que poderia ter um efeito devastador nos meses e anos seguintes. Ela permitia o restabelecimento de direitos autorais sobre obras em domínio público, de modo que a lei doméstica estivesse de acordo com as leis internacionais. Se isso parece pouco importante, pense que muitas orquestras locais já alteraram seus programas da próxima temporada para excluir algumas obras importantes de seu repertório, pois não têm mais condições de pagar pelo licenciamento.

É difícil saber do que chamar isso, se não de masoquismo cultural.

Independentemente de como esta disputa legal se resolverá, a *Internet* foi tomada por uma cultura de medo racional e irracional. Tenho percebido o crescimento disso nos últimos meses, mas na última semana as coisas pioraram ao ponto da paranoia e até mesmo da mania. Os protestos bem-sucedidos contra a SOPA fizeram apenas com que os censores redobrassem seus esforços, e a mensagem está se espalhando: quase tudo que você quer fazer *online* pode ser ilegal.

Uma pequena amostra do que quero dizer... Nesta manhã, recebi o seguinte *e-mail*:

> O canal *BBC Four* recentemente transmitiu um documentário incrivelmente belo chamado *God's Composer* [O Compositor de Deus], sobre Tomás Luis de Victoria (1548-1611), apresentado por Simon Russell Beale. Um amigo em Roma me enviou um *link* para ele, mas não tenho certeza se sou livre para compartilhá-lo. Você assistiu a este documentário? É lindo, tanto visual quanto musicalmente.

Não é livre para compartilhá-lo? Como assim? Para deixar claro, não sei se meu amigo pretendia me mandar um *link* para a BBC ou para outro *site* disponibilizando uma cópia do documentário. A despeito disso, este foi o resultado: uma crença de que todos os *e-mails* são rastreados, todos os *sites* são monitorados, todo ato de vontade individual na *Internet* pode ser considerado crime, todo *website* está vulnerável à derrubada do dia para a noite, todo proprietário de um domínio pode ser preso.

A batalha entre o poder e a liberdade remonta ao início da História, e a vemos ser travada bem diante de nossos olhos na Era Digital. É como se, no início da Era do Bronze, o líder tribal mais poderoso tornasse a fundição do metal ilegal; ou como se, na transição do ferro para o aço, a elite governante estabelecesse um limite à temperatura dos fornos metalúrgicos; ou como se, no início da aviação, algum déspota declarasse a empreitada toda arriscada demais e economicamente prejudicial à indústria que dependia das viagens por terra.

Na versão atual, a questão da "propriedade intelectual" está na linha de frente desta batalha. A primeira vez que as pessoas ouviram falar disso foi na Quarta de Blecaute, quando a *Wikipedia* foi derrubada. É uma amostra do futuro em um mundo no qual o poder conquista uma vitória após a outra, enquanto o restante do mundo se encolhe, temeroso, em tempos de trevas.

ENSAIO 3

Por que o Facebook funciona e a democracia não?

Este ano, o Facebook chegará a 1 bilhão de usuários – ou um sétimo da população humana. Ele gera mais participação do que qualquer governo do mundo, exceto pelos da Índia e China, e provavelmente os superará em um ou dois anos. E ao mesmo tempo em que muitas pessoas fogem de seus governos como podem, mais e mais pessoas entram voluntariamente no Facebook.

Qual a lógica, a força motivadora, o agente da mudança?

Sim, o *software* funciona bem, e sim, os gerentes e proprietários têm uma mentalidade empreendedora. Mas o verdadeiro segredo do Facebook é sua engrenagem interna humana – os usuários individuais, que acabam refletindo a maneira pela qual a própria sociedade se forma e se desenvolve.

A melhor forma de ver e entender isso é comparando o funcionamento do Facebook com o do processo político democrático. Acompanhar a evolução do Facebook tem sido divertido, produtivo, fascinante, útil e progressista. As eleições, ao contrário, são desarmônicas, incômodas, dispendiosas, cheias de ressentimento e, no geral, confusas.

Isso porque o Facebook e a democracia funcionam de acordo com princípios totalmente diferentes.

O Facebook se baseia no princípio da associação livre. Você entra ou se recusa a entrar na rede social. Você pode ter um ou milhares de amigos. Cabe a você. Você compartilha as informações que deseja e mantém algumas outras coisas para si mesmo. Você usa a plataforma em proveito próprio ao mesmo tempo em que se recusa a usá-la por outro motivo qualquer.

A contribuição que você dá ao Facebook estende-se das coisas que você conhece melhor: você mesmo, seus interesses, atividades e ideias. O princípio do individualismo – que você é a melhor pessoa para cuidar da sua vida – é a engrenagem que move a máquina. Assim como não há duas pessoas iguais, não há duas pessoas com a mesma experiência na plataforma. Todas as coisas são personalizadas de acordo com seus interesses e desejos.

Mas, obviamente, você também se interessa pelos outros, então você solicita uma conexão de amizade. Se a outra pessoa concordar, vocês se conectam e formam algo que é bom para as duas partes. Você opta por incluir e excluir, formando, aos poucos, sua própria comunidade baseada em qualquer critério que você deseje. A rede cresce cada vez mais a partir destes princípios de individualismo e escolha. É um processo cooperativo que evolui constantemente – exatamente o processo que Hans-Hermann Hoppe descreve como a base da própria sociedade.

Por que o Facebook funciona e a democracia não?

As eleições democráticas parecem estar relacionadas de alguma maneira com escolhas, mas é a escolha quanto a quem governará a multidão. Ela dá a mesma experiência de usuário a todos, independentemente do desejo individual. Você é obrigado a aderir a um sistema apenas por ter nascido nele. Claro que você pode escolher em quem votar, mas não pode optar por ser ou não governado pelo resultado da eleição.

Neste sistema democrático, você automaticamente recebe 220 milhões de "amigos", queira ou não. Estes "amigos" falsos lhe são dados por causa de uma fronteira geográfica desenhada por líderes há muito tempo. Estes "amigos" publicam no seu mural constantemente. Sua linha do tempo é uma série incansável de exigências. Você não pode apagar suas publicações nem marcá-las como *spam*. O faturamento não é obtido por meio de anúncios, e sim coletado à medida que você usufrui do sistema.

Nada é realmente voluntário numa eleição. Você está sujeito aos resultados mesmo assim. Isso gera situações absurdas, e está incrivelmente aparente no processo de indicação republicano. Se as pessoas com menos de trinta anos prevalecessem, Ron Paul ganharia. Se famílias religiosas com muitos filhos prevalecessem, Rick Santorum ganharia. Se os membros da Câmara de Comércio prevalecessem, Mitt Romney sairia vitorioso. Tudo se resume à demografia, mas só pode haver um vencedor neste sistema.

Portanto, uma eleição deve ser uma disputa entre as pessoas, uma briga, uma discordância geral, uma ofensiva para fazer prevalecer sua vontade sobre os interesses e desejos dos outros. Por fim, temos a certeza de que, seja qual for o resultado, deveríamos ficar felizes porque todos participamos. O indivíduo deve ceder ao coletivo.

As pessoas nos dizem que isso significa que o sistema funciona. Mas em que sentido ele funciona? Só significa que uma minoria bem-organizada prevalece sobre a maioria difusa. Isso é tão pacífico quanto a brincadeira de "rei da montanha".

O Facebook não tem nada a ver com essa bobagem. Suas comunidades são criações suas, uma extensão da sua vontade e harmonia em relação ao arbítrio alheio. As comunidades crescem com base no princípio da vantagem mútua. Se você comete um erro, pode ocultar a publicação do seu amigo ou desfazer a amizade. Isso magoa, claro, mas não é nada violento: não rouba nem mata.

Seus amigos no Facebook podem morar em qualquer lugar. Eles fazem *"check in"* e planejam suas viagens. Não importa se seu amigo mora ou se muda para Pequim ou Buenos Aires. O Facebook possibilita o que podemos chamar de associações humanas geograficamente não adjacentes. Diferenças de idioma pode ser barreiras a esta comunicação, mas até mesmo elas podem ser superadas.

A democracia está amarrada à geografia. Você vota em um lugar determinado. Seu voto é somado aos dos outros cidadãos do seu país a fim de gerar um resultado único e, portanto, seus desejos reais se fundem instantaneamente. Eles se fundem mais uma vez em outro nível geográfico, depois no nível estatal e, por fim, nacionalmente. Quando chega a isso, suas preferências já desapareceram.

Às vezes, as pessoas se cansam do Facebook. De repente, elas acham que é tedioso, infantil, um desperdício de tempo e até invasivo. Ótimo. Você pode sair. Vá até as configurações e desligue as notificações e tire um ano sabático. As pessoas podem reclamar, mas você é quem escolhe estar ou não ali. Você pode até mesmo apagar completamente sua conta, sem qualquer efeito negativo. Depois, você pode fazer outro cadastro mais tarde, se quiser, ou entrar em outro sistema de rede social.

Tente fazer isso com a democracia. Você não pode cancelar sua inscrição. Você está dentro por toda a vida, e não adianta trocar de cidade ou se mudar de país. É até mesmo extremamente difícil apagar sua conta renunciando à cidadania. Os líderes da democracia ainda vão persegui-lo.

Você pode aprender com o Facebook e as outras redes sociais que a *Internet* nos deu. Elas são mais do que *websites*; são modelos de organização social que transcendem os velhos formatos. Transforme o restante da vida em algo mais parecido com uma rede social e começaremos a ver um progresso verdadeiro no curso da civilização. Persista no modelo antigo de democracia imposta e continuaremos a testemunhar seu declínio.

ENSAIO 4

LinkedIn: Uma ferramenta de libertação humana

De todas as mídias sociais na *Internet*, o LinkedIn é a menos espalhafatosa. Nunca farão um filme sobre esta ferramenta. Ela não apresentou novas palavras ao vernáculo. Os adolescentes não baixam o aplicativo. Mas se você medir estas tecnologias e ferramentas pela forma positiva como mudaram vidas, o LinkedIn merece um lugar de mais destaque. É pura genialidade.

Suspeito disso há algum tempo, mas a teoria me foi confirmada durante as festas de fim de ano. É a melhor época do ano para aquele tipo de conversa minuciosa que nos permite admirar a evolução social vendo as coisas que fazem parte das vidas das pessoas. Adoro descobrir que tipo de tecnologia as pessoas estão usando hoje em dia e como as utilizam.

LinkedIn: Uma ferramenta de libertação humana

O fato é que o LinkedIn foi um grande assunto. As pessoas falaram sobre atualizar o perfil, sobre outras pessoas que conheceram pela rede, como encontraram novos empregos a usando, como selecionam os currículos que recebem, e mais.

Claro que as pessoas falam sobre isso descontraidamente, como se fosse simplesmente parte da vida. De modo algum. O LinkedIn é uma coisa única na História do mundo, uma ferramenta para agitar o mercado de trabalho de uma forma jamais vista.

O LinkedIn é muitas coisas e oferece muitos serviços: é um "bebedouro" mundial, um banco de empregos universal, uma forma de aprender com especialistas, entre outras coisas. Ele tem mais de 130 milhões de usuários em 200 países, com dois novos usuários por segundo. É o 12º *site* mais popular do mundo. A empresa abriu o capital em maio de 2011 (LNKD) e continua lucrativa.

Mas acho que o principal benefício da rede ainda não foi reconhecido abertamente.

O LinkedIn resolveu um problema que aflige as pessoas desde os primórdios: o problema de estar preso a um trabalho que subestima seus serviços. Talvez não pareça algo tão relevante, mas, em termos reais de qualidade de vida para centenas de milhões de pessoas, este é um desastre psicológico diário. O LinkedIn é a libertação.

Se o LinkedIn existisse no século XIX, as pessoas teriam rido desdenhosamente de Karl Marx (1818-1883) com seu discurso sobre a necessidade de uma revolução frenética. Os trabalhadores do mundo não precisavam expropriar os expropriadores nem estabelecer a ditadura do proletariado. Tudo que realmente precisavam era de uma ferramenta bem-construída de contato em rede via *web*.

Você talvez diga: "Isso é ridículo, já que não existe escravidão. Todos escolhem trabalhar em determinado emprego.

Ninguém põe uma arma na cabeça de ninguém. Tudo se baseia na concordância mútua".

Tudo isso é bem verdade, mas o problema é mais sutil. A maioria dos empregadores não consegue deixar de considerar qualquer funcionário em busca de uma colocação melhor como uma espécie de traidor. Isso é um comportamento injusto, e os patrões sabem, mas é simplesmente como as coisas são. Contratar hoje em dia é uma grande dor-de-cabeça e implica em altos custos imediatos e ao longo do tempo. Para recuperar o investimento, os patrões desenvolveram expectativas não razoáveis em relação aos funcionários.

E eis aqui o problema: a mobilidade do trabalho é muito difícil de se colocar em prática na vida real. Como você se mostra disponível sem deixar que seu patrão atual saiba que você está procurando outro emprego? Como você pode usar o capital e as habilidades acumulados no seu cargo atual a fim de ser promovido a um novo cargo numa empresa diferente sem usar seu chefe como referência? Como você pode procurar por novos empregos e ser entrevistado sem que ninguém em sua rede social saiba, por medo de que seu chefe fique sabendo?

Até mesmo se vestir para entrevistas é um problema. Você volta ao escritório e as pessoas se perguntam onde você esteve; então você tem de mentir e dizer que foi a um funeral. Ou falta ao trabalho alegando estar doente e precisa inventar alguma história sobre uma infecção que durou apenas um dia. Tudo isso é totalmente ridículo!

E se você não pode procurar ativamente uma nova ocupação, como é possível que você realmente conquiste um progresso profissional?

Estes são problemas realmente terríveis que acabam por prender pessoas em cargos de que elas não gostam, mas não oferecem nenhuma escapatória. Isso restringe a mobilidade do trabalho. As pessoas ficam presas. Temendo a reação dentro da empresa por procurarem algo fora, as pessoas, com o tempo, começam a bloquear o mundo externo. Elas se perguntam secretamente se recebem na realidade um salário alto demais e temem testar suas capacidades no mercado de trabalho.

Como resultado, elas ficam tentadas a voltar a atenção para outras coisas, imaginando que empregos não devem ser felizes nem gratificantes; eles servem apenas para pagar as contas. O resultado é a estagnação interna e, se muitas pessoas se sentem assim, esse comportamento melancólico começa a se espalhar pela empresa. Você pode acabar com um prédio inteiro cheio de funcionários mal-humorados e temerosos, como nas cenas patéticas que vemos no seriado *The Office*.

Nos primórdios da *Internet*, havia, claro, grandes *sites* de empregos por aí, e eles ainda estão ativos. Mas eram limitados, pois serviam àqueles que decidiram conscientemente procurar por um trabalho ou outro empregador. Do contrário, não há outro motivo real para se expor nestes *sites*. Como sabemos, não é assim que uma boa rede de contato se forma ou que grandes contratações acontecem. Bons trabalhos geralmente são resultado de um longo processo de experiência e conhecimento.

Eis a genialidade do LinkedIn: ele permite que você permaneça constantemente no mercado de trabalho — cultivando uma rede de contatos — sem parecer desleal aos seus colegas, gerentes e chefes. É uma coisa perfeitamente normal pôr seu nome lá. E, como o LinkedIn permite que você crie redes de contato com base em seu empregador atual, ele é até mesmo visto como algo bom para a sua empresa. Ele sugere que você se importa com seu trabalho e está feliz em torná-lo parte da sua identidade pública.

Se o "Zé da Silva" trabalha para a FastCompany, isso aparece ao lado do nome dele e serve como uma espécie de publicidade para a empresa. Outros funcionários da FastCompany também se conectam desta forma, então todo o escritório pode usar isso como uma plataforma de comunicação e discussão. Mas seu perfil pode ser público, e você pode mandar o *link* para seus empregadores em potencial. Eles podem ver o que você faz e por que você é valioso – e você pode fazer isso sem alertar seu empregador atual de que está de alguma forma procurando outra coisa.

E então, se você trocar de emprego, é apenas uma questão de alguns cliques. Sua afiliação institucional muda, mas o capital social que você acumulou é mantido. Seu valor é seu e é portátil. Isso estimula todos os funcionários a se conhecerem melhor como se fossem uma empresa individual autogerenciada. Você não faz parte de um grupo. Você é uma unidade empreendedora individual, oferecendo serviços em troca de dinheiro – exatamente como a teoria do mercado diz que deveria ser.

É uma solução simples para um problema complexo – simples no sentido de que soluções realmente brilhantes são óbvias depois de expostas.

A empresa surgiu em 2003 – há menos de uma década! Ela foi fundada por Reid Hoffman, juntamente com executivos da *PayPal* e da socialnet.com. Hoffman é um homem interessante. Ele é formado em Filosofia e estava subindo na hierarquia acadêmica estudando em Stanford e Oxford. Um dia, Hoffman percebeu que não queria passar a vida escrevendo livros que "cinquenta ou sessenta pessoas leem". Ele queria ter um impacto maior no mundo. Na Era Digital, isso significava desenvolver instrumentos novos e melhores para melhorar a vida das pessoas.

LinkedIn: Uma ferramenta de libertação humana

Ele se pôs a solucionar este problema universal. E deu certo.

E, ao contrário da ideia comum de que as mídias sociais são tolices e que o principal objetivo da tecnologia é oferecer mais e mais produtos, o LinkedIn realmente melhorou a vida das pessoas e transformou o caráter dos empregos e da procura por trabalho. Ele funcionou reduzindo drasticamente as assimetrias de informação que existem entre compradores e vendedores no mercado de trabalho.

Agora, vamos pensar do ponto de vista político. Pense em todos os políticos que, durante décadas, afirmaram ter algum grande programa para melhorar a vida dos trabalhadores, tornar o trabalho mais móvel, ajudar a conectar funcionários e patrões. Tudo isso é bem comum nas campanhas. Quantos centenas de bilhões de dólares eles gastaram? E pergunte a si mesmo: quantos dos zilhões de programas criados por essas pessoas você realmente usou? Nenhum? Foi o que imaginei.

Além disso, estes programas têm na verdade o efeito oposto dos benefícios que anunciam. A intervenção governamental nos mercados de trabalho consolidou o desemprego aumentando os custos de contratação, aumentando as exigências mínimas para a admissão e obrigando as empresas a darem benefícios que tornam os empregos inapropriadamente grudentos.

Com o LinkedIn, temos empreendedores e capital privado se unindo para oferecer um serviço incrível que melhora diretamente a vida das pessoas, uma a uma, e cada dia mais. Uma lição política para viagem: se você realmente quer fazer algo estonteante, fique longe da política e encontre uma forma de fazer algo maravilhoso na iniciativa privada. Este é o caminho da libertação humana; este é o caminho do verdadeiro progresso para a humanidade.

ENSAIO 5

O que faz do *Twitter* algo tão bom?

"Tenho mais o que fazer do que transmitir ao mundo uma mensagem sobre meu almoço". Incontáveis pessoas já me disseram isso ou algo semelhante em relação ao Twitter. Parei de responder. É o mesmo tipo de falso esnobismo que faz com que as pessoas menosprezem o Facebook, o YouTube, Angry Birds, *smartphones* e toda a vida digital de modo geral.

Claro que hoje em dia praticamente ninguém menospreza a *Internet* como um todo, mas isso era comum há dez anos. Hoje, é mais comum menosprezar aplicativos populares de um tipo ou outro, sempre com a mensagem de que meu tempo é valioso demais, sou sério demais para essa coisa de jovens, não gosto dessas estripulias superficiais que encantaram a Geração Desmiolada.

Já discuti o Facebook e o LinkedIn e por que a popularidade dessas redes não só é justificada e como elas também contribuíram enormemente para o bem-estar da Humanidade. Essas redes usam o poder da vontade individual e a dinâmica auto-organizadora da associação livre para oferecer serviços, métodos de aprendizado e meios de se conectar com os outros que rompem barreiras que existem desde os primórdios.

Vamos analisar o Twitter, o serviço que as pessoas mais amam odiar. Entre os não usuários, o próprio nome da mídia social é quase sempre dito com desprezo. O Twitter é o mais fácil de todos os aplicativos sociais populares, mas também o mais difícil de integrar à sua vida se você ainda não faz parte de um grupo que o utiliza.

Adultos entram na rede, sentam-se e ficam olhando para ela. Sem ter seguidores e sem seguir ninguém, a coisa toda parece tão morta quanto o fantasma de Marley. Claro que você sempre pode falar sobre o sanduíche que comeu no almoço, mas para quê? Neste sentido, o Facebook oferece aquela satisfação mais imediata que adultos (ironicamente) exigem dos *websites*. O Twitter é uma ferramenta que precisa ser construída por você.

Mas pense... Quando os números do desemprego são divulgados, eu geralmente recebo um *e-mail* do Departamento de Estatísticas do Trabalho. Da última vez, antes mesmo que o *e-mail* chegasse, eu já sabia os números. Sabia a triste verdade por trás dos números. Tinha uma noção de como vários grandes jornais manipulavam os números. Tinha acesso a gráficos que estava sendo publicados, mostrando como as tendências do trabalho interagem com outras tendências. E fui capaz de reagir ao noticiário republicando o que eu gostava e acrescentando minhas próprias ideias. Então, finalmente, o *e-mail* do Departamento chegou.

Este é um exemplo de uso diário do Twitter. Mas é só um dentre infinitos usos possíveis. E depois que você começa a entender como ele funciona, baixando o aplicativo e seguindo coisas que gosta, você começa a perceber algo absolutamente incrível sobre esta coisa aparentemente superficial. O Twitter individualizou, democratizou e universalizou radicalmente o consumo e a produção de todas as formas de informação, transformando o mundo inteiro em um bazar de informações personalizável como nenhuma outra geração na História jamais viu.

Esta capacidade de personalização é o que dá margem às caricaturas do tuiteiro como um idiota superficial, perdendo tempo falando sobre nada com seus semelhantes. Mas quando você vê as pessoas em situações políticas revolucionárias se organizando, usando tuítes e fugindo da força de ditaduras usando o Twitter para se comunicar, criar estratégias e vencer os exércitos mais poderosos, você deveria parar e pensar melhor.

Como um meio de produção de informação, todos os usuários têm potencialmente a mesma influência. A única diferença possível diz respeito à quantidade de seguidores que você tem (eu tenho 700, enquanto a Lady Gaga tem 20 milhões), mas nem isso é tão determinante, já que toda mensagem pode ser retuitada e uma mensagem enviada a uma pessoa pode se transformar em uma mensagem enviada a 140 milhões de pessoas em uma fração de segundo.

Isso significa que o *New York Times* e a Casa Branca têm exatamente o mesmo poder técnico de influência que a pessoa que anotou meu pedido de cerveja na pizzaria. A diferença no alcance das mensagens é inteiramente determinada pelos outros usuários do Twitter, o que resulta numa louca meritocracia de disseminação de informação.

Como um meio de consumo de informação, você tem aceso às reflexões instantâneas de todas as estrelas, magnatas, instituições, autoridades ou quem quer que seja, exatamente no mesmo grau que os grandes repórteres ou outras instituições. E o fato é que pessoas como Lady Gaga realmente gostam disso. Toda figura pública gosta, exceto, talvez, ditadores mais ameaçados por este meio poderoso de disseminação imediata da verdade.

Atualmente, o Twitter processa 1,6 bilhão de pesquisas por dia e é usado para publicar em torno de 340 milhões de tuítes no mesmo período. Ele está consistentemente entre os dez *sites* mais populares do mundo. O serviço é oferecido a todas as pessoas do mundo, sem que se cobre nada. O modelo de negócios é cobrar empresas por tuítes promovidos em resultados de pesquisa, além de cobrar grandes empresas de *Internet* pelo uso de aplicativos que exibem *feeds* do Twitter em seus *sites*.

Há um choque de realidade, porém, para todos que acham que podem entrar para o Twitter e arrasar. Você não pode convidar os outros a segui-lo. As pessoas precisam procurá-lo e, neste sentido, portanto, o Twitter talvez seja mais desafiador do que o Facebook.

A primeira coisa que você deveria fazer é seguir instituições e pessoas que gosta. Elas serão notificadas de que você as segue. Espera-se, então, que elas reajam seguindo você, mas não há como obrigá-las a isso. Se você busca seguidores, sua melhor alternativa é encontrar alguém já embrenhado neste mundo para recomendá-lo aos próprios seguidores. Mas, mesmo assim, é um longo caminho até chegar ao ponto no qual você tenha uma quantidade relevante de pessoas que se importem com o que você diz.

Por que você deveria se preocupar com isso? Talvez haja alguém que não se interesse por nada do que qualquer pessoa tenha a dizer e que também não tenha nada a dizer sobre si mesmo, e que planeje preservar esta atitude até a morte. Para esta pessoa, o Twitter não tem utilidade. Para os demais, ele é uma grande fonte de obter e repassar informações sobre tudo e, portanto, são poucas as pessoas no mundo que não se beneficiariam com o Twitter.

Para quem está construindo uma carreira, a reserva de seguidores no Twitter faz parte do capital pessoal que você acumula e leva com você aonde quer que você viva ou trabalhe. Neste sentido, isso pode ser uma parte essencial da sua liberdade e empoderamento pessoal. Isso reduz sua dependência das instituições e o ajuda a obter o controle da sua vida.

Para personalidades públicas, o Twitter é obviamente indispensável. Mas o mesmo serve para qualquer empreendimento. Se você tem seguidores (adoro seguir empresas!), você pode alcançá-los imediatamente com ofertas e anúncios, tudo a um custo zero. O que poderia ser melhor do que isso?

Para qualquer indivíduo, sempre há momentos em que você precisa dos outros e transmitir informações a eles passa a ser importante. Você pode estar em perigo. Você pode ter novidades incríveis. Você pode precisar pedir ajuda. Nestas horas, você vai ficar feliz por ter se preparado reunindo uma rede de pessoas que se importam se você está vivo ou morto. Claro que o Estado não se importa muito, então cabe a nós criarmos laços que se importam.

Por isso me interesso tanto pelo Twitter, pela forma como ele cria um movimento mundial pela liberdade humana contra o despotismo do Estado em todos os países. O Twitter ignora fronteiras. Ele ignora o Estado e suas pretensões. Ele não segue os planos de ninguém. Não obedece a nenhuma autoridade. Ele prova a capacidade que as pessoas livres têm de se auto organizar. Até mesmo a empresa merece parabéns por não ter cedido a pressões de autoridades governamentais para que cedesse informações dos usuários.

O Twitter permite que os indivíduos sejam unidades autogovernadas com um elemento importante de empoderamento nas mãos: a capacidade de uma só pessoa alcançar todo o mundo em um instante com a mercadoria mais valiosa da atualidade: informação.

É por isso que o Twitter é tão incrível.

ENSAIO 6

Podemos quantificar a contribuição econômica da *Internet*?

Quanto a *Internet* contribui para nossa vida financeira? Muito, sim. Mas e se tentássemos quantificar isso? Amamos números, certo? Imaginamos que podemos recortar o mundo e analisar tudo numa planilha, clicar um botão e fazer um gráfico, e clicar outro botão e exibir os resultados em barras coloridas.

Ora, isso funciona para um único setor da economia, como laticínios ou sapatos. Podemos calculá-los e comparar com outros setores. Mas e quanto à tecnologia? As tecnologias verdadeiramente transformadoras trazem benefícios a todos e a tudo simplesmente porque quase todos as usam e tudo está conectado em um globo de produtividade gigantesco e cooperativo.

Ainda assim, isso não basta para algumas pessoas. Portanto, essa manchete foi provavelmente inevitável: "A

Podemos quantificar a contribuição econômica da Internet?

Internet responde por 4,7% da economia norte-americana". Ora, isso parece algo científico, preciso, controlado, empírico. A *CNN* exibiu isso como uma reportagem sobre um novo estudo realizado pelo Boston Consulting Group. O estudo, então, compara a economia da *Internet* com outros setores e descobre que ela já é maior do que a educação, construção e agricultura.

Impressionante, mas a metodologia está toda errada. Na verdade, há um sinal disso nesta frase risível que faz parte da reportagem sobre o estudo: "Em comparação, o governo federal contribuiu com US$ 625 bilhões, ou 4,3% da produção nacional". Em outras palavras, o estudo concluiu limitadamente que a coisa que torna a vida grandiosa contribui com um pouco mais do que a coisa que torna a vida um inferno.

De que modo o governo federal tem contribuído com qualquer coisa para a produção nacional? Da última vez que conferi, o governo federal sugou US$2,5 trilhões do setor privado no ano passado, e isso não inclui as gigantescas agências reguladoras que impedem o progresso o tempo todo. Isso é pura destruição da riqueza, da qual podemos ter certeza, já que o dinheiro é tomado à força, o que significa que as pessoas que detinham este dinheiro prefeririam ter feito outra coisa com ele ao invés de dá-lo ao setor público.

Claro que o método de cálculo se baseia fundamentalmente na ideia do produto interno bruto, que tenta quantificar a produção econômica. O problema é que ele não quantifica a destruição econômica, muito menos qualquer uma das dimensões invisíveis da riqueza. Se um terremoto atinge Los Angeles e a cidade é reconstruída, a reconstrução conta como produtividade e o PIB aumenta. Reflita sobre isso e você compreenderá como as atividades governamentais são registradas como produtividade.

Mas voltemos à ideia de que você pode separar um setor chamado "a *Internet*" e explicar sua produtividade. Nada no mundo dos negócios de hoje acontece sem o uso de dígitos. As transações financeiras são processadas pela *Internet*. Nenhuma encomenda de estoque é feita sem isso. A contabilidade é feita por meio de programas distribuídos pela *Internet*. Toda a vida humana está progressivamente passando pelos portões digitais.

Dizer que a *Internet* aumentou imensamente a produtividade é o eufemismo do século. A *Internet* originou produtos e serviços que nunca existiram antes – buscas, publicidade *online*, vídeo *games*, *streaming* de música, vendas *online* de produtos usados, comunicação global por vídeo. Mais do que isso, as principais beneficiárias foram indústrias antigas que aparentemente não tinham nada a ver com a *Internet*.

O aspecto mais difícil de quantificar da mídia digital tem sido sua contribuição para o compartilhamento de ideias e a comunicação em todo o mundo. Isso tem possibilitado o compartilhamento e o aprendizado como nunca antes, e estas talvez sejam a atividade mais produtiva da qual uma pessoa jamais possa participar. A obtenção de informação é uma pré-condição para todos os investimentos, o empreendedorismo, o consumo racional, a divisão de trabalho e o comércio.

Volte um pouco no tempo e pense no que realmente significa uma revolução. Dos primórdios da História até o século XIX, a informação só podia viajar na velocidade atingida pelo próprio homem, correndo, caminhando ou navegando. Havia ainda sinais de fumaça, pombos-correios e bilhetes em garrafas, balançar lamparinas em janelas e coisas do gênero. Finalmente, na década de 1830 – extremamente tarde em uma história vasta e assustadora na qual a Humanidade padeceu da pobreza e doença sem conhecer algo que ficasse além de suas cercanias – finalmente testemunhamos o início da comunicação moderna com a incrível invenção do telégrafo.

Aqui tivemos, pela primeira vez, o surgimento da comunicação geograficamente não contínua. As pessoas podiam descobrir o que estava acontecendo no mundo além de suas cercanias, e isso teve implicações incríveis para todos os envolvidos no grande projeto de edificar a Humanidade. O que as pessoas podiam compartilhar agora? Curas, tecnologias, disponibilidade de recursos, experiências e informações de todos os tipos.

Foi também neste período que vimos os primeiros sinais do mundo moderno como o conhecemos, com o aumento da população global, vidas mais longas, uma mortalidade infantil menor e a criação e aumento rápido da classe média. A comunicação era o que avisava as pessoas sobre as novas possibilidades. A partir daí, vimos enormes avanços na metalurgia, medicina, saneamento e indústria, ao que se seguiram o aumento da renda, a divisão do trabalho, o transporte por ferrovias e, finalmente, mais das coisas que realmente importam: formas cada vez melhores de compartilhar informações e aprender com os outros por meio de telefones, rádios e televisores.

E então, 1995 representou a gigantesca reviravolta da história. Foi neste ano que o uso de navegadores se disseminou e a *Internet* foi aberta para propósitos comerciais. É notável pensar que isso aconteceu há apenas dezessete anos. Um progresso inimaginável aconteceu desde aquele momento, com universos inteiros sendo criados diariamente, tudo por meio da impressionante e espontânea interação humana mundial numa atmosfera de relativo liberalismo. Este foi o início do que se chama hoje de Era Digital, o período de iluminismo global no qual nos encontramos hoje.

E o que nos proporcionou isso? O que tornou tudo isso possível? De uma coisa temos certeza: o governo não possibilitou isso. As forças do mercado fizeram com que isso acontecesse. Tudo foi criação do trabalho humano por meio da cooperação, competição e emulação.

Isso basta para refutar a mentira comum de que o livre mercado tem a ver apenas com ganhos privados e o enriquecimento de poucos. Todas estas tecnologias e mudanças libertaram bilhões de pessoas em todo o mundo. Todos somos banhados em dádivas o dia todo. Sim, algumas pessoas ficaram ricas – e que bom para elas! –, mas todo o ganho privado no mundo não é nada em comparação com o que o comércio digital fez para o bem comum.

Sim, é claro que não damos o valor devido a isso. De certa forma, tudo aconteceu rápido demais para que entendêssemos realmente este mundo novo. Há ainda a estranha tendência humana de absorver e processar o novo e maravilhoso e perguntar com a mesma rapidez: o que vem em seguida?

Nenhuma quantidade de trabalho empírico é capaz de abarcar a contribuição da *Internet* para o nosso cotidiano. Nenhum computador conseguiria calcular todos os benefícios, todo aumento de eficiência, todas as coisas novas aprendidas que se transformaram numa força para o bem. Ainda assim, as pessoas tentarão. Você só ficará sabendo das afirmações delas graças à tecnologia que finalmente alcançou a esperança pela qual a Humanidade lutou tanto desde o início dos tempos.

ENSAIO 7

Em defesa dos "*hotspots* sem-teto"

A BBH Labs é uma agência de publicidade especializada em ideias novas e criativas de *marketing*. Mas poucas ideias geraram tanto debate quanto esta usada no fim de semana passado na conferência de tecnologia South by Southwest, em Austin, no Texas.

As redes sem fio ficam notoriamente superlotadas nestes eventos e todos tentam conseguir uma boa conexão. A BBH teve a ideia de unir duas causas: ajudar os frequentadores do evento loucos por dados e ajudar a população sem-teto de Austin. Ela convidou mendigos a levarem *hotspots* consigo e a circularem pela conferência oferecendo seus serviços em troca de doações.

Os sem-teto recebiam US$20 por dia e podiam ficar com as doações que conseguissem como retribuição por seus serviços. Eles andavam com uma camiseta que dizia "Sou Clarence, um 4G Hot Spot". Todos podiam se conectar e ter ótimo acesso a todo o mundo digital.

Ficou óbvio, pelos relatos, que todos adoraram a ideia, tanto os frequentadores do evento quanto os sem-teto. Ela dá a eles a oportunidade de interagir com as pessoas, se sentir úteis, ganhar dinheiro e ser uma parte importante da vida das pessoas.

Como não gostar da ideia? Mas lia-se com espanto, mas talvez sem surpresa, os gritos de revolta contra a ideia. Para algumas pessoas, aquilo cheirava a "exploração". Os sem-teto estavam sendo usados num experimento cruel. Os corpos deles foram transformados em *commodities*! É humilhante! Você pode ler estas afirmações e outras milhares em centenas de sites na *Internet* agora mesmo.

O *New York Times* alega que, de alguma maneira, a ideia toda foi "um tiro que saiu pela culatra" e se transformou em um desastre de relações públicas para a agência. A BBH não recuou, mas resolveu dar explicações. Antes, era comum que os sem-teto vendessem jornais e ganhassem algum trocado desta maneira. Mas hoje, quase ninguém quer uma porcaria de jornal, então os mendigos precisam de outra coisa.

Qual é a coisa mais valiosa hoje em dia? Uma conexão de banda larga. Que os sem-teto as carreguem e sejam pagos por isso. Lindo! Criativo! Isso não é exploração de jeito nenhum, do contrário alguém tirando proveito deste comércio manifestaria objeções. Até agora, ninguém o fez; pelo contrário, a população de rua adorou a oportunidade. Um mendigo disse que era "um dia honesto de trabalho e ganho". Sim!

Os termos "exploração" e "comoditização" são usados por pessoas que têm algo contra as transações comerciais entre ricos e pobres. Para estas pessoas, a realidade de que todos obviamente se beneficiam do comércio não significa nada, já que todos estão aparentemente cegos por uma realidade mais profunda que você só pode discernir depois de ler as obras completas de Kalr Marx ou de Vladimir Lenin (1870-1924). Não temos tempo, então cabe à elite iluminada ler, interpretar e implementar isso em nosso nome.

E a que se resume esta implementação? Ela se resume, na verdade, a negar oportunidades às pessoas que mais precisam delas. Em vez de oferecer serviços pelos quais as pessoas estão dispostas a pagar, os necessitados estariam definhando em uma cama dobrável dura num depósito fedido em algum lugar, enquanto, supostamente, manteriam a dignidade.

Como isso pode ser melhor? Se eu fosse um sem-teto, usaria uma camisa com os dizeres: "Por favor, me explore com um emprego! Por favor, comoditize meus talentos valiosos!"

Nossa percepção do nosso próprio valor está ligada em um grau notável ao quanto os outros nos valorizam. Para ver isso na prática é preciso que haja oportunidades para que as pessoas cooperem entre si, principalmente no sentido econômico. Numa troca econômica, nós nos tornamos importantes como indivíduos e os outros se tornam importantes para nós. É por isso que sociedades baseadas no mercado também são sociedades nas quais os seres humanos prosperam e se sentem importantes e valorizados.

Ser realmente humilhado e explorado significa ter seu valor reduzido a zero, de modo que nos tornamos nada além de seres físicos que não produzem nada e ainda por cima ocupam espaço e consomem recursos. Este é o caminho para a desmoralização psicológica e a morte.

Quais as condições nas quais esta sensação de desvalorização completa é mais intensa? Eu chamaria a atenção para dois acordos institucionais em especial, nos quais esta é uma característica onipresente. Ambos envolvem condições de controle estatal total.

Primeiro, soldados numa guerra não são valorizados como indivíduos, e sim explorados para matar e morrer. Eles têm pouquíssimo controle sobre suas vidas – o trabalho deles é a obediência irrestrita – que suas vidas são rotuladas como descartáveis sob as condições certas.

O segundo caso é a cadeia, onde os prisioneiros não têm nenhum controle e não são valorizados por aqueles que controlam suas vidas. Pelo menos, os animais em um zoológico proporcionam valor para os outros; os prisioneiros de uma cadeia sequer podem se dar a este luxo. A prisão é uma situação completamente desmoralizante e desumanizante da qual as pessoas nunca se recuperam completamente.

Os desempregados e os sem-teto sentem isso num grau bem menor, mas a desvalorização também está presente em suas vidas. Excluídos do nexo comercial, eles se perguntam com o que podem contribuir para a sociedade. Eles questionam seu próprio valor como seres humanos e se há algum sentido no cotidiano. Eles sentem que ninguém precisa deles. Eles se sentem desprezados e desvalorizados.

Por isso é que a taxa de suicídio entre os desempregados é duas ou três vezes maior do que a média nacional. Ter um trabalho é mais do que receber um salário. Trata-se de sentir que você pode contribuir com algo, que há um propósito na vida, que nossa própria existência tem sentido e que os outros realmente se importam se vivemos ou morremos.

Vamos formular um princípio geral: se uma pessoa está decepcionada com a vida, é geralmente porque se sente de algum modo desvalorizada. Na verdade, não conheço exceções à regra. A solução, portanto, é mudar as condições institucionais que a levaram a este estado de existência infeliz. Esta mudança requer liberdade e oportunidade.

Entre os desempregados e sem-teto, a soluções para o problema é bastante óbvia: comércio. Eles precisam se envolver com os outros de uma forma tangível que gere resultados. Só o mercado propicia isso. Por isso é que "comoditizar" os sem-teto e os desempregados é a melhor coisa que pode acontecer a eles.

Aparentemente, no entanto, para muitas pessoas a população de rua não é um problema a ser solucionado, e sim um grupo a ser usado politicamente. A função deles é parecerem patéticos e derrotados, vivendo na imundície e posando para as câmeras quando os ativistas aparecem para usá-los como massa de manobra política. E as soluções que os ativistas propõem sempre envolvem, de alguma forma, política, e não economia.

Este é o verdadeiro sentido de exploração!

Diante de toda a reclamação quanto ao problema dos moradores de rua ao longo dos anos, era de se esperar que o estouro da bolha imobiliária e a consequente queda nos valores dos imóveis fosse recebido com gritos de júbilo. Afinal, isso poderia ter significado a disponibilidade de muitas casas a presos superbaixos que todos poderiam pagar! Mas, pelo contrário, o problema não foi tratado desta maneira: o governo e o Banco Central dedicaram todas as suas energias a manterem os preços os mais altos possíveis! E quem se importa com o sofrimento dos sem-teto?

Os autointitulados amigos dos moradores de rua não são nada disso. Empresas como a BBH, que lhes dão oportunidades econômicas, é que são seus verdadeiros amigos. Abrigos, esmolas e tramas políticas não melhoram a vida dessas pessoas em longo prazo.

A livre iniciativa e o empreendedorismo criativo não só salvarão as pessoas desmoralizadas entre nós, como também são fundamentais para incentivar toda a humanidade a fim de que todos se sintam valorizados servindo aos outros e a si mesmos. O comércio é algo único, pois tem a capacidade mágica de unir estas duas coisas para o bem de todos.

ENSAIO 8

A corrida pelo produto mais legal

Uma coisa que sempre se vê em filmes de ação ou suspense como os da franquia *Missão Impossível* e os da série James Bond é que as agências governamentais têm todos os instrumentos e ferramentas mais legais, coisas que não podemos ter.

Esses filmes geralmente têm uma cena de abertura com cientistas demonstrando a tecnologia mais avançada, como uma caneta que na verdade é um lança-chamas ou sapatos especiais que permitem que você escale um prédio. Sempre há um carro com poderes incríveis e asas acopladas ou turbinas que se provam extremamente úteis na cena de perseguição final.

Há algo de incrivelmente implausível nisso tudo. A verdade é que o governo está atrás da iniciativa privada no que diz respeito à velocidade de inovação e até mesmo na adoção e uso da tecnologia privada. Basta ver o correio! Ele é patético. E uma década depois dos lares terem computadores conectados à *Internet*, as autoridades públicas ainda usavam máquinas de escrever e triplicatas. É assim há muito tempo. O governo não inventa nada e demora muito a adotar o que o mercado lança.

Outra coisa implausível nestes filmes é que os dispositivos do governo funcionam na maior parte das vezes. Isso não é verdade, como a história moderna das "bombas inteligentes" ilustra. Sem acesso ao mercado de peças de reposição ou a um mercado para testar e melhorar a tecnologia *on the margin*, as inovações estatais se depreciam rapidamente e acabam por se tornar extremamente duvidosas. Qualquer pessoa que tenha passado algum tempo envolvido na burocracia governamental pode lhe contar as histórias.

De onde surgiu a ideia de que o governo tem os melhores dispositivos? Isso provavelmente é resultado da Segunda Guerra Mundial, em particular da bomba atômica. O lendário Projeto Manhattan, iniciado por Franklin Delano Roosevelt (1882-1945) em 1939, acabou por criar uma assustadora e imoral bomba nuclear que aniquilou 250 mil pessoas no fim do conflito. Isso causou impressão e deu início ao mito de que o governo, por ter acesso a mais recursos e pessoas do que a livre iniciativa, pode criar tecnologias mais impressionantes.

Uma coisa é construir armas de destruição em massa, e outra é inventar coisas que melhorem a vida. A iniciativa privada nunca teve motivos para inventar uma arma de destruição em massa, o que explica porque o governo conseguiu inventá-la antes. A lição pode ser generalizada para uma vasta gama de tecnologia.

Na vida real, a iniciativa privada amplia os horizontes um passo de cada vez, com um fluxo constante de novos lançamentos que melhoram o que está ultrapassado, cada um tendo de passar pelo teste da experiência do usuário e da viabilidade econômica. Trato disso para elogiar um filme que destoa drasticamente do padrão. O filme é *Missão Impossível – O Protocolo Fantasma*, de 2011. Sei o que você está pensando. Está pensando que não aguenta a fantasia destes filmes, como Tom Cruise consegue cair por dez metros sobre uma superfície de aço e sair praticamente ileso, como as cenas de perseguição mostram manobras que nem o melhor piloto de NASCAR conseguiria realizar e assim por diante.

E isso também se aplica a este lançamento recente (mas, ei, este tipo de filme é para ser divertido, então relaxe!). Mas há um aspecto muito importante no qual este filme realmente acerta: ele parece ser o primeiro do gênero a entender plenamente que a tecnologia privada é melhor do que a tecnologia governamental.

A maioria dos equipamentos do governo no filme é pouco confiável. As luvas especiais que permitem que você suba pelas paredes de vidro de um arranha-céu falham. A luva direita de alguma forma entra em curto ou talvez as baterias tenham acabado ou coisa assim. Ela faz um barulho de algo elétrico entrando em pane e desliga, quase matando o agente Ethan Hunt. Depois, em outra cena, o imã instável que está supostamente criando uma força antigravitacional sai do controle e quase mata outro agente. A tecnologia do governo é tão ruim que até mesmo a incrível impressora 3D de máscaras quebra inesperadamente, fazendo com que os agentes tenham de entrar em negociações de alto nível de cara limpa!

Nem mesmo a marca registrada dos filmes da franquia *Missão Impossível* pode existir, graças à incompetência do governo. E eis outro caso: um agente deveria usar uma lente de contato que tira secretamente fotos de documentos, e então estas imagens são impressas remotamente em outro lugar. Para tirar as fotos, é preciso piscar duas vezes. O agente inimigo acaba por notar estas piscadas peculiares e depois nota que o olho do agente secreto exibe um estranho desenho cruzado na retina e manda que ele seja assassinado imediatamente!

Nada do que o governo lhes deu para a missão funciona direito! Mas e quanto à iniciativa privada? Hilariamente, a missão com a famosa mensagem de autodestruição é enviada por um *iPhone* (em uma cena na qual isso não é feito, o agente Hunt tem que usar um telefone público da era soviética para mandá-lo pelos ares). Todos os agentes usam *iPads* para realizar feitos tecnológicos incríveis. Eles usam a técnica de rolamento dos *iPads* para estudar as imagens dos agentes inimigos. E todo o trabalho com computadores é realizado muito ostensivamente com *MacBooks*.

É como se os produtores tivessem se sentado para pensar nas coisas mais legais e percebido que não existia nada mais legal do que o que você pode comprar neste momento numa Best Buy, então eles finalmente decidiram abandonar a velha ideia de que os melhores aparelhos surgem dos laboratórios governamentais. Quanto ao restante das coisas estatais, trata-se das armas perigosas e satélites de sempre. É tudo refugo da Guerra Fria e só pode ser usado para o mal.

Portanto, a mensagem é clara: a tecnologia do governo é maliciosa, obsoleta ou ineficiente, enquanto a tecnologia da iniciativa privada é avançada e eficiente. Isso resulta em uma reviravolta decisiva, até mesmo uma mudança artística épica. Isso resulta na a admissão de que a grande batalha tecnológica entre os setores público e privado foi vencida decisivamente pelo livre mercado. Neste sentido, o novo *Missão Impossível* talvez seja o filme de ação mais realista já feito. Se você quer realizar o impossível, você sabe a que recorrer.

ENSAIO 9

O ataque dos legisladores ao *e-book*

Entenda isso: o burocrata federal que no último mês deu início a um processo litigioso contra a Apple e as editoras por causa do preço dos *e-books* é a mesma pessoa que, na Idade da Pedra, representou o Netscape no processo contra a Microsoft.

Lembre-se que a Microsoft estava tentando distribuir o Internet Explorer gratuitamente aos usuários. O Netscape ficou louco e pediu ao governo que desse uma surra na Microsoft por ser tão boazinha com os consumidores. O processo impôs à empresa a um inferno jurídico e até exigia que a Microsoft mudasse o código de seu sistema operacional para dissociá-lo do Internet Explorer.

O nome da pessoa é Sharis Pozen e ela é a chefe da divisão antitruste do Departamento de Justiça e indicada política da administração de Barack Obama. Ela ameaça a Apple e as editoras de violência estatal por conluio na precificação — e alega que seu trabalho é proteger os consumidores.

Interessante. Ela começou a carreira tentando proteger os direitos de uma empresa antiquada de abusar dos consumidores. Para ela, um produto gratuito era concorrência desleal. Ela tinha certeza de que um navegador deveria ser um produto pago. O avanço da História arrasa este argumento. Hoje, dezenas de empresas imploram para que você baixe o navegador delas gratuitamente. O navegador é usado em todos os lugares, como um livre mercado. Não existe monopólio da Microsoft, ao contrário das previsões exageradas.

Levando em conta este histórico, era de se supor que ela se aposentaria da vida pública e talvez entrasse para o ramo da floricultura ou alguma outra coisa. Em vez disso, ela continua ativa. Ano passado, ela negou uma fusão entre a T-Mobile e a AT&T que melhoraria seu serviço de telefonia celular. Este ano, ela diz que um acordo entre as editoras e a Apple está prejudicando os consumidores, então ela precisa agir.

O governo não tem absolutamente nada a ver com a invenção do *e-book*. Ele tampouco inventou o leitor do *e-book*. O *Nook*, o *Kindle*, o *iPad* e todos os outros foram puramente produtos do empreendimento privado. Assim como o sistema de distribuição que disponibiliza milhões de títulos para serem baixados com um clique rápido, armazenando-os na nuvem. O aparato todo deu vida nova ao livro e representa uma mudança no mercado editorial maior até do que a invenção da imprensa.

Mas devemos acreditar que Sharis Pozen sabe exatamente qual deveria ser o preço do *e-book*. Ela sabe como devem funcionar as relações contratuais entre editoras e distribuidores. Ela sabe quando há concorrência e quando há conluio. Ela sabe como proteger o consumidor dos preços altos porque, obviamente, nós, os consumidores estúpidos, estamos aqui sentados sem ter a menor ideia se US$ 9,00 ou US$ 14,00 é caro demais. Nós simplesmente gastaríamos nosso dinheiro descuidadamente, enganados pela iniciativa privada, se não fosse por Sharis Pozen cuidando dos nossos interesses.

Não há arrogância no mundo comparada à dos burocratas do governo.

Não há possibilidade de que qualquer mortal saiba antecipadamente como deveria funcionar a precificação do *e-book*. Por anos, as pessoas tentaram criar um mercado lucrativo através da venda de *downloads* de *PDFs*. Algumas empresas tiveram sucesso, mas limitadamente, vendendo para grandes instituições, e mesmo assim os produtos agregados tinham de ser impressionantes: buscas elaboradas, grandes coleções, tutoriais de citações e outras coisas. Este modelo nunca chegou ao varejo.

Por quê? Difícil dizer ao certo, mas, em retrospecto, pode-se especular que o formato *PDF* simplesmente não é muito amigável ao consumidor. Ele serve para muitos objetivos e é algo milagroso de qualquer ponto de vista histórico. Mas, no final das contas, não era comoditizável em grande escala.

Então, surgiu o *e-book*. Ele tinha uma estrutura em *HTML* que permitia que as fontes fossem aumentadas ou diminuídas. Ele permitia buscas instantâneas. A navegação era fácil. Ele imitava a virada de página do livro físico. Ele era leve. Por todos estes motivos, e provavelmente por motivos nos quais não pensei, o *e-book* tornou-se comoditizável. Eu nunca teria acreditado nisso, mas foi o que aconteceu.

Sei disso porque eu mesmo me viciei.

Mas como a precificação funciona? O modelo governamental tradicional examinaria os custos e concluiria que os preços são estabelecidos de acordo com um processo predeterminado. Este modelo tem uma plausibilidade superficial, apesar de falaciosa, no que diz respeito aos bens físicos, mas que é completamente irrelevante em se tratando de bens digitais. Com bens digitais, nos quais o custo marginal de cada item adicional é zero, o preço obviamente não é nada além de um acordo entre o vendedor e o comprador, sem ter nada a ver com o custo de produção.

Portanto, ninguém sabe determinar qual deveria ser o preço final de um *e-book*. É o mercado que dita isso. No começo, as editoras vendiam de acordo com o modelo de atacado e deixavam que os distribuidores determinassem o preço. Assim como fazem com os livros físicos, os distribuidores estavam abaixando cada vez mais os preços, e as editoras começaram a reclamar.

Foi quando a Apple passou a usar um modelo de agenciamento na precificação. A editora determina um preço e o distribuidor fica com 30 por cento. Assim, todos podem ter lucro. Isso também permitiu que as editoras menores ingressassem neste mercado. Até mesmo o proprietário de uma obra única pode se envolver e vender *e-books* para o mundo.

Então, qual é o problema? A Apple e a Amazon incorporaram à relação contratual da empresa com os usuários de seus serviços a exigência de que outra companhia não poderia vender os mesmos produtos por preços mais baixos. E por quê? Claro que elas querem fechar contratos mas, mais reveladoramente, estão tentando incentivar os produtores a diminuírem os preços a fim de venderem mais.

Este é um procedimento padrão na precificação da *Internet*. Se você usa um serviço, o serviço quer ser capaz de oferecer a melhor oferta possível. Na verdade, a Amazon e outras empresas fazem isso há anos. O usuário pode aceitar o rejeitar a negociação.

Aí é que está. Se este não for o modelo certo, ele prejudicará o serviço que oferece. Outros podem concorrer. Autores e editoras podem criar seus próprios sistemas. Os mercados resolvem isso sozinhos. Neste caso, parece que a Amazon é a única parte reclamando: ela não quer que a Apple tenha participação no mercado.

O mercado dos *e-books* é novo, por Deus! Ele sofrerá muitas mudanças antes de se acomodar — e, na verdade, esperamos que jamais se acomode! Mudanças incessantes na economia e na vida são uma coisa boa.

Mas os burocratas não concordam. Eles querem paralisar tudo e adequar as coisas ao seu modelo. E se Sharis Pozen tivesse prevalecido, estaríamos pagando à Netscape pela oportunidade de navegar na *Internet*. Isso é que é se importar com o consumidor.

ENSAIO 10

A morte do compartilhamento de arquivos

O violento ataque realizado na semana passada pelo governo ao *site* incrivelmente popular Megaupload— com o governo norte-americano prendendo cidadãos belgas na Nova Zelândia, surpreendentemente, e roubando à mão armada contas bancárias e propriedades dos servidores — lançou ondas de choque por todo o mundo digital.

O primeiro choque foi perceber que o gigantesco protesto contra os movimentos legislativos (SOPA e PIPA[1]) que tomaria de assalto a *Internet* se revelou supérfluo. O que to-

---

[1] Acrônimos em inglês para a Lei de Combate à Pirataria [Stop Online Piracy Act] e Lei de Prevenção a Ameaças *Online* Reais à Economia Criativa e ao Roubo de Propriedade Intelectual [Preventing Real Online Threats to Economic Creativity and Theft of Intellectual Property Act], respectivamente conhecidas como SOPA e PIPA [PROTECT IP Act]. (N.T.)

dos queriam evitar já está em curso. A SOPA não é a serpente indesejada no jardim da informação livre. As serpentes já tomaram conta do jardim e pendem de todas as árvores.

O segundo choque levou alguns dias para ser assimilado. Ela podia significar que todo o funcionamento da era digital até então estava em perigo, ou até mesmo condenado. Isso não é uma previsão. A condenação à extinção está ao nosso redor agora mesmo.

O problema é este: o Megaupload era acusado de violar o direito de propriedade intelectual por meio de sua tecnologia de compartilhamento de arquivos. Essa tecnologia permite ao usuário fazer *upload* de seu próprio conteúdo e permite que os demais usuários entrem neste espaço. Se o conteúdo tiver direitos de propriedade incertos – na verdade, pode ser qualquer coisa – compartilhá-lo, portanto, seria aparentemente um crime.

Durante alguns anos, os agentes federais perseguiram desnecessariamente pessoas por acessarem via *streaming* ou compartilharem conteúdo de modo não violento. Isso teve uma espécie de efeito amedrontador e aumentou o uso de *proxies* criadores de IPs aleatórios para impedir que hábitos *online* fossem rastreados. Universitários conhecem isso muito bem. Mascarar IPs é simplesmente como vivem e trabalham.

O ataque ao Megaupload leva tudo isso a outro nível. O *site* não era uma instituição totalmente clandestina e suspeita tentando burlar a lei. Ele já estava se tornando um serviço legítimo capaz de lançar carreiras na música e na arte em geral. Ele parecia estar fazendo exatamente o esperado na era digital. Ele estava reinventando um modelo antigo para os novos tempos por meio de inovação na produção, distribuição e divisão de lucros.

Como já escrevi, foi principalmente por isso que a indústria ultrapassada perseguiu o Megaupload. O que o transformou num alvo não foram suas atividades ilegais, e sim as legais. Os magnatas não queriam que houvesse mudança. Eles esmagaram a concorrência.

Ao mesmo tempo, o raciocínio jurídico usado pelos agentes federais para perseguir estas pessoas era sua suposta violação de propriedade intelectual por meio do compartilhamento de arquivos.

O que levanta a questão: todo *site* que possibilita o compartilhamento de arquivos está em perigo? Pense no Dropbox, o serviço extremamente popular que permite que você coloque seus arquivos numa nuvem e crie pastas especiais para compartilhá-los com os outros. Isso permite que as pessoas trabalhem de forma colaborativa em pastas compartilhadas e previne o problema inevitável do controle de versões que surge com a troca de *e-mails*.

Como exatamente o Dropbox é diferente do Megaupload? Não é tão diferente assim. Ele é sóbrio e acadêmico, e não chamativo e sofisticado. Sua *interface* é simples e organizada, ao invés de colorida e animada. De outra forma, é difícil diferenciar qualitativamente um do outro.

O Dropbox não está sozinho. Como escreve a *TechCrunch*:

> Vários serviços de armazenamento digital funcionam como o Megaupload. RapidShare e MediaFire são dois dos maiores. Mas estes sites passaram por uma reforma recentemente e ao menos parecem menos nefastos do que eram. Outros serviços, como Dropbox, iCloud e Amazon S3, armazenam qualquer arquivo que o usuário queira. Eles também facilitam o compartilhamento, mas, de certo modo, há muito mais privacidade do que no Megaupload. Ainda assim, há *sites* como o Zoho, nos quais os usuários podem compartilhar facilmente

conteúdo, conteúdo este que pode ser protegido por direitos autorais. Mas o principal objetivo destes *sites* é o compartilhamento livre de arquivos – assim como o Megaupload.

Difícil entender como um *site* de compartilhamento de arquivos pode ser aprovado em uma inspeção formal sob este novo regime. Há muitos outros, como o SugarSync e o FileSonic. Como Ghacks afirma, os usuários deste último receberam a seguinte mensagem agourenta esta semana:

> Pergunta: qual o valor de um *site* de compartilhamento se ele não permite o compartilhamento? Ele se torna apenas um *pen drive* na nuvem. Talvez isso seja conveniente, mas não é algo vendável ou útil.

Outra tática que os *sites* de compartilhamento de arquivos estão usando depois do ataque ao Megaupload é banir sumariamente usuários norte-americanos na esperança de que isso os imunize de alguma maneira dos ataques terroristas que estão sendo cometidos pelo governo norte-americano. Com isso, em um *site* de *upload*, os usuários norte-americanos foram recebidos com uma mensagem de bloqueio gerada pelo governo.

Os norte-americanos olham para a China chocados com o fato de que o governo de lá não permite acesso a boa parte do conteúdo da *World Wide Web*. Mas repare: isto está acontecendo agora mesmo nos Estados Unidos, mas de forma indireta. O fenômeno tem sido chamado de uma "Cortina de Ferro virtual" que está sendo erguida na as fronteiras dos Estados Unidos. Isto já aconteceu ao sistema bancário. Estamos vendo os primeiros sinais disto no acesso à *Internet*.

Outro *site*, chamado uploadbox.com, decidiu não lidar mais com os riscos deste tipo de tática terrorista e planeja encerrar completamente as atividades no fim do mês.

O que mais? O Google Docs permite o compartilhamento de arquivos e, assim, resolveu muitos problemas. Esta foi uma grande vantagem de tal inovação. Eu o uso todos os dias. É essencial. Mas está em perigo. E quanto ao Facebook? Eu poderia publicar nele uma imagem protegida agora mesmo e compartilhá-la com milhares de pessoas. O Facebook, portanto, se torna cúmplice dos mesmos crimes dos quais o Megaupload foi acusado.

Por falar nisso, e quanto ao e-mail? Quando envio um arquivo, ele não é removido da minha máquina. Uma cópia é feita e refeita. Quem pode dizer se o que é enviado ou recebido está sujeito às leis de propriedade intelectual e passou por todas as vias legais? Nas últimas semanas, cheguei realmente a receber e-mails expressando o medo de compartilhar *links* para *sites* públicos!

Todas estas mudanças vão além do tradicional "efeito amedrontador" dos ataques aleatórios à liberdade de expressão e à liberdade de associação. Isso é uma paralisação repentina e direta que está devastando a forma como a *Internet* surgiu. O chamado "compartilhamento de arquivos" é o único serviço que a *Internet* provê. Sem isso, a *Internet* se torna um correio eficiente ou outro meio para se distribuir conteúdo de estilo televisivo.

A *Internet* tem sido a força motivadora por trás do crescimento econômico, mudança política, progresso social e elevação geral da Humanidade justamente por sua capacidade de usar recursos escassos e convertê-los em bens não escassos de duplicabilidade e disponibilidade infinitas. Informações, mídias, dados e imagens antes restritos ao mundo físico – papel e tinta, filme e caixas de arquivos – foram libertados em outro reino para que possam servir e iluminar toda a Humanidade.

Isso aconteceu por causa do milagre da duplicação dos bens digitais que impulsiona as economias na era digital. Banir a duplicação e o compartilhamento de arquivos hoje é como banir o voo na década de 1920, banir o aço na década de 1880, banir o telégrafo na década de 1830, banir a imprensa na década de 1430 e banir a roda e a navegação que marcaram o início da saída dos homens do tempo das cavernas.

Isso fará a Humanidade recuar. Isso viola a liberdade. Isso ataca tudo que constitui e define os tempos em que vivemos. Isso substitui um mundo de compartilhamento e prosperidade por um mundo de violência e regressão tecnológica. A *Internet* continuará a existir, mas assumirá outra forma. Enormes setores precisarão prosperar por trás de *pay walls* bastante seguros e somente dentro de comunidades digitais particulares.

E quem está fazendo isso? O governo norte-americano. O governo associado a elites corporativas da velha guarda.

E qual o motivo oficial? Fazer valer a "propriedade intelectual". Na verdade, esta é a realidade: ou toda a base dos direitos autorais, marcas registradas e patentes é abandonada ou poderemos testemunhar a morte da era digital como a conhecemos. Enquanto a propriedade intelectual for imposta, o império mundial norte-americano pode continuar percorrendo o mundo em busca de algo para devorar.

ENSAIO 11

Dois pontos de vista sobre a *Internet*

A recém-derrotada legislação chamada SOPA [Lei de Combate à Pirataria *Online*] surgiu do nada e provocou um tumulto mundial entre os mais inteligentes para garantir que ela fosse derrotada. Foi por pouco, e a legislação não desaparecerá. Ela voltará várias vezes, e será preciso uma vigilância incansável para manter esta ameaça longe.

Só isso já é muito irritante. Por que deveríamos gastar tempo lutando tanto por algo que deveria ser nosso direito natural de falar e compartilhar, de nos associarmos aos seres humanos por meio da mídia digital? Por que deveríamos precisar perder tempo explicando a dinâmica das redes digitais para uma gangue de velhos mafiosos com o poder político de estragar tudo, mas sem nenhuma capacidade de criar algo de valor?

Na semana seguinte à grande disputa, andei pensando sobre as implicações da legislação, que se resume a uma mudança drástica na forma como as pessoas conduzem suas vidas digitais. Muitos oponentes alertaram acertadamente que a lei significaria o fim da Wikipedia, Google, YouTube, milhões de *blogs*, Facebook e praticamente tudo o mais. Eu achava que isso resultaria no que é chamado de "consequência acidental" da legislação. Em nome da proteção do direito à propriedade, os defensores da SOPA acabariam por, desavisadamente, arrasar a ferramenta mais produtiva e inovadora do nosso tempo.

Mas me ocorre (finalmente) que há mais do que isso. Deixe-me contar rapidamente uma história para ilustrar meu argumento. Em um *blog*, postei algo do YouTube que era uma gravação de uma narrativa curta. Nada de mais. O vídeo fora publicado por muitos outros e nem me importei com isso. Então, de repente, recebi uma notificação de uma grande revista solicitando a remoção do vídeo. O texto fora tirado da publicação deles e a gravação não fora autorizada. Era um *remix*.

Expliquei que eu não tinha nada a ver com a gravação. Estava apenas reproduzindo o *link* e, além disso, não tinha ideia de qual era a fonte. Não adiantou nada: a empresa exigia incansavelmente que eu lhes desse crédito ou tirasse o vídeo do ar. Fiquei impressionado com isso. O usuário do YouTube que publicara o vídeo para o qual eu divulgada o *link* dera crédito à fonte. De qualquer forma, se eles não queriam que alguém gravasse o texto, não deveriam tê-lo publicado *online*. E o mais importante: por que se incomodar com isso? É maravilhoso publicar algo que outras pessoas consideram dignas de ser compartilhado e remixado.

Mas o correspondente não aceitava isso. Ele estava furioso com o YouTuber, comigo, com a *Internet* e com o mundo. Afinal, disse ele, o texto curto foi usado sem permissão e publicado em outro lugar de uma forma diferente. Isso é pirataria, disse. Claro que, com a SOPA, não só o Youtube estaria encrencado; eu também, assim como todos os usuários do Facebook que publicaram o vídeo. A lei tenderia a favor deste cara, independentemente da injustiça e da realidade da *Internet* que ele claramente não entende.

Ao pensar nisso, de repente percebi algo. A SOPA não é apenas uma legislação perigosa apoiada por pessoas egoístas que teria inadvertidamente maus resultados. A transformação na forma como a *Internet* funciona é exatamente o que estas pessoas têm em mente. Elas querem promover uma mudança drástica na forma como a mídia digital funciona a serviço da Humanidade.

Um pouco de contexto aqui. A *Internet* estimulou toda uma geração de ativistas digitais e provocou a maior erupção de inovação a serviço da Humanidade da História porque permite a criação em tempo real de redes de trocas de informação. É um meio instantâneo e barato de mesclar os produtos de mentes humanas individuais, de modo que o resultado seja maior do que a soma das partes. A tecnologia é brilhante, mas o que a faz funcionar é o ser humano individual que tem a oportunidade de acrescentar conhecimento a algo já maior do que ele mesmo.

O resultado da comunicação sem *Internet* foi o que deu origem à explosão tecnológica do fim do século XIX, como afirmaram Robert Higgs e Deirdre McCloskey. Funciona como fermento com farinha, açúcar e água. É algo que se torna maior e mais importante do que qualquer pessoa imaginou inicialmente. O que a *Internet* fez foi levar este modelo a outro nível, aumentando a quantidade de participantes e a variedade de materiais que podiam ser compartilhados. Em outras palavras, a *Internet* realmente resultou no esforço mais bem-sucedido da Humanidade de usar a colaboração intelectual para o bem comum. (Se você tem curiosidade quanto a essa visão, dê uma olhada nos escritos de Richard Stallman, cuja obra começo a admirar cada vez mais).

Os defensores da SOPA ouvem tudo o que acabei de descrever como a apologia da pirataria e do saque em grande escala. Colaboração é roubo. Aprendizado é roubo. Transmitir informação e *links* é roubo. Você pode olhar, mas não pode agir. Você pode ouvir, mas não pode aprender. Não deveria haver consumo sem contrato e nenhuma concorrência em qualquer circunstância.

Para fazer uma analogia de como eles veem o mundo digital, pense na televisão. Cada canal faz algo diferente e não há relação entre os canais. Cada canal existe isoladamente. Você está assistindo a um ou outro. É ridículo falar em colaboração. Ninguém cria *links* de um canal para outro. Não criamos conteúdo para a televisão. Somos apenas consumidores e uma parede estrita nos separa dos produtores.

Esta é a maneira antiga de fazer as coisas, e foi exatamente assim que a *Internet* mudou tudo. Os defensores querem voltar ao que era e arrancar o coração do que torna a *Internet* diferente de tudo que veio antes. Neste sentido, eles são ludistas desesperados por atrasar o relógio, matar o espírito inovador e arrasar o meio que responde por boa parte da produtividade mundial nos últimos dez anos. Parece loucura? É, mas é o que a SOPA faria e o que a SOPA pretende fazer.

Eu nunca teria imaginado, mas isso está realmente prestes a se tornar a batalha do futuro. Aqueles que querem usar o Estado para fazer valer "direitos de propriedade intelectual" realmente têm em mente um mundo sem a *Internet* como passamos a compreendê-la. É incrível que um pequeno erro intelectual nascido no fim do século XIX (a noção de que ideias podem ser propriedade) se transformaria num monstro consumidor de riquezas mundial que está fundamentalmente ameaçando o futuro da civilização. Mas é exatamente com isso que estamos lidando hoje em dia.

ENSAIO 12

A economia por trás da *timeline*

A maioria de nós não pensava em Davy Jones (1945-2012), do The Monkees, há muitos anos. De repente, ele morreu com sessenta e seis anos e todos estávamos instantaneamente vivendo no mundo dele. Houve homenagens por todos os lados. Os vídeos que ele fez no YouTube obtiveram um volume enorme de visualizações. Elogios à sua vida e obra apareceram em inúmeros *blogs*.

As pessoas celebravam a memória dele analisando a sucessão de eventos de sua vida, vendo as mudanças em seu rosto e aparência, desde muito jovem, quando interpretou a Raposa Espertalhona, até seu último ano de vida, quando ainda cantava (e, na verdade, parecia ótimo!).

O mesmo acontece agora sempre que um importante personagem cultural falece. Vemos toda uma vida de imagens. Vemos as mudanças, o envelhecimento, os cabelos brancos surgindo, o ganho de peso e outras reações interessantes da nossa aparência física à passagem do tempo.

A era digital nos trouxe muitas coisas novas, mas a mais inesperada é a nova percepção do tempo e da inevitabilidade do declínio e da morte. Os dígitos têm uma forma especial de retratar isso de modo que vemos tudo num processo muito mais veloz. Podemos assistir apresentações de décadas atrás com a mesma facilidade que podemos assistir uma apresentação de ontem.

Nunca foi tão fácil observar a expressão "do pó ao pó" se desenrolar diante dos nossos olhos. A era analógica geralmente nos apresenta apenas o que está acontecendo em determinado momento, ou melhor, podíamos nos esforçar um pouco para ter uma imagem geral do passado e do presente. A era digital, com sua tendência de nos dar todas as informações que podemos querer, põe a passagem do tempo ao alcance das nossas mãos e imprime a realidade da mortalidade em nossas mentes.

A passagem do tempo entrou na moda recentemente. O Facebook, usado por quase um sexto da humanidade, recentemente mudou sua diagramação padrão que antes exibia coisas aleatórias para uma diagramação que organiza tudo cronologicamente. *Widgets* mostram como seremos daqui a cinquenta anos. Nossos arquivos de *e-mails* mantêm uma crônica viva da nossa vida, dia a dia, pensamento a pensamento, amigo a amigo.

Tudo simboliza uma nova aceitação da forma mais incansável do universo, mais poderosa do que todos os estados e todos os mercados privados juntos: a inevitabilidade da mudança contida na passagem do tempo. Ela é incontrolável, inegável e onipresente, e um lembrete constante de que, por mais poder que a humanidade acumule, ela jamais será mais forte do que o tempo. Há algum consolo nisso.

Que instituição econômica personifica melhor a inevitabilidade da marcha incansável do tempo? Ludwig von Mises, em seu maravilhoso tratado *Human Action* [*A Ação Humana*], de 1949, nos diz que é a taxa de juros. As taxas de juros refletem nosso grau de valorização dos bens presentes sobre os bens futuros. Todos preferem determinado bem agora, e não mais tarde, em condições iguais. Contudo, no mesmo sentido em que escolhemos quais bens e serviços queremos comprar ou nos recusamos a comprar, também escolhemos nosso horizonte de tempo: agindo agora ou agindo mais tarde a fim de alcançarmos nossos objetivos.

Se queremos um carro hoje e não queremos adiar a compra por um ou dois anos, precisamos pagar a alguém que adiou esta compra para que nos empreste o dinheiro economizado. Se estamos abrindo um negócio e achamos que os lucros de curto prazo serão maiores do que as taxas de juros, fechamos o negócio. Se economizamos dinheiro e o disponibilizamos a outros, esperamos uma recompensa na forma de juros.

A taxa de juros deveria sinalizar aos investidores como lidar com os compromissos ao longo do tempo. Uma taxa de juros baixa deveria sinalizar bastante dinheiro poupado numa sociedade que adiou o consumo e planejou o futuro. Uma taxa de juros alta sugere uma relativa escassez de recursos e uma corrida para usar o que está disponível. Assim, a taxa de juros sincroniza cuidadosamente o presente e o futuro.

A passagem do tempo também se manifesta na instituição do capital – bens produzidos não para o consumo imediato, e sim para a geração de outros bens. Se não houvesse uma estrutura temporal de produção, o capital não teria um valor único e tampouco contribuiria realmente para a prosperidade geral. Mas ele tem valor porque sua própria existência mostra como os proprietários podem fazer planos para o futuro.

Em sociedades nas quais não há planejamento para o futuro, seja porque a cultura é voltada para o presente ou porque a lei é instável demais para permitir o planejamento, o capital não se forma. A estrutura temporal de produção não existe. E não há poupança para sustentar a disponibilidade de crédito.

Em economias desenvolvidas, a estrutura do capital reflete uma enorme variedade de comprometimentos temporais. Todo processo de produção termina em consumo, mas estas terminações estão por todos os lados. Posso preparar sopa para comer agora. Ou posso economizar para comprar umas videiras e construir uma vinícola para fabricar vinho que só poderá ser bebido e vendido daqui a dez ou quinze anos.

Os economistas da Escola Austríaca nos dizem que outras teorias econômicas são praticamente nulas quando se trata de pensar na passagem do tempo e em seu papel na instituição do capital. Este é um dos muitos motivos por que eles ignoram um ponto extremamente importante quanto às políticas do Federal Reserve (Fed). Ou seja, que manipulando as taxas de juros, o Fed brinca com o sistema de sinalização que diz aos investidores e capitalistas até quando eles podem planejar – quanto do "real" está disponível para que os planos deles deem certo.

Desta forma, uma taxa manipulada como a que temos hoje não é nada mais do que uma mentira. Ela manda os capitalistas contrair empréstimos e planejar, sendo que não há recursos disponíveis para justificar isso. Ela nos diz que há enormes reservas disponíveis a fim de dar suporte ao consumo futuro, quando não há. Como resultado, o sistema cuidadosamente calibrado de sinalização dos mercados de capitais não está realmente funcionando como deveria.

Estranhamente, então, o Fed está em negação quanto a algo que todos aceitamos na era digital.

Até mesmo o Facebook reconhece que suas contas morrerão um dia. O Fed parece pensar que seu poder o permite viver como se o tempo não tivesse importância.

Ben Bernanke[2] pode ser um homem poderoso, mas ele não pode conquistar o que ninguém conseguiu: abolir o tempo como um fator inegável da vida econômica. Nada mais arrogante do que agir como se a marcha incansável o tempo fosse pura ilusão.

---

[2] Presidente o Federal Reserve entre 1º de fevereiro de 2006 e 31 de janeiro de 2014, durante parte das administrações dos presidentes republicano George W. Bush e democrata Barack Obama. (N.T.)

PARTE II

Abandone o Estado-nação

ENSAIO 13

Como pensar como um Estado

Você percebe um padrão ao lidar com qualquer aspecto do governo em praticamente todos os níveis? Todos percebemos. Há uma certa mentalidade em ação aqui. Esta é minha tentativa de defini-la e identificar suas principais características.

A experiência demonstra que, se algo vai dar muito errado, desperdiçará previsivelmente seu tempo, irritará você, atacará sua dignidade e por fim simplesmente se provará completamente ineficiente na realização de uma tarefa, há uma boa chance de que isso envolva o governo.

A sociedade fora do Estado tem forças corretivas sempre em ação. A vida não é perfeita, mas geralmente está se esforçando ao máximo para ser melhor. Mas, com o Estado, tudo parece preso a um padrão de fracasso em todos os níveis.

Na melhor das hipóteses, o governo faz coisas estúpidas; na pior, faz coisas indescritivelmente horríveis.

Alguns exemplos rápidos do exemplo preferido de todos quando se trata de fracasso estatal: a TSA[3].

Muitas pessoas se sentem profundamente ofendidas pelo mau-humor dos funcionários da TSA. O que mais me impressiona é a pura estupidez deles, sua falta de preocupação com qualquer coisa além o plano existente e a desconexão completa entre o objetivo da segurança e a realidade.

Semana passada, tive uma garrafinha de bebida confiscada pela TSA. Inutilmente. Um amigo teve a palma da mão examinada em busca de resquícios de materiais explosivos. O quê? Todos na fila tiraram os sapatos, cintos e joias para passarem pelo aparelho de raios-x, mas para quê? Enquanto isso, pessoas que seguiam as diretrizes podiam levar consigo todos os tipos de coisas potencialmente letais no avião, desde que estivessem adequadamente embaladas em saquinhos transparentes individuais.

Mas a TSA não é a única neste sentido. É só que mais pessoas enfrentam com esta agência com mais frequência do que qualquer outra agência governamental. Sim, ela deixa todos malucos. Mas enfrentaríamos os mesmos absurdos diariamente se tivéssemos de lidar com o Departamento do Trabalho, o Pentágono, o Departamento de Transportes, ou o Departamento de Habitação e Desenvolvimento Urbano. Quem lida com estes órgãos pode lhe contar histórias incríveis!

A situação é a seguinte: a característica distintiva do Estado é sua presunção de controle e o uso da força para exercer este controle. Mas este não é todo o problema do estatismo.

---

[3] Transport Security Administration (Administração de Segurança de Transportes): órgão do governo norte-americano responsável pela segurança nos aeroportos. (N.T.)

Essa característica dá origem a vários outros aspectos que são parte do que podemos chamar de mentalidade estatista. Ele é realmente um padrão de ser que vem com o poder, o que quer dizer que vem com a falta de qualquer fiscalização ou consequência corretiva.

O mercado e a ordem voluntária contêm estruturas para impedir que os maus hábitos e a estupidez humana incansável assumam controle total do sistema. Isso não se aplica ao governo. O governo constrói uma fortaleza ao redor de si que proíbe opiniões que manteriam a mentalidade torta sob controle.

Portanto, quais são as características desta mentalidade torta que parece onipresente nas instituições governamentais? Contando com minhas influências de sempre (Albert Jay Nock, Ludwig von Mises, Murray N. Rothbard, F. A. Hayek), exploremos como você também pode pensar como um Estado.

1) Suponha que todas as coisas que valha a pena conhecer já são conhecidas. Isso inclui o objetivo e os meios para se alcançar este objetivo. O Estado acha que a sociedade deveria funcionar de certo modo e assumir determinada forma, e sabe disso com certeza absoluta. Não há nenhum processo, nenhum desenrolar da história que gerem resultados inesperados. O Estado tem tanta certeza do resultado final da ordem social que jamais precisa explicar ou justificar sua percepção.

O Estado sabe a alocação correta da renda das classes, o tamanho e quantidade certo de empresas em cada setor, a alocação correta entre segurança e risco, o que é justo e injusto. Ele sabe quando a economia está crescendo demais ou de menos. Sabe quais ramos da economia deveriam morrer ou durar para sempre. Sabe o que é e não é bom para você.

Como não há nenhuma dúvida na mente estatista, não há necessidade de descoberta, improviso ou imaginação que se revele ao longo do tempo por meio da tentativa e erro. Não há necessidade de ouvir, aprender, se adaptar. E mais: o Estado não duvida de que tem os meios de alcançar seus objetivos. Desejar é fazer acontecer. Sua onisciência acompanha sua onipotência.

Por isso é que não há arrogância maior no mundo do que a arrogância estatal. Ao mesmo tempo, qualquer pessoa ou instituição pode adotar este infeliz hábito de pensar: gerentes, pais, pastores, empresários. Fora do Estado e da fortaleza que ele constrói ao redor de si, contudo, a realidade finalmente contra-ataca. A realidade tem a ver com incerteza, mudança, surpresa, inovação e adaptação. Os mercados dão vida a estas forças da mesma forma que o Estado as esmaga completamente e por necessidade.

2) Suponha que o caminho da vitória seja pavimentado pela coerção. Esta é uma característica da mentalidade estatista que se torna mais evidente em tempos de guerra. A guerra está fazendo com que mais pessoas se rebelem? A resposta é mais choque e pavor! Se isso não der certo, ative os tanques, as armas maiores, os megafones mais potentes e mais tropas em solo.

Não é preciso dizer que não há nada de errado com o plano do Estado, então o único problema aqui é que as pessoas estão sendo insuficientemente reverentes à autoridade de direito. Só há uma solução: mostrar ao povo quem é que manda.

E isso não acontece apenas em tempos de guerra. Todos os órgãos do governo pensam assim. Sem exceção. Você percebe isso no direito penal. Se algo é considerado ruim, como drogas e o consumo de bebida por menores, a solução parece óbvia: aumente as penas para os que cometem esses delitos. Nenhuma pena é severa demais! Quanto mais severa a pena, maior a dissuasão – pelo menos é o que acredita o Estado. Da mesma forma, nunca pode haver polícia demais, pessoas demais encarregadas de obrigar as outras a obedecer.

Mas este caminho pode gerar consequências indesejadas? A coerção pode estar piorando o problema e criando reações violentas, efeitos adversos indesejados e mercados negros? Ou será que a força leva mais pessoas à rebeldia, desencorajando o cumprimento da lei? De acordo com a mentalidade estatista, isso é impossível. As leis e regulações são vozes de Deus, ponto, e Deus nunca está errado. E com certeza este Deus nunca, sob nenhuma circunstância, admite estar errado.

3) Suponha que toda discórdia resulte em traição. Este argumento é resultado direto dos dois anteriores. Se você sabe tudo e se tudo é possível por meio da coerção, então é razoável pensar que, se alguém ousa se opor, esta pessoa é uma inimiga do Estado ou de qualquer que seja a posição estatal.

Você é contra a guerra? Então é a favor do inimigo e está desafiando a autoridade de direito.

Você tem dúvidas quanto ao roubo interminável da riqueza privada e a arregimentação das interações humanas? Você faz parte do problema, não da solução.

De acordo com a mentalidade estatal, só há dois arquétipos possíveis do bom cidadão: o servo e o bajulador. Se você não se enquadra em nenhuma das duas categorias, você é um rebelde a ser observado ou um traidor a ser esmagado.

Para o Estado, só há um caminho. Isso porque todas as coisas funcionam neste mundo porque uma única vontade governa a todos. Na verdade, é exatamente nisso que todos que pensam como o Estado acreditam. A menos que haja um ditador, a vida certamente cairá no caos, na brutalidade, na heresia ou em outro desastre qualquer.

O Estado sequer é capaz de conceber a verdade sobre a sociedade que a velha tradição liberal revela: ela funciona justamente porque não é governada por uma única vontade. É o conhecimento descentralizado de agentes individuais que gera ordem no mundo. É a multiplicidade de planos coordenados por meio de instituições que criam a ordem maior que gera a civilização e faz com que ela se desenvolva das formas mais inesperadas.

4) Suponha que o mundo material importe mais do que as ideias. Mais uma vez, este argumento se segue aos três anteriores. A característica distintiva do Estado é o controle sobre a propriedade física. Ele governa o espaço por onde seus tanques avançam e dentro das linhas no mapa chamadas fronteiras. Ele rouba a riqueza à mão armada.

O amor do Estado pelo aspecto físico é tão intenso que ele constrói sempre e em todos os lugares prédios enormes e imponentes para seus burocratas e monumentos gigantescos para si mesmo. Ele se envolve em teorias do mundo que giram somente em torno de coisas físicas.

Ele usa a propaganda e a educação, mas não de formas confiavelmente bem-sucedidas. O Estado não pode controlar a mente humana no final das contas. O pensamento humano é e será sempre nosso. Até mesmo numa prisão, os condenados são livres para pensar como quiserem. Todos somos. Sempre. É por isso que o Estado odeia a mente humana e o que ela produz. A mente humana e o mundo das ideias estão essencialmente além do alcance do Estado.

Ainda mais incrível é que todo o mundo físico criado pelo homem que conhecemos começou com ideias. Da mesma forma, as ideias que temos hoje anteveem o mundo do amanhã. E é justamente por isso que a mentalidade estatista teme o livre pensamento e porque o Estado em si jamais consegue ser progressista.

5) Oponha-se a toda mudança desaprovada ao plano. Este argumento se segue aos quatro acima. A finalidade da ordem social já é conhecida. Ela pode ser alcançada por meio da coerção e supressão de dissidência e da destruição de ideias novas. Toda a mentalidade pressupõe a inexistência de surpresas. Portanto, é melhor ter certeza de que nenhuma mudança ocorra se já não estiver inserida no modelo.

Pensar como um Estado, portanto, significa chafurdar para sempre no conteúdo do legado do que foi ordenado anteriormente. Se algo já foi uma lei algum dia, deve permanecer como tal. Se algo já foi aplicado algum dia, deve ser aplicado para sempre. Olhe para o que foi (ou para a versão mítica disso) e não para o que pode ser. O Estado ama sua própria história: seus líderes, guerras e lendas.

Esta tendência retrógrada está profundamente entranhada. Todas as leis e regulamentações impostas diariamente às pessoas na sociedade não têm nada a ver com os administradores políticos atuais (ao contrário do que prometem as eleições). Elas remontam a décadas e até mesmo a um século ou mais. Leis não saem dos livros. Elas são apenas acrescentadas e se acumulam como anéis nos troncos das árvores. Dar suporte ao que já existe e pôr curativos conforme necessário é mais importante para o Estado do que reverter os erros do passado.

Essa ideia está tão entranhada que novas leis, caso expirem algum dia, devem ter uma provisão de término incluída explicitamente nèlas, e isso geralmente só é acrescentado para comprar votos. Mas, mais frequentemente, a data de validade chega e a lei é promulgada outra vez. Quando uma lei ruim morre, é emocionante: pense no significado épico do fim da Lei Seca e do fim do limite de velocidade de 90km/h. Estas são exceções que confirmam a regra.

Esse último aspecto da mentalidade estatista é o mais nocivo para a civilização. A mudança é a fonte da vida da sociedade e do progresso. Sempre existem novas pessoas, novas ideias, novos gostos e preferências, novos padrões de vida, novas tecnologias. A humanidade tende a querer melhorar e isso exige se livrar do velho. O Estado usa todo o seu poder para sustentar o passado e travar uma batalha diária contra as mudanças progressistas.

Se você entende estas características, não pode ficar nada surpreso com as frustrações e irritações diárias impostas por regulamentações, burocratas e políticos. O Estado tem um transtorno de personalidade, um transtorno que nasceu da sua condição monopólio e suas táticas coercivas. Este transtorno não se restringe ao Estado. Você provavelmente reconhece ao menos algumas dessas características em pessoas que conhece. Talvez até reconheça algumas em si mesmo.

Não há nada de mais em criticar os burocratas, mas também há motivos para sentir pena dos funcionários da TSA e das milhões de pessoas que fazem parte deste tipo de estrutura institucional. A diferença entre nós e o Estado é que, quando estes transtornos de personalidade aparecem, somos capazes de mudá-los, e temos todo o incentivo para fazê-lo. O Estado apenas segue em frente, muito tempo depois de se tornar completamente irrelevante para qualquer coisa que realmente importe.

Assim termina a lição de como pensar como um Estado. É uma receita perfeita para o fracasso na vida.

ENSAIO 14

O Estado regulador não gosta de você

Duas importantes regulamentações aprovadas ontem terão um efeito profundo na sua vida, tanto imediatamente quanto em longo prazo. Uma força a degradação contínua da cobertura de telefonia celular da AT&T proibindo a fusão com a sitiada T-Mobile. A outra tem como alvo uma função do sistema operacional *Android*, da Google, sob alegação de que ela se assemelha demais a uma função do *iPhone* da qual o Apple detém a patente.

Nenhuma das duas decisões regulatórias ajudará você. Na verdade, as duas atacam diretamente seu bem-estar. A AT&T enfrenta problemas há anos e perdeu o apoio do mercado por conta da sua cobertura falha em relação a seus concorrentes. Impedir que a empresa de se reinventar por meio de uma fusão é muito ruim para os consumidores. O mesmo serve para a decisão envolvendo a Apple e a Google. Esta intervenção tira uma função do celular das pessoas que querem usar outra coisa que não um *iPhone*. As duas decisões são claramente prejudiciais para os consumidores e para a causa da concorrência.

Quem determinou isso? A decisão quanto à fusão foi tomada pelo Departamento de Justiça dos Estados Unidos. A decisão quanto à Apple e o Google foi tomada pela Comissão de Comércio Internacional dos Estados Unidos. Se você não se lembra de lhe perguntarem quem deveria ocupar estes órgãos burocráticos ou se eles deveriam ter jurisdição sobre sua tecnologia, você não está com problemas de memória. Bem-vindo à versão norte-americana do planejamento central regulatório, repleta de mandarins e *apparatchiks* que afirmam ter controle total sobre a direção e a velocidade do desenvolvimento econômico. Eles servem a interesses especiais, mas não servem ao resto de nós.

Houve um tempo em que diziam que este tipo de regulamentação era necessário para o consumidor. Na verdade, muita gente ainda acredita nisso. Mas veja o que está acontecendo aqui. Os consumidores é que estão sendo desprezados, tendo sido negado seu direito de influenciar a direção da transformação tecnológica. Os burocratas estão frustrando os desejos de quem realmente usa celulares no dia a dia.

O motivo da vitória da Apple contra a Google é bem simples, mas não havia como prevê-la. A Apple, atual líder do mercado, queria prejudicar sua principal concorrente. Ela tem uma reserva enorme de patentes e o desejo de usá-las para assegurar seu monopólio. A decisão é bem limitada e se aplica à capacidade de usar o conteúdo de um aplicativo para controlar o comportamento de outro aplicativo, como clicar num endereço para abrir o navegador. Mas o que importa aqui não são os detalhes, e sim o poder da Apple de impor suas demandas. Isso é o que prejudica o desenvolvimento pró-consumidor com o tempo.

Tenha em mente que os consumidores norte-americanos de telefones Android já estão usando as funções do celular agora proibidas. Isso é o que refuta as afirmações da Apple de que o Android "roubou" — palavra usada pelo porta-voz da Apple — alguma coisa, ou qualquer coisa, na verdade. Quando alguém rouba algo de você, você a perde. O fato de o Android oferecer tal função não impediu que a Apple a utilizasse. Portanto, não pode ser roubo.

No máximo, a semelhança da função do *software* é um bom exemplo do processo de aprendizado que a concorrência do livre mercado permite e estimula. Em um mercado próspero, todos aprendem com todos e as empresas se esforçam para oferecer um serviço ainda melhor para o público. As alegações da Apple se resumem à exigência de que ninguém mais tenha permissão para concorrer usando qualquer função que ela utilize. Esse é um caso paradigmático de como as patentes estão prejudicando seriamente o desenvolvimento econômico.

Este tipo de patentes de *software* não era conhecida nos primórdios da indústria de *software*. Steve Jobs (1955-2011) e Bill Gates falaram publicamente sobre como, naquele tempo, todos aprendiam um com o outro. Eles observavam a concorrência e copiavam o que dava certo a fim de permanecerem ativos, e ao mesmo tempo tentar criar inovações constantes a fim de obter uma vantagem. Era um ambiente de livre mercado e ele deu origem ao mundo moderno. Mas, entre a metade e o final da década de 1980, o governo começou a liberar patentes que deram início ao processo de paralisia do desenvolvimento. Hoje, todo o setor se transformou em um emaranhado de processos e contraprocessos que só as empresas mais estabelecidas podem enfrentar.

O caso da fusão da AT&T com a T-Mobile é ainda mais interessante por causa das camadas e mais camadas de grupos de interesse envolvidos. Era para ser a fusão mais cara do ano: US$39 bilhões. Sempre há grandes instituições por trás deste tipo de valor. Os parceiros escolhidos aqui eram a J. P. Morgan e a Morgan Stanley, entre outros, que ganhariam US$ 150 milhões de comissão com o acordo por serviços de contabilidade. Era uma aposta boa para todos os envolvidos. A concorrência no mercado já é bem difícil, mas sempre há um perigoso elefante na sala: um governo poderoso o bastante para indeferir o processo do mercado. Isso gerou uma grande incerteza.

Deixada completamente de lado no acordo estava a influente mãe de inúmeros acordos fraudulentos recentes: Goldman Sachs. Desta forma, a derrota da fusão é uma enorme vitória para a Goldman, pois atinge seus concorrentes mais diretos no mercado financeiro. O *Wall Street Journal* diz que o fracasso da fusão faz com que a Goldman passe do segundo para o primeiro lugar neste mercado. Devemos mesmo acreditar que a Goldman, que tem uma influência gigantesca dentro da administração Obama graças às bem documentadas relações entre as duas instituições, não teve nenhuma influência nesta decisão?

Duas outras beneficiárias são a Verizon e a Sprint, e o preço das ações aumentou rapidamente a favor delas assim que o anúncio da decisão foi feito. A AT&T foi atingida não só porque seu caminho para o futuro foi bloqueado, mas também porque agora deve US$4 milhões em honorários para a controladora da T-Mobile, uma dívida que prejudicará ainda mais sua capacidade de investir e competir.

As duas decisões são ruins por si só, mas piores em termos de suas implicações para o futuro do desenvolvimento digital. Elas transmitem medo aos investidores, dão poder indevido a empresas com conexões políticas e impõem uma sensação geral de incerteza jurídica quanto ao que é ou não possível na grande luta para servir ao público consumidor. As decisões acrescentam um componente perigoso de monopolização e estagnação no que deveria ser um setor dinâmico e competitivo.

Elas não acabarão com o progresso no mundo digital, mas distorcem seu caminho, com custos amplamente imprevisíveis. Quando faltar uma função no seu celular ou se a cobertura do seu provedor não for o que deveria ser, quem você culpará? A maioria das pessoas culpará as empresas. Elas deveriam culpar os planejadores centrais – a verdadeira mão oculta que trabalha a fim de baixar as luzes e dificultar ainda mais que encontremos o caminho para um futuro melhor.

ENSAIO 15

Brasil e o espírito da liberdade

Minhas descobertas mais surpreendentes no Brasil, além das maravilhosas frutas que eu não sabia que existiam porque o governo norte-americano acha que não preciso delas, foram os jovens norte-americanos que se mudaram para cá a fim de encontrar oportunidades econômicas. Eu não esperava por isso, mas agora entendo plenamente.

O Brasil é um país maravilhoso e enorme onde a riqueza privada prospera sem constrangimento, onde dinastias protegidas e saudáveis formam a infraestrutura da vida social e econômica, onde a tecnologia é popular e adorada por todos, onde a polícia deixa você em paz e onde norte-americanos se sentem em casa.

O mundo está mudando rapidamente. A liberdade nos Estados Unidos está acabando tão rápido que já estamos vendo uma onda de jovens abandonando o país em busca de novas oportunidades, assim como pessoas de todo o mundo costumavam vir para os Estados Unidos para viver um sonho. O Brasil é um dos muitos países tirando proveito da migração geracional dos Estados Unidos.

Descobrir isso me abalou mais do que eu esperava. Mas os jovens não estão infelizes, e entendo por quê. Eles são valorizados. Estão ganhando um bom dinheiro fazendo coisas interessantes. Eles têm acesso a um dos lugares mais belos, exóticos e amigáveis da Terra. Eles comem bem, vivem bem e têm vidas sociais exuberantes.

Mais do que tudo, eles têm a sensação da liberdade.

Ora, você pode estar se perguntando por que estas pessoas estão deixando a "terra dos homens livres" para encontrar liberdade. Nos últimos dez anos, algo horrível aconteceu aos Estados Unidos. O estado policial atacou com força, não tanto os "terroristas" ou criminosos de verdade, mas seus cidadãos comuns. As novidades surgem no meu *feed* a toda hora, coisas que chocam e assustam quem está prestando atenção.

Talvez isso não seja tão surpreendente. As forças armadas dos Estados Unidos são maiores do que as forças armadas de boa parte do mundo combinadas. Temos a maior população prisional do planeta e a maioria das pessoas está presa por crimes não violentos. A cultura política se atém mais à necessidade de segurança do que de liberdade. Junte tudo isso e temos a receita perfeita para o surgimento de um estado policial.

Mas boa parte dos norte-americanos não têm consciência da mudança. Ela tem sido rápida, mas lenta o suficiente para não provocar alarme. Ela o atinge assim que você sai do país. Isso me aconteceu em 2010, quando fui para a Espanha. Eu podia sair e fazer o que quisesse sem me deparar com uma autoridade em cada esquina. Senti isso novamente na Áustria, em 2011. Não é algo que você possa identificar com precisão, é apenas uma sensação de que você não está sob uma vigilância constante que desconfia de você. Você sente isso no ar.

Foi a mesma coisa em São Paulo, no Brasil, uma terra feliz e próspera de frutas exóticas, mercados prósperos, produtos de consumo que realmente funcionam e não são depreciados por regulamentações, e povo educado e afetuoso.

Recebi um convite muito generoso para ser um palestrante principal em 2012 na terceira conferência sobre a Escola Austríaca organizada pelo Instituto Mises Brasil (IMB), uma organização jovem com um futuro brilhante. Ela foi fundada apenas no ano de 2007. Ainda assim, hoje ela tem uma presença gigantesca na vida intelectual brasileira. A fome pela base intelectual da liberdade é palpável.

Trezentas pessoas ou mais estiveram no evento para ouvir palestras e se envolver em debates sobre ideias. A plateia era um mar de jovens, quase todos com menos de trinta anos. Eram estudantes, profissionais, corretores e trabalhadores de todos os tipos, todos apaixonados pela liberdade e as soluções econômicas da tradição austríaca de Ludwig von Mises, F. A. Hayek e Murray Rothbard.

O que mais os empolgou foi a ideia clássica de *laissez--faire* — isto é, a ideia de que a sociedade pode prosperar sozinha, sem gerenciamento central, e de que o governo funciona como um prejuízo para a sociedade. A cultura do grupo era certamente mais intelectual e educativa do que política. Eles foram revigorados pelas ideias e conquistaram esperança por meio da ideia de liberdade. Aparentemente, nada como esta organização existia no Brasil até pouco tempo. Agora, o *website* do grupo é um dos mais acessados do país.

Meus anfitriões foram muito generosos com seu tempo, e sabiam exatamente o que eu queria fazer no meu primeiro dia no país: ver as maravilhas das feiras livres. Disseram-me que elas ficam no centro da cidade. Se você já viu um mapa de São Paulo, sabe como é estranho imaginar tal coisa. A cidade parece se espalhar por todos os lados, infinitamente. É como se fossem cem Nova Yorks.

Dirigir na cidade não é para os fracos. A disposição das ruas não faz o menor sentido. Poderiam ter me levado de carro do hotel para o centro de conferência cem vezes, mas mesmo assim eu não teria a menor ideia sobre a lógica por trás da disposição das ruas. Disseram-me que eu levaria ao menos dois anos morando aqui para ter a sensação de que realmente conhecia o lugar.

Vá a um lugar alto no meio da cidade e olhe em volta. Em todos os cantos você vê algo belo, um mundo construído por milhões de mãos humanas. Nenhum planejamento central poderia ter feito isso. Nenhum plano centralizado poderia ter concebido isso. Para qualquer pessoa intelectualmente curiosa, as perguntas óbvias são: como este lugar funciona? Como se consegue ordem? A resposta é algo com o que poucas pessoas nos Estados Unidos parecem se importar hoje em dia. O milagre é obtido por meio das forças coordenadas do próprio mercado, de milhões de pessoas livres interagindo de maneiras pequenas em direção a uma melhoria mútua. Esta é a resposta que inspira toda uma vida de curiosidade intelectual.

Para o primeiro almoço no meu primeiro dia, meus anfitriões me levaram a um lugar diferente de qualquer outro que eu jamais vira, e eles são tão alheios à importância deste lugar quanto os norte-americanos ficariam impressionados com sua existência. De novo, parecia ficar no meio da cidade. Para entrar é preciso passar por vários pontos de segurança.

Mas, depois que você entra, um mundo novo emerge: restaurantes, campos de futebol, piscinas gigantescas e uma grande variedade de deleites aonde quer que se olhasse.

É uma cidade dentro de uma cidade. Mas é um lugar completamente privado, o que os norte-americanos chamariam de "clube de campo", mas de um tipo mais complexo. Ele não fica escondido num lugar remoto nos arredores da cidade. Fica no centro, para que todos vejam – algo de que os não membros também podem se orgulhar. É maravilhoso em todos os sentidos, um monumento vivo à possibilidade de comunidades anarquistas privadas e ordeiras.

Uma coisa me incomodou durante toda a minha visita. Eu me deparava com pessoas que faziam parte de famílias enormes cujas raízes remontam ao passado distante da história brasileira. Eram empresárias impressionantes, mas a riqueza era mais opulenta do que se encontraria num lugar como o Vale do Silício. Lembrei-me das famílias da Era Dourada dos Estados Unidos, pessoas que andavam com graça e uma confiança nascida da origem excelente e da segurança material.

Pensando melhor sobre aquilo, os ingredientes eram estranhos aos padrões norte-americanos: famílias grandes, riqueza protegida, jovens bem-nascidos, uma população predominantemente jovem. Qual era a razão para isso? Desenvolvi uma teoria rápida e genérica. Tinha algo a ver com o imposto sobre heranças. Então, perguntei aos meus anfitriões: "qual é o importo sobre heranças neste país?" A resposta veio rápida: não há impostos sobre herança. Algumas regiões cobram 3%, talvez 6%, mas é fácil fugir até mesmo destas alíquotas mínimas.

Bem diferente dos Estados Unidos, onde o imposto sobre heranças chega a 35%. Roubamos nossas melhores famílias há centenas de anos. Temos extorquido e esmagado as gerações mais ricas de capitalistas americanos após sua morte desde a Era Progressiva. Temos vivido uma geração por vez. O horizonte temporal acabou. A acumulação de capital privado em larga escala foi desencorajada e até transformada em algo ilegal. As famílias diminuíram de tamanho. A população envelheceu ainda mais.

Esta política tributária corroeu a essência do desejo de um povo livre de criar dinastias. Então nossos ricos precisam se esconder. Eles são estimulados a dar o dinheiro a causas sociais, e não para seus filhos. Vivemos de uma geração a outra. As crianças são vistas como um fardo econômico, não como um caminho para imortalizar um legado.

No Brasil, o horizonte temporal se estende para além da vida de uma só pessoa. E é isso que gera as dramáticas diferenças culturais, sociais e econômicas entre nossos países. Estas dinastias funcionam como instituições intermediárias robustas entre o indivíduo e o Estado. Temos cada vez menos disso nos Estados Unidos. Talvez isso seja o responsável pela sensação incoerente de que este é um país mais livre do que os Estados Unidos.

Há outros fatores também. As forças armadas consomem uma porcentagem minúscula da riqueza brasileira e os brasileiros repudiam a guerra porque sabem que serão levados a apoiar qualquer que seja a guerra iniciada pelos Estados Unidos. Mais do que isso, a polícia é conhecida por tanto cometer quanto prevenir e punir os crimes, então ninguém confia nela. A segurança é extremamente importante no Brasil, mas todos sabem que essa é uma atividade privada, e não algo que alguém deve confiar ao Estado.

O melhor do Instituto Mises Brasil como organização é que ele está trabalhando para encorajar ainda mais estes instintos e disseminar uma cultura intelectual que defende abertamente a liberdade como modelo de vida. Eles publicam livros e monografias, organizam conferências e disseminam amplamente a tradição liberal entre uma geração carente de ideias. Tudo isso tem a ver com o futuro, e o Instituto Mises Brasil está certo em confiar nisso.

Ao esperar na fila da alfândega para voltar aos Estados Unidos, todos assistimos a um filme feito para apresentar o país aos visitantes. O filme mostrava crianças em aulas de balé, pessoas cavalgando, construções coletivas de celeiros, pessoas surfando, danças de costa a costa, pessoas sorridentes de todas as idades, tudo contra um pano de fundo de uma música empolgante no estilo de Aaron Copland (1900-1990). O filme terminava com a Estátua da Liberdade. Era totalmente inspirador, mas faltava algo: não se via o governo em momento algum.

Como eu queria que este filme representasse a realidade total do país. Ele já foi assim. Mas o sonho americano não tem a ver com a geografia; o sonho americano é uma ideia que se move como um espírito ao redor do mundo, chegando a qualquer lugar onde as pessoas estejam dispostas a aceitá-lo e professar seu credo. Este espírito chegou ao Brasil, e foi uma grande honra testemunhar isso.

ENSAIO 16

Meu governo é pior do que o seu

Agora que a histeria em relação à minha coluna anterior sobre o Brasil perdeu força, deixe-me acrescentar alguns comentários e reflexões sobre ela e o que deu origem às reações.

Rememorando, escrevi um texto elogiando várias características gloriosas do Brasil e especificamente como a civilização conseguiu prosperar em virtude de certas liberdades que não temos nos Estados Unidos: a liberdade de transmitir heranças integralmente para os filhos e a aparente falta do aparato de um Estado policial e de um complexo militar-industrial que nos reprimem todos os dias nesta que outrora foi a terra dos homens livres.

Muitos brasileiros ficaram indignados com o que lhes pareceu uma comparação favorável do Brasil em relação aos

Estados Unidos. Eu não sei que o país deles é governado por uma ditadura socialista perversa que estrangula as empresas todos os dias? Não conheço as outras formas de tributação com as quais os brasileiros precisam lidar constantemente? Não tenho a menor ideia das sufocantes burocracias que tornam quase impossível para eles abrir e administrar um negócio?

Uma coisa que todos os comentaristas repetiram: se você acha que vive mal, deveria conhecia nossa vida nojenta, daí você realmente conheceria o sentido de despotismo.

Também detectei em todas estas correspondências uma espécie de idealização dos Estados Unidos com a qual nos deparamos frequentemente no exterior. Por mais que nosso governo tente destruir nossa reputação como um lugar onde a liberdade prospera, muitas pessoas ao redor do mundo ainda gostam de imaginar que temos direitos constitucionais plenos e a liberdade de iniciativa que eles não têm.

Como norte-americanos, devemos resistir a estas lisonjas. É um exercício interessante viajar para o exterior e descobrir que, atenção, em certos aspectos, as pessoas que vivem sob uma experiência social-democrata vivenciam elementos de liberdade que nosso sistema norte-americano atual (fascismo democrático?) nos nega. Para mim, este é o melhor motivo para viajar, só para que obtenhamos um pouco de perspectiva.

Mas tudo isso levanta uma questão interessante. Por que tendemos a ser mais críticos em relação ao nosso governo do que em relação a governos estrangeiros?

Em certo sentido, concordo com Noam Chomsky (às vezes sou fã, mas não devoto), quando certa vez lhe perguntaram por que ele era um crítico tão severo do governo norte-americano, mas não falava muito dos males de outros governos ao redor do mundo.

Estou parafraseando a resposta dele. Em primeiro lugar, ele conhece mais o governo norte-americano do que outros governos, então está numa posição melhor para fazer observações mais precisas. Em segundo lugar, suas críticas ao governo dos Estados Unidos podem ter de fato alguma influência, enquanto ele não teria nenhuma influência na política do Afeganistão ou da Coreia do Norte. Em terceiro lugar, como cidadão norte-americano, ele tem uma obrigação especial e até moral a se opor quando o governo que o rouba está usando este dinheiro para matar e oprimir outros povos.

Ele pode ter outros motivos, mas estes me parecem razoáveis. Posso acrescentar que todos temos a tendência de acreditar que o governo que mais conhecemos é provavelmente o pior. Por exemplo, muitas pessoas podem contar histórias horríveis de corrupção, suborno, favoritismo e brutalidade de nossos governos locais. Conhecemos as vítimas de perto. Vimos isso de perto e ficamos indignados.

Nossa lógica deveria nos dizer que se é ruim assim localmente, com certeza é pior no nível estatal e inimaginavelmente ruim no nível central do governo federal. Mas muitos de nós não têm experiência com os agentes federais, então seus horrores são mais abstratos para nós.

Não ajuda em nada o fato de que os números absolutos que os agentes federais usam estão além da compreensão humana. A autoridade municipal que rouba US$ 100 mil é criminosa, mas o que isso significa quando uma agência federal perde de vista US$2 bilhões em empréstimos? Quanto maior o número, mais abstrato ele se torna para nós.

Para mim, é normal considerar que todos os governos são parasitários, abusam do poder, roubam, são bastiões do suborno, da hipocrisia, da destruição e da falsidade. Isso não é um acidente histórico, e sim uma consequência de uma realidade estrutural fundamental: governos operam de acordo com regras diferentes das nossas.

Se roubamos, estamos fazendo algo errado e todos sabem disso. Mas o governo faz o mesmo e diz que está sustentando a ordem social – e diz que não somos patriotas se discordamos. E isso é só o começo. O governo nos pune por fazermos coisas – fraude, roubo, assassinado, sequestro e falsificação – mas faz tudo isso legalmente todos os dias.

Isso não é característica de um governo ruim. O direito de violar as leis que impõe contra a população é uma característica definidora do Estado como o conhecemos. Ou seja, o mal está na essência do empreendimento governamental. Quanto mais centralizado o Estado, menos controle nós temos sobre ele e mais odiosa é a imoralidade, eficiência, suborno e mentiras.

Eu iria além de Thomas Jefferson (1743-1826), que disse que o melhor governo é o que menos governa. Na verdade, o governo que não governa é o melhor de todos.

De volta ao Brasil, as diferenças entre o governo de lá e o daqui não é uma questão de tipo, mas de graduação. O mesmo serve para todos os governos em todos os tempos e lugares, e é por isso que podemos ler sobre a ascensão e queda do Império Romano e descobrir tantos paralelos com nosso tempo. Mensurar a maldade pode ser extremamente complicado. Chomsky tem razão aqui: se queremos denunciar a maldade na política, nossa obrigação principal é nos atermos ao governo que mais conhecemos, o nosso próprio. Neste sentido meus críticos têm razão, no seu ponto de vista, e eu tenho razão no meu.

Ao mesmo tempo, há mais a fazer pela liberdade do que odiar e denunciar o Estado. O outro lado da moeda é desenvolver um amor verdadeiro pela liberdade, o que implica em um amor por sua característica mais espetacular e servil ao povo: o comércio.

O comércio mantém o mundo ordeiro, racional e livre. Ele nos motiva e ratifica nossos esforços. Ele atiça a imaginação e define seus limites. Ele alimenta o mundo, sustenta e constrói a civilização, e desperta o melhor do espírito humano. Ele nos mantém materialmente conectados e ligados aos nossos irmãos e irmãs em todo o mundo. Ele possibilita, no nosso tempo, acesso a mundos belos que jamais seríamos capazes de sonhar por conta própria.

Onde quer que haja liberdade, há comércio. E este comércio rompe as barreiras que o Estado ergue entre as pessoas. O comércio ignora fronteiras, une povos que o Estado gostaria de ver separadas. Ele sempre tende a servir às necessidades humanas ao invés de às prioridades cívicas.

Sem alguma liberdade, por mais restrita que ela seja, e o comércio que ela sustenta, a sociedade morreria em uma questão de semanas. O Estado sozinho não sustenta nada. Por isso é que, quando viajo, fico muito tentado a descobrir e observar os setores nos quais a liberdade vive e assistir à grande contribuição que a liberdade dá à ordem social.

Tenho como certo o fato de que o Estado é grande, invasivo demais e horrível – não só no Brasil, não só nos Estados Unidos, mas em absolutamente todos os lugares. O que é realmente empolgante é ver as pessoas encontrando soluções e ganhando a vida, e isso geralmente se traduz em alguma atividade comercial que prospera a despeito dos esforços para acabar com ela.

Foi isso o que vi de tantas belas formas no Brasil. Ver a liberdade em funcionamento é ver um modelo de construção do futuro. É por isso que é tão inspirador visitar mercados de verdade, ver o que as pessoas fazem com a riqueza que pode ser investida, observar todas as formas pelas quais as pessoas conseguem conquistar uma vida boa a despeito de todos os obstáculos.

Este é o espírito da liberdade. O grande mérito do trabalho do Instituto Mises Brasil (IMB) é que ele estimula uma mudança intelectual em toda a sociedade, a partir da liberdade que atualmente existe para chegar a uma sociedade completamente livre. Este é o caminho da mudança. Ele exige que vejamos mais do que aquilo que é ruim, mas que também vejamos o que há de bom, e construir a partir daí.

O novo livro de Wendy McElroy pela Laissez Faire Books é chamado *The Art of Being Free* [*A Arte de Ser Livre*]. Ela levanta uma questão profunda para os libertários sérios. Se o Estado desaparecesse, o que lhe restaria para dar sentido à sua vida? Encontre essa coisa e você terá encontrado sua Estrela Polar, a inspiração e motivação para um futuro livre e vibrante.

Odeie o Estado, sim, mas ame ainda mais a liberdade. Derrube o matagal, sim, mas depois encontre as sementes, plante-as e observe o jardim crescer.

ENSAIO 17

A democracia é nosso "Jogos Vorazes"

O que quer que você tenha ouvido de bom sobre *Jogos Vorazes*, a realidade é mais espetacular. Ele não só é um fenômeno literário do nosso tempo como o filme que criou quase um pandemônio por uma semana desde seu lançamento é a uma contribuição duradoura à arte e à compreensão do nosso mundo. Ele é mais real do que percebemos.

Na História, um Estado totalitário e centralizado – parece uma espécie de autocracia não eleita – controla suas colônias com punho de ferro para impedir a repetição de uma rebelião que ocorreu há cerca de 75 anos. Eles mantêm o controle por meio da imposição forçada da escassez de materiais, da propaganda incansável sobre o mal da desobediência para os interesses do Estado e tendo os "Jogos Vorazes" como entretenimento anual.

Neste esporte e drama nacional, e como castigo contínuo pela revolta no passado, o Estado escolhe a esmo dois adolescentes de seus doze distritos e os põe numa disputa de vida ou morte na floresta, assistida como um *reality-show* por todos os habitantes. Os distritos devem torcer por seus representantes e esperar que um dos adolescentes selecionados seja o vencedor.

Assim, em meio a muita pompa, furor da mídia e histeria coletiva, estes vinte e quatro adolescentes – que, de outra forma, viveriam vidas normais – são enviados para matar um aos outros sem misericórdia em um jogo mortal. Eles primeiro são levados para a opulenta capital, onde são treinados e alimentados. Então, os jogos têm início.

Já no começo, muitos são mortos imediatamente em uma luta para pegar armas em um paiol. A partir daí os grupos formam coalisões, por mais temporárias que sejam. Todos sabem que só pode haver um vencedor no fim, mas alianças – cuja formação é baseada em classe, raça, personalidade etc. – poder proporcionar um nível temporário de proteção.

Observar tudo isso acontecendo é angustiante, para dizer o mínimo, mas o público no filme assiste como uma espécie de *reality show*. É o verdadeiro cenário em que um come o outro, no qual a vida é "solitária, pobre, sórdida, brutal e curta", nas palavras de Thomas Hobbes (1588-1679). Mas também é parte de um jogo do qual os jovens são obrigados a participar. Não é um estado natural. Na vida real, eles não precisariam matar ou ser mortos. Não se veriam como inimigos. Não formariam facções que evoluem para a autoproteção.

Os jogos exibem o elemento fundamental que todo Estado, por mais poderoso e temerário que seja, tem: um meio de distrair o público do inimigo real. Até mesmo este monstruoso regime depende fundamentalmente da submissão dos governados. Nenhum regime consegue deter uma revolta universal. Na verdade, a reviravolta nesta história se transforma em uma preocupação entre as elites de que as massas não tolerarão um fim programado dos jogos desta vez.

E aqui vemos o primeiro elemento de sofisticação política neste filme. Ele usa a observação registrada pela primeira vez por Étienne de La Boétie (1530-1563) de que todos os Estados, por viverem continuamente como parasitas da população, dependem da evocação da obediência do povo em algum grau; nenhum Estado consegue sobreviver a uma desobediência em massa. É por isso que Estados precisam inventar ideologias públicas e vários disfarces para acobertar suas regras (argumento citado com frequência por Hans-Hermann Hoppe em seu trabalho). "Tradições nacionais" como os Jogos Vorazes servem a este propósito.

A sofisticação política do filme não termina aí. *Jogos Vorazes* serve como um microcosmo das eleições políticas nas economias modernas desenvolvidas. Grupos de pressão e seus representantes são jogados em um mundo perigoso e perverso no qual coalizões são feitas e refeitas. A sobrevivência é angustiante e o ódio é evocado como nunca aconteceria em uma vida normal. Os candidatos lutam até a morte, sabendo que, no fim, só poderá haver um vencedor que levará o prêmio para casa.

Ligeiras diferenças de opinião são exageradas insanamente para aprofundar a divisão. Opiniões de outra forma irrelevantes ganham sentido épico. Mentiras, calúnias, armações, intimidações, propinas, chantagens e subornos fazem parte do cotidiano. Enquanto isso, as pessoas assistem e adoram o espetáculo público, alternando aplausos e vaias e avaliando os candidatos e os grupos que eles representam. Todos parecem ignorar o objetivo real do jogo.

E, assim como em *Jogos Vorazes*, a democracia fabrica a discórdia onde ela não existiria na sociedade. As pessoas não se importam se o sujeito que lhes vende uma xícara de café pela manhã é mórmon ou católico, branco ou preto, solteiro ou casado, *gay* ou hétero, jovem ou velho, nativo ou imigrante, bêbado ou abstêmio, ou qualquer outra coisa.

Nada disso importa ao longo das interações normais das pessoas. Por meio do comércio e da cooperação, todos ajudam todos a alcançar suas aspirações na vida. Se seu vizinho é diferente de você, vocês fazem o melhor para se darem bem assim mesmo. Seja na igreja, no *shopping*, na academia ou apenas casualmente na rua, nós nos esforçamos para encontrar formas de sermos civilizados e de cooperarmos.

Mas convide estas mesmas pessoas para o ringue político e elas se tornam inimigas. Por quê? A política não cooperativa como o mercado; é exploradora. O sistema é criado para ameaçar a identidade e as escolhas dos outros. Todos devem lutar para sobreviver e conquistar. Eles devem matar os oponentes ou serão mortos. Assim, coalizões são formadas, e surgem alianças que mudam constantemente. Este é o mundo dentro do qual o Estado – por meio do sistema eleitoral – nos joga. É nosso esporte nacional. Torcemos para o nosso escolhido e desejamos a morte política do oponente.

O jogo deixa as pessoas confusas quanto ao inimigo real. O Estado é a instituição que cria e se alimenta destas divisões. Mas as pessoas são distraídas pela histeria política e eleitoral. Os negros culpam os brancos, os homens culpam as mulheres, os *gays* culpam os héteros, os pobres culpam os ricos, e assim por diante, em uma infinidade de maneiras possíveis.

O resultado final é a destruição para nós e a continuidade dos que fazem o jogo.

E, claro, tanto nas eleições quanto nos Jogos Vorazes, há um vasto lado comercial do evento: personagens da mídia, lobistas, orientadores, publicitários, proprietários dos centros de convenções, hotéis, negócios de alimentação e bebidas, e todos que conseguem obter algum dinheiro alimentando a exploração.

De todas estas formas, esta trama distópica esclarece nosso mundo. Não estou sugerindo que esta seja a base de seu encanto, apesar de o uso dela como alegoria política ser bem evidente. Mais incômoda é a possibilidade de que a história sugira para os jovens de hoje os limites das oportunidades de vida para a geração que se encontra na adolescência. Os jovens têm uma visão de mundo mais sombria do que qualquer outra geração no período pós-guerra.

Se *Jogos Vorazes* ajudar esta geração a compreender que o problema não está em seus colegas, nos pais ou em qualquer pessoa que não os que fazem o jogo, talvez os jovens também tramem uma revolta. A democracia, como diz Hans-Hermann Hoppe, é um deus fracassado. Disseram-me que temos de esperar pelo terceiro filme para ver isso.

ENSAIO 18

Morte por regulmentação

Eu não ouvira nada a respeito do caso notável e trágico de Andrew Wordes, de Roswell, Geórgia, que pôs fogo na sua casa, explodiu-a e se matou quando a polícia chegou para despejá-lo da casa retomada pelo banco. Foi o boletim de notícias *5 Min. Forecast* que me alertou sobre o caso, e esta reportagem ainda é uma das pouco mencionadas no *feed* de notícias da Google.

  Assim, fiquei curioso quanto ao caso, li um pouco sobre o contexto, ouvi uma entrevista com Andrew e li todas as homenagens em seu funeral e agora percebo que ele era como todos nós, vivendo sob o despotismo da nossa era. Ele resistiu o máximo que pôde. Mas em vez de finalmente ceder, ele concluiu que uma vida sobre a qual não tem controle não vale a pena ser vivida.

É uma história dramática e muito triste que deveria fazer soar alarmes quanto ao custo menos falado de uma sociedade estatista: a desmoralização que acontece quando não controlamos nossas vidas. (Agradeço a Glenn Horowitz pela reconstrução cuidadosa da ordem dos acontecimentos).

O suplício começou somente há poucos anos, quando Wordes começou a criar galinhas no quintal dos fundos. Sua propriedade tinha apenas um acre, mas era cercada por uma floresta fechada. Ele adorava as aves, vendia e doava ovos para as pessoas e gostava de mostrar os animais às crianças. Ele também era muito bom nisso e, sendo um espírito livre, optou por transformar algo que amava em profissão.

A cidade não gostou e o perseguiu. Em 2008, o departamento de zoneamento enviou-lhe uma notificação por causa das galinhas em sua propriedade. Isso era estranho, pois ele não estava violando regra alguma; na verdade, a lei permitia especificamente a criação de galinhas em propriedades com menos de dois acres. Até mesmo o prefeito da cidade na época se opôs à alegação do departamento, mas o órgão de zoneamento seguiu em frente assim mesmo. Um ano mais tarde, e com a ajuda do ex-governador Roy Barnes, Wordes ganhou nos tribunais!

Mas veja só: o conselho municipal reformulou a lei com efeitos retroativos. A lei proibia mais de seis galinhas em qualquer terreno, e determinava que todas as galinhas deveriam permanecer presas o tempo todo. Wordes tentara conseguir aprovação para construir um galinheiro, mas, como sua casa ficava em uma planície sujeita a enchentes, a cidade não concedeu a aprovação. Em meio à controvérsia, uma enchente realmente atingiu a casa de Wordes, e ele teve de usar um trator para tirar a lama e salvar a casa e as galinhas.

Claro que a cidade, então, multou Wordes duas vezes por tirar a lama sem permissão e criar galinhas ilegais soltas.

Depois, a cidade se recusou a enviar à FEMA (Agência Federal de Gerenciamento de Emergências) seu pedido para obter fundos de reconstrução depois da tempestade (indivíduos não podem obter financiamento deste tipo). Em seguida, a cidade entrou em contato com a detentora da hipoteca dele, uma amiga que mantivera a hipoteca por dezesseis anos, e fez pressão para que ela vendesse a hipoteca a fim de não ter problemas com a justiça.

Está com a sensação de que o sr. Wordes estava sendo perseguido? Claro. E ele sabia disso também. O departamento de polícia de Roswell o parava constantemente e o multava sempre que possível por qualquer motivo, colocando-o em mais dificuldades. Carros de polícia esperavam diante de sua casa e o seguiam. E, quando ele não dava dinheiro suficiente (ele estava quase falido depois de tudo isso), a polícia o fichava e o prendia. Isso aconteceu em várias ocasiões. Enquanto isso, a própria cidade abriu vários outros processos contra ele.

Ainda fica pior. Os urbanistas inventaram um "Plano Roswell 2030" que propunha a construção de um parque exatamente onde ficava a casa de Wordes. Ao ouvir isso, ele se ofereceu para vender a casa à cidade, mas a administração recusou a oferta. Eles claramente planejavam expulsá-lo dali com a enxurrada de processos. Não importava que Wordes ganhava todos os processos ou conseguia que as denúncias fossem retiradas — isso só deixava a cidade ainda mais furiosa. Por fim, a administração municipal conseguiu uma sentença condicional, montando uma armadilha que acabaria por destruir a fonte de renda dele.

Wordes publicou na sua conta no Facebook que participaria de um evento político. Quando ele saiu de casa, suas galinhas foram envenenadas. Também foram envenenados filhotes de peru, dez dos quais eram, na verdade, do prefeito, que era amigo dele. Àquela altura, Wordes já perdera sua fonte de sustento. Em pânico quanto ao que fazer, ele não cumpriu uma exigência da sua condicional. Wordes foi obrigado a cumprir o restante da sentença condicional na cadeia, por noventa e nove dias.

Enquanto ele estava na cadeia, sua casa foi invadida e saqueada. Obviamente, a polícia não fez nada. Na verdade, a polícia provavelmente aprovou isso. Enquanto Wordes ainda estava na cadeia, o novo detentor de sua hipoteca pediu a execução do contrato. Agora, toda a vida dele estava em ruinas.

O último episódio aconteceu em 26 de março de 2012. A polícia veio para despejá-lo. Wordes trancou-se na casa por várias horas. Finalmente, ele saiu e disse para todas as autoridades se afastarem da casa. Ele acendeu um fósforo, e a gasolina que espalhara por toda a casa provocou uma enorme explosão. O corpo do próprio Wordes ficou tão queimado que era impossível o reconhecer.

Talvez você pense que Wordes era uma espécie de maluco que, de alguma maneira, não se ajustava a uma vida normal com seus vizinhos. Bem, o fato é que ele era simplesmente o melhor vizinho que alguém poderia ter. Em seu funeral, várias pessoas deram seu testemunho, dizendo como ele ajudava a todos prontamente, consertava coisas, doava ovos e era incrivelmente generoso com todos ao seu redor. Ouvi uma entrevista dele e o considerei extremamente bem articulado e inteligente.

Vou lhe dizer: se você consegue ouvir esta entrevista sem chorar, você não tem coração. Aquele homem era a essência do que fez desse um grande país. A lei perseguiu-o incansavelmente somente porque alguns burocratas tinham elaborado um plano que excluía sua casa. Eles levaram este plano a cabo. Wordes tornou-se um inimigo do Estado. Desmoralizado e abatido, ele finalmente viu que não tinha saída. Ele se suicidou.

Observe, também, que ele tinha apoio de políticos do alto escalão, incluindo o prefeito da época e um ex-governador. Perceba a importância disso: a classe política não está realmente administrando as coisas. Como já escrevi várias vezes, a classe política é apenas um disfarce do Estado; não é o Estado em si. O Estado é a estrutura burocrática permanente, aqueles intocados pelas eleições. Estas instituições compõem o verdadeiro aparato administrativo do governo.

É difícil dizer que Wordes tomou a decisão certa. Mas foi uma decisão corajosa – pelo menos, acho que foi. É uma escolha moral difícil, não é? Quando a polícia chega para tomar tudo que você tem e está determinada a humilhá-lo e a reduzir sua vida a nada além de um monte de ossos e músculos, sem o direito de optar por fazer o que ama – e você realmente não vê saída –, você tem mesmo uma vida? Wordes concluiu que não.

O restante de nós precisamos pensar muito sobre este caso, e talvez você também possa dedicar alguns pensamentos à vida boa de Wordes e até mesmo orar por sua alma imortal. Que todos nós desejemos viver numa sociedade na qual pessoas assim possam prosperar e gozar "a vida, a liberdade e a busca pela felicidade".

ENSAIO 19

Não há como escapar da marca da besta

O *site* de jogos canadense *Bodog.com* achava que tinha feito tudo certo. Se você permanecer no Canadá, usar servidores canadenses, impedir que qualquer pessoa no território dos Estados Unidos use o *site* e se certifique de que não esteja usando nenhum vendedor norte-americano para nada – se ficar completamente afastado de qualquer coisa relacionada com a jurisdição norte-americana –, você tem liberdade para operar seu negócio *online*.

Muitos *sites* acharam isso. Um número cada vez maior está fazendo isso. O *Bodog* estava indo muito bem, com centenas de funcionários no Canadá e na Costa Rica. Ele acabara de assinar um contrato de patrocínio de três anos com a Canadian Football League, de acordo com Michael Geist, cuja coluna me alertou para este caso impressionante. Tudo estava indo bem.

Se você for ao *site* agora mesmo, vai descobrir que ele está entre o número crescente de domínios confiscados. Ao invés de um *site* de jogos gratuito, você verá o que está rapidamente sendo chamado de "Marca da Besta". É um aviso de confisco do Departamento de Segurança Doméstica.

Como isso pode ter acontecido? As autoridades de alguma forma conseguiram um mandado e pressionaram a VeriSign a redirecionar a URL. O território americano está seguro! Se isso é legal é outra questão. Houve muitas ações questionando a desativação de sites pelos Estados Unidos recentemente, entre eles o caso do Megaupload, no começo de 2012, um caso que pode acabar decidido em favor do réu.

Independente disso, o efeito amedrontador é real e duradouro. No futuro, os governos serão menos propensos a permitir quaisquer sites de jogos de azar, e grandes instituições como a Canadian Football League serão menos propensas a assinar contratos com qualquer empreendimento que o governo norte-americano não goste.

O que é absolutamente bizarro é como o governo dos Estados Unidos pode supor que tem mesmo uma jurisdição mundial sobre a *Internet* global. Ele pode usar suas armas de destruição em massa para arrasar até mesmo as instituições mais populares e desenvolvidas – desenvolvidas completamente por um encontro voluntário de mentes entre produtores e consumidores – e fazê-las desaparecer com uma ordem judicial.

Este caso mostra que não basta mais a proteção de estabelecer um limite entre a jurisdição norte-americana e o *website*. De qualquer forma, ficou claro o suficiente, há alguns meses, que a justificativa que as autoridades usam é falha, em todos os casos. Não, a justificativa parece ter sumido e, assim como nas diretrizes das Forças Armadas norte-americanas, qualquer servidor localizado em qualquer lugar do mundo pode ser um alvo.

Toda esta abordagem nacionalista está completamente em desacordo com o espírito internacional da era digital. Levando em conta a onipresença da comunicação universal e instantânea, onde você vive é cada vez menos relevante. Consumidores e produtores podem estar em todos os cantos do mundo e ainda assim cooperarem. Mas veja só o que está acontecendo: empresas dinâmicas já estão sendo abertas fora dos Estados Unidos simplesmente para fugir do que Ronald Reagan (1911-2004) chamava de "império do mal" (só que, obviamente, ele não estava falando dos Estados Unidos).

O aviso de fechamento do site parece indicar que o governo não está satisfeito apenas com a era digital fora das nossas fronteiras. Ele sinaliza um desejo de destruí-la onde quer que ela apareça.

E, assim como no caso do Megaupload no começo do ano, este caso é uma repreensão àqueles que trabalharam duro para combater a legislação SOPA que o Congresso avalia. Uma grande preocupação dos que se opõem a esta legislação era que ela expandiria drasticamente a jurisdição dos Estados Unidos. Se qualquer *site .com*, *.net* ou *.org* fosse acusado de armazenar conteúdo pirateado, ele poderia ser fechado imediatamente, onde quer que estivesse hospedado.

Bem, mais uma vez, descobrimos que tal legislação é desnecessária. O governo já tem este poder. As justificativas variam. Pode ser um caso de direito autoral. Pode ser um caso de infringimento de patente. Ou pode ser que digam que o *site* ofereça algo, como jogos de azar, que os Estados Unidos querem ver monopolizado por outro integrante do mercado. O raciocínio por trás disso pode ser qualquer coisa ou coisa alguma.

Sob tais condições, toda a *Internet* está ameaçada diariamente. Você pode dizer que isso não importa, que você não armazena conteúdo pirateado, não tolera pornô ilegal e não terá nada a ver com apostadores. Com certeza, você está seguro. A verdade é que ninguém está seguro quando o governo tem tanto poder.

Primeiro eles perseguiram os piratas, mas eu não era pirata...

No filme *Brazil,* de 1985, o governo rotineiramente descia pelo telhado dos cidadãos, jogava pessoas em sacos para cadáveres e as levava embora. Se um erro era cometido, um burocrata aparecia com um recibo e pedia desculpas. É isso. Tem sido assim na política externa norte-americana, com o exército matando inocentes e depois admitindo relutantemente que erros podem ter sido cometidos.

A manutenção da lei na *Internet* parece estar seguindo na mesma direção. Um saco para cadáver é jogado sobre qualquer *website* e os detalhes são resolvidos mais tarde. O negócio morre e centenas de pessoas perdem seus empregos e arquivos. Se erros foram cometidos, eis aqui seu recibo.

ENSAIO 20

Migração política no nosso tempo

Se você estiver disposto a procurar algo além da cobertura da mídia tradicional da política norte-americana, vai encontrar atividades empolgantes e interessantes surgindo por sobre o *lobby*, as eleições, o suborno e a corrupção.

Pense no Projeto Estado Livre. É uma tentativa, e uma tentativa surpreendentemente bem-sucedida, de inspirar a migração política de amantes da liberdade para New Hampshire. Não tem a ver com lobistas, com a formação de um partido político, de ocupar uma região imobiliária ou coisa assim. Tem a ver com a busca por um lugar para viver livremente nestes tempos em que a cultura política parece ter a ver com tudo, menos isso.

A ideia é reunir pessoas com alguma consciência da ideia de liberdade para que elas possam viver em paz entre amigos e influenciar a cultura política de forma que gere mais liberdade ou ao menos proteja a liberdade que temos. Como diz um cartaz da Free Staters: "Vou me esforçar ao máximo para criar uma sociedade na qual o papel máximo do governo seja a proteção da vida, da liberdade e da propriedade".

Ouço falar deste movimento há anos, mas, sinceramente, nunca dei muita atenção a ele. Acho que, só com uma passagem de olhos, ele parecia complicado e ineficaz, apenas mais uma fraude. Eu estava completamente enganado. Este é um movimento sério que está alcançando resultados reais, como observei ao ser convidado para participar do Fórum Anual da Liberdade em Nashua, N.H.

Por que New Hampshire? Porque é o estado do "Viva Em Liberdade ou Morra", sem imposto de renda ou sobre vendas. Ele tem uma densidade populacional baixa, o que aumenta a chance da influência dos libertários ser sentida na cultura e no Congresso. Ele tem menos regulamentações empresariais do que o restante do país, e uma maravilhosa cultura caseira que se revela extremamente tolerante quanto à excentricidade cultural e política.

A ideia teve início em 2001, com uma pesquisa feita pelo cientista político Jason Sorens, então estudando na Universidade de Yale. Ele observou que a influência dos libertários era abafada pela enorme difusão geográfica deles no país. Se eles pudessem se reunir em um único lugar, poderiam alcançar aquele nível de influência crítico sobre os assuntos políticos que criariam uma mudança do estilo estatista de governar para a liberdade individual.

O fato é que há uma enorme tradição na História norte-americana deste tipo de migração política. Os mórmons fizeram isso na migração para o Oeste, até finalmente se estabelecerem em Salt Lake City. Os amish fizeram o mesmo. Mas não precisa estar relacionado à religião. Este impulso migratório também colonizou o Texas no início do século XIX, quando o espírito pioneiro levou toda uma geração a colonizar este território selvagem.

Na verdade, se você parar para pensar, todo o período colonial foi moldado por grupos culturais chegando para se estabelecer em comunidades coerentes formadas em torno de certos temas de segurança e liberdade. Puritanos, católicos e imigrantes de regiões fronteiriças se reuniram em áreas geograficamente definidas. Houve ainda os quakers, os menonitas e várias facções anarquistas no século XIX que formaram suas próprias comunidades. Em todos estes casos, eles encontraram a liberdade e a segurança que procuravam. Em vez de apenas sonhar com uma vida nova, eles trabalharam para transformar seu sonho em realidade de qualquer forma que este mundo permitisse.

O Projeto Estado Livre é diferente destes somente no sentido de que o convite é para se mudar para um lugar dentro do Estado. E a força motivadora é simplesmente ser deixado em paz. O fato é que estar perto de pessoas que compartilham dos seus valores ajuda o objetivo final. Se a polícia para um Free Stater, me disseram, dezenas de outros parecem em poucos minutos com câmeras de vídeo. Se você vai preso, há pessoas para defendê-lo na imprensa. E há algo de bom em viver entre pessoas nas quais você pode confiar, principalmente nestes tempos em que o governo está estimulando todos a entregarem seus vizinhos, amigos e familiares por qualquer motivo.

Há uma enorme diversidade entre as quatro mil pessoas que se identificaram como Free Staters. Na minha viagem, conheci advogados, professores, banqueiros, desenvolvedores de software, pessoas que cunham moedas, soldadores, estadistas naturais, blogueiros, médicos e pessoas que levam todos os tipos de vida que se pode imaginar. Algumas são religiosas, outras não. Alguns parecem homens loucos das montanhas, outros têm cabelos pintados de cores estranhas, alguns usam terno e gravata. Eles são solteiros, casados, jovens e velhos.

Free Staters aceitam qualquer trabalho que lhes sirva. Alguns se candidatam a cargos públicos e vencem, o que não é tão difícil em um estado com quatrocentos representantes no legislativo estadual. Outros ficam completamente de fora da política. Alguns são funcionários independentes que podem trabalhar em qualquer lugar, então optam por este estado. Outros são artesãos que vendem a produção de casa ou *online*. Alguns são ricos e outros são pobres.

Os motivos para eles se mudarem para New Hampshire são muitos. Conheci uma jovem que se formou no ensino médio há dois anos com notas perfeitas e um histórico perfeito para entrar na faculdade que quisesse. Mas ela não queria ter dívidas, estava cansada da doutrinação e vira pessoas demais desperdiçando quatro ou oito anos na universidade sem encontrar trabalho depois. Ela não queria isso para si. Portanto, ela trabalha com várias coisas, paga as contas, tem uma vida social agitada e é totalmente feliz. A maioria dos jovens da geração dela não pode dizer o mesmo.

No coquetel de abertura do Fórum da Liberdade, fiquei nos fundos, estudando a multidão enorme primeiramente intrigado — a cultura do evento poderia ser melhor descrita como uma de boemia burguesa —, mas depois ficou claro o que estava acontecendo. Estas pessoas eram extremamente intelectualizadas. Elas desenvolveram amor pela liberdade e isso se tornou uma paixão em suas vidas. Elas perceberam que a liberdade é pré-condição para tudo o mais na vida que amamos. Sem liberdade, todos os sonhos morrem. Mas elas não estavam satisfeitas em ler e refletir. Queriam fazer algo verdadeiro, algo prático. Mudar-se para cá e se juntar a este movimento foi a melhor esperança que encontraram.

A libertação humana nunca acontece num vácuo social ou cultural. Os grandes avanços na história da liberdade foram precedidos por períodos nos quais a infraestrutura social e prática passou por anos de desenvolvimento e amadurecimento. A Revolução Norte-americana foi o ápice de 150 anos de experiência colonial com a liberdade. O movimento abolicionista foi precedido por muitos anos de desenvolvimento de uma cultura robusta e da experiência de homens e mulheres livres em estados escravagistas ou não. A derrubada da Lei Seca foi possível por causa da gigantesca rede de clandestinidade e da demanda cada vez maior da população pela liberdade de beber.

Talvez, então, seja necessário que as pessoas assumam a responsabilidade de viver suas visões de liberdade da maneira que puderem, até mesmo desafiando nossos governantes, a fim de preparar o terreno para um futuro melhor.

Um filme já foi feito sobre o movimento: *Libertopia*. A cobertura da mídia tem aumentado. E o movimento está claramente crescendo na medida em que os Estados Unidos pioram cada vez mais. E, depois destas eleições, quando ficar muito claro para amantes desiludidos da liberdade em todo o país que a política nacional é e será sempre hostil à filosofia do individualismo, consigo imaginar com facilidade que o Projeto Estado Livre terá outra onda de migrantes pronta a acenar a bandeira: "Viva em Liberdade ou Morra".

ENSAIO 21

É um mundo novo e os Estados Unidos não estão liderando

Na última década, algo incrível aconteceu sem que praticamente nenhum cidadão norte-americano prestasse atenção. No passado, e com bons motivos, estávamos inclinados a pensar que, se vivíamos aqui, vivíamos em todos os lugares. Estávamos acostumados a estar na dianteira. O mundo seguiria nossa tendência, então não havia muito sentido em prestar tanta atenção. Essa miopia nacional tem sido um problema há muito tempo, mas um problema sem muito custo. Até muito recentemente.

Um sintoma da mudança é que antes os dólares na sua poupança ou carteira de ações pagavam suas contas. A pessoa inteligente economizava e era recompensada. Parecia o modo norte-americanos de agir. Lentamente, as pessoas começam a perceber que isso não funciona mais. Economizar

É UM MUNDO NOVO E OS ESTADOS UNIDOS NÃO ESTÃO LIDERANDO

não compensa mais, graças, em boa parte, à política de juro zero do Federal Reserve.

Mas este não é o único motivo. Há algo mais fundamental acontecendo, algo que Chris Mayer, autor do essencial e esclarecedor livro *World Right Side Up* [*O mundo voltado para o lado certo*], acredita que continuará acontecendo durante toda a nossa vida e para além dela. As implicações desta tese são profundas para os investidores. Ela realmente afeta a vida de todos na era digital.

Mayer diz que, em algum momento dos últimos dez anos, a economia mundial dobrou de tamanho ao mesmo tempo em que o equilíbrio da riqueza emergente do mundo se afastou dos Estados Unidos em direção a várias partes do mundo. A lacuna entre nós e eles começou a diminuir. Os mercados emergentes começaram a responder por metade da economia global.

Quando você analisa o gráfico da fatia norte-americana na produtividade mundial, é uma fatia significativa, respondendo por vinte e um por cento, mas não é nada especialmente incrível. Enquanto isso, mercados emergentes correspondem a dez das vinte maiores economias do mundo. A Índia é gigantesca, maior do que a Alemanha. A Rússia, que era uma confusão na minha memória, ultrapassou a Inglaterra. A Turquia (quem fala deste país?) é maior do que a Austrália. A China talvez já seja maior do que os Estados Unidos.

Analise as taxas de crescimento que tirei dos dados mais recentes e as compare com os números patéticos dos Estados Unidos:

Malásia e Malawi: 7,1%
Nicarágua: 7,6%
República Dominicana: 7,8%

Sri Lanka: 8,0%
Uruguai, Uzbequistão, Brasil e Peru: 8,5%
Índia: 8,8%
Turquia e Turcomenistão: 9%
China: 10%
Singapura e Paraguai: 14,9%

Há ainda a taxa de *swap* de risco de incumprimento, que é uma espécie de seguro contra o calote. A taxa francesa é maior do que a dívida brasileira, peruana e colombiana. Nos últimos dez anos, os mercados de ações destes países latino-americanos tiveram um desempenho muito melhor do que os mercados de ações dos países europeus. Além disso, muitas economias emergentes são simplesmente mais bem administradas do que a paisagem econômica extremamente burocratizada e afundada em dívidas dos Estados Unidos e Europa. Quanto ao consumo, mercados emergentes já superaram os Estados Unidos.

"Estas tendências", escreve Mayer, *"vão se intensificar com o tempo. A criação de novos mercados, o influxo de centenas de milhões de pessoas que vão querer celulares, aparelhos de ar-condicionado e filtros d'água, que vão querer comer uma dieta mais variada de carne, frutas e legumes, entre muitas outras coisas, terá um impacto enorme nos mercados mundiais"*.

Por que ele vê essas tendências como a criação de *"um mundo voltado para o lado certo"*? Porque, argumentou ele, isso representa uma espécie de normalização do planeta em um mundo pós-império norte-americano. A Guerra Fria foi uma grave distorção. Na verdade, todo o século XX também foi uma distorção. Voltando ainda mais no tempo, há mil anos, encontramos uma China que era muito mais avançada do que a Europa ocidental.

É UM MUNDO NOVO E OS ESTADOS UNIDOS NÃO ESTÃO LIDERANDO

Leio os prognósticos de Mayer com um ouvido atento, por vários motivos. O livro dele não é resultado de milhares de horas navegando na *Internet* ou plagiando o *Almanaque Anual* da CIA. Ele é um repórter de campo que vai a qualquer lugar e fará qualquer coisa atrás de uma história sobre a riqueza emergente. O resultado é uma credibilidade que não se pode adquirir de outra forma.

Mas há outro motivo. Mayer é citado frequentemente como uma das poucas pessoas que viu o que estava acontecendo com o mercado imobiliário em meados dos anos 2000, emitindo vários alertas longos e detalhados. Ele não apenas previu o estouro da bolha como também explicou por que aquilo aconteceria. Ele viu a tempestade perfeita se aproximando com a combinação de empréstimos subsidiados, agências de hipoteca grandes demais para falir e uma política do Federal Reserve criada para distorcer o fluxo de capitais. Ele avisou como poucos outros.

Não que ele seja um mágico. É porque ele tem uma educação sólida em teoria econômica – isso fica óbvio página após página – e também porque tem uma curiosidade profunda por descobrir como essas teorias funcionam no mundo real. De acordo com seu pensamento, se não podemos compreender ou antever as mudanças, não podemos compreender os mercados e muito menos antever a direção deles.

Outra coisa: Mayer está menos interessado em índices grandiosos como o PIB (e outras "monstruosidades econômicas") e mais em ter uma "visão de perto, em primeira mão". O objetivo dele: "estar perto do que acontece e do que podemos compreender de formas mais tangíveis". E ele parece próximo de tudo: fábricas de cimento, a indústria hoteleira, fazendas, empresas de carvão e celular, bancos, fabricantes de vidro, fabricantes de filtros d'água – tudo que compõe a vida.

E o que ele descobre repetidas vezes são instituições localizadas que cooperam mundialmente (comércio!) para gerar capital, riqueza e novas fontes de progresso que ninguém planejou e praticamente ninguém anteviu. Eis a História da civilização como ela sempre aconteceu ao longo do tempo, mas estudada com cuidado e precisão na nossa época.

Neste livro, ele usa essa combinação de inteligência e curiosidade fanática para examinar todos os principais concorrentes do futuro: Colômbia, Brasil, Nicarágua, China, Índia, Emirados Árabes Unidos, Síria, África do Sul, Austrália, Nova Zelândia, Tailândia, Camboja, Vietnã, Mongólia, Argentina, Rússia, Turquia, Ásia Central, México e Canadá. Nestes lugares, ele encontra inovação, capital, empreendedorismo, criatividade, uma disposição de experimentar novas ideias e uma paixão por melhorar a vida de toda a humanidade.

As reportagens dele desafiam a sabedoria convencional o tempo todo. Página após página, o leitor se perceberá pensando: "Isso é incrível". A Nicarágua não é socialista. Medellín, na Colômbia (a "cidade da primavera eterna"), não é violenta. O Brasil já não é a terra dos ricos e pobres, e sim o lar da maior classe-média do mundo. A China é o maior mercado do mundo para carros e celulares; até mesmo nas áreas rurais você pode comprar uma Coca-Cola e um Snickers. A Índia é a maior fábrica de milionários do mundo. O Camboja (Camboja!) está entre os países que mais atraem capital investidor no mundo. A Mongólia tem um dos melhores mercados de ações do mundo.

Ele também descobre muitas grandes empresas norte-americanas que perceberam a tendência e abriram fábricas, indústrias, serviços financeiros e lojas de varejo em diversos mercados emergentes. Estas empresas são atraídas pela inteligência dos trabalhadores, o ambiente relativamente sem regulamentação e com impostos baixos e as culturas que

É UM MUNDO NOVO E OS ESTADOS UNIDOS NÃO ESTÃO LIDERANDO

possuem um amor novo pela livre iniciativa. E os retornos existem também. O ponto principal é lhes dar um sinal para expandirem.

É particularmente intrigante ler como todos os empreendedores destes mercados emergentes venceram burocracias horríveis e destrutivas – elas existem em todos os lugares! – que tentam impedir o trabalho, e também burocratas que não sabem nada de economia, mas têm o poder de matá-la. Contudo, a própria ineficiência destas burocracias é a bênção salvadora. Os burocratas não podem controlar o futuro. De alguma forma, o brilhantismo do mercado encontra uma solução.

O principal interesse de Mayer está em descobrir oportunidades de investimento, e ele as expõe com detalhes minuciosos. Pensando bem, este é o melhor ponto de vista para se examinar um mundo novo e desconhecido. O comércio é a força motriz da História, o mapa de onde estivemos e para onde vamos. Rastrear o comércio lucrativo provavelmente nos dará ideias mais valiosas do que todas as especulações acadêmicas.

O livro de Mayer é muito empolgante. Ele costura história, geografia, economia e reportagem em primeira mão em uma tapeçaria maravilhosa, tão bela quanto a arte e tão complexa e variada quanto o próprio mundo se tornou no nosso tempo. Um ótimo estilista, Mayer cria fantásticas frases de efeito em todos os capítulos *("A mudança é como um alfinete contra os balões da sabedoria convencional")* e suas histórias detalhadas dão ao leitor a sensação de que você está viajando ao lado dele, como se caminhasse com Virgílio (70-19 a.C.) pelo Purgatório e o Paraíso em uma única viagem.

Mayer cita Marco Polo (1254-1324): *"Não contei metade do que vi"*. Da mesma forma, não contei nem 5% do que está nesta extraordinária viagem pelo mundo que a maioria das pessoas não sabe que passou a existir no novo milênio. Não há como uma resenha rápida fazer justiça a este livro. Há sabedoria demais em suas páginas. É uma análise substancial e notavelmente crível de um mundo que a maioria das pessoas jamais viu. Em dez ou vinte anos, as pessoas apontarão para este livro e dirão: este cara registrou e compreendeu o que poucos contaram e compreenderam.

ENSAIO 22

Peter Schiff sobre a cidadania americana

Você provavelmente já viu Peter Schiff na televisão não uma, mas várias vezes. Em meio às legiões de comentaristas indistinguíveis por aí, ele se destaca. Ele faz sentido. Ele chama a atenção para a realidade. Ele não se importa com as opiniões e convenções que prevalecem nas redes de notícias financeiras e simplesmente aparece e diz o que poucos estão dispostos a dizer.

Ele sai ileso disso porque faz sentido, é superarticulado e é agressivo ao deixar clara sua mensagem. Mesmo que você não assista televisão (eu mesmo não assisto muito), ele tem seu próprio programa de rádio, canal do YouTube, *blog*, contas em redes sociais e muito mais. Você provavelmente poderia passar boa parte do dia ao lado de Schiff, e mesmo assim não ouviria tudo o que ele tem a dizer.

Ele também é autor do livro *How an Economy Grows and Why It Crashes* [*Como uma Economia Cresce e Por Que Ela Entra em Colapso*]. Garanto que não existe nada parecido no mercado hoje em dia. Em muitos aspectos, é uma obra genial. Imagine aprender as complexidades da macroeconomia e os ciclos de negócios por meio de uma série de desenhos inteligentes que ilustram uma espécie de parábola econômica.

O livro é ótimo para jovens, mas também para adultos. Ele foi escrito originalmente pelo o pai de Peter, Irwin Schiff (1928-2015), e ganhou alguma fama nos anos 1980, mas esta nova edição melhora o original pois o texto que acompanha os desenhos reduz cem anos de estudos na área a uma explicação em inglês simples do desenvolvimento econômico e do ciclo de negócios. Os temas são consistentes: a produção vem antes do consumo; o débito não substitui a poupança; o crédito não soluciona o débito; a realidade econômica não pode ser contida para sempre.

Tive a oportunidade de ouvir uma palestra de Peter em um jantar no Fórum da Liberdade de New Hampshire. A sabedoria tradicional dita que uma palestra em um jantar deve ser extremamente curta — cerca de vinte minutos — pois as pessoas estão lentas por causa do vinho e tontas por terem comido demais. Não cronometrei o discurso dele, mas Peter deve ter falado por cem minutos. Assustador? Ao contrário. Todos ficaram atentos, arrebatados. Eu também. Podíamos ter ficado sentados lá e ouvido por mais uma hora.

Inacreditavelmente, Schiff não usa anotações ao falar em público. Ele começa e as palavras saem da sua mente como um tapete persa cuidadosamente trançado. Sua cadência é incomum o bastante para seduzir o ouvinte, sem perder o ritmo. Seu vocabulário é vasto. Seu método de retórica é o seguinte: ele apresenta um tema. Ele apresenta a sabedoria convencional. Ele aponta o que há de errado com este raciocínio e acrescenta suas opiniões. Então, ele menciona provas que apoiam sua opinião até que ela se torne extremamente convincente. Ele faz uma transição suave para outro assunto e repete o método.

Seu tema naquela noite era muito interessante. Peter tratou da migração de cérebros nos Estados Unidos, uma tendência assustadora que é única à nossa época. Todos querem falar sobre o problema da imigração, mas ele diz que temos um problema de emigração. Os jovens mais inteligentes, ricos e espertos estão tentando sair do país.

Na Inglaterra, a lista de espera para abdicar da cidadania norte-americana já é longa e só cresce. Os norte-americanos também estão indo para o México, a América Latina, a China e o Oriente. É muito difícil obter dados oficiais, então a maior parte das evidências desta tendência é empírica, mas não menos real.

Por que alguém faria isso? A cidadania norte-americana já foi o mais precioso dos bens. Pessoas vinham aqui em busca de liberdade, e a conseguiam. Hoje, cada vez mais, a cidadania é um problema. Um dos principais motivos é que os Estados Unidos são um dos poucos países do mundo que efetivamente rastreiam seus cidadãos para obrigá-los a pagar impostos sobre rendas obtidas em qualquer outro país.

Em vez de ser uma forma de libertação, disse Schiff, a cidadania norte-americana é como um anel metálico em seu tornozelo, o qual você não pode remover com uma lima. A única forma de se livrar é abdicar dela, mas fazer isso não é tão fácil. Só os formulários custam US$ 450 e a lista de espera pode ser interminável.

A cidadania norte-americana também expõe bancos estrangeiros e instituições à desagradável intrusão de burocratas americanos que não se importam mais com as fronteiras. É como se, aonde quer que você fosse, você levasse o império americano com você. Isso torna você em uma espécie de pária para muitas instituições estrangeiras. Aparentemente, expatriados norte-americanos se deparam com este problema assim que tentam abrir uma conta bancária ou de corretagem, e até mesmo quando tentam comprar espaço em servidores estrangeiros.

Como Schiff destacou, esta tendência é um sinal de problemas maiores nos Estados Unidos. O problema do desemprego é enorme, especialmente entre os jovens. As empresas não querem contratar funcionários, os quais custam bem mais do que o salário. Há seguros obrigatórios, impostos sobre a folha de pagamento e responsabilidades jurídicas – sem mencionar os horríveis riscos associados a contratar a pessoa errada e a subsequente impossibilidade de demiti-la.

Como isso afeta os jovens? É um desastre. Muitos recém-formados têm dívidas de seis dígitos. Eles fizeram o que deveriam fazer, frequentando boas escolas, obedecendo os professores, obtendo notas boas. Mas, quando saíram para o mercado, eles descobriram que não tinham as habilidades que as empresas queriam e não tinham experiência que mostrasse que poderiam agregar valor à empresa. Então, eles aceitavam começar com um salário baixo que sequer bastava para pagar a dívida estudantil existente.

Como que para reforçar o argumento, durante o final de semana, conheci uma jovem advogada que se formou em uma das melhores faculdades com notas ótimas. Ela não conseguiu encontrar nenhum emprego, exceto um cargo de salário baixo como defensora pública – um trabalho respeitável, mas sem um plano de carreira. Mas aí é que está: ela tem uma dívida de quase US$ 400 mil. E isso com vinte e cinco anos. Pense na humilhação!

Mas voltemos ao discurso de Schiff. A imagem que ele pinta do futuro norte-americano é assustadoramente lúgubre. A dívida interna, as regulamentações que aumentam constantemente, a cobrança de impostos intrusiva e intensa, a espionagem e as imposições policiais, o sistema bancário quebrado, o surpreendente nível de enganação do mundo financeiro – tudo isso compõe uma imagem sombria.

Os ricos parecem entender o problema. Há poucos meses, um ciclo de notícias mencionou que Mitt Romney mantém alguns bens nas ilhas Cayman. Por que alguém faria isso, levando em conta o alcance da política tributária norte-americana? Há dois fatores: a redução das obrigações legais no caso de problemas e a necessidade geral de diversificação política. Isso ilustra algo muito importante: os mais inteligentes e ricos da população já não confiam no futuro.

E compare isso com outros países! Ao contrário do que a maioria dos norte-americanos acredita, outros países são mais livres, com impostos menores, menos intrusão policial, menos espionagem, menos regulamentações sobre as pequenas empresas. Schiff diz que você não precisa ir muito longe para encontrar mais liberdade: tente um país ao norte e um país ao sul. E enquanto muitos países, como a Suécia e Finlândia, estão cada vez mais livres, os Estados Unidos estão na direção contrária, e há poucas perspectivas de uma reviravolta.

Schiff é uma voz importante para nos alertar sobre realidades que muitas pessoas relutam em aceitar. Para obter uma compreensão fundamental das realidades econômicas, recomendo sem restrições seu livro *How an Economy Grows and Why It Crashes*. Caso algum dia aconteça algo que mude a cultura ideológica neste país, este livro pode ser uma ferramenta importante para reapresentar o pensamento econômico racional às pessoas.

ENSAIO 23

A economia clandestina

Gosto de um restaurante mexicano (não vou dizer qual) que parece prosperar em tempos de vacas gordas e magras. Nunca lhe faltam garçons, cozinheiros e pessoas para limpar as mesas, mesmo quando há apenas poucos carros de clientes lá fora. Na verdade, é difícil distinguir os funcionários dos clientes, e pessoas da família estendida parecem surgir do nada, pessoas de todas as idades, às vezes comendo, às vezes apenas visitando e às vezes entrando e saindo da cozinha.

Como este lugar lida com o alto custo dos funcionários? É o tipo da pergunta que é falta de educação fazer. Um conhecimento superficial das regras existentes do trabalho, com suas leis, impostos e determinações sobre documentação de residência no país permite a qualquer um responder.

O lugar sobrevive e prospera porque ignora todos estes detalhes. O negócio funciona graças a acordos diretos, trocas, dinheiro vivo, trabalho de funcionários menores de idade e sem documentação.

Eles sabem. Nós sabemos. Mas ninguém sai prejudicado.

Pense em outro caso recente no noticiário. Uma reportagem da *ABC* investigou instituições educacionais na Austrália, onde o governo exige que todos se matriculem na escola pública ou se registrem oficialmente como alunos da educação doméstica. A reportagem estima que cinquenta mil famílias ignoram completamente estas regras. Algumas famílias acreditam que não devem se registrar. Outras dizem que há mais risco em se legalizar do que fazer parte do sistema de ensino ilegal.

Todos conhecemos casos assim. Conhecemos uma pessoa que assa *cheesecakes* na cozinha e os vende a amigos – o tempo todo ignorando licenças, regras sanitárias, exigências quanto ao tamanho do forno, leis de zoneamento e tudo o mais. Os filhos dela a ajudam em troca de uma mesada semanal – um acordo muito parecido com trabalho infantil. Conhecemos pessoas que têm um emprego formal e um trabalho extra vendendo joias, fazendo *websites* ou lecionando. Elas preferem receber em dinheiro.

Estas historinhas – e conhecemos muitas delas – vêm de todos os lugares do mundo, principalmente com as intensas pressões econômicas da recessão. Diante da encruzilhada de obedecer ao governo ou ganhar a vida por conta própria, as pessoas tendem a escolher a segunda alternativa. Isso é o que acontece com centenas de vendedores ambulantes nas ruas de San Francisco. O mesmo vale para milhares de trabalhadores de Xangai que fabricam produtos ilícitos de dia e produtos "pirateados" à noite.

Isso aumentará ainda mais na economia digital agora que o governo dos Estados Unidos mostrou os dentes e prendeu e destruiu propriedades em nome da defesa do direito autoral. A *Internet* não se tornará repentinamente um grande território de obediência. Ao contrário, quem oferece serviços dúbios ficará ainda mais anônimo, menos rastreável, mais secreto e obscuro.

Isso já vem acontecendo, já que cada vez mais pessoas estão sendo obrigadas a usar *proxies* que ocultam seu IP para navegar e oferecer seu conteúdo por trás de paredes impenetráveis. Há uma perda trágica aqui, mas isso pode estimular o último duelo no grande confronto entre o poder e o mercado.

Digital ou não, o Estado não pode fazer o comércio, o compartilhamento e a associação desapareçam. Isso só inspira os comerciantes e empreendedores a evitar riscos de formas diferentes.

Durante a Lei Seca, os bares clandestinos que se sentiam ameaçados mudavam a senha para os clientes entrarem. Com o aumento gigantesco do governo em todo o mundo, grandes fatias da economia mundial começaram a operar exatamente como os bares clandestinos de antigamente. Os bares eram zonas de liberdade, mas suas operações foram distorcidas pois eles não tinham acesso à lei e aos tribunais e porque quem os administrava vinha de uma classe de cidadãos dispostos a assumir riscos enormes.

Sei tudo isso empiricamente, mas como isso se reflete no sentido macroeconômico? Estou lendo *Stealth of Nations* [*O Lado Furtivo das Nações*], de Robert Neuwirth. É um livro impressionante, pois é o primeiro na nossa época que tenta proporcionar uma visão ampla do significado de toda essa atividade econômica desregulada, que não paga impostos e não tem autorização. Neuwirth estima que metade dos trabalhadores do mundo estão envolvidos em algum nível no que ele chama de Sistema D.

Este é o setor chamado de "subterrâneo" e "informal". Ele prefere Sistema D (a gíria derivada da palavra franco-africana para pessoas altamente motivadas), pois não é preconceituoso. Ele refere-se simplesmente ao setor da vida econômica que existe "fora da estrutura dos acordos comerciais, das leis trabalhistas, da proteção ao direito autoral, das leis de segurança dos produtos, das leis antipoluição e de várias outras diretrizes políticas, sociais e ambientais".

Ele registra o funcionamento incrível do Sistema D e demonstra que ele é a segunda maior economia do mundo, alcançando uma produtividade de US$ 10 trilhões, o que provavelmente é uma estimativa conservadora. Diante da velocidade de crescimento do governo, o Sistema D deve empregar dois em cada três trabalhadores em 2020. Sinto que Neuwirth, na verdade, subestima o tamanho disso, já que ele ignora setores como saúde, educação e finanças – que são certamente os três componentes de crescimento mais rápido do Sistema D.

Neuwirth não é de forma alguma um libertário ou um pensador do livre mercado. Ele é um repórter de tendência esquerdista – um esquerdista genuíno que acredita na exaltação da contribuição dos pobres e da classe operária para a ordem social e econômica. Sua reportagem o levou a descobrir que a principal força motriz das classes é a necessidade de relações econômicas, e também a perceber que o Estado em si é a principal barreira para seu avanço.

Ele permanece em conflito ideológico ao longo de todo o livro. Por exemplo, ele protesta contra trabalho infantil em uma página, mas depois diz que, se não fosse pelo trabalho infantil, muitas crianças ao redor do mundo não poderiam comprar roupas, comida e educação e provavelmente se voltariam à prostituição ou outra forma de submissão. Mas a ideologia não é a maior contribuição aqui. O que importa é que ele estrutura a realidade de forma a podermos ter consciência do todo.

Refletindo sobre a imensidão deste setor da vida, percebe-se a ficção, por exemplo, presente nas estatísticas oficiais do governo, que registram apenas a economia formal. Estas agências divulgam semiverdades e mitos todos os dias. Percebe-se, ainda, o grave prejuízo que seria causado à Humanidade em geral se chegasse um tempo em que o governo realmente conseguisse impor todas as suas regras. Seria catastrófico. Devemos boa parte da nossa prosperidade à disposição das pessoas para ingressar na classe rebelde.

ENSAIO 24

Protestando digitalmente contra o governo

Há muito tempo debate-se a tecnologia digital. Ela ajuda ou prejudica a causa da liberdade, do individualismo e dos direitos humanos? As pessoas que dizem que ela prejudica afirmam que o governo consegue usar os produtos da inovação privada para seus próprios fins. O governo pode nos observar como nunca antes. Ele reúne dados sobre a população como nunca. Ele pode espionar, intimidar, tributar, regular, controlar o comércio e até provocar inflação de forma mais eficiente com as ferramentas da era digital.

Tudo isso é verdade. Mas o que a Quarta-feira Negra mostrou é exatamente o oposto. Importantes grupos da *Internet* retiraram seu apoio em protesto contra uma legislação no Congresso que teria um efeito devastador no funcionamento da rede. Em vez de ser um santuário protegido do poder e do controle no qual informações são produzidas e distribuídas livremente, a *Internet* se tornaria um sistema de distribuição de conteúdo aprovado pelas empresas e governo, não muito diferente do rádio na década de 1930 ou da televisão na década de 1950.

Esta legislação transformaria nossas vidas. A *Internet* declarou sua oposição com convicção. As instituições se levantaram publicando avisos de *blackout*, anúncios e mensagens de rebeldia escancarada. Foi um protesto pacífico semelhante aos protestos do passado, mas com uma enorme diferença. Em vez de estar limitado geograficamente e, portanto, passível de ser facilmente ignorado ou interrompido pela polícia, o protesto digital foi mundial, impossível de ser ignorado ou contido. O protesto se aplicou ao mundo anglófilo, mas todos os grupos linguísticos se envolveram, pois os efeitos da legislação seriam realmente universais.

É sempre um risco enfrentar o poder. Você enfrenta a possibilidade de perda de tráfego comercial. Enfrenta a possibilidade de represália, até mesmo de violência. Enfrenta a possibilidade real de perder a disputa e, portanto, ser declarado não um herói, e sim um idiota. E, se analisarmos melhor o curso da História, podemos ver facilmente que as chances de ganhar uma batalha contra o poder são extremamente baixas. A liberdade é uma raridade na História por um motivo. O despotismo tem nos governado na maioria das épocas e lugares. As pessoas que escolhem lutar contra o poder precisam começar entendendo isso.

Só se faz a diferença quando algumas pessoas convictas enfrentam o poder e o protesto delas é apoiado por algum nível de consenso público. É algo que aconteceu raramente, mas veja só os efeitos. A liberdade conquistada por meio da desobediência construiu o mundo moderno. Tudo que usamos para melhorar nossas vidas é produto desta liberdade. A maior dívida da nossa saúde, educação, prosperidade material, artes, fé, música é com a liberdade, e não com o governo.

Um marco conveniente para sinalizar o início da era digital é a invenção e popularização do navegador *web* em 1995 – ao menos é assim que penso. Isso significa que tivemos dezessete anos para ver o que fluxos livres de informações podem produzir, e isso não é nada menos do que impressionante. Ignoramos a importância disso cotidianamente, mas, quando você olha para trás, a transformação parece um milagre. Qualquer pessoa pode se comunicar por vídeo em tempo real e quase sem nenhum custo com qualquer outra pessoa do mundo. Na ponta dos nossos dedos, temos toda a grande literatura, música, poesia e ciência do mundo. A *Internet* é fundamental para nossa rede social, nossa educação, para a medicina e a culinária e todas as formas de atividade em que se possa pensar. E tudo remonta a esta coisa incrível: a capacidade de compartilhar e trocar ideias em qualquer forma.

Na maior parte do tempo, as pessoas não dão valor aos produtos da liberdade quando eles surgem e nunca param para imaginar uma alternativa. Pessoas vivem dia após dia tirando proveito das incríveis bênçãos sem se darem conta do que as tornou possíveis e não imaginam um mundo no qual tudo isso poderia ser tirado delas.

Ainda hoje, em países que já foram socialistas, os jovens dão pouco valor ao fato de que, há apenas uma geração, as prateleiras estavam vazias e a vida era sombria e sem esperança. Nos Estados Unidos, esperamos e ansiamos – quase como um direito humano – pelos novos brinquedos digitais, a mais recente atualização, um ambiente cada vez mais livre de falhas nos *softwares*. Andamos pelas lojas e escolhemos em meio à abundância e não pensamos a respeito.

Este é um problema sério, pois a liberdade requer ciência de suas dádivas para sobreviver. De alguma forma, e contra todas as expectativas, o debate sobre os detalhes técnicos da defesa da propriedade intelectual despertou algum nível de consciência. O protesto foi mostrado como se fosse contra a censura, e é isso mesmo. É bom pensar na realidade contrafactual de um mundo sem informações livres. Mas, na verdade, há mais em jogo do que isso. Informação é o elemento construtor essencial do que chamamos de civilização, de todas as coisas que melhoram a condição humana. Trata-se de mais do que podemos ver e ler; trata-se do direito humano de compartilhar e trocar ideias que possibilitam o progresso.

O movimento anti-SOPA foi um dos protestos mais empolgantes que já vi na vida. Ele surgiu aparentemente do nada. Foi organizado ao longo de apenas dois meses. A gota d'água veio quando a Wikipedia anunciou que se juntaria ao protesto. Então, pareceu que todos se envolveram, e no decorrer de poucos dias. Programadores escreveram aplicativos para bloquear *websites*. Milhões de pessoas mudaram seus avatares do Facebook (ei, é muito mais fácil do que fazer greve de fome!). O Congresso foi inundado com mensagens de oposicionistas como nunca se viu antes.

E quem ou o que deu início a tudo isso? Surpreendente e notavelmente, foram os "conservadores" — e até mesmo os "libertários" — que continuaram estranhamente confusos com o assunto. Foram os "libertários civis" e pessoas ligadas ao que é considerado "esquerda" que criaram o protesto. Esta é uma bela demonstração de que você nunca sabe com certeza onde encontrará os verdadeiros amigos da liberdade.

Pessoas têm me pedido para especular quanto ao futuro desta legislação. Imagino que este protesto realmente eliminará as versões atuais das leis no Congresso. Elas serão arquivadas e os grupos de interesse corporativos que as defendem se aquietarão. Daí, no verão ou no outono, tudo recomeçará com uma legislação menos objetável que dirá ter retirado os poderes mais ofensivos, mas que, na realidade, fará em geral a mesma coisa. Os protestantes ficarão calados ou verão que a vigilância eterna é o preço pela liberdade? Por fim, a liberdade da *Internet* pode ser garantida não só detendo uma nova legislação, mas também repelindo a velha legislação. Neste sentido, este protesto representa não um fim, mas um início.

ENSAIO 25

Não existe essa coisa de Estado estável

Há vinte anos, em 25 de dezembro de 1991, e para a surpresa de quase todos, a poderosa União Soviética, exemplo clássico da visão de Georg Wilhelm Friedrich Hegel (1770-1831) do Estado como Deus na Terra, se dissolveu e desapareceu. O inimigo malvado dos Estados Unidos, o urso feroz que diziam errar pelo mundo em busca de quem devorar, simplesmente morreu.

Mais do que isso, os estados-satélites tornaram-se nações independentes. O império se degenerou numa série de movimentos separatistas nas suas fronteiras. O mapa parecia completamente diferente de um dia para outro.

O poder central – considerado impiedoso e controlador – não teve ânimo para lutar contra isso e simplesmente desistiu, completamente incapaz de controlar os acontecimentos.

NÃO EXISTE ESSA COISA DE ESTADO ESTÁVEL

A ideia de disseminar o comunismo em todos estes lugares foi abandonada, a indústria foi privatizada, os países adotaram seus antigos nomes e suas populações voltaram para o sistema de divisão de trabalho mundial depois de mais de cinquenta anos de exclusão.

O planejamento central deixou de funcionar, e não apenas em Moscou. O planejamento central dos Estados Unidos também excluía a possibilidade de que algo tão drástico pudesse acontecer. Uma década de política econômica e externa se baseava na doutrina Kirkpatrick de que Estados totalitários eram invulneráveis e só podiam ser detidos ou destruídos de fora para dentro. Era nessa base que os Estados Unidos escolhiam seus amigos e inimigos no mundo.

Assim que a Cortina de Ferro foi aberta, encontramos sociedades ridiculamente atrasadas em relação ao progresso material. O paraíso dos operários nunca se concretizara. E todos se perguntaram o que realmente temêramos durante todos aqueles anos.

Não há dúvida de que o Estado soviético era uma ameaça inacreditável para os próprios cidadãos — entre sessenta e cem milhões de mortos nas mãos do governo ao longo de 72 anos —, mas ele era realmente uma ameaça para você e eu? Longe de ser uma superpotência, ficou claro que a União Soviética estava apodrecendo por dentro há muito tempo.

Fui criado já no fim da Guerra Fria, mas acho quase impossível descrever para os mais jovens como era estar cercado pelo grande conflito maniqueísta daqueles dias. Ele consumiu todo o pensamento político de 1948 a 1991. Centenas de milhares de especialistas dedicaram suas vidas a criar estratégias, a escrever sobre o assunto e a ganhar a vida com ele de alguma forma. A Guerra Fria foi todo o motivo por trás do império militar gigantesco que os Estados Unidos criaram no decorrer de meio século. Tudo foi feito em nome da nossa segurança.

Até que, um dia, tudo isso acabou.

Os norte-americanos temeram a ameaça comunista por boa parte do século XX. A Rússia era a personificação de todo o mal, menos durante os poucos anos quando, incrivelmente, a Rússia foi considerada um aliado na luta ainda maior contra os horrores do Japão e Alemanha na Segunda Guerra Mundial. Então, em 1948, o antagonismo foi restaurado e o Medo Vermelho voltou com força — de ameaça a aliado para ameaça de novo em uma questão de poucos anos. Foi uma reviravolta satirizada no clássico *1984*, de George Orwell (1903-1950) — inverta os dois últimos algarismos e você entenderá.

O grande debate do início da minha experiência política girava em torno de se a Rússia deveria ser tratada como um mal único no mundo ou simplesmente como outro país com o qual os Estados Unidos deveriam ter relações diplomáticas. A pensadora e intelectual que prevaleceu na época foi Jeane Kirkpatrick (1926-2006). Muito antes de se tornar Secretária de Estado, ela escreveu um ensaio famoso, "Dictatorships and Double Standards" [Ditaduras e Dois Pesos e Duas Medidas]. Este clássico de 1979 se tornou a base da política externa da década seguinte.

Este texto forte hostiliza a administração do presidente Jimmy Carter por sua suposta fraqueza na política externa, principalmente no que dizia respeito à sua indisposição de dar apoio a governos autoritários e não comunistas contra rebeldes esquerdistas. A ideia aqui é a de que podemos conviver com regimes autoritários e acabar por democratizá-los, sendo que, quando um Estado cede ao comunismo, ele está perdido para sempre.

Portanto, os Estados Unidos deveriam apoiar bandidos não comunistas de qualquer tipo, no poder ou não. Foi assim que os Estados Unidos acabaram por dar apoio aos fundamentalistas islâmicos *mujahidins* no Afeganistão, por exemplo, que mais tarde deram origem ao Talibã e, posteriormente, à rede de terror que os Estados Unidos agora dizem ser seu inimigo mortal.

Kirkpatrick expressou suas afirmações com base na história, observando: *"Não há nenhum caso de uma sociedade revolucionaria 'socialista' ou comunista sendo democratizada"*. A partir daí, a previsão era implícita: isso jamais, em hipótese alguma, poderia acontecer. *"Não há base para esperar que regimes totalitários radicais se transformem"*, escreve ela.

Pouco mais de dez anos depois, ela não só se provou equivocada, como também a história conspirou para destruir todo seu modelo analítico e jogá-lo no ar como confete. Não só a União Soviética desapareceu como a China se transformou completamente. Cuba está sendo privatizada. A Coreia do Norte talvez seja o regime mais difícil de ser derrubado, mas também cederá com o tempo.

Ora, pode-se dizer que foi precisamente a escalada militar que ela inspirou o que produziu tal resultado. O problema dessa afirmação é que a escalada militar não foi projetada para gerar este resultado, e sim para "conter" permanentemente o alcance soviético global e evitar sua disseminação. Em meados dos anos 1980, ninguém – e certamente nem a própria Kirkpatrick – anteviu que a década seguinte começaria sem a existência do Estado Soviético.

Qual foi o erro dela? Ela tentou forjar uma lei política baseada na história recente projetada para o futuro. A lei dela não funcionou porque não há leis políticas do tipo que ela imaginou. Não há regimes permanentes. Não há um sistema de regras impenetrável. Estados são criados por elites e destruídos por todos os demais. Todos são mais vulneráveis do que parecem, pois todos consistem de poucos enganando muitos a abdicar da propriedade e desistir de suas vidas sob argumentos que por fim se revelam mentiras. Quando as pessoas se dão conta, os Estados se abalam e acabam por ruir, às vezes quando menos esperamos.

Este é um fato a ser celebrado, já que, se qualquer Estado pudesse criar um domínio permanente, a liberdade humana não teria chance. Isso é porque todo Estado é uma conspiração contra a liberdade. Nenhum Estado se satisfaz com apenas um pouco de poder e nada além disso, apenas um pouco do seu dinheiro e nada mais. Nada nunca é suficiente. Temos de ceder e ceder até que nossa liberdade esteja completamente sufocada. Por fim, as pessoas não gostam disso e não tolerarão isso para sempre. Isso vale para todos os lugares, em todas as épocas.

Hoje, nossos próprios teóricos dizem que os Estados Unidos descobriram o segredo para o domínio permanente. Madeleine Albright chamou os Estados Unidos de a única *"nação indispensável"*. Mitt Romney disse que os Estados Unidos são *"a maior nação na História da Terra"*. Com certeza, a configuração atual dos Estados Unidos durará para sempre. Com certeza, ele está destinado a ser o único poder estável e de hegemonia global eterna. São os Estados Unidos, agora, que personificam o desígnio divino de Hegel na Terra.

A lição do colapso soviético não é apenas a de que o socialismo não dá certo. É a de que o estatismo geral não dura, não importa se ele surge sob uma tirania monopartidária ou uma ilusão de democracia. Essa experiência de vinte anos atrás deveria inspirar alguma humildade. Da mesma forma que a experiência soviética acabou, o futuro da última superpotência restante também pode mudar com a mesma rapidez.

PARTE III

A Destruição do Mundo Físico

ENSAIO 26

As mãos ociosas do governo: O terrorista da cueca 2.0

O governo tem um problema sério. Ele não tem nada que valha a pena fazer. Todas as coisas legais da vida vêm da iniciativa privada, e isso é mais óbvio do que nunca. O mercado está criando mundos inteiros diante dos nossos olhos, enquanto o governo parece cada vez mais um anacronismo impotente.

A vida do governo depende da histeria pública em torno de algum grande feito que ele está tentando realizar. Mas, hoje, não há nenhuma disputa épica, nenhum grande projeto histórico, ninguém nos guiando à luz, nenhum mal a ser vencido e nenhuma das outras coisas que o governo costumava alegar fazer.

Ele com certeza falhou como Salvador da Economia. Ele não pode educar as crianças, não pode nos dar riquezas e sequer é capaz de entregar cartas.

Então suas mãos ociosas fazem o trabalho do diabo. O governo pega nosso dinheiro e o gasta, prende pessoas em nome da segurança ou qualquer outra coisa e nos intimida e incomoda de um bilhão de formas estúpidas que tornam cada vez mais difícil conquistar uma vida melhor.

Ah, mas espere aí! Não nos esqueçamos da Guerra ao Terror. Claro que isso vale a pena.

Semana passada, as manchetes gritaram que as autoridades governamentais tinham conseguido de novo. Elas tinham protegido maravilhosamente a pátria de um catastrófico atentado com bombas. O plano, felizmente frustrado, envolvia uma bomba incrível costurada em uma cueca que seria usada em mais um voo nos Estados Unidos.

Mas as autoridades norte-americanas intervieram e salvaram o dia. Eles destruíram a horrível célula terrorista e mataram alguns daqueles vermes. Ah, o mundo está seguro por mais um dia.

Isso é o que nos disseram. Vi as manchetes e senti cheiro de mentira, mas segui em frente. Então as manchetes continuaram aparecendo, dia após dia. Você sabe como isso acontece. Você facilmente cede e lê porque os editores pensam que isso é importante e, é claro, seria uma irresponsabilidade não "estar informado".

Mas quando realmente comecei a prestar atenção ao ato mais recente neste teatro da segurança, a história tinha mudado – não um pouco, mas muito. O fato é que os Estados Unidos tinham um agente dentro da operação terrorista. Ele era um cidadão saudita pago pela CIA e trabalhava no Iêmen. Uma coisa bem exótica.

Os detalhes continuavam a aparecer. O cara não era apenas um informante. Ele realmente entregou a bomba verdadeira para a CIA! Ora, isso é que é um agente eficiente!

AS MÃOS OCIOSAS DO GOVERNO: O TERRORISTA DA CUECA 2.0

Certo? É o que parece. Mais do que isso, ele era a própria pessoa que executaria a operação.

E a operação em si? Um ataque suicida. Ele se ofereceu para morrer. Ele recebeu a bomba que usaria. Ele levou a bomba até a CIA. Até que ponto ele era o verdadeiro idealizador do plano, o cara que convenceu os outros a fazer tudo isso e se a bomba realmente funcionava — nada disso é conhecido. Só se sabe que este informante anônimo se revelou como o próprio terrorista e fez tudo isso em nome da CIA.

Agora, digamos que você é um muçulmano no Iêmen e, como praticamente todos na região, está de saco cheio com o imperialismo norte-americano. Este jovem louco da Arábia Saudita sugere um plano para explodir um avião norte-americano. Talvez isso pareça interessante e épico, mas talvez um pouco imprudente.

Na verdade, você suspeitará bastante desta ideia, mas o cara está deixando todo mundo louco exigindo que lhe deem uma bomba. Então, ele se oferece para ser o homem-bomba. Você pode estar pensando: "Hmm, independentemente de qualquer coisa, ao menos este plano pode resultar em uma fatalidade: a morte deste maluco saudita burro!"

"Aqui está sua bomba. Divirta-se. Boa sorte".

Eu, é claro, não tenho ideia se foi isso o que aconteceu. Mas o envolvimento da CIA aqui compromete enormemente a narrativa.

Como David Shipler escreveu no *New York Times*:

> Os Estados Unidos foram salvos por pouco de ataques terroristas letais nos últimos anos — ou, pelo menos, é o que parece. Um aspirante a homem-bomba foi interceptado a caminho do Capitólio; um plano para explodir sinagogas e lançar mísseis Stinger contra aviões militares foi tramado por homens em Newburgh, N.Y.;

e uma ideia criativa de lançar aeromodelos com explosivos contra o Pentágono e Capitólio foi tramada em Massachusetts.

Mas todas estas histórias foram facilitadas pelo FBI, cujos agentes infiltrados se passam por terroristas oferecendo um míssil de mentira, explosivos C4 falsos, um colete explosivo desarmado e treinamento rudimentar. Os suspeitos cumpriram ingenuamente seus papéis até serem presos.

Na Idade Média, havia uma profissão chamada "degustador de vinhos". O trabalho dele não era identificar a safra ou dizer se o buquê tem ou não um quê de mirtilo. O trabalho dele era se certificar de que o vinho não fora envenenado.

Mas digamos que muitos anos tenham se passado sem que nenhum vinho tivesse sido envenenado. O degustador começou a ficar nervoso, temendo por seu trabalho e profissão. Então, ele saiu pela cidade e tentou convencer pessoas a envenenar vinhos. Ele se fez presente entre vândalos e vagabundos e se ofereceu para envenenar o vinho ele mesmo.

Se a notícia dessa armação viesse à tona, você acha que ele seria um herói ou um vilão? Parece que ele seria e deveria ser completamente arrasado. Ele saía por aí tentando convencer as pessoas a envenenar vinhos como forma de manter seu emprego. Isso é um absurdo moral. Ele certamente ficaria sem trabalho.

Isso é o que o governo está fazendo conosco atualmente. Ele está tentando inspirar o terrorismo e depois assumir o crédito por descobrir os planos. Então, ele assusta as pessoas, levando-as a pensar que o trabalho do governo é extremamente importante e que sem ele todos estaríamos condenados.

Em outras palavras, isso se parece menos com segurança nacional e cada vez mais como uma fraude.

AS MÃOS OCIOSAS DO GOVERNO: O TERRORISTA DA CUECA 2.0

As pessoas dizem que terroristas são covardes desesperados. Talvez. Mas então que definição resta para um governo que faz este tipo de coisa como forma de sustentar a própria existência em uma época na qual cada vez mais pessoas estão cansadas disso tudo?

ENSAIO 27

Um século de cosméticos: O fim está próximo?

A organização Campanha por Cosméticos Mais Seguros não quer apenas que você possa ter novas opções para sua maquiagem ou outros produtos que compra. Ela quer que a FDA possa proibir e retirar do mercado alguns produtos. Ela decidirá por você o que é ou não seguro.

E isso está ganhando força contra a própria indústria, que não tem nenhum interesse em vender produtos que não sejam seguros, muito pelo contrário. A indústria já é absurdamente regularizada, e novas regulamentações podem entrar em vigor neste verão.

Qual a justificativa? A bobagem de sempre quanto à segurança e saúde. Há uma multidão de lobistas, apoiada por órgãos reguladores, que parece acreditar que toda a modernidade é corrupta e horrível e precisa ser revertida até que vivamos uma existência absolutamente primitiva, sem maquiagem, é claro!

Em outras palavras, os cosméticos estão passando pelo mesmo que tudo. A qualidade dos produtos será destruída pelas regulamentações, assim como acontece com os encanamentos, eletricidade, carros, lâmpadas, sabonetes e ferramentas a óleo. O empreendedorismo será atrasado e interrompido. A inovação deixará de existir. Em poucos anos, você se perguntará: o que aconteceu às maquiagens, desodorantes e laquês que realmente funcionavam? Prepare-se: o fim está próximo!

Já ouvi muitas mulheres reclamando que os cosméticos de hoje são muito piores do que os de dez anos atrás. As cores não funcionam como deveriam, e as cores são a principal coisa que o FDA controla atualmente. Não duvido que quaisquer problemas existentes sejam responsabilidade das regulamentações governamentais. Sempre que você encontra produtos de consumo cuja qualidade piora a ponto de que você precise pagar muito mais por algo de boa qualidade, ou ao ponto em que a alta qualidade se torna completamente indisponível, você verá a mão do governo, se olhar com cuidado.

Não consigo ler sobre o assunto sem sentir um quê de orgulho pela vida e obra (e tristeza pelo grande legado) de Maksymilian Faktorowicz, que viveu de 1872 a 1938. Ele era um judeu polonês que viveu na Rússia sob os czares. Ele começou a trabalhar para um farmacêutico aos oito anos e, à medida que ficou mais velho, passou a viver no mundo das perucas para a ópera em Moscou. Aos vinte e dois anos, obteve uma indicação real. Ele era o responsável pelas perucas e cosméticos da Ópera Imperial Russa.

Mas, em 1904, a instabilidade política estava tornando a vida mais do que um pouco assustadora para os judeus russos, e ele começou a contemplar se mudar para os Estados Unidos. Naquela época anterior a passaportes e vistos, tudo se resumia a pegar um navio e seguir em frente. Foi o que ele fez. Ele se mudou para St. Louis.

Sua grande oportunidade surgiu no glorioso evento pró-capitalista, pró-progresso e pró-tecnologia: a Feira Mundial de 1904. Lá, Maksymilian Faktorowicz vendeu seus maravilhosos cosméticos, sob muitos elogios. Todos saúdem as artes práticas!

Ele assumiu o nome comercial que hoje você reconhece: Max Factor. Ele foi um grande empreendedor norte-americano.

Depois da Feira Mundial, o azar se abateu sobre ele e seu sócio roubou suas coisas e seu dinheiro e o deixou sem um centavo. Ele voltou a trabalhar como barbeiro e reconstruiu sua vida, acabando por se mudar para Los Angeles. Lá, ele abriu uma loja que distribuía cosméticos para o teatro.

Mas não era suficiente apenas distribuir o que já existia. Max era um empreendedor acima de tudo. E havia uma nova indústria na cidade: o cinema. A maquiagem existente derretia sob as luzes quentes. Ele combinou sua formação como farmacêutico e seu conhecimento sobre cosméticos e criou uma nova forma de maquiagem, uma base fina em forma de creme, em doze cores diferentes.

Foi um sucesso. As estrelas amavam. Em pouco tempo, toda estrela emergente procurava Max Factor a fim de parecer melhor diante da câmera. E seus produtos só melhoravam. Por fim, ele tinha uma lista incrível de clientes, entre eles Mary Pickford (1892-1979), Claudette Colbert (1903-1996), Bette Davis (1908-1989), Joan Crawford (1905-1977) e Judy Garland (1922-1969). Ele inventou o brilho labial, inovou enormemente o esmalte de unhas, inventou produtos especialmente para os filmes coloridos e nunca deixou de melhorar seus produtos.

UM SÉCULO DE COSMÉTICOS: O FIM ESTÁ PRÓXIMO?

Seu nome aparece na Calçada da Fama de Hollywood. Mais do que isso, Max foi quem popularizou a ideia de que toda mulher poderia se parecer com uma estrela de cinema. Como diz a música: *"To be an actor, see Mr. Factor / He'll make your kisser look good!"* [Para ser um ator, procure o sr. Factor / Ele deixará sua boca bonita].

O termo "maquiagem" que usamos hoje também se deve a ele. Em termos gerais, quando se pensa na influência que Hollywood teve no mundo, ele praticamente definiu a ideia de beleza do século XX, tanto indiretamente, por meio de seu trabalho magistral nos *sets*, quanto diretamente, vendendo produtos Max Factor a consumidores de todo o mundo.

Esta é uma impressionante contribuição para um pobre imigrante polonês judeu da Rússia! E, entre seu cargo no velho mundo servindo a corte e sua nova posição na América capitalista servindo o consumidor norte-americano, qual você acha que ele preferia? Ele deixou sua preferência clara ao imigrar e depois prosperando nesta terra livre. A livre iniciativa tornou sua história possível.

Agora, imagino alguns leitores pensando: "ah, isso tudo é superficial e irrelevante. Por que fazer deste homem um herói?" Os cosméticos fazem parte da experiência humana desde o início dos tempos. E hoje são uma parte essencial da vida cotidiana de praticamente todas as pessoas no mundo. Para mulheres, em especial, os cosméticos são parte crucial do que se entende por vida de qualidade, e este é um dos motivos pelos quais os cosméticos são uma indústria que movimenta US$ 20 bilhões por ano.

Infelizmente, quando você analisa as regulamentações atuais, dá para ver que esta experiência enorme e maravilhosamente inovadora nunca poderia se repetir. Deixemos de lado a questão da imigração hoje, que é uma tragédia por si só. E deixemos de lado as restrições ao trabalho infantil que impediriam que ele aprendesse sua função desde pequeno.

Max teria sido capaz de testar técnicas e cores e soluções para os problemas únicos impostos pelas luzes fortes dos estúdios? Se ele tivesse de obedecer às regulamentações governamentais, em vez de se preocupar com as exigências dos consumidores, teria prosperado?

Duvido seriamente disso. Empreendedores precisam de liberdade para experimentar coisas. Eles precisam que seus experimentos sejam testados por seus parceiros mais importantes, isto é, os consumidores. Os padrões de excelência precisam ser estabelecidos pelas pessoas que estão usando as invenções e comprando os produtos. Como os Estados Unidos valorizavam esta liberdade e oportunidade e uniam pessoas como Factor ao público consumidor, muitas gerações de capitalistas norte-americanos subiram na escala social para alcançar riquezas, fama e grandiosidade.

Hoje, é diferente. As agências reguladoras se põem entre o capitalista inovador e o consumidor, provocando atrito e dificuldades de comunicação. Isso obriga o empreendedor a dividir sua lealdade: ele serve o burocrata ou o consumidor?

De alguma forma, nem consigo imaginar Bette Davis cedendo o controle a qualquer burocrata de uma agência reguladora!

Dizem os rumores que o destino dos cosméticos será selado no verão, quando a palavra final sobre a vida ou morte de qualquer produto do tipo será entrega ao FDA. É uma tragédia horrível. Posso prever o futuro. As maquiagens novas e melhores não funcionarão. Não serão para funcionar. Serão feitas para agradar ativistas que odeiam a beleza e burocratas obcecados por poder.

Temos aqui outro exemplo do governo destruindo as realizações da civilização, um produto de cada vez. Desta vez, estão dançando sobre o túmulo de Max Factor. E só isso deveria deixar furiosas todos os norte-americanos saudáveis e de bochechas rosadas.

ENSAIO 28

Você é o próximo prisioneiro?

Os Estados Unidos abrigam um gigantesco setor socialista, maior e com um alcance mais amplo do que qualquer outro no mundo, o qual é alimentado por impostos e totalmente administrado pelo governo. Estranhamente, os que se opõem à medicina e indústria socializadas não reclamam disso. Na verdade, ao longo das décadas de 1980 e 1990, eles pediram sua expansão.

É o chamado sistema prisional. É um sistema bastante novo, mas as crueldades de sistemas semelhantes são tão famosas ao longo da História que chegam a ser mencionadas pelo salmista: "Porque o Senhor ouve os necessitados e não despreza seu povo que é prisioneiro".

Os Salmos supõem que os prisioneiros são desprezados, ignorados, esquecidos, negligenciados – e eles estão no nosso país, onde este assunto não está nem mesmo na lista de debates populares.

É incrível quando se para pensar. A "terra da liberdade" abriga a maior população prisional do mundo. Os norte-americanos respondem por 5% da população mundial, mas um quarto de todos os presos do mundo estão nos Estados Unidos. A razão entre população prisional e população geral é maior do que em qualquer outro país do mundo. A Rússia está em segundo lugar. A China em terceiro.

Se os presos vivessem num único lugar, os 2,3 milhões de encarcerados formariam a quarta maior cidade norte-americana, entre Chicago e Houston. Todos os dias, 35.948 pessoas são presas, e as únicas pessoas que se dão ao trabalho de falar nisso são consideradas esquerdistas marginais, pessoas loucas que não conseguem deixar de pedir privilégios.

Será que temos mais criminosos que precisam ser presos? Depende de como você define "criminoso". Cerca de dois terços das pessoas atoladas no sistema judicial (prisão, condicional, cautelar) estão envolvidas em crimes não violentos. Entre os prisioneiros no sistema federal, 91% estão ali por causa de crimes não violentos. Nenhum ditador no mundo sai impune disso.

E, apesar de o sistema prisional como o conhecemos ter surgido no início do século XX, a tendência à prisão em massa é relativamente nova. O número de presos é cinco vezes maior do que em 1980, quando a guerra às drogas se tornou realmente uma mania nacional e as sentenças se tornaram mais longas e obrigatórias. Quase toda a mudança se deve a estes dois fatores. Em 1980, quarenta mil pessoas estavam presas por acusações relacionadas às drogas. Hoje, é quase meio milhão.

As estatísticas são conhecidas. Elas nunca estiveram tão acessíveis. Mas as pessoas ouvem as estatísticas e pensam:

"Bem, parece muita gente, mas, ei, não estou preso e nem meus amigos e familiares. Independentemente disso, provavelmente estamos melhor com pessoas demais na cadeia do que de menos. Ao menos as ruas estão um pouco mais seguras do que estariam caso contrário. Então, vamos esquecer isso tudo, sim?"

Mas o fato é que é muito difícil hoje cometer uma bobagem qualquer que o fará acabar na cadeia. O problema é que você só saberá disso quando acontecer. Pode ser um erro que você ou um familiar seu cometeu ao lidar com dinheiro demais. Pode ser um baseado que alguém fumou numa festa na sua casa. Pode ser uma multa não paga. Pode ser um tuíte que você publicou e insultou um burocrata.

Pode ser um *download*, um *upload* ou compartilhamento de arquivo errado. Ou talvez você tenha perdido a calma no aeroporto e dito algo que não deveria na presença de um agente do TSA. Talvez você tenha recebido uma dica suspeita para investir em ações. Até mesmo um olhar errado para um policial pode estragar sua vida.

Qualquer uma destas ações e milhares de outras podem fazer com que você se enrole em um sistema que você não pode controlar e tampouco pode resistir. Você passa a noite na cadeia. Você sai sob fiança, mas há intermináveis batalhas legais à frente para tirá-lo deste emaranhado.

De repente, sua vida passa a girar em torno de mantê-lo livre. Você paga advogados. Perde tempo de trabalho indo às audiências. Você perde o sono e precisa tomar comprimidos que nunca achou que tomaria. Sua vida financeira é destruída. Você mal consegue pensar em outra coisa. Isso segue durante meses e você fica praticamente destruído.

A coisa toda parece louca e ridícula. Por que o Estado está focado em você, e não em criminosos de verdade? Você é um alvo mais fácil e seguro. Além disso, você descumpriu a lei. É uma lei idiota e é compreensível que você a tenha descumprido — e você jamais repetiria isso, apesar de muitos outros que fizeram o mesmo permanecerem livres — mas você finalmente precisa admitir: você é mais culpado do que inocente.

Chega a hora de admitir a culpa. Seus advogados fazem um acordo com o sistema. Se você admitir a culpa, ficará livre. A sentença de vinte anos, ou de quanto seja, provavelmente será suspensa. Você aceita o acordo, qualquer coisa para acabar com este inferno. Mas algo dá errado. O juiz condena você assim mesmo. Espere, não era assim que as coisas deveriam se resolver! Mas agora você não pode fazer mais nada.

Então você descobre que o sistema prisional é a cristalização da vida sob o controle governamental. Seu Facebook, Twitter, *e-mail* e telefone são monitorados. Liberdade de associação, expressão e imprensa não existem. Direitos humanos não se aplicam. As escolhas que você pode fazer quanto a como passar o tempo lhe são determinadas por carcereiros, de acordo com a vontade deles. Sua personalidade e trabalho não são valorizadas por ninguém em particular. Tudo o que você consumir — seja alimento ou espaço — são considerados um favor concedido por seus donos.

Todos que se importam com você estão fora da prisão. As pessoas lá dentro não se importam se você vive ou morre. E, para sua surpresa e choque, você descobre que a prisão não está cheia de criminosos violentos, ladrões e assassinos. Quase todos são muito parecidos com você. São pessoas, pessoas de verdade, com famílias, amigos e vidas, que foram paradas por um policial e se esqueceram de tirar a maconha do porta-luvas. São pessoas que tiveram um ataque de fúria contra um burocrata. São pessoas que baixaram e compartilharam arquivos errados.

Você descobre todo um mundo por trás dos muros, milhares de pessoas como você, e quase todas elas poderiam estar lá fora, vivendo vidas produtivas, cuidando de suas famílias, contribuindo para a vida em suas comunidades, realizando seus sonhos. Mas elas estão presas nesta instituição governamental — como milhões de outras na nossa época e ao longo da História — desperdiçando a vida em nome do que alguns chamam de "justiça", o que claramente não existe.

A experiência é esclarecedora e incrível. Prisioneiros não são o que você achava que eram. Você quer dizer isso a todos lá fora. Quer revelar este escândalo ao mundo.

O que você diz? Os *slogans* que criaram este sistema — "guerra às drogas", "tolerância zero", "sentenças obrigatórias" — têm a ver com política, não com justiça ou humanitarismo, e não têm nada a ver com a realidade que você testemunha. É um sistema cruel, completamente fora de controle, e que tem um enorme custo humano.

O sistema prisional é uma grande violação aos direitos humanos. Ele precisa ser detido.

Mas há um grande problema: você não pode falar. Não pode agir. Você sabe a verdade, mas também sabe agora que não há nada que possa fazer a respeito. E também sabe que todos do lado de fora pensam o mesmo que você costumava pensar. Eles não se importam.

ENSAIO 29

Tire suas mãos de burocrata do meu micro-ondas

O Departamento de Energia, que é a Suprema Corte dos seus eletrodomésticos, acha que você pode estar desperdiçando uma energia preciosa. E os burocratas têm um plano para resolver isso. Eles querem tirar o relógio do seu forno de micro-ondas. Sabe, aquele mostradorzinho digital do qual estranhamente dependemos para saber as horas.

Os burocratas dizem: se vire! Use seu *smartphone*. Compre um relógio de pulso. Melhor ainda, use um relógio de sol. Faça o que quiser, mas se lembre: as elites governantes odeiam o mostrador de hora no seu micro-ondas. Prisioneiros não precisam saber a hora mesmo.

Sim, é para isso que essas pessoas recebem salário. O *slogan* sob o qual o governo está destruindo todos os seus aparelhos é "economia de energia".

Os consumidores estão começando a perceber a fraude. Quando um produto diz que é supereficiente em termos de consumo de energia, isso geralmente quer dizer que ele não funciona tão bem quanto antes. O modelo que o substitui estará uma geração atrás do que o que você comprou da última vez. O novo e melhorado é o novo e piorado.

Isso está acontecendo a todas as coisas em nossos lares. Nossas geladeiras são tão "eficientes" que quebram em poucos anos. Nossos fornos precisam de novas resistências a cada poucos anos. Nossas lavadoras de roupa tentam lavar cargas inteiras com apenas uma xícara de água morna (eca!). A lavadora de louça está sendo morta com milhares de cortes. Você precisa deixar a secadora ligada a noite toda e programar um alarme para recomeçar o processo.

Os eletrodomésticos liberaram gerações do trabalho penoso. O governo está trazendo este trabalho pesado de novo, um decreto por vez. Pense nisso. Se quiséssemos ser realmente eficientes, simplesmente voltaríamos aos anos 1850. Nossas ruas seriam iluminadas com lampiões, nossas casas seriam aquecidas com fornos a lenha e trivialidades como fornos de micro-ondas seriam desconhecidas. Nossas geladeiras seriam caixas de gelo, na melhor das hipóteses.

Todas as velas teriam um enorme adesivo "Energy Star". E seria verdade. Para o governo, a histeria em relação à eletricidade na Feira Mundial de Chicago de 1893 foi a decadência capitalista descontrolada. Ah, se ao menos Benjamin Franklin (1706-1790) jamais tivesse levantado sua pipa!

Mas qual é o problema com os relógios dos micro-ondas? Bem, algum burocrata descobriu que o forno de micro-ondas precisa ficar ligado mesmo quando não está sendo usado para cozinhar, somente para manter o relógio ligado. Se o micro-ondas fosse fabricado para desligar completamente quando não estivesse sendo usado no preparo de comidas, ele poderia economizar, ah, alguns centavos em custo energético ao longo de muitas vidas. Portanto, o mostrador precisa ser eliminado.

Mas espere aí! Os fabricantes não são capazes de descobrir isso sozinhos? Se os consumidores realmente querem uma função como autodesligamento no micro-ondas, os fabricantes não têm todos os incentivos para lhes dar isso? Claro. Isso serve sobretudo para micro-ondas. Durante anos, os fabricantes se esforçaram para inventar funções que fizessem a pessoa comprar este em vez daquele.

A concorrência é feroz. Vamos encarar os fatos: um modelo consegue aquecer um prato de sobras de comida tão bem quanto o outro. Não há melhora real na tecnologia básica há décadas. As melhoras vêm de funções como pratos rotatórios, mostradores modernos, belas cores e coisas assim. Se você realmente pudesse convencer alguém a comprar um novo micro-ondas colocando uma função de autodesligamento nele, isso seria feito agora mesmo.

Mas o fato é que aparentemente o consumidor adora o relógio. Isso poderia mudar amanhã, e os fabricantes reagiriam. Não precisamos dos gênios no Departamento de Energia para nos dizer o que queremos e tornar isso obrigatório. O que eles estão fazendo é apenas impor mais uma coisa que dará errado.

E quanto ao fato de que, se não tivermos um mostrador, precisaremos comprar um relógio? Ele funcionaria a pilhas ou precisaria ser ligado na tomada. De qualquer forma, isso consome energia. Portanto, qual seria a etapa seguinte? Que tal um decreto que especifique com precisão quantos relógios você pode ter em cada cômodo? Daí precisaríamos de inspeções residenciais para aplicar a lei.

Tudo em nome da economia de energia. Você poderia jurar que os burocratas não sabem que realmente pagamos pela energia que usamos. O sistema não é perfeito, já que é uma parceria pública-privada, em vez de puramente privada. Mas o fato é que pagamos mais quando usamos mais. Que tal um pouco de respeito com a soberania do consumidor aqui?

O Departamento de Energia não vê as coisas deste jeito. Juro que essas pessoas se imaginam como nossos ditadores. Nada escapa ao alcance delas. Nada na vida pode acontecer sem a permissão delas. E o objetivo delas não é nos dar mais energia, e sim tirá-la de nós. Elas são contra as tomadas. Elas querem que obtenhamos tudo do sol e da chuva como uma espécie de homens das cavernas primitivos.

A que distância chegamos das tendências políticas da década de 1930. Um grande objetivo dos Estados Unidos na década de 1930 era levar energia elétrica às áreas rurais. O progresso forçado não é melhor do que o retrocesso forçado, mas essa geração de políticos não era tão louca a ponto de acreditar em nos forçar de volta à Idade da Pedra, esperando que a amemos por isso.

Os estrangeiros costumavam dizer que os Estados Unidos é um país excelente porque tudo funciona. Infelizmente, isso não é mais verdade. A litania de coisas que não funcionam mais aumenta a cada dia. E há um motivo para isso: regulamentações. Regulamentações anti-humanas e perversas. Quanto mais eles regulam, menos escolhas temos e menos liberdade os fabricantes têm para nos servir. A história toda está começando a parecer um romance distópico. Se você gosta de alguma coisa, eles vão proibi-la.

O problema é que estas pessoas trabalham em segredo. Quase ninguém acompanha suas deliberações e ninguém lê o Federal Register[4]. Compramos coisas, elas quebram e cul-

---

[4] Registro Federal, o *Diário Oficial* do Governo Federal dos Estados Unidos da América (N.R.)

pamos o capitalismo ao invés dos verdadeiros culpados, que habitam seus palácios de concreto na Beltway, pessoas que nunca foram eleitas e não podem ser demitidas, não importa quem seja o presidente.

Esta é a forma muito estranha que a tirania norte-americana está assumindo. Ela não aparece nas manchetes. Não há debate. Ela aparece em nossos lares de uma forma que só reconhecemos tarde demais. Nem um em um milhão de norte-americanos entende a causa real.

Dê uma boa olhada no mostruário de fornos de micro-ondas na loja. Melhor comprar um forno de reserva, se puder. O governo daqui a pouco fará todos eles desaparecerem e os substituirá por outra coisa qualquer. Em todos os lugares, tudo é sempre pior do que o que veio antes.

ENSAIO 30

Como o governo arruinou a lata de combustível

O medidor de combustível quebrou. Não havia um aplicativo de celular para me dizer quanto me restava, portanto fiquei sem gasolina. Tive que ligar para o posto de gasolina local e pedir que me entregassem combustível suficiente para que eu seguisse viagem. O atendente rude, mas adorável, chegou com o caminhão e começou a derramar gasolina no tanque do meu carro. E a derramar. E a derramar.

— Hmmm, odeio como as latas de combustível são lerdas hoje em dia — resmungou ele. — Não há entrada de ar nelas.

A frustração na voz do cara era estranhamente familiar, a raiva que surge quando algo que funcionava não funciona mais, por algum motivo estranho que não podemos identificar.

Estou muito alerta a estes problemas hoje em dia. O sabonete não funciona. As descargas não funcionam. Lavadoras de roupa não lavam. Lâmpadas não iluminam. Geladeiras quebram rápido demais. Tintas perdem a cor. Cortadores de grama precisam ser reprogramados. Tudo é provocado por regulamentações governamentais idiotas que estão destruindo nossas vidas um produto de cada vez, tudo de formas que mal notamos.

É como as invasões bárbaras que arrasaram Roma, saqueando as conquistas que obtivemos melhorando nossas vidas. É a forma que os burocratas têm de lembrar aos fabricantes e consumidores quem é que manda.

Claro que a lata de combustível é protegida. É só uma lata, meu Deus! Ainda assim ele tinha razão. A lata não tem entrada de ar. Quem fabricaria uma lata sem entrada de ar, a não ser que isso fosse feito sob pressão? Afinal, todos sabem que uma entrada de ar é necessária. De outra forma, o líquido não flui direito e provavelmente vaza.

Precisei de apenas uma pesquisa rápida. Toda a tendência teve início na (adivinha!) Califórnia. As regulamentações começaram em 2000, com a ideia de evitar vazamentos. A ideia se espalhou e foi acolhida pela EPA[5], que está sempre procurando por ideias novas e inovadoras para disseminar o máximo possível de sofrimento humano.

Um anúncio ameaçador da EPA foi feito em 2007: *"A começar com os recipientes fabricados em 2009 [...] espera-se que novas latas possam ser fabricadas com uma barreira isolante simples e barata e novas bocas que se fecham automaticamente"*.

---

[5] Agência de Proteção Ambiental dos Estados Unidos. (N.T.)

O governo nunca disse que não deveria haver entradas de ar. Ele as aboliu de fato com padrões novos que todos os estados tiveram de adotar a partir de 2009. Assim, nos últimos três anos, você não pôde comprar latas de combustível que funcionassem adequadamente. Elas não podem ter uma entrada de ar separada. A parte de cima tem que se fechar automaticamente. Há outras coisas bobas também, mas o maior problema é que elas não fazem direito o que as latas deveriam fazer.

E nem me fale de vazamentos. É muito mais provável que o combustível vaze quando gorgoleja irregularmente ao sair da lata, quando uma única abertura tem de fazer o liquido fluir e sugar o ar. É assim que o tanque do cortador de gramas fica cheio sem aviso, quando você balança a lata de um lado para o outro só para fazer o combustível sair da lata.

Há também o problema da lata que explode. Em dias quentes, os modelos de plástico aos quais essa regulação se aplica podem explodir como balões. Quando você abre a tampa, o combustível espirra para todos os lados, possivelmente também sobre o motor quente. É aqui que começam os problemas.

Nunca ouviu falar desta regra? Você saberá se for até a loja local. Muitas pessoas compram um ou dois destes itens ao longo de uma vida, então talvez você ainda não tenha se deparado com esse absurdo.

Mas deixe o tempo passar. Toda uma geração passará a esperar que essas coisas não funcionem direito. Até que algum empreendedor jovem e inteligente terá uma ideia brilhante: "Ei, vamos colocar um buraco do outro lado para que a lata funcione adequadamente". Mas ele nunca conseguirá produzi-la. O governo não permitirá, porque está nos protegendo!

Fico pasmo ao notar que *sites* e instituições que reclamam do envolvimento do governo na nossa vida jamais mencionaram isso, pelo menos até onde sei. Os únicos *sites* que parecem ter discutido isso são os fóruns sobre barcos e jardinagem. Essas são as pessoas que mais usam as latas. O nível de raiva e sarcasmo é incrível, e totalmente justificável.

Não há justificativa possível para estes tipos de regulamentações. Elas não podem estar realmente relacionadas a vazamentos, já que as novas latas são mais propensas a provocá-los. É como se algum burocrata estivesse sentado pensando em como piorar a vida de todos e tivesse essa nova ideia esdrúxula.

Hoje em dia, o governo está sempre aberto a sugestões causadoras de sofrimento. A ideia de que uma política pública possa de alguma forma melhorar a vida é uma relíquia do passado. É como se o governo tivesse decidido se especializar no que faz de melhor e adotado um novo princípio: "Vamos deixar o progresso social para a iniciativa privada; nós, no governo, vamos nos concentrar em provocar sofrimento e retrocesso".

Você já está pensando em fazer alterações. Por que não furar a lata com uma faca e pronto? Se você precisar transportar a lata no carro, isso é um problema. Você precisa de uma forma de fechar a abertura extra com algo.

Alguns fóruns sobre barcos sugeriram fazer um buraco com uma furadeira e colocar um pedaço de pneu nele, usando a tampa de rosca para fechá-lo. Ótima ideia. Era exatamente o que eu queria fazer na minha tarde de sábado: modificar a lata de combustível para que ela funcione exatamente como funcionava há três anos, antes de o governo estragá-la.

Você também pode comprar uma lata de metal antiquada. O problema é que regulamentações especiais também se aplicam aqui, e tudo tem a ver com o bocal, que não é fácil de encher. Elas também são muito caras. Não sei se essas opções são as ideais.

Fico fascinado em ver como estas regulamentações dão origem a alternativas baseadas no mercado. Em outra parte deste livro, chamei isso de economia ilegal. O governo proíbe algo. Ninguém gosta da proibição. As pessoas estão determinadas a seguir com suas vidas independentemente disso. Elas ultrapassam os limites estreitos da lei.

Não me surpreenderia se encontrasse, por exemplo, uma proliferação repentina de "latas d'água" reforçadas em tamanhos de um e cinco galões, completas com bocais e aberturas eficientes, quase idênticas às latas de combustível que você podia comprar em qualquer lugar há apenas poucos anos. Que interessante descobrir isso.

Claro que este escritor cumpridor da lei jamais defenderia a compra destas latas e seu uso para outro objetivo que não o descrito na embalagem. Fazer algo assim demonstraria um desrespeito profundo em relação aos nossos superiores na burocracia. E, caso eu sugerisse algo assim, não dá nem para imaginar os problemas que isso me causaria.

Pergunte-se o seguinte: se eles podem destruir um item tão normal e tradicional quanto esse, e fazer isso praticamente sem serem detectados, o que mais eles estragaram através de regulamentações? Quantas outras coisas nas nossas vidas cotidianas foram distorcidas, deformadas e destruídas por regulamentações governamentais?

Se um produto irrita você de uma forma surpreendente, há uma boa chance de que isso não seja obra de uma mão invisível, e sim das garras das regulamentações que estão estrangulando a própria civilização.

ENSAIO 31

Como o governo arruinou nossos cortadores de grama

Quando eu era criança, os cortadores de grama funcionavam. Você os empurrava e eles cortavam a grama. A grama ia para um saco. Depois, você esvaziava o saco. O resultado era ótimo. Não restava grama para rastelar. Tudo ia para um saco, pois era isso que os cortadores de grama faziam.

Então, o governo se intrometeu. Pelo menos é o que deduzo agora. Não soube disso por muito tempo. Sempre que eu comprava um cortador, ficava decepcionado com os resultados. Continuava comprando cortadores com motores cada vez maiores. Então os comprava com sacos diferentes, depois de marcas diferentes, e depois com funções diferentes. Nada funcionava.

O problema era sempre o mesmo. Eu aparava o jardim e a maior parte da grama ia para o saco. Mas nem toda. Um pouco dela ficava no jardim, enfileirada. Quando a grama estava molhada, o rastro era ainda maior. Ou quando eu ia da grama para a calçada, um punhado enorme de grama caía de baixo do cortador na calçada, e eu precisava pegar uma vassoura e varrer tudo. Daí eu precisava esvaziar o saco bem antes de ele estar cheio.

Levei muitos anos pensando em uma solução para o problema. Afinal, eu nunca tivera esse problema quando criança. Será que as empresas começaram a fabricar cortadores que não funcionavam? Ou será que os fabricantes pioraram? Tudo parece uma loucura. Eu podia cortar a grama com um celular no bolso monitorando minha pressão arterial, emitindo um som de flauta ou navegando na *Internet*. Por que a iniciativa privada aparentemente não conseguia fabricar um cortador que funcionasse?

Eu tentava esquecer o problema, ajustar-me à realidade piorada e chegar ao fim do período vegetativo. Mas, no ano seguinte, tudo voltava. Rastros de grama. Chumaços na calçada. Sacos que precisavam ser esvaziados com frequência. Comprar um novo cortador e descobrir o mesmo problema mais uma vez.

Qual é a fonte do problema? As lâminas giratórias cortam a grama e criam um fluxo de ar que jogam os talos no saco. O fluxo requer circulação, e de onde vem a circulação? Não dá para ser um vácuo. Não dá para criar um pequeno túnel de vento sem uma fonte de ar. De onde vem isso? De lugar nenhum. A base do cortador está rente à grama. As lâminas giram, mas não criam o efeito de sucção.

Por que a base fica tão rente ao solo? Em geral, corto a grama bem baixa por causa da variedade da grama e da nivelação do solo. Mas fazer isso gera um isolamento perfeito entre o cortador e o solo, interrompendo todo o fluxo de ar e negando à lâmina o ar que ela precisa para criar o túnel de vento a fim de jogar a grama no saco coletor.

Isso é bem óbvio, não? Então por que os fabricantes não reagiram a isso elevando a estrutura de aço do cortador? Por que insistiriam em vender cortadores que não funcionam bem? Não sou a única pessoa com esse problema. Os fóruns sobre cortadores de grama em toda a *Internet* estão repletos de pessoas fazendo exatamente as mesmas perguntas e enfrentando os mesmos problemas. Os fabricantes têm vergonha de mencionar o motivo. Eles falam sobre trocar lâminas, remover obstruções e coisas assim. Mas os usuários sabem muito bem. Há outro motivo.

Acabo de analisar as regulamentações detalhadas para os cortadores de grama. Em especial, a passagem relevante é a 16 CFR PART 1205 — o Padrão de Segurança para Cortadores de Grama de Empurrar. Aqui, descobrimos que a altura cortador deve ser baixa o suficiente para passar no "teste do pé". Não importa em que altura você ajuste as rodas, você não pode conseguir colocar seu pé sob a armação.

Ora, quando eu era mais novo, dava para colocar o pé sob o cortador. Não fazíamos isso, é claro, mas podíamos. Portanto, havia sucção. O ar era sugado para cima e jogava a grama no saco. Era como usar um aspirador de pó sobre o chão. Ele cortava a grama e não deixava nenhum talo para trás. Tudo ia para o coletor.

As novas regulamentações, que se aplicam apenas aos cortadores de empurrar que usamos em casa, entraram em vigor um pouco depois de 1982. Continuei usando meu velho cortador por anos depois dessa data. Na verdade, não tive motivo para comprar um novo aparelho até cerca de quinze anos atrás. Foi quando meus problemas começaram.

Agora sei o porquê. O fato é que as regulamentações federais degradaram o cortador de grama. Em nome da segurança, o governo obrigou todos os fabricantes a sacrificar a funcionalidade. Eles são forçados a vender equipamentos que não fazem o que deveriam fazer. Enquanto isso, eu culpava a iniciativa privada. O fato é que a culpa era do governo.

O planejamento central do governo para os cortadores de grama de empurrar é incompreensível. Aquela barra que você precisa apertar e segurar para fazer as rodas girarem? Determinação do governo. Aquela irritante peça plástica que cobre o dispensor da grama que você tem de abrir? Determinação do governo. O governo determinou um projeto para a máquina inteira e, com isso, fixou sua estrutura com um projeto inferior e inalterável.

Não basta que as regulamentações tenham invadido o banheiro, destruído nossos chuveiros e privadas, diminuído a qualidade dos nossos detergentes, dificultado o desentupimento de ralos e tornado remédios essenciais difíceis de comprar. Agora, descubro que as regulamentações conseguiram até dificultar que eu fizesse algo tipicamente norte-americano como cortar minha própria grama!

Isso também explica por que muitos dos meus vizinhos estão usando serviços de jardinagem que usam gigantescos cortadores de dirigir. O fato é que estas regulamentações específicas não se aplicam a este tipo de cortador. Não me surpreenderia se descobrisse que os serviços de jardinagem fizeram *lobby* para impor estas regulamentações de segurança. É assim que o comércio funciona hoje em dia: concorra por um tempo, mas, se isso não der certo, recorra ao governo para destruir a concorrência.

O governo odeia gramados – exceto na Casa Branca, é claro. Eles consideram jardins privados um desperdício e fúteis, um símbolo do consumismo pernicioso. Se conseguissem o que desejam, todos teríamos pedras nos nossos jardins. Ou talvez não tivéssemos jardins. Teríamos pequenas jardineiras de janela, e com certeza isso seria o bastante para nós.

Tudo em nome da sua segurança. E proteção. E quanto à sua liberdade? Ela foi aparada e caiu como chumaços de grama na calçada.

ENSAIO 32

A grande modificação do cortador de grama

O funcionamento de milhões dos nossos produtos de consumo foi destruído por regulamentações governamentais de maneiras extremamente difíceis de detectar e de delimitar. Escrevi acima sobre a descoberta dos motivos pelos quais os cortadores de grama misteriosamente pararam de funcionar e de receber melhorias na última década. (E agora tenho uma solução improvisada da qual posso lhe falar).

Mas este é só o começo. Alguém me chamou a atenção para o fato de que que Band-Aids não grudam mais. Isso me parece fazer sentido. Comecei a procurar regulamentações em busca de uma pista. É muito difícil encontrar o que exatamente provocou isso, já que nenhuma regulamentação diz simplesmente que "Band-Aids grudentos estão a partir de agora proibidos". O motivo é geralmente bem complicado.

Procurando, encontrei várias restrições a como bandagens devem ser produzidas. A maioria fala dos tipos de cola usados. Encontrei um decreto que obriga os fabricantes a colocar um rótulo longo e amedrontador em todos os produtos que usem um tipo específico de cola e me perguntei se talvez fosse esse o problema: os fabricantes se recusam a usar a cola porque não querer assustar as pessoas que estão tentando curar.

Mas eu não tinha certeza. Respirei fundo e fui até a loja, onde encontrei um amigo médico. Perguntei-lhe diretamente por que os Band-Aids não grudam direito mais.

Sem hesitar, ele disse: — Porque o governo proibiu as colas que funcionam!

Não posso provar que ele tem razão, mas presumo que tenha. Às vezes, apenas as pessoas inseridas na indústria sabem esse tipo de coisa. Por exemplo, eu não teria ficado sabendo que o governo proibiu aventais de tecido nas cozinhas comerciais se o dono de um restaurante não tivesse me contado que precisou de jogar fora montes de bons aventais para começar a comprar aventais aprovados pelo governo.

Isso se aplica a muitos produtos que não funcionam como funcionavam antes. Hoje, a não ser que sua privada faça um barulho explosivo ao dar descarga, provavelmente não está funcionando direito e provavelmente não permanecerá limpa depois de usada. A não ser que você adicione fosfato ao detergente, sua louça e roupas não estão sendo limpas. As regulamentações governamentais são o motivo pelo qual sua geladeira quebrou rápido demais e por que sua tinta branca ficou amarelada.

Você pode ignorar estes argumentos por considerá-los nada mais do que "problemas de primeiro mundo", mas na verdade é mais sério do que isso. A essência da civilização se resume a se as pequenas coisas na vida funcionam como deveriam e melhoram ao longo do tempo. As regulamentações estão impedindo isso, provocando sistematicamente uma regressão. Estas pessoas estão destruindo o mundo, um produto de cada vez.

Mas voltemos ao cortador de grama. Abordei somente um aspecto importante do problema: a falha no processo de coleta da grama cortada. Há mais problemas, como, por exemplo, o fato de cortadores de "autopropulsão" serem pateticamente mais lentos do que antigamente. As regulamentações governamentais determinam que as rodas devem parar de se mover em três segundos depois que a barra de propulsão é solta. Esta determinação exigiu que os fabricantes usassem motores menos potentes.

E por que não podemos simplesmente empurrar os cortadores com nossos dedos, em vez precisarmos apertar uma barra com as duas mãos? Isso também é uma determinação do governo. A barra precisa estar lá e deve ser apertada com as duas mãos. Deve ser assim porque o governo realmente criou um projeto oficial para os cortadores de grama a gasolina, empurrados e com saco coletor. Não pode haver progresso sob tais condições.

O problema ao qual me ative acima foi como as regulamentações determinam que a armação de metal alcance o chão para evitar acidentes com os pés. Isso interrompe o fluxo de ar que faz com que a grama seja sugada para o alto e jogada para dentro do saco coletor.

Sua habilidade de coletar a grama num saco foi sacrificada por meio de uma determinação em nome do seu próprio bem. O quê? Você não tem o menor interesse em enfiar seu pé sob o cortador de gramas ligado? Não importa. O governo está protegendo você.

De qualquer forma, eis aqui uma historinha de vida: o governo ergue uma barreira contra o progresso, então o mercado encontra uma solução que não é perfeita, mas que ajuda a minorar os efeitos do ataque governamental. Isso também serve para o caso do cortador de gramas.

Há dois problemas de engenharia a serem superados: o fluxo de ar e o redirecionamento da grama. Uma empresa chamada Arnold, especializada em peças de equipamentos para atividades ao ar livre e que se orgulha de suas inovações, inventou o que chama de "lâmina extrema", algo que faz duas coisas. Ela usa uma ponta de lâmina elevada para redirecionar a grama para o saco e também põe fendas extras nessa ponta. As fendas ajudam a usar o ar existente na estrutura selada do cortador de gramas para criar uma circulação de ar, assim como para cortar ainda mais a grama, a fim de que os talos sejam mais leves. O resultado é absolutamente maravilhoso.

A lâmina é mais cara. E você tem de se dar ao trabalho de tirar a lâmina antiga e substituí-la pela nova. A maioria dos consumidores sequer pensará em fazer isso e imaginam que não sejam qualificados nem mesmo para tentar. Eles jamais descobrirão que há uma solução para seus problemas. Afinal de contas, passei por três cortadores em dez anos antes de ser informado de que uma empresa inventara uma solução para o problema criado pela regulamentação governamental.

Este é o caso arquetípico de como todas estas coisas acontecem. Algum produto funciona bem, e então o governo estraga tudo por meio de um novo decreto estúpido. A coisa para de funcionar. Os consumidores ficam irritados e culpam o fabricante. Alguns anos se passam e uma empresa empreendedora qualquer aparece com uma solução alternativa decente. Enquanto isso, milhões de consumidores ficam presos àquela coisa velha e inútil, se irritam e não sabem como resolver o problema. Eles começam a culpar os fabricantes por seus infortúnios. No pior dos cenários, a empresa que descobre a solução patenteia a ideia, o que significa que as outras empresas não podem copiá-la.

Este cenário se aplica a vários produtos, incluindo muitos que nem notamos ao longo do tempo e que estão aos poucos prejudicando nosso padrão de vida. Simplesmente nos acostumamos com isso. As agências reguladoras do governo brincam com nossas liberdades e vivemos ligeiramente irritados.

Outra solução – na verdade, a melhor – para contornar as regulamentações é comprar um produto tão revolucionário e incrível que ainda não foram criadas regulamentações para arruiná-lo. É basicamente desta maneira que as coisas funcionam no mundo digital. A Apple, a Google e outras empresas – não agências governamentais – são responsáveis por autorizar aplicativos que surgem diariamente. É por isso que o mundo digital está progredindo.

O mesmo nível de progresso geralmente não se aplica ao mundo físico, pois ele é intensamente controlado. Contudo, já que estamos falando de cortadores de grama, dê uma olhada em algo realmente revolucionário. Ele se chama Robomower. É incrível. Ele corta a grama por você. Isso mesmo. Você liga e o jardim inteiro é aparado sozinho.

Um leitor me disse que a coisa funciona muito bem. Mas o preço é inviável: de US$ 1500 a US$ 2000. O fabricante tem uma patente. Essa situação existirá por algum tempo, o que impedirá que o preço caia e restringirá essa invenção maravilhosa apenas à elite. A forma como as patentes reduzem o ritmo da inovação e limitam o acesso às coisas legais é um assunto para outro dia.

Independentemente disso, se você tem uma bebida na mão (graças à iniciativa privada), faça um brinde ao livre mercado e sua capacidade sempre surpreendente de superar as barreiras à boa vida impostas pelo governo.

ENSAIO 33

Como estragar a vida de uma criança

Eu estava em uma loja de produtos agrícolas comprando dois pintinhos para substituir minha pata que foi levada por uma ave de rapina, deixando um pato solitário para trás. Ninguém me disse que patos não gostam de pintinhos. O restante da história é, bem, digamos apenas que é "complicado".

De qualquer forma, os detalhes me distraem do motivo pelo qual estou tratando disso. A loja estava movimentada e cheia de pessoas de todas as idades, vindas de comunidades rurais. Sim, várias crianças também. Prepare-se para um choque: as crianças realmente trabalham nas fazendas!

Nós, pessoas urbanas, não entendemos direito esse mundo. Sabemos disso, assim como eles. Tudo bem. Fico maravilhado com a estrutura social da vida agrícola rural, com como as crianças aprendem e trabalham desde cedo, como famílias grandes e comunidades compartilham o trabalho, como a cultura está protegida da vida mecanizada, regulamentada e planejada que o resto de nós vive.

Para mim, o leite da fazenda tem sabor de manteiga e a manteiga tem sabor de queijo, e não entendo direito de onde vem toda essa comida, muito menos como crianças aprendem a dirigir tratores gigantescos e a atirar sem pestanejar com espingardas em roedores da janela da cozinha. Mas, independentemente disso, tudo é maravilhoso.

E exatamente hoje, a notícia apareceu na minha tela. O Departamento do Trabalho planejara destruir tudo isso e recuou em cima da hora ao enfrentar um protesto gigantesco. A burocracia estava prestes a aprovar leis novas que proibiriam que crianças trabalhassem em fazendas. Sempre houve uma exceção à "lei do trabalho infantil" para a agricultura. Franklin Delano Roosevelt teria sofrido *impeachment* se a lei de 1938 não contivesse essa exceção. (Entre outras exceções estão as empresas familiares, os atores mirins e os fabricantes de coroas de flores).

Como um membro da família Corleone diria, a administração de Barack Obama não respeita nada. A elite urbana que controla o governo acha que é simplesmente horrível que crianças levantem ao raiar do dia para alimentar galinhas e arrumar feno quando deveriam estar lendo textos cívicos que os ensinam sobre as glórias do governo. Outro setor que provavelmente acha tudo isso horrível: as grandes indústrias do agronegócio cansadas de lidar com fazendas familiares irritantes que insistem em atrapalhar seu monopólio.

As regulamentações propostas estavam sendo defendidas como uma atualização da atualização mais recente, feita em 1970. No vernáculo governamental, uma atualização sempre significa algo pior. A lista das proibições era extremamente longa e tediosa e se resumia à proibição total do trabalho para qualquer pessoa com menos de dezesseis anos ou, no caso da condução de tratores, dezoito anos.

A proposta foi apresentada pela primeira vez no final de agosto, sob aplausos da "Human Rights Watch", que aparentemente não acredita no direito de ser produtivo. Desde então, o Departamento do Trabalho estava cada vez mais perto de aprovar a lei. Uma lei como essa transformaria a vida rural nos Estados Unidos. Ou talvez as pessoas ignorariam a lei e permaneceriam fiéis à tradição? O governo pensou nisso. O Departamento disse que usaria "todos os instrumentos necessários para impor a responsabilidade e impedir violações futuras".

Pense nisso. Um em cada dois universitários formados não tem trabalho. O desemprego entre adolescentes nunca esteve tão alto na História norte-americana. Os jovens estão desesperados por oportunidades. E o que o governo faz? Propõe proibir outra oportunidade, disseminando o sofrimento ao máximo.

Mas veja por outro ângulo. Se isso excluísse mais pessoas das estatísticas de empregos, o desemprego cairia novamente. É realmente assim que funciona de uma maneira meio orwelliana. É como envenenar as pessoas e dizer alegremente depois que as doenças entre os vivos diminuíram.

A lei proposta criou uma exceção para filhos de pequenos proprietários, mas ninguém se contentou com isso. A maioria das fazendas usa a família estendida para ajudar: sobrinhos, primos e outros. Não dá para diferenciar com precisão a família nuclear da família estendida sem gerar confusão. Por isso, produtores rurais protestaram com veemência e a administração Obama recuou – por enquanto.

Todos que foram ainda que levemente expostos ao estilo de vida agrícola sabem que trabalhar numa fazenda não é nada parecido com nenhum outro trabalho. É parte de quem você é e o que você faz. Todos colaboram da infância à velhice. Todos se orgulham da vida que levam. Uma lei como essa seria devastadora.

Também como parte da legislação, relatou o *Daily Caller*, o governo obrigaria a substituição de programas de treinamento 4-H[6] e sistemas privados por um programa administrado pelo governo. Deixando claro, não sei nada sobre o 4-H, mas sei que, para muitas pessoas neste mundo, este programa é tão fundamental para a infância quanto a escola dominical nos subúrbios ou o catecismo nas comunidades católicas.

Ainda bem que o Departamento do Trabalho recuou. Independentemente disso, esse tipo de coisa não deveria ser uma ameaça em uma sociedade livre. Não haveria intimidações de Washington em relação a coisas que o governo não é capaz de administrar ou entender. O absurdo é que isso é uma ameaça a todos. Ninguém deveria precisar protestar contra tal lei; ela sequer deveria ter sido proposta, antes de mais nada.

E, já que estamos falando disso, vamos falar também em prol dos cidadãos urbanos. As chamadas leis contra o trabalho infantil surgiram em 1938 apenas como um esforço para melhorar os dados de desemprego e dar um pouco mais de alavancagem aos sindicatos que Franklin Delano Roosevelt estava tentando conquistar.

Olhe para as crianças de treze, catorze, quinze anos hoje. Eles não têm nenhuma oportunidade de aprender algo de útil. A eles é negada a chance de fazer parte do mundo do trabalho remunerado. A eles é, portanto, negada a oportunidade de aprender responsabilidades de adultos e habilidades

---

[6] Rede de organizações juvenis que promovem a educação de jovens em regiões agrícolas. (N.T.)

sérias além de repetir o que o professor diz enquanto estão presos às suas carteiras pagas pelos contribuintes.

Estas leis vêm destruindo vidas há tempo demais. E, com a fiscalização atual do mercado de trabalho, há ainda menos oportunidades de trabalhos remunerados. Assim, quando chega o dia mágico em que os jovens se formam na universidade e nós os jogamos no mercado de trabalho e dizemos "Agora trabalhe!", não deveria ser surpresa para ninguém que elas não tenham ideia do que fazer.

Os agentes federais não conseguem pensar em nada melhor para fazer exceto se certificar de que essa situação patética se espalhe para outro setor da vida — e fazem isso em nome do agronegócio. E o que os burocratas dirão quando mais uma geração for destruída pelo ócio obrigatório em instituições educacionais similares a prisões? Talvez, eles nos dirão que todos deveríamos ter virado atores-mirins. Esta exceção ainda existe. Por enquanto.

ENSAIO 34

O fim do trabalhador marginal

Você já ouviu falar do problema da Europa com a geração Nem-nem? Este nome foi dado aos jovens que não estão na escola, não estão empregados e não recebem qualquer treinamento. O termo se aplica a uma em cada cinco pessoas até 24 anos.

O desemprego entre essa geração é assustadoramente alto em toda a zona do euro. Essas pessoas estão andando de um lado para o outro, perdidas. Elas se juntam em cortiços e fazem protestos de Atenas a Londres, e nenhum político no poder tem um plano viável para elas.

Os Estados Unidos estão um passo atrás nesta curva, mas seguem no mesmo rumo, com o desemprego alcançando de 18 a 19% nessa geração, de acordo com as estatísticas oficiais (há 12 anos, era de 6%). A tendência ainda é de alta.

Analisando todo o espectro das pessoas que desistiram de procurar emprego ou que trabalham em meio período por salários baixos e imploram para trabalhar mais horas, estamos hoje no terceiro ano de uma gigantesca mudança demográfica na qual as pessoas estão sendo marginalizadas aos milhões.

Observe isso com um certo distanciamento e você perceberá o quanto esta situação é insanamente injustificável. A era digital exige várias novas habilidades dos trabalhadores, e nenhum grupo se adapta melhor a isso do que os jovens. Toda esta geração está à vontade com as mídias digitais, diferentemente de seus pais. Esta deveria ser uma época na qual o valor de mercado das mentes jovens deveria estar no auge.

O que deu errado? Não que não haja trabalho a ser feito. Sempre há muito trabalho a ser feito, a certo preço. E receber algum salário é melhor do que não receber salário nenhum. Pelo menos você consegue entrar no mercado. A lista de barreiras para se entrar no mercado de trabalho é longa. Entre elas estão benefícios obrigatórios que as empresas não têm como bancar: restrições quanto às contratações e demissões, medo de problemas legais, desacordos entre a educação estatal e as exigências do mercado de trabalho do mundo real.

Mas vamos abordar apenas algo óbvio: o salário mínimo. Esta política é uma violação dos direitos humanos. Ele proíbe que os funcionários negociem diretamente com um empregador e que eles cheguem a acordos mútuos de trabalho.

O salário mínimo diz aos trabalhadores que o poder policial do Estado proíbe que você ofereça seus serviços por menos de US$ 7,25 a hora. Se você fizer tal acordo, cabeças vão rolar. Você pode querer trabalhar por menos, e seu empregador talvez esteja de acordo com isso também, mas a lei proíbe totalmente. Se você for pego fazendo tal acordo, vai ser jogado na sarjeta, onde é o seu lugar.

Como isso ajuda qualquer pessoa? Isso ajuda os trabalhadores empregados, talvez, diminuindo a concorrência pelos postos que ocupam. Mas também garante certo nível de desemprego. Quanto? Art Carden, da *Forbes*, menciona uma pesquisa que mostra que, entre os jovens de grupos minoritários, o aumento do salário mínimo nos últimos três anos provocou mais perdas de postos e desemprego do que a própria recessão.

Isso parece verdade, mas esse tipo de coisa é infamemente difícil de quantificar. Tudo o que sabemos é que um salário mínimo mais alto exclui trabalhadores do mercado. Não sabemos precisamente em qual proporção, e não sabemos quantas pessoas seriam empregadas repentinamente se o salário mínimo fosse abolido. Só sabemos que tal abolição ajudaria a resolver uma situação desastrosa.

Francamente, acho uma hipocrisia absurda que qualquer político reclame do desemprego entre os jovens sem defender a revogação das leis que tornam a contratação formal praticamente ilegal. Se você torna o emprego ilegal abaixo de certo piso salarial, adivinhe! Você verá mais desemprego do que na situação contrária. Não é tão complicado.

E quão alto é o salário mínimo? Hoje ele vale quase duas vezes mais do que quando foi implementado, em 1938. O primeiro salário mínimo era de US$ 0,25, o que corresponde a cerca de US$ 4 hoje. Imagine se tivéssemos o *New Deal*[7] de volta! De repente, milhões de pessoas voltariam a

---

[7] O New Deal (em português, Novo Acordo ou Novo Trato) foi o nome dado à série de programas implementados nos Estados Unidos entre 1933 e 1937, sob o governo do presidente Franklin Delano Roosevelt, com o objetivo de recuperar e reformar a economia norte-americana, e assistir os prejudicados pela Grande Depressão. (N.T.)

trabalhar. Algum político deveria propor a Lei de Trabalho em Homenagem à Franklin Delano Roosevelt que reduz o salário mínimo para US$ 4. Seria divertido de assistir.

Mas deixe-me falar sobre uma pesquisa incrível que mudará como você vê estas leis. O pesquisador aqui é Thomas C. Leonard. Seu notável trabalho, "Retrospectives: Eugenics and Economics in the Progressive Era" [Retrospectivas: Eugenia e Economia da Era Progressista], foi publicado no *Journal of Economic Perspectives* em 1995.

Leonard prova que o salário mínimo não é um caso de uma boa intenção que deu errado. Não é que as pessoas não entendessem as consequências. Muito pelo contrário. O salário mínimo foi concebido como um meio de tirar as pessoas do mercado de trabalho. Para provar isso, ele se volta aos textos econômicos da Era Progressista[8] para revelar notáveis fatos históricos anteriores. Leonard resume:

> Economistas progressistas, como seus críticos neoclássicos, acreditavam que definir um salário mínimo resultaria em perdas de postos de trabalho. No entanto, os economistas progressistas também acreditavam que a perda de postos provocada pelo salário mínimo era um benefício social, já que realizaria o serviço de eugenia eliminando os "incontratáveis" da força de trabalho.

Ele exibe várias provas nas palavras dos próprios economistas, todas publicadas em periódicos respeitáveis e livros da época.

---

[8] Período de intensas reformas políticas e de ativismo social nos Estados Unidos entre 1890 e meados dos anos 1920. (N.T.)

> *"De todas as formas de lidar com estes parasitas infelizes"*, opinou Sidney Webb (1859-1847) no *Journal of Political Economy* (1912, página 992), *"a mais devastadora para a comunidade é permitir que eles concorram livremente em termos de salário"*.

O economista Henry Rogers Seager (1870-1930), professor na Universidade de Columbia, afirmou:

> Se pretendemos manter uma raça composta por indivíduos e famílias capazes, eficientes e independentes, temos de interromper corajosamente as linhas hereditárias que se provaram indesejáveis por meio de isolamento ou esterilização.

O salário mínimo era fundamental para a estratégia de isolamento. Royal Meeker (1873-1953), o czar do Departamento de Trabalho da administração do presidente Woodrow Wilson (1856-1924), escreveu:

> É muito melhor criar uma lei de salário mínimo, mesmo que ela prive estes infelizes de trabalho [...]. É melhor que o Estado suporte a ineficiência como um todo e evite a multiplicação da raça do que subsidiar os incompetentes e miseráveis, permitindo que eles gerem mais da sua espécie.

Florence Kelley (1859-1932), que Leonard diz ser

> [...] talvez a reformista do trabalho mais influente dos Estados Unidos na época, [...] apoiou a lei do salário mínimo australiana como algo que *"compensa o trabalho suado"*, evitando a *"concorrência desleal"* dos que

não podem ser contratados, as *"mulheres, crianças e chineses que estavam reduzindo todos os trabalhadores à inanição"*.

O economista Frank William Taussig (1859-1940) foi ainda mais insolente. No contexto dos pisos salariais, disse que eram uma boa forma de lidar com criminosos e vagabundos, pois, de acordo com suas palavras, estes

> [...] deveriam simplesmente ser exterminados. [...] Não alcançamos o estágio em que podemos usar clorofórmio em todos eles de uma vez por todas; mas ao menos eles podem ser segregados, colocados em campos de refugiados e hospícios, e pode-se evitar que eles se propaguem.

Isso foi há cerca de cem anos, quando as pessoas escreviam este tipo de coisa nojenta como uma defesa de como o salário mínimo funcionaria. Bem, neste sentido, o salário mínimo deu certo. Ele tem ajudado a excluir toda uma geração do mercado de trabalho. Agora eles andam pelas ruas da Europa e Estados Unidos, com medo do futuro. Eles envelhecerão como nós e um dia serão adultos – sem educação, sem experiência de trabalho, sem o aprendizado e a socialização que surgem do emprego produtivo.

Boas intenções que deram errado? Pense de novo. Há certas pessoas com influência sobre o formato da lei cujas afirmações de arrependimento quanto à situação atual são um tanto quanto implausíveis. Eles se importam com o aumento da geração Nem-nem? Eles se importam o bastante para revogar estas leis estúpidas que criaram essa geração?

ENSAIO 35

Soluções estranhas e assustadoras para o desemprego

Houve um breve momento de alegria no noticiário quando o setor varejista contratou 206 mil pessoas em novembro. Mas só um dia mais tarde, a realidade veio à tona: as solicitações de seguro desemprego semanais estão, novamente, da marca das quatrocentas mil pessoas — ou seja, o desemprego está, em geral, piorando, e não melhorando. A medição mais ampla do desemprego ultrapassa 17%. Ele é muito maior entre os universitários recém-formados. E isso sem falar no problema maior no rebaixamento dos postos de trabalho; há uma tragédia pessoal em cada uma dessas histórias.

Quando mais o problema do desemprego persiste, mais vemos teorias e propostas estranhas para lidar com isso. Ben Bernanke permanece fascinado com a visão antiquada de

Soluções estranhas e assustadoras para o desemprego

que a cura para o desemprego é desvalorizar a moeda. Você precisa tirar o pó de alguns textos antigos sobre macroeconomia keynesiana, certamente encontrados em uma biblioteca sombria em algum lugar, para entender o raciocínio dele.

Citarei dois casos adicionais (uma notícia e um comentário) como indicativos de um problema mais disseminado.

Uma reportagem do *New York Times* escrita por Adam Davidson lamenta como as mudanças econômicas dos últimos cinquenta anos tornaram as oportunidades de trabalho mais escassas do que nunca. Ele cita a reclamação comum em relação ao comércio internacional. Aço, produtos têxteis, brinquedos, móveis e aparelhos eletrônicos eram indústrias domésticas, mas hoje, estes bens, na maioria, são fabricados supostamente no exterior, deixando menos coisas para fabricarmos.

Este é o raciocínio protecionista comum, e é baseado numa falácia. Deslocar estas indústrias para onde elas podem prosperar com mais eficiência consegue duas coisas: faz com que os norte-americanos economizem dinheiro que podem poupar ou gastar em coisas diferentes e impede que os trabalhadores norte-americanos percam tempo fazendo coisas que podem ser feitas a um custo menor em outro lugar, a fim de que eles possam fazer coisas mais produtivas, recompensadoras e lucrativas.

O resultado final deveria ser mais e melhores empregos no país. (Explicarei por que isso não acontece daqui a pouco).

A segunda reclamação dele é tirada diretamente de um manual ludita. Davidson lamenta como a tecnologia (capital) substituiu o trabalho humano por máquinas. Isso não tem a ver com a tecnologia que surgiu apenas recentemente *online*. Ele lamenta que "incontáveis secretárias foram substituídas por processadores de texto, secretárias eletrônicas, *e-mails* e agendas eletrônicas; equipes de contabilidade foram substituídas pelo Excel; pessoas do departamento de arte foram substituídas por programas de *design*". Ainda piora. Ele parece lamentar até mesmo sua capacidade de comprar uma estante no OfficeMax porque não há mais *"um monte de gente [...] ajudando a medir as coisas e se certificando de que tudo funcione adequadamente"*.

Meu Deus! Ele poderia muito bem lamentar a invenção da roda, pois os empregados que antes carregavam os outros nas costas estão agora desempregados. Se levarmos esta lógica longe o bastante, estaríamos de volta à Idade da Pedra, quando, é verdade, todos tinham um trabalho a fazer. Se bem que o padrão de vida era bem inferior.

Parece trivial destacar isso, mas a tecnologia criada pelo mercado não é uma violência contra a sociedade. Ela surge porque a queremos, e a queremos porque ela ajuda nossas vidas. Nós nos tornamos melhores no que fazemos. A tecnologia obsoleta não é mais necessária – derrame uma lágrima pelos fabricantes de máquinas de escrever! – mas há novos postos na fabricação de novas tecnologias, e setores que usam essa nova tecnologia podem se expandir pois são mais eficientes do que nunca.

Desculpe fazê-lo perder tempo fazendo refutações triviais de fórmulas mágicas estúpidas para melhorar a sociedade, mas aparentemente não há nada tão estúpido que não mereça ser publicado no *New York Times*. E, se foi publicado, isso sugere enfaticamente a necessidade de refutação. Portanto, analisemos outro texto semelhante, este ainda mais louco e pernicioso do que o anterior.

No texto "The Age of the Superfluous Worker" [A Era do Trabalhador Supérfluo], do sociólogo Herbert Gans, da Universidade de Columbia, encontramos uma explicação ainda mais bizarra para a persistência do desemprego. Ele começa destacando que ter um excedente de trabalhadores

Soluções estranhas e assustadoras para o desemprego

não é um problema novo; isso acontece em todos os países em todas as épocas. Mas antigamente, escreve ele, os trabalhadores excedentes sofriam de *"doenças"* que os deixavam *"incapacitados"* ou os *"dizimavam"*.

Uau, vamos voltar no tempo, hein? O mais importante, escreve ele, é que guerras eram ótimas porque *"absorviam o excedente"* do trabalho empregando pessoas para matar e ser mortas. Ah, os anos dourados dos banhos de sangue, quando

> quantidades suficientes de pessoas servindo na infantaria ou em navios de guerra eram mortas ou ficavam tão feridas que não podiam se somar ao número de trabalhadores excedentes em tempos de paz.

Infelizmente, esta época passou há muito tempo, escreve ele, porque as pessoas são muito mais saudáveis hoje em dia. Nem mesmo a guerra realiza sua mágica no mercado de trabalho. *"As guerras no Iraque e Afeganistão gerou muito mais soldados feridos do que mortos"*. (Todo este argumento se baseia no mito de que a guerra e a morte têm um lado econômico positivo).

Portanto, temos um problema. Gans diz que precisamos de uma *"política industrial"* que una governo e empresas a fim de criar novos postos. Um exemplo que ele nos dá: *"Reduzir o tamanho das turmas nas escolas públicas para 15 alunos ou menos exigirá a contratação de mais professores, e inclusive aumentará a qualidade da educação"*.

Podemos fazer com que o governo contratasse pessoas para cavar buracos e outras pessoas para tapá-los. Ria se quiser, mas é exatamente isso o que John Maynard Keynes (1883-1946) sugeriu em sua *General Theory of Employment, Interest and Money* [*A Teoria Geral do Emprego, do Juro e da Moeda*]. O plano dele era fazer com que o governo enchesse garrafas com dinheiro, jogasse-as em minas, enchesse as minas de lixo e contratasse empresas privadas para encontrar as garrafas. Bingo, acabou o desemprego! Ele não conseguiu acrescentar que isso seria incrivelmente estúpido e um desperdício terrível de recursos. (A melhor refutação a esta falácia deveria ser distribuída no atacado).

Gans encerra sua teoria sugerindo que o governo restrinja a carga horária para trinta horas semanais. Supostamente, quando esta carga horária terminar, outros trabalhadores estarão nas portas das fábricas prontos para concluir a semana, enquanto os primeiros trabalhadores vão para casa vegetar e esperar por seu turno novamente. Na verdade, não sei por que ele fala em trinta horas por semana. Temos uma população que só cresce. Talvez todos devêssemos ser proibidos por lei de trabalhar mais de dez ou até mesmo cinco horas por semana! Isso, claro, traria prosperidade.

Todas estas teorias absurdas são muito perigosas, e elas esquivam-se do motivo incrivelmente óbvio pelo qual existe desemprego. Se você ler os livros de Economia dos séculos XV a XIX, praticamente nada foi escrito sobre o desemprego.

Por quê? Porque há trabalho mais do que o suficiente a ser feito neste mundo. Não há escassez de postos, nem hoje nem nunca. A única questão diz respeito aos termos de troca entre o trabalhador e a pessoa que está sendo contratada. Somente no século XX, e principalmente a partir da Grande Depressão, é que houve uma disseminação do desemprego, e isso por causa das intervenções do governo nas relações entre patrões e empregados.

Que tipos de intervenções? Há restrições legais que tornam contratações e demissões um paraíso para os advogados. Há altos impostos sobre a folha de pagamento que aumentam muito o custo dos novos funcionários. Há leis que determinam o salário mínimo, privilégios sindicais e leis contra o trabalho "infantil" que transformam o mercado de trabalho num cartel em benefício de poucos à custa de muitos. Há restrições à imigração que dificultam muito o funcionamento e a expansão de muitas empresas. Se, de alguma maneira, você pudesse se livrar de todos estes problemas de uma só vez, o suposto problema do desemprego desapareceria rapidamente.

Na verdade, o problema do desemprego não é um problema econômico; é um problema político. É um dos muitos custos impostos por um Estado que se envolve em coisas nas quais não deveria. Mas, em vez de eliminar tais custos, há um fascínio cada vez maior por ideias esdrúxulas que só garantirão que um problema ruim piore ainda mais. Se você conhece um editor do *New York Times*, mande para ele um livro sobre economia básica – e rápido.

Quanto a Bernanke, ele jamais se deparou com um problema para o qual não visse como solução a impressão de mais papel-moeda. Se ele pudesse encontrar uma forma de fazer com que a Casa da Moeda contratasse sete milhões de pessoas e mais seis milhões para pilotar os helicópteros necessários para a distribuição das novas cédulas, teríamos pleno emprego e absolutamente nenhum motivo para trabalhar.

ENSAIO 36

O caso do desaparecimento do carro econômico

O que você acharia de ir de carro de Nova York para Los Angeles parando apenas uma vez para abastecer? Parece inacreditável e maravilhoso, mas pode acontecer. No final de 2010, o Passat BlueMotion da Volkswagen estabeleceu um novo recorde mundial para "maior distância percorrida por um carro comercial com um único tanque de combustível". Ele percorreu 2.456.873 kms. O que corresponde a um consumo de 31,89 quilômetros por litro.

Legal! Só uma coisa — este carro de passageiros é feito para a Inglaterra. Você não pode dirigi-lo nos Estados Unidos. Temos um Passat, mas ele não chega nem perto deste consumo maravilhoso. Ainda mais estranho é que muitos motores nestes carros que circulam por toda a Europa são na verdade feitos nos Estados Unidos. O problema é que o carro

O CASO DO DESAPARECIMENTO DO CARRO ECONÔMICO

não pode contornar as barreiras regulamentadoras na terra da liberdade.

Este fato chegou a mim graças ao vídeo de um blogueiro que estava dirigindo uma versão *van* deste carro incrível na Inglaterra. Ele voltou para os Estados Unidos e perguntou na concessionária sobre o carro. O vendedor informou-lhe rapidamente que o modelo não é permitido nas estradas norte-americanas. O Passat europeu usa um motor de quatro cilindros e 1,6 litro. O padrão nos Estados Unidos é o motor de 2 litros. Por isso e outros motivos, a versão que você pode dirigir aqui faz 19 km/l.

O blogueiro ficou furioso ao contar isso e explicou ainda mais o absurdo. Parece que as regulamentações de emissões são calculadas com base no consumo. O Passat britânico não passa porque suas emissões de poluentes são ligeiramente maiores do que o permitido.

O blogueiro continuou explicando a estupidez disso: o carro percorre uma distância muito maior do que a versão norte-americana com um único litro, o que resulta em menos poluentes na atmosfera. Mas isso não importa, levando em conta como a eficiência no consumo é calculada. Nos Estados Unidos, um carro de baixa emissão pode fazer 0,42 km/l e ser aprovado, mas um carro com emissões ligeiramente maiores não, mesmo que faça 42 km/l.

Sim, é enfurecedor. Mas como o vídeo circulou, os revisionistas se puseram a trabalhar para refutá-lo. Um blogueiro ligou para a Volkswagen. O porta-voz deu várias explicações interessantes. Um galão na Inglaterra é ligeiramente maior do que nos Estados Unidos, o que reduz a disparidade de consumo entre os modelos britânicos e norte-americanos. Além disso, estes motores 1.6 não são populares nos Estados Unidos porque os norte-americanos não se importam tanto com o consumo. Por fim, na verdade, o consumo é calculado de outra forma na Inglaterra, então os carros não podem ser comparados neste sentido.

Ora, tudo isso é muito interessante e nos dá esclarecimentos interessantes, mas levanta uma questão fundamental: este carro recordista supereconômico pode ser vendido nos Estados Unidos? Parece que a afirmação do vídeo original do blogueiro se mantém: não pode. Você talvez queira este carro. A VW talvez queira vendê-lo. Os europeus o adoram. Mas nós, como norte-americanos, não podemos comprá-lo, e a VW não pode vendê-lo. Independente destes detalhes, estes são os fatos. O porta-voz da VW estava apenas contornando o problema, o que todas as empresas fazem quando confrontadas com o horror das regulamentações.

O blogueiro sugeriu a existência de uma conspiração. Mas aí vem a Navalha de Hanlon: *"nunca atribua a uma conspiração o que pode ser facilmente explicado pela estupidez"*. Regulamentações são inerentemente estúpidas porque presumem a perpetuação de uma tecnologia e de um modelo de produção existentes. Elas nunca levam em conta a mudança ou melhora.

Não importa como você as escreva, não importa o quanto você seja inteligente, sempre chegará a hora em que os resultados pretendidos por todas as regulamentações serão revertidos. Elas deterão o progresso, em vez de promovê-lo. Elas piorarão os produtos, ao invés de melhorá-los. Elas bloquearão a melhora tecnológica, ao invés de inspirá-la. Isto é um destino inevitável, por mais inteligentes que os regulamentadores sejam.

Em um mercado privado, regras e padrões se adaptam à mudança. Isso se dá, pois entidades privadas entendem que o objetivo de uma regra ou padrão não é a regra ou o padrão em si, e sim os resultados. O objetivo é alcançar os resultados. Se o exato oposto do objetivo é observado, a regra é alterada com o tempo. Desta forma, a iniciativa privada é flexível de uma forma que as regulamentações governamentais jamais serão.

Falemos de outra coisa incrível e maravilhosa: o carro voador. Parece que a "nave dirigível" Terrafugia Transition está finalmente entrando na fase de produção e poderá ser comprada a partir do ano que vem. Recentemente, ela foi objeto de muita atenção da mídia, e isso é tudo muito bom.

Ora, pode-se pensar que as reportagens sobre este carro se ateriam à maravilha que ele realmente é, como ele nos aproxima do mundo dos Jetsons, como ele pode ajudar a desafogar as autoestradas e assim por diante.

Mas não, não são estas as histórias que temos. Parece que o grande "esforço" de engenharia por trás deste carro voador não tem nada a ver em torná-lo incrível para você e para mim. Tudo diz respeito às intermináveis regulamentações governamentais que tentaram impedir que ele fosse produzido. Quem mandam são os burocratas, e não os consumidores.

Imagine isso: já é difícil fabricar um carro que esteja de acordo com os departamentos regulamentadores. Já é difícil o bastante fabricar um avião que cumpra as exigências destes departamentos. Parece ser quase impossível fabricar algo que cumpra as exigências de duas agências regulamentadoras! Ele precisa ser aprovado em testes de emissão de gases, testes de impacto, testes de navegação, testes de projeto, testes de consumo de combustível e um milhão de outros testes. Depois, há o problema das licenças para motoristas e pilotos e a adequação às regulamentações de aeroportos e estradas. Que pesadelo! Parece que toda a energia da empresa tem sido gasta nisso.

A realidade do carro voador existe desde a década de 1930. Ela tem renascido várias vezes. O que a tem emperrado?

O problema é que esta inovação não é nem uma coisa nem outra do ponto de vista dos burocratas. Portanto, eles não sabem o que fazer com ela.

Os resultados são, sinceramente, muito decepcionantes. O Terrafugia Transition é um aviãozinho com asas dobráveis para que você possa rodar por aí. É isso. Não haverá levitação no meio do tráfego. Não haverá pousos na entrada da sua garagem. Você precisará dirigi-lo como um carro até o aeroporto e então decolar, voar, pousar e dirigir para casa novamente. É até legal, mas levanta uma questão: por que não apenas estacionar o carro e embarcar no seu avião?

Você precisa ter uma imaginação fértil para ver o mundo que existiria se não houvesse controles governamentais. Estes controles destroem a inovação. Eles negam que tenhamos acesso a aparentes utopias. Eles matam o espírito empreendedor e atrasam a sociedade. Elas impedem o progresso e nos proíbem de trabalhar por um futuro melhor do que o passado.

Jamais saberemos o que estamos perdendo enquanto continuarmos a permitir que o governo transforme toda a sociedade em um matagal de regulamentações. A vida é incrível, verdade, mas podia ser muito mais. Em vez disso, sofremos de maneiras que nem sabemos. Essa é a realidade horrível.

ENSAIO 37

É traição discordar

Um aspecto horrível da vida moderna é como ameaças quase diárias a liberdades fundamentais e direitos humanos exigem que os cidadãos se tornem conscientes e ativos politicamente.

Aqui estamos nós, lutando para colocar comida na mesa, para cultivar uma vida privada civilizada, para dar apoio às coisas que nos importam, para cuidar dos nossos lares e enfrentar todos os desafios da vida moderna, até que um político babaca qualquer propõe uma legislação perigosa que é um ataque direto contra todas as coisas que temos como garantidas.

Uma das coisas que temos como garantidas é a liberdade de discordarmos com o governo e suas políticas.

Pense na Lei de Expatriação do Inimigo, que está sendo proposta pelo republicano Charles Dent, da Pensilvânia, e pelo democrata independente Joe Lieberman, de Connecticut. Esta lei complementa a lei existente que torna crime dar apoio material a governos contra os quais os Estados Unidos em guerra.

Como explica Dent, os Estados Unidos não limitam mais suas guerras aos governos. A guerra abrange agora terroristas, independentemente das suas nacionalidades. Portanto, diz ele, precisamos de uma lei nova que conceda um poder maior ao Estado para esmagar seus inimigos internos.

A Lei de Expatriação do Inimigo, portanto, permite aos Estados Unidos tirar a cidadania de alguém que esteja *"envolvido com ou dando propositalmente apoio material a hostilidades contra os Estados Unidos"*.

A proposta é claramente a pior desde as leis de Estrangeiros e Sedição, contra as quais todos os cidadãos reagiram elegendo Thomas Jefferson presidente em 1800, a fim de que ele pudesse trazer alguma sanidade de volta à vida pública. A nova versão destas velhas leis proibiria efetivamente discursos ou textos em *blogs* contra qualquer diretriz de política externa dos Estados Unidos, com o impensável castigo de banimento permanente.

Ao ouvir o nome da lei, também pensei da lei da Primeira Guerra Mundial chamada Lei de Comércio com o Inimigo. Ela foi criada para controlar a livre expressão durante o conflito. Você seria preso se expressasse qualquer dúvida quanto à guerra. Mas a lei nunca caducou e foi evocado por Franklin Delano Roosevelt em 1933 ao confiscar o ouro. Até onde sei, essa lei ainda existe.

Portanto, qualquer um que diga que a Lei de Expatriação do Inimigo é na verdade restrita, que ela não proíbe a discordância civil com o governo, que ela não provocará realmente o banimento rotineiro de críticos responsáveis, que qualquer um fazendo barulho está histérico... não acredite.

Todo poder novo que o governo terá ele usará, e sempre e por fim da pior forma possível.

Burocracias adoram este tipo de lei. *"É o hábito invariável das burocracias, em todos os tempos e lugares"*, escreveu H. L. Mencken,

> presumir [...] que todo cidadão é um criminoso. Seu único propósito aparente, buscado com uma diligência furiosa e incansável, é transformar essa suposição em fato. Eles procuram incansavelmente por provas e, quando lhes faltam provas, procuram apenas indícios.

Não tenho nem certeza se é necessário ler os pormenores para descobrir isso. Os principais defensores da lei são na verdade bem abertos quanto a isso. O slogan deles parece ser "Governo: ame-o ou nós o destruiremos". Do ponto de vista deles, vivemos tempos extraordinários que exigem medidas extraordinárias. Uma destas medidas é fazer com que o governo norte-americano comece a agir exatamente como os terroristas aos quais o governo diz se opor.

Isso não é incomum. Sempre parece acontecer em tempos de guerra. Lutamos contra a tirania no exterior nos tornando ainda mais tirânicos em casa. Nos opomos aos campos de prisioneiros no exterior, mas os construímos em casa para quem duvide do mérito das diretrizes. Nos opomos à criação e proliferação de armas perigosas no exterior criando e proliferando mais delas nós mesmos. Lutamos contra o extremismo islâmico instituindo controles nacionais de pensamento e expressão, punindo os infratores com a expatriação.

Quanto mais objetável e odiosa for uma política pública, mais o governo depende da força bruta para impô-la. Portanto, você pode ter certeza de que, quando tais leis são propostas, há planos para se travar guerras futuras tão reprováveis, imorais e injustas quanto as do passado. Se você precisa criminalizar e banir os dissidentes, provavelmente todas as pessoas inteligentes serão um alvo.

Mas e quanto às pessoas que realmente estão tão furiosas a ponto de sentir alguma empatia pelos inimigos estrangeiros? Os defensores da lei têm razão em considerar que tais pessoas renunciaram ao direito de serem cidadãs?

Novamente, deixemos Mencken falar:

> A ideia de que um radical é alguém que odeia seu país é ingênua e geralmente idiota. Ele é, mais provavelmente, alguém que ama seu país mais do que os resto de nós, e que, portanto, se incomoda mais do que o resto de nós ao ver o país corrompido. Ele não é um cidadão mau que está se voltando para o crime; é um bom cidadão levado ao desespero.

Isso parece certo. A ideia tradicional da cidadania norte-americana é bem diferente da ideia do Velho Mundo. Não se trata de lealdade ao regime. Não se trata de estar disposto a se calar quando você discorda da prioridade cívica do momento. Trata-se do amor pela liberdade e, com certeza, ser completamente livre para discordar dos poderes é a essência do que significa ser livre.

O efeito irônico de uma lei como essa é que nossos melhores cidadãos acabarão privados da sua cidadania, deixando apenas os covardes, mentirosos e burros como cidadãos-modelo com pleno direito de viver e votar aqui. Claro que o sonho de todo governo é que todos seus súditos obedeçam sem questionar. É bem verdade que no dia em que este sonho se tornar realidade será o dia em que todos deveríamos agradecer pela expatriação.

ENSAIO 38

O pagamento de impostos é voluntário?

Já ouviu a afirmação de o pagamento de imposto de renda é voluntário? O termo "voluntário" é abundantemente usado em documentos oficiais, incluindo o próprio formulário 1040[9], e algumas pessoas muito ingênuas foram levadas a acreditar que não precisam pagar se não quiserem. Eles acham que "voluntário" realmente significa algo voluntário, como um exercício de livre-arbítrio.

É uma posição estranha que parece não compreender o significado da palavra "imposto". O que torna um imposto diferente de uma contribuição ou troca é que o dinheiro é tirado à força. Você pode escolher não pagar tanto quanto

---

[9] Um dos formulários usados para se fazer a declaração de imposto de renda nos Estados Unidos (N.T.)

pode optar por resistir à prisão. Mas aí você deve enfrentar as consequências. Um imposto verdadeiramente voluntário é como um insulto carinhoso, uma guerra pacífica ou um câncer saudável. As duas palavras simplesmente não combinam.

Por sinal, isso não se aplica apenas ao imposto de renda. Serve para todos os impostos. Às vezes, você ouve dizer que impostos sobre a circulação de mercadorias são voluntários porque ninguém o obriga a comprar o bem ou serviço tributado. Isso é mentira. A questão é que, se você compra gasolina, cigarros ou qualquer outra coisa cuja transação é tributada no momento da venda, você não tem escolha a não financiar o governo com uma parte do preço pago. Isso não é voluntário.

Ainda assim, muitas pessoas, convencidas de que deveriam acreditar no governo, persistem em acreditar no contrário. Os tribunais lidam com esse tipo de gente há décadas. Eles entram com o que o governo chama de "processos frívolos". Na verdade, o IRS[10] já ouviu essa afirmação tantas vezes que efetivamente trata dela num *site* especial criado para abordar essa e outras afirmações absurdas feitas por pessoas que acham que têm o direito de ficar com o que ganham.

A Receita Federal escreve:

> A palavra "voluntária", tal qual usada no caso Flora[11] e em publicações do IRS, refere-se ao nosso sistema de

---

[10] Internal Revenue Service: o equivalente à Receita Federal nos Estados Unidos. (N.T.)

[11] *Flora vs. Estados Unidos* (1958) foi um caso no qual a Suprema Corte dos Estados Unidos determinou que um contribuinte deve, de modo geral, pagar o valor integral de uma restituição de imposto de renda avaliada pelo Comissário da Receita Federal antes que possa questionar sua legitimidade através de um processo em um tribunal distrital federal para solicitar um reembolso. A Suprema Corte concordou com o Comissário da

O PAGAMENTO DE IMPOSTOS É VOLUNTÁRIO?

permitir que contribuintes determinem o valor correto do imposto e preencha as declarações apropriadas, em vez de fazer com que o governo determine o valor do imposto desde o princípio. A exigência de declarar o imposto de renda não é voluntária, o que está claramente dito no Internal Revenue Code 6011(a), 6012(a), et seq. e 6072(a). Veja também Treas. Reg. § 1.6011-1(a). Qualquer contribuinte que recebeu uma renda bruta acima do valor determinado pelo estatuto é obrigado a prestar contas. Não fazer a declaração de renda pode sujeitar o indivíduo a penalidades criminais, entre elas multa e prisão, assim como penalidades cíveis. Apesar de as regras da Receita estabelecerem a declaração voluntária como método geral de recolhimento de imposto de renda, o Congresso concedeu ao Secretário do Tesouro o poder de impor as leis de imposto de renda por meio do recolhimento involuntário. Os esforços do IRS para impor o cumprimento das leis tributárias são inteiramente adequados". Estados Unidos vs. Tedder, 787 F.2d 540, 542 (10º. Cir. 1986)".

Em outras palavras, você é livre para obedecer. Se você decidir não obedecer, pode ir para a prisão. Como prova de que isso é lei, a Receita menciona processos que foram julgados de 1938 a 1988. Adivinhe! Os tribunais, como criações do governo, defendem o direito do governo de recolher impostos sobre sua renda. Mas você diz que isso não é justo. Isto é ilegal. Isso é antinorte-americano. Isso contradiz a própria afirmação governamental de que o sistema é voluntário.

Receita Federal, afirmando que a regra de pagamento integral exige que o valor integral de uma restituição determinada deve ser pago antes que se possa abrir um processo de solicitação de reembolso. (N.R.)

Bem, se você escreve o dicionário, pode definir as palavras como quiser. Como quer que o governo use o idioma, a verdade é que o dinheiro é tirado de você sem seu consentimento. A única diferença real entre o ladrão (na definição do que costumavam chamar de "salteador") e o governante, como disse Lysander Spooner (1808-1887), é que o ladrão não diz estar fazendo isso para seu bem.

> O salteador assume integralmente a responsabilidade, o perigo e o crime do seu ato. Ele não finge que tem qualquer direito de exigir seu dinheiro ou que pretende usá-lo para seu bem. Ele não finge ser nada além de um ladrão. Ele não adquiriu cara-de-pau o bastante para se dizer apenas um "protetor" e que tira o dinheiro dos homens contra sua vontade apenas para permitir-lhe "proteger" os viajantes apaixonados que se sentem perfeitamente capazes de se proteger sozinhos ou que não admiram seu sistema peculiar de proteção. Ele é um homem sensível demais para fazer afirmações como essa. Além disso, depois de pegar seu dinheiro, ele o deixa em paz, como você quer. Ele não insiste em segui-lo na estrada contra sua vontade, supondo-se seu "soberano" de direito por conta da "proteção" que ele lhe dá. Ele não insiste em "protegê-lo" mandando-o se curvar e servi-lo; mandando-o fazer isso e o proibindo de fazer aquilo; roubando mais do seu dinheiro sempre que o encontra em prol de seu próprio interesse ou prazer; e o marcando como rebelde, traidor e inimigo do seu país, e o matando sem misericórdia se você questionar sua autoridade ou resistir às suas investidas. Ele é educado demais para ser culpado de tais embustes, insultos e vilanias. Em resumo, além de roubá-lo, ele não tentará transformá-lo em seu bobo-da-corte ou escravo.

O PAGAMENTO DE IMPOSTOS É VOLUNTÁRIO?

O que me impressiona nas multidões marginalizadas que entram com processos "frívolos" não é que elas odeiem o governo, como as pessoas geralmente acreditam. Não é que tenham perdido a confiança no sistema ou que tratem os servidores públicos como seus inimigos.

Minha impressão é exatamente o contrário. Elas, na verdade, subestimaram a gravidade do problema com o sistema. Elas acreditam que os tribunais realmente são independentes e ficarão contra os interesses do governo. Elas imaginam que o sistema é clara e fundamentalmente justo e que, uma vez desafiado, ficará do lado delas. Elas imaginam que as agências governamentais manterão sua palavra. Elas imaginam que o sistema não é tão corrupto a ponto de não lhes dar um julgamento justo.

Tenha em mente que não houve imposto de renda neste país durante 126 anos depois que a Constituição dos Estados Unidos foi ratificada, em 21 de junho de 1788, exceto durante um breve período durante a Guerra de Secessão. Mesmo depois que a Constituição recebeu uma emenda para tornar o imposto de renda possível, somente poucos o pagavam. Só foi muito mais tarde que ele atingiu quase todo norte-americano. Antes disso, sua renda era sua, ponto. Imagine! Muitas pessoas não conseguem.

A Emenda XVI à Constituição dos Estados Unidos, ratificada em 3 de fevereiro de 1913, representou uma mudança fundamental no caráter do regime norte-americano. Daí em diante, a riqueza nacional mudou de dono. Ela passou a pertencer primeiro ao governo e depois a você, somente dentro do que o aparato administrativo permite.

Estas pessoas "frívolas" que dizem que os impostos são voluntários estão fazendo o que os bons cidadãos fazem. Estão lendo os documentos primordiais. Elas estudam a Revolução Americana. Elas contemplam as palavras de Thomas

Jefferson, de Thomas Paine, de James Madison (1751-1836) e de todos os outros. Elas levam a sério as palavras e ideias dessas pessoas. Elas analisam o sistema atual e veem que ele se assemelha à visão fundadora apenas da maneira mais superficial. E imaginam que têm o direito, como norte-americanas e seres humanos, de se rebelarem contra o poder.

O que lhes falta é a inteligência fundamental para entender que o regime atual não concorda. Não há uma concordância real por parte dos governados. Não há um contrato social genuíno. O governo não é realmente do, para e pelo povo. Perceber isso é o começo da verdadeira sabedoria política. Neste ponto fundamental, parece que libertários e fiscais tributários concordam plenamente.

PARTE IV

Comércio, Amigo da Humanidade

ENSAIO 39

Comércio, nosso benfeitor

E se tivéssemos o seguinte sistema econômico? Este sistema inundaria o mundo com bens gratuitos dia e noite, sem pedir nada e dando quase tudo. A maior parte do que ele gerasse seria mercadorias livres e todas as pessoas vivas teriam acesso a elas.

Qualquer um que obtivesse um lucro privado o faria somente porque serviu aos outros e o sistema exigiria que essa pessoa divulgasse informações de domínio público: todos no planeta saberiam os motivos do sucesso de qualquer um.

Ele serviria a todas as raças e classes. Ele serviria humildemente ao homem comum e derrubaria as elites quando elas se tornassem orgulhosas e arrogantes. Ele tornaria benéfico a todos a inclusão de cada vez mais pessoas em seu potencial produtivo e daria a todos que o quisessem uma parcela de seus resultados.

Esse sistema tem nome. Ele se chama mercado livre. Isso fica ainda mais óbvio na era digital, mas a proliferação de bens gratuitos sempre foi uma das principais características do capitalismo. O que ocorre é que nem sempre as pessoas falaram sobre isso, embora o excelente *Lessons for the Young Economist* [*Lições Para o Jovem Economista*], de Robert Murphy, o tenha feito de maneira excelente.

Na realidade, o mercado livre é a ideia mais mal interpretada que existe, tanto por seus detratores como, com a mesma frequência, por seus proponentes. Já quanto à caracterização do mercado como uma utopia para especuladores, magnatas e aproveitadores, é de se duvidar que as pessoas que pensam assim tenham algum dia realmente tentado obter um tostão sequer num sistema competitivo. É muito difícil. Todo o processo está seriamente enviesado contra ganhos privados às custas do público.

Eu poderia prosseguir aqui com um argumento teórico, mas às vezes exemplos pessoais expressam melhor um argumento. Sabe-se que não vivemos atualmente em um mercado livre; na realidade, o maior e mais intrusivo aparato de intervenção do mundo interfere com o que temos de mercado. Mas ainda resta no mundo o suficiente deste mercado para nos indicar como ele funciona e, por vezes, os exemplos mais simples de varejo bastam.

Então, deixem-me falar da barbearia com a qual me deparei ontem. As pessoas ali cortam cabelo. Mas a barbearia também tem mesas de pingue-pongue, dardos, sinuca e cervejas grátis que podem ser consumidas em um bar. Entrei ali com um amigo e fiquei boquiaberto com a mesa de pingue-pongue. Perguntei: – "Podemos jogar?" E me disseram: – "Ah, claro". Então jogamos bastante. Depois de um tempo, finalmente perguntei: – "Com licença, posso cortar meu cabelo?" Eles ficaram satisfeitos, embora surpresos, já que acharam que eu era apenas mais uma pessoa que queria apenas jogar pingue-pongue! E estavam totalmente contentes em me deixar jogar de graça. O cabelo foi cortado; continuei ali para beber uma cerveja, ainda embasbacado com essa extraordinária iniciativa empresarial, até que, por fim, perguntei se eles tinham uma página no Facebook. "Claro", foi a resposta. Tirei uma foto, postei-a na minha página, curti a página deles e, em minutos, pessoas do mundo inteiro estavam falando sobre aquele lugar. *"Salon de barbier avec tables de pool et ping pong, dards et bière gratuite"*, disse um compartilhamento de um francês que circulou pela rede.

Agora, consideremos o seguinte: teria eu feito um favor ao lugar? Os proprietários provavelmente acreditam que sim. É um negócio novo, que ainda está começando. Ele precisa de publicidade e promoção. Por outro lado, vejam o que fiz: alertei imediatamente todos os potenciais concorrentes de uma grande ideia que pode atrair clientes. Agora, toda e qualquer barbearia pode "roubar" a ideia. Elas podem comprar uma mesa de pingue-pongue, pegar uma caixa de cervejas, pendurar um alvo de dardos e pronto.

A barbearia seguramente adoraria encontrar uma maneira de atingir clientes potenciais sem ao mesmo tempo revelar seus truques aos concorrentes. Mas sabe de uma coisa? Isso não é possível. Uma coisa acompanha a outra. A informação é um bem livre; depois de disseminada, pode ser consumida e utilizada por qualquer um que se deparar com ela.

Sendo assim, o que acontece com a vantagem competitiva da qual esse novo lugar gozava e pela qual ele lutava? Ela fica seriamente ameaçada. A barbearia se depara com uma concorrência ferrenha, inclusive de grandes cadeias que podem implementar essas sugestões em poucos dias, gastando muito pouco. O que fazia daquele lugar novo algo bom e diferente agora passa a ser copiado por todos. E, se isso acontece, esse lugar novo passa a encontrar uma nova pressão sobre seu faturamento líquido. Ele será obrigado a inovar novamente.

Obviamente, nenhuma outra barbearia na cidade sabe se essa coisa de sinuca e dardos é de fato uma estratégia mágica para obter sucesso. Logo, em vez de emular de cara essa estratégia, outros podem esperar para ver como ela funcionará para quem a adotou primeiro. A estratégia pode fracassar. Ou pode ser sensacional. Se for sensacional, outros adotarão as práticas, mas há um problema: o primeiro a implementá-la tem uma vantagem. Ele já conta com uma clientela leal e uma legião de fãs.

Bilhões de *bits* de informação (bens livres!) chegam diariamente aos empresários, os quais lhes permitem copiar os sucessos (e fracassos) de outros. Saber quais estratégias implementar ou não é uma parte essencial do trabalho. Talvez seja até mesmo a parte mais difícil.

Mas eis aí o argumento que estou enfatizando: não é possível ser bem-sucedido neste mercado sem revelar a "receita secreta" do sucesso. Felizmente, não existem patentes ou direitos autorais para coisas como colocar uma mesa de sinuca em uma barbearia, então o governo não pode impedir o aprendizado. E é dessa maneira que tudo aconteceria em um mercado puramente livre, em todos os setores da indústria. Ser bem-sucedido significa primeiro dar – dar bens e serviços aos clientes (esse é o segredo da lucrabilidade) e depois revelar o método por meio do qual você conseguiu ser bem-sucedido (ou o motivo do seu fracasso) para todos que se interessarem. O próprio ato de criar um empreendimento comercial – que sempre tende a ser uma empreitada de "código aberto" – torna os métodos utilizados um objeto de estudo.

A informação que você dá é o preço que se paga pela perspectiva de lucros. Mas esses lucros estão sempre sendo ameaçados por concorrentes que copiam casos de sucesso. Isso significa que você nunca pode descansar, nunca pode estar satisfeito com o *status quo*. É preciso inovar e se renovar constantemente — e isso precisa ser feito querendo dar ao público o que ele quer da maneira mais eficiente possível. É isso que confere ao mercado tanto dinamismo, tanto impulso para avançar, um espírito tão inovador.

É provável que você esteja lendo este livro em um local que seja totalmente gratuito para você. Talvez o tenha visto em *site* pelo qual você não pagou ou viu um *link* para ele em uma rede social que você não paga para utilizar. Estes são bens gratuitos, os meios que os capitalistas usam para despertar em você o interesse pelo que estão fazendo.

Mas estes bens gratuitos são apenas o início do que o mercado oferece. O bem gratuito mais valioso que o mercado está lançando a cada minuto é o oceano de informações sobre sucessos e fracassos, sobre o que as pessoas querem e não querem e sobre o que funciona e o que não funciona. Este vasto estoque de informação está sendo despejado globalmente, constantemente, e é como uma chuva ininterrupta de bênçãos sobre a civilização. As redes sociais aumentaram essas bênçãos em níveis que ninguém jamais sonhara que seriam possíveis.

O exemplo da barbearia pode não parecer muita coisa, mas se você o compreender — compreendê-lo de fato, e também toda a dinâmica que existe por trás dele —, compreenderá aquilo que tirou o mundo do seu estado natural e o pôs no caminho da prosperidade gloriosa que está se espalhando atualmente por todo o planeta. Isso é o mercado em funcionamento — essa rede de trocas, cooperação, serviços, inovação, cópia e competição que faz o mundo pulsar, tudo a serviço do bem-estar humano. Quanto mais mercado tivermos, mais progresso veremos.

Portanto, façamos a seguinte pergunta: por que é que tantas pessoas acham que são contra o livre mercado? Só pode ser porque não o compreendem de fato. Antes de tudo, eu sugeriria o livro de Robert Murphy. Depois, as convidaria para se juntar a mim e tomar uma cerveja, jogar uma partida de pingue-pongue e perguntaria o que elas acham que possibilitou a existência dessa pequena porção do paraíso.

ENSAIO 40

O maravilhoso mundo do comércio

Está na moda falar mal da cultura comercial, mas, pensando bem, isso não faz o menor sentido. O comércio é a força motriz do progresso humano, de mais maneiras do que costumamos perceber. Os norte-americanos do século XIX sabiam disso e celebravam esse fato. Nossa cultura comercial era uma fonte de orgulho, invejada pelo mundo.

Acabei de voltar de um dos mais espetaculares museus públicos. É o Jay Van Andel Museum, em Grand Rapids, Michigan. Fica em frente ao Gerald Ford Museum, especializado em ressaltar os sofrimentos da década de 1970. O museu Van Andel, contudo, está focado no maravilhoso mundo do comércio de Grand Rapids, do século XIX até hoje.

Se a política consiste em estragar as coisas, o comércio consiste em melhorar a vida de todos. Consideremos, por exemplo, a máquina de lavar e a secadora de roupas, dois eletrodomésticos comuns que só passaram a fazer parte da vida convencional norte-americana na década de 1950. Neste museu, pude ver comerciais reais de televisão daquele período, juntamente com anúncios publicitários e matérias de jornais. Foi realmente inspirador.

O que significavam, naqueles dias, a máquina de lavar e a secadora de roupas? A expressão que continuamente aparecia era essa: "libertação do trabalho braçal".

Gosto dessa expressão! Parece que ela ainda estava em uso no final da década de 1970. Dez anos mais tarde, ela parecia ter desaparecido, simplesmente porque o trabalho braçal do qual as pessoas haviam sido libertadas praticamente desaparecera. A tecnologia, a eficiência e os eletrodomésticos tornaram-se o novo padrão. Tornaram-se universais. Os trabalhos braçais do passado eram desconhecidos.

Sem muito estardalhaço, as mulheres, particularmente, viram-se livres do trabalho árduo e das rotinas domésticas que definiram suas vidas desde o início da história até a década seguinte ao fim da Segunda Guerra Mundial.

Em vez de passarem seus dias girando manivelas em lavadoras manuais e pendurando roupas em varais – além de centenas de outros trabalhos manuais – essas duas máquinas passaram a realizar o trabalho por elas. Isso significava dois dias da semana livres para outras atividades, como a leitura, passeios no parque, compras, tempo com as crianças e o aprendizado de habilidades profissionais. As máquinas permitiram que as mulheres tivessem vidas mais gratificantes.

A tecnologia foi a base do verdadeiro movimento de libertação das mulheres. Os eletrodomésticos, que se tornaram universais da década de 1950 à de 1970, deram uma liberdade mais concreta e mais presente na vida real das mulheres do que todas as marchas, protestos e movimentos em prol da

Emenda dos Direitos Iguais. Enquanto o movimento político criava divisões e conflitos, a tecnologia trabalhava silenciosamente, em segundo plano, para libertar as mulheres por meio de eletrodomésticos, da distribuição cada vez maior de roupas e comidas prontas, aquecimento central e refrigeração, fornos que cozinham sem lenha e máquinas que reduziam a duração dos trabalhos domésticos de horas para minutos.

É perturbador constatar o quão pouco o público tem consciência disso, mesmo nos dias de hoje. Mas o museu Van Andel nos lembra do passado, de como a vida era e de como a tecnologia, ou o que já foi chamado de artes práticas, alterou tão incrivelmente a vida.

Consideremos também o momento em que ocorreram todos esses grandes avanços. Eles aguardaram a chegada de um momento de paz para se espalhar para toda a população. A Segunda Guerra Mundial adiou o avanço da civilização.

Uma vez ocorrido esse avanço, todos se viram livres para se esquecer de como era a vida antes. À época, assim como hoje, as melhorias eram absorvidas de maneira imperceptível em nossas vidas, e o novo passou a ter a aparência de ser um direito humano.

É por este motivo que gostei especificamente da recriação feita pelo museu Van Andel de uma rua de Grand Rapids na década de 1890. Ela foi feita numa escala de três para quatro e está totalmente cercada, permitindo que se tenha uma sensação real das ruas e lojas da época. Existe uma gráfica, uma mercearia, uma farmácia, uma loja de armas, uma funerária, um barbeiro, entre outros estabelecimentos.

Fiquei cerca de meia hora apenas observando os produtos disponíveis na mercearia. Para a época, eram coisas sensacionais: cereais, fermento, farinha, melado, gelatina, especiarias como cravo e pimenta, e enlatados diversos. Nada disso estava disponível para o grande público cinquenta anos antes.

Lembremos também que a década de 1890 em um lugar como Grand Rapids era um paraíso de prosperidade quando comparado com qualquer outro lugar na Terra em toda a História, um lugar onde a classe média vivia melhor do que reis em qualquer século anterior. Aquilo era uma verdadeira Meca do que o mundo capitalista moderno podia oferecer.

Mas existe algo que, estranhamente, não estava presente na loja: qualquer coisa que precisasse ser conservada na geladeira. Picles e ovos estavam em jarras, conservados em vinagre para que se mantivessem frescos. Não havia carne, peixe ou leite, e o queijo ali precisava ser mantido em temperatura ambiente. As linguiças eram duras e curadas. Por quê? Ah, claro, a geladeira precisaria esperar mais quarenta anos até que fosse disponibilizada para o grande público.

A gráfica era absolutamente cativante. Apenas uma pequena parte dela era ocupada pela prensa propriamente dita. Grande parte da sua área era ocupada por prateleiras enormes que continham letrinhas em diversas fontes diferentes. Cada uma das letras precisava ser separada e colocada em moldes, uma letra ou sinal de pontuação de cada vez. É daí que vem o termo "composição tipográfica".

A tecnologia não mudara, em sua essência, desde o tempo de Johannes Gutenberg (1400-1468). Achei aquilo alarmante, especialmente quando o proprietário da gráfica, um verdadeiro crente, tentou me mostrar que sua prensa era mais rápida que uma impressora moderna. Mas não nos esqueçamos de que, na década de 1890, aquilo tudo era de fato espantoso. Era algo à frente de seu tempo, luxuoso e moderno em todos os sentidos. Aquilo era o Valhalla[12] deles. Era uma ordem social fazendo o que as ordens sociais devem fazer: elevar e enobrecer a vida das pessoas comuns.

---

[12] Referência ao palácio de Odin na mitologia nórdica. (N.T.)

O museu também exibia carros. E instrumentos musicais – coisas que permitiam que qualquer um compusesse música. E tantas outras máquinas incríveis para costurar, fabricar móveis e construir relógios cada vez mais precisos. Aquelas eram pessoas que acreditavam na possibilidade de uma forma pacífica, próspera e feliz de progresso.

O museu tinha ainda pôsteres do século XIX direcionados a imigrantes:

ÀQUELES QUE
ANSEIAM POR SER LIVRES
PARA DECIDIREM SEUS PRÓPRIOS DESTINOS
Nunca houve, na História da Humanidade, uma época de Melhores Oportunidades para qualquer um que deseje
SE ARRISCAR A MELHORAR SUA CONDIÇÃO.
A prosperidade espera o colono que, com um machado na mão, consiga derrubar as árvores da floresta e escavar seu próprio caminho no duro mármore da vida humana.

Essa é a nossa história. Essa é a visão de vida que deu origem à maior sociedade jamais conhecida até aquele momento na história. Essa é a teoria e a prática da própria liberdade.

ENSAIO 41

O armazém: Beleza e solenidade

A grande recessão continua de diversas maneiras, mas o comércio *online* está se expandindo como nunca, tendo aumentado no último trimestre de 2011 no ritmo mais acelerado dos últimos seis anos.

Antes que você se dê conta, somente o varejo será responsável por trezentos bilhões de dólares em vendas por ano. Clicamos, pagamos e, se o produto não for digital, ele chega em nossos lares alguns dias depois. Você se lembra do "aguarde de seis a oito semanas para a entrega"? Isso não existe mais. Tudo chega rápido. E, se o produto não estiver no estoque, recebemos um aviso. Quando ele nos é enviado, somos notificados. Podemos rastrear nossos pedidos *online*, seguindo o item em cada uma de suas paradas.

Os produtos saem diretamente do fabricante para o armazém, e de lá para nossos lares, eliminando as prateleiras, vitrines, varejistas, vendedores e tudo o mais que era incluído entre aquelas duas etapas. O estágio mais despretensioso — e aquele que é cada vez mais importante no varejo moderno — é o estágio de armazenamento, no qual os produtos ficam guardados, esperando que a vontade do consumidor os desperte de seu sono.

O armazém faz parte do mundo comercial desde os primórdios. Até mesmo Jesus tinha uma parábola que envolvia um armazenador de grãos que acumulava cada vez mais, sem nunca vendê-los, até finalmente morrer. Sim, é assim que a história termina.

O armazém, nos dias de hoje, tem assumido uma importância cada vez maior. A globalização e a digitalização do comércio transformaram o armazém de uma instituição útil no próprio cerne da vida comercial.

A tecnologia por trás do funcionamento do armazém passou por uma enorme transformação durante os últimos cinco, dez anos. Há algum tempo, ela consistia apenas de faxes e máquinas de escrever. Agora, serviços via *internet* na nuvem podem ligar armazéns de todo o mundo a dezenas de diferentes transportadoras e centenas de *sites* de varejo, todos se comunicando uns com os outros em uma fração de segundo.

O tempo entre a compra do usuário final e a impressão da etiqueta na caixa foi reduzido a minutos. É totalmente possível fazer uma encomenda às 8 da manhã e receber a mercadoria no dia seguinte, mesmo sem pagar pelo serviço expresso.

Apesar dessa tecnologia incrivelmente moderna, o armazém é um mundo tão enclausurado quanto um convento medieval. Seu propósito subjacente não é a salvação das almas na vida após à morte, e sim a melhoria da Humanidade nesta vida.

Cidades em todo o país vêm registrando aumentos gigantescos na demanda por espaços para armazenagem.

As exigências são cada vez mais estonteantes: novecentos metros quadrados, nove mil metros quadrados e até mesmo sessenta mil metros quadrados. Comunidades inteiras estão sendo erguidas, de uma costa a outra, que não passam de imensos edifícios de metal com baias de carga e descarga.

O mesmo está ocorrendo na China, Índia, Malásia e América Latina. Espaços que até então estavam desabitados – armazéns tendem a ser erguidos em lugares de baixo custo – estão sendo convertidos em depósitos diariamente.

O curioso é que a maior parte das pessoas nunca entrará em um armazém nem jamais experimentará este ambiente estranhamente frenético, porém contemplativo, que não tem equivalente em qualquer outra coisa neste mundo.

A iluminação é mais escura do que se esperaria, e peculiar, pois existe num espaço gigante e sem janelas, fortemente vedado em todos os lados. A única luz natural que se vê vem das docas nas quais se faz a carga e descarga, um espaço que dá àquela caverna onde não se tem qualquer senso de direção um propósito e uma orientação espacial.

Os tetos são incrivelmente altos, com prateleiras sobre prateleiras elevando-se até alturas vertiginosas. A orientação visual é igualmente equilibrada na vertical e na horizontal, como uma antiga catedral europeia, e os empregados se sentem tão à vontade navegando em uma direção quanto na outra.

Eles podem se deslocar rapidamente de um ponto a outro com a mesma velocidade com que podem subir com suas máquinas especializadas. Suas planilhas digitais podem indicar a necessidade de um pálete a 45 metros de altura, e eles atravessam rapidamente o espaço e voltam com seu prêmio – que pode pesar até várias toneladas – em uma questão de segundos.

Eles fazem isso sem qualquer comentário ou sem que sejam percebidos por qualquer outra pessoa. Eles são indiferentes a estes feitos que impressionam os visitantes. Na realidade, os funcionários do armazém não falam sem motivo. E, quando o fazem, utilizam uma linguagem que é totalmente voltada para o trabalho. Parece um código, mas todos se entendem. O volume de suas vozes é baixo e todos falam em tons mais calmos do que se esperaria.

A temperatura varia de acordo com a estação do ano, mas o armazém é fortemente vedado em todos os lados, com exceção das docas. Ele pode ser opressivamente frio no inverno, com funcionários que vestem casacos pesados e luvas em seu interior — e desconfortavelmente quente no verão —, mas sempre menos do que o mundo exterior.

Nada no armazém foi projetado para ser belo, mas a pura utilidade de cada uma das coisas físicas que ele contém cria sua própria beleza. Sua organização — nada passa desapercebido — se adequa a uma antiga definição da beleza.

Sua limpeza também é algo inesperado. Um espaço tão gigantesco, utilizado apenas para armazenar coisas, seguramente teria locais com acúmulo de poeira e sujeira. Não é o que acontece. Os funcionários trabalham duro para remover a poeira e a sujeira, tratando o lugar da mesma maneira que uma dona-de-casa exigente trata seu espaço doméstico.

Os barulhos que se ouve ali são quase totalmente mecânicos: bipes, zumbidos, o ranger de esteiras transportadoras, máquinas de estampagem, caminhões que vêm e vão. Eles podem ser aleatórios e barulhentos; mas, para quem trabalha lá, nada é alarmante. Você começa a discernir todos os movimentos dentro do espaço graças aos sons, da mesma maneira que é possível saber o que as pessoas estão fazendo dentro da sua casa apenas pelos ruídos que emitem.

E as pessoas que trabalham lá? Há funcionários permanentes e trabalhadores temporários especializados em ajudar durante as épocas de mais movimento. Há chefes, proprietários, capatazes, contadores, administradores, empacotadores e o invariável *geek* que opera e administra os *softwares* nos bastidores.

Eles se dedicam às suas tarefas durante o dia todo, mas interagem muito bem socialmente durante o almoço e outros intervalos, realizados de maneira regular, como as orações na vida monástica. Durante estes períodos, fala-se de tudo, menos de trabalho. Eles divertem-se com as diferenças entre seus hábitos alimentares, falam de filmes, compartilham dicas de lugares para *happy hours* e costumam encontrar semelhanças nas alegrias e sofrimentos costumeiros da vida cotidiana.

Aí o relógio indica que é hora de recomeçar o trabalho e o lugar começa a zumbir com o mecanismo coordenado e ordenado do maquinário, dos *softwares* e do esforço humano: uma integração estonteante de todas as formas de movimento possíveis no mundo.

Pensemos nisso: cada item guardado em um armazém está aparentemente ocioso no sentido econômico, uma vez que não está sendo utilizado para o consumo ou produção. Tudo ali está sendo armazenado sob a suposição de que, em algum momento, alguém o comprará. Mas não se pode ter certeza disso. É uma especulação, um julgamento empresarial que pode estar certo ou errado.

Se existissem informações perfeitas quanto ao futuro, o armazém não existiria. Todos os bens seriam fabricados apenas na medida em que fossem necessários e não haveria a necessidade de armazenamento. Apesar de sua tranquilidade e organização, o armazém simboliza um salto ousado no desconhecido – um monumento físico à capacidade humana de imaginar um futuro que não podemos ver.

Isso não é um erro do sistema. É uma de suas características. E é o mesmo que ocorria com as antigas instituições bancárias, que também cumpriam uma função de armazenamento. O dinheiro não estava ocioso, ao contrário do que diziam os opositores do padrão-ouro e os defensores do sistema de reserva fracionária. De maneira alguma. Era um serviço que se adequava à realidade da incerteza do futuro.

Nenhum decreto governamental fez com que esses armazéns surgissem. Na verdade, quem o fez fomos nós, consumidores, não exigindo diretamente, mas com indicações sutis de mercado, derivadas da interpretação de planilhas de lucrabilidade.

Hayek utilizaria aqui o termo "ordem espontânea", mas o armazém dá ênfase à ordem. Ele é um exemplo primordial de como um mercado, operando por conta própria, sem que ninguém especificamente seja responsável, pode criar estas células de coordenação – exibições sinfônicas de produtividade a serviço da humanidade.

Com raízes profundas na História, mas, ainda assim, unicamente moderno, o armazém surgiu com uma cultura, forma e convenções próprias, todas criadas e moldadas por meio de indicações de mercado e de uma visão empresarial.

As pessoas estão constantemente procurando coisas para fazer com seus filhos. Elas os levam a parques de diversão e cinemas, acreditando que coisas incríveis só existem na ficção. Mas é ainda melhor quando o próprio mundo real é maravilhoso. A maior parte dos armazéns gosta de receber visitantes e ama exibir seu negócio. Eles ficam fora das rotas turísticas, mas vale a pena dedicar algum tempo a ver com os próprios olhos todas as coisas que descrevi aqui.

ENSAIO 42

O suco que desafiou um império

O que o POM Wonderful tem de tão bom? Claro, esse suco de romã tem um gosto incrível. O POM é uma das poucas bebidas que parece ter aquele mesmo efeito de enrugar a boca que se obtém com um vinho tinto seco encorpado.

Quando eu era garoto, ele não existia. Como tudo o que há de maravilhoso no mundo, ele chegou a nós graças à benevolência grandiosa da vontade humana e do espírito empreendedor; isto é, de pessoas ajudando outras pessoas a ter uma vida melhor.

A empresa que o fabrica foi fundada há apenas doze anos, e seus proprietários estão se dando bem, obrigado, e os clientes estão exultantes por terem uma maneira de consumir essas frutas sem precisar quebrar as cascas duras, separar todas aquelas sementes horríveis e manchar as mãos e roupas.

Mas não é por isso que estou escrevendo sobre o POM. O que é especialmente bom a seu respeito é como a empresa inovou em suas alegações de benefícios à saúde. A empresa foi bem clara no que diz respeito aos benefícios do suco para o coração, próstata, longevidade, e tudo o mais que você puder imaginar, bem como outras coisas que você nem quer pensar a respeito. Os proprietários e empreendedores Stewart e Lynda Resnick realmente acreditam no produto e são grandes embaixadores dele.

Especialmente Lynda. Ela é uma "força da natureza", nas palavras de alguém. Ela acredita mesmo nisso. Na verdade, é uma fanática. Ela vive e respira o suco. Nenhuma surpresa aí: os empreendedores sérios amam seus produtos, provavelmente mais do que qualquer um dos seus consumidores.

Tanto nas entrevistas quanto nas campanhas publicitárias, o POM rompeu uma barreira com todas essas alegações. Nos dias de hoje, o governo deixou quase todos os fabricantes de comidas e bebidas aterrorizados de mencionar o que acreditam ser os benefícios de seus produtos para a saúde. Eles temem ser arrastados para a burocracia e se deparar com algum terrível juiz governamental.

Por que isso não é uma restrição à liberdade de expressão? É, e também é ruim para os consumidores. Somos obrigados a tentar adivinhar ou procurar na *Internet* enquanto fazemos nossas compras apenas para descobrir como nossa dieta está relacionada à nossa saúde. Ou precisamos que visitar um curandeiro em alguma loja de comidas saudáveis, alguém que acha que precisamos comer olhos de salamandra ou molhar nossos pés em algum líquido maluco para nos tornarmos puros, ou algo assim.

Sempre tenho a sensação, nos dias de hoje, de que muita informação — informação importante, que o fabricante quer que eu saiba — está sendo escondida de mim pelas regulamentações.

O POM não só rompeu essa barreira regulatória como também despejou dezenas de milhões de dólares financiando pesquisas que ninguém mais queria realizar. Isso é sério. Claro que estes estudos provaram o que os proprietários suspeitavam. O produto é bom. Não, não é mágico, mas nada é. No que diz respeito à bebida, é um suco saudável. É melhor que refrigerante.

Mas, obviamente, o governo não gostou do que o POM estava dizendo e perseguiu a empresa. Via de regra, se alguma coisa é excitante, nova, popular e lucrativa, sempre haverá uma ação judicial do governo querendo destruí-la. Esse, atualmente, é o papel do governo: ser o entrave arremessado contra a roda do progresso.

Primeiro foi a Food and Drug Administration, que disse que as alegações de benefícios à saúde do suco sugeriam que ele deveria ser regulado como uma droga e, neste caso, o produto precisaria ser submetido a todas as coisas pelas quais os fabricantes de medicamentos passam. Depois, a Federal Trade Commission se envolveu e disse que as alegações publicitárias da empresa não passavam de propaganda enganosa.

O POM nunca recuou. Ele lutou até o fim e continua a lutar mesmo depois do decreto de 22 de maio de 2012. A imprensa noticiou que o POM sofreu uma derrota fragorosa, citando o resultado de uma ordem de encerramento de atividades durante vinte anos. Isso é muito intrigante, pois eis o que o juiz da FTC realmente disse:

> Evidências científicas competentes e confiáveis embasam a conclusão de que o consumo de suco de romã e

de extrato de romã contribuiu para a saúde da próstata, inclusive prolongando o tempo de duplicação do PSA em homens com PSA em alta depois de um tratamento primário para câncer de próstata.
O suco de romã é um produto natural de fruta com características que promovem a saúde. A segurança do suco de romã não está sendo questionada.
Evidências científicas competentes e confiáveis mostram que o suco de romã propicia um benefício na promoção da saúde erétil e na função erétil.

Ao mesmo tempo, segundo o juiz,

O peso superior dos testemunhos convincentes dos especialistas demonstra que não existem evidências científicas competentes e confiáveis o bastante para embasar as alegações de que os produtos POM tratam, previnem ou reduzem o risco de disfunção erétil, ou de que tenha sido clinicamente provado que o fazem.

Você percebe a diferença sutil aqui entre reduzir o risco de disfunção e promover a função? Não tenho certeza de que a percebo. Parece lorota legalista para mim. E, por acaso, é de se surpreender que um empresário dedicado seja um pouco hiperbólico a respeito do produto que está promovendo? Isso parece um caso claro de achaque a um negócio, e não uma prevenção de fraude. O suco de romã nunca prejudicou ninguém. E todos estes estudos realmente mostram que ele faz bem para a saúde. Então que se dane.
O POM colocou a empresa em risco e apostou tudo para defender seu direito de fornecer aos consumidores informações sobre seus produtos, informações que as pessoas querem e precisam. Os consumidores em potencial são

livres para investigar as alegações por conta própria e tomar uma decisão; eles podem as rejeitar se as considerarem malucas e excêntricas, ou aceitá-las integralmente. Cabe ao consumidor. Mas as pessoas não deveriam ter o direito de saber aquilo que as empresas querem informar? Seria de se supor que sim.

O POM acredita que havia mais em jogo nessa audiência do que apenas seu negócio e suas alegações de benefícios à saúde. A empresa acredita que a FTC e a FDA estavam preparando o terreno para regulamentar todos os produtos ditos "saudáveis" como drogas, sujeitas ao controle regulatório total do governo. Isto seria totalmente catastrófico. Imagine!

Segundo a empresa,

> A FTC tentou criar uma nova norma da indústria, mais rígida, semelhante à que é exigida dos produtos farmacêuticos, para a promoção dos benefícios de saúde inerentes aos produtos alimentares seguros e aos produtos baseados em alimentos. Ela fracassou.

A empresa continuou fabulosa e deliciosamente desafiadora e ousada diante de toda essa intimidação. Ao responder à sentença, a empresa afirmou:

> Embora discordemos da conclusão de que algumas de nossas peças publicitárias eram potencialmente enganosas, a Roll Global fará os ajustes apropriados, se necessário, para prevenir essa impressão no futuro.

Perceberam? Ela fará "ajustes se necessário". *Se*! Amo isso!

Pelo menos uma empresa nos Estados Unidos não está disposta a se encolher e implorar por sua vida diante do assédio do governo. Não só isso — e o que é ainda melhor — a empresa viu, com razão, que a decisão do juiz era uma grande oportunidade de marketing, e publicou anúncios gigantescos e caros no *New York Times*, promovendo sua inocência usando as próprias palavras do juiz. É preciso de coragem para isso nos dias de hoje.

Que as vendas disparem!

Fico profundamente revoltado ao ver como praticamente toda a mídia *mainstream* apresentou essa decisão da FTC com um tipo de golpe fatal à empresa. Não foi. Mas, pelo menos, a empresa percebeu que ela, e somente ela, precisava sustentar o fardo de dizer a verdade. Ela sequer tentou rastejar; colocou-se de pé, forte e altiva na defesa do seu produto e do direito de dizer aos consumidores o que acreditam ser verdade. Mais uma vez, é preciso coragem para isso.

Talvez as outras empresas dos Estados Unidos corporativos precisem beber um pouco desse suco!

De fato, permita-me acrescentar mais uma alegação levemente implausível sobre o POM Wonderful: essa bebida pode fazer com que sua empresa tenha orgulho de seus produtos e desafie até mesmo burocracias governamentais gigantescas e poderosas que não têm qualquer interesse no bem-estar nos cidadãos norte-americanos e querem somente expandir seu poder e controle à custa do direito à informação e de escolha dos norte-americanos.

Então, me processem!

ENSAIO 43

Cinco pilares da liberdade econômica

O grande debate entre capitalismo e socialismo sofre de uma falta de clareza a respeito de suas definições. É por isso que, quando Walter Block fez uma palestra no Brasil na semana passada, ele tomou bastante cuidado em fazer uma distinção entre o capitalismo clientelista (ou de compadrio) e o capitalismo autêntico. E é por isso que, quando fui entrevistado, a questão surgiu imediatamente: o que você quer dizer exatamente quando fala em capitalismo?

Todo dia, por exemplo, lemos que a confusão econômica europeia é uma "crise do capitalismo". Ahn? Já se passou mais de um século desde que os governos deixaram as economias desta região crescerem por conta própria, sem golpeá-las com regulamentações, impostos e saques ao público, inundar sistemas financeiros com dinheiro falso, cartelizar os produtores, acumular benefícios sociais, financiar obras públicas gigantescas e coisas do gênero.

Alguns defensores do livre mercado acreditam que o termo "capitalismo" deve ser abandonado permanentemente, pois gera confusão. As pessoas podem acreditar que você defende o uso do Estado no apoio do capital contra a força de trabalho, utilizando políticas públicas de uma maneira que favoreça produtores proeminentes sobre os consumidores ou defendendo prioridades políticas que deem preferência aos negócios sobre a força de trabalho.

Se um termo elucida uma ideia com precisão, ótimo! Se ele gera confusão, que seja mudado! O idioma está em constante evolução. Nenhum arranjo específico de letras traz consigo um significado imutável. E o que está em jogo neste debate sobre liberdade de mercado (ou capitalismo, ou *laissez-faire*, ou livre mercado) é um fundamento de profunda importância.

É com o fundamento, e não com as palavras, que devemos nos preocupar. A civilização realmente está em jogo.

Eis aqui cinco elementos centrais desta ideia de livre mercado, ou como quer que você queria chamá-la. Este é meu pequeno resumo da visão liberal clássica da sociedade livre e de seu funcionamento, que não trata apenas da economia, mas de toda a vida.

Volição. Mercados consistem de escolhas humanas em todos os níveis da sociedade. Essas escolhas se estendem a todos os setores e indivíduos. Você pode escolher seu trabalho. Ninguém pode forçá-lo. Ao mesmo tempo, você não pode se impor a nenhum empregador. Ninguém pode forçá-lo a comprar qualquer coisa e, da mesma forma, você tampouco pode forçar alguém a lhe vender algo.

Este direito de escolha reconhece a diversidade infinita dentro da família humana (enquanto a política estatal presume que as pessoas são unidades intercambiáveis). Algumas pessoas sentem um chamado para viver uma vida de oração e contemplação em uma comunidade religiosa. Outros têm talento para administrar fundos de investimentos de alto risco. Já outros dão preferência às artes ou à contabilidade, ou a qualquer outra profissão ou vocação imaginável. O que quer que seja, você pode fazê-lo, contanto que seja feito de maneira pacífica.

Você é quem escolhe, mas, em suas relações com os outros, "acordo" é a palavra de ordem. Isso implica em uma liberdade máxima para todos na sociedade. Também implica em um papel primordial para aquelas que são chamadas de "liberdades civis". Significa liberdade de expressão, liberdade de consumo, liberdade de compra e venda, liberdade de fazer publicidade e assim por diante. Nenhum conjunto de escolhas tem privilégio legal sobre outro.

Propriedade. Em um mundo de abundância infinita, não haveria necessidade de propriedade. Mas, enquanto vivermos no mundo material, existirão conflitos potenciais pelos recursos escassos. Estes conflitos podem ser resolvidos por meio de disputas ou do reconhecimento dos direitos de propriedade. Se preferirmos a paz à guerra, a volição à violência, a produtividade à pobreza, todos os recursos escassos — sem exceção — precisarão de proprietários privados.

Todos podem utilizar suas propriedades de qualquer maneira que seja pacífica. Não existem regulamentações referentes à acumulação, nem limites de acumulação. A sociedade não pode declarar que alguém é rico demais, nem proibir o ascetismo voluntário dizendo que alguém é pobre demais. Em hipótese alguma alguém pode pegar o que é seu sem sua permissão. Você pode redesignar o direito de propriedade aos seus herdeiros depois da sua morte.

O socialismo não é realmente uma opção no mundo material. Não pode existir propriedade coletiva de algo que seja materialmente escasso. Uma ou outra facção acabará exercendo o controle em nome da sociedade. Inevitavelmente, essa facção será a sociedade mais poderosa – ou seja, o Estado. É por isso que todas as tentativas de criar o socialismo com base em bens ou serviços escassos regridem para sistemas totalitários.

Cooperação. A volição e a propriedade concedem a qualquer um o direito de viver em um estado de pura autarquia. Por outro lado, somente isso não basta; você será pobre e sua vida será curta. As pessoas precisam obter uma vida melhor. Fazemos comércio para nossa melhoria mútua. Cooperamos por meio do trabalho. Desenvolvemos todas as formas de associações uns com os outros: comerciais, familiares e religiosas. A vida de cada um de nós melhora graças à nossa capacidade de cooperar, de alguma maneira, com outras pessoas.

Em uma sociedade baseada na volição, propriedade e cooperação, redes de associações humanas se desenvolvem ao longo do tempo e do espaço a fim de criar as complexidades da ordem social e econômica. Ninguém é senhor de ninguém. Se queremos ser bem-sucedidos na vida, passamos a dar o devido valor a servir os outros da melhor maneira possível. Empresas servem aos consumidores. Administradores servem aos empregados da mesma maneira que os empregados servem às empresas.

Uma sociedade livre é uma sociedade de amizades estendidas. É uma sociedade de serviço e benevolência.

Aprendizado. Ninguém nasce neste mundo sabendo muito sobre qualquer coisa. Aprendemos com nossos pais e professores, mas, principalmente, aprendemos dos infinitos pedaços de informação que nos chegam a todo instante ao longo de nossas vidas. Observamos os sucessos e fracassos dos outros e temos a liberdade de aceitar ou rejeitar essas lições como julgamos melhor. Em uma sociedade livre, temos a liberdade de copiar os outros, acumular e aplicar o conhecimento, ler e absorver ideias e extrair informações de qualquer fonte, adaptando-as aos nossos próprios usos.

Toda informação com a qual nos deparamos em nossas vidas, desde que tenha sido obtida de maneira não coercitiva, é um bem gratuito que não está sujeito aos limites da escassez, já que é infinitamente reproduzível. Você pode ser proprietário dela, eu posso e todos podem, ilimitadamente.

É aqui que encontramos o lado "socialista" do sistema capitalista. As receitas de sucesso e fracasso estão em todos os lugares, disponíveis para que sejam usadas por quem quiser. É por isso que a própria noção de "propriedade intelectual" é contrária à liberdade: ela sempre implica na coerção das pessoas e, por consequência, na violação dos princípios de volição, propriedade autêntica e cooperação.

Concorrência. Quando as pessoas pensam em capitalismo, a concorrência talvez seja a primeira ideia que vem à mente. Mas esta ideia é amplamente incompreendida. Ela não implica que devam existir diversos fornecedores de cada bem ou serviço, ou que deva existir um número fixo de produtores de determinada coisa. Significa apenas que não devem existir limites (coercitivos) legais sobre como temos permissão de servir uns aos outros. E existe, de fato, um número infinito de maneiras como isso pode ocorrer.

No esporte, a concorrência tem um propósito: vencer. A concorrência também tem um propósito na economia de mercado: servir ao consumidor por meio de uma excelência cada vez maior. Essa excelência pode vir na forma de produtos ou serviços melhores e mais baratos ou na forma de inovações que satisfaçam mais as necessidades das pessoas do que os produtos ou serviços já existentes. Ela não significa "matar" a concorrência, mas sim se esforçar para fazer um trabalho melhor do que os outros.

Todo ato competitivo é um risco, um salto rumo a um futuro desconhecido. Se a decisão foi certa ou errada é algo ratificado pelo sistema de perdas e ganhos, sinais que servem como métricas objetivas de se avaliar se os recursos estão sendo usados de maneira sábia ou não. Esses sinais derivam dos preços, estabelecidos livremente no mercado – o que significa que eles refletem acordos prévios entre indivíduos que fizeram escolhas.

Ao contrário dos esportes, não existe ponto final na concorrência. É um processo que nunca termina. Não existe um vencedor final; o que existe é uma rotação constante de excelência entre os envolvidos. E qualquer um pode participar do jogo, contanto que o faça de maneira pacífica.

Resumo. Aqui está: volição, propriedade, cooperação, aprendizado e concorrência. Esse é o capitalismo, tal como o compreendo, tal como é descrito pela tradição liberal clássica melhorada pelos teóricos sociais austríacos do século XX. Não é um sistema, e sim uma configuração social para todos os tempos e lugares que favorecem a prosperidade do ser humano.

Não é difícil, portanto, distinguir meu ponto-de-vista político: se ele se encaixar nestes pilares, eu o apoio; se não, sou contrário a ele. Agora me diga: seria a crise europeia, ou mesmo a dos Estados Unidos, realmente uma crise do capitalismo? Pelo contrário, um capitalismo autêntico é a resposta aos maiores problemas do mundo hoje em dia.

ENSAIO 44

Governos gananciosos e o *double irish*

Desde o ano passado, os repórteres da grand e mídia começaram a reclamar de uma estratégia tributária brilhante u tilizada pela Google, pela Apple e por centenas de outras empresas de tecnologia. Foi o meio que essas empresas encontraram para sobreviver, fundamentado em uma característica dos bens digitais impossível de ser aplicada aos bens físicos. As empresas estão montando subsidiárias geradoras de receita em estados e países com impostos menores, como forma de reduzir sua obrigação tributária.

A mais pitoresca destas táticas é conhecida como *Double Irish with a Dutch Sandwich* ("Irlandês Duplo com um Sanduíche Holandês"). Ela envolve a implementação de *holdings* para receber lucros na Irlanda, onde a tributação corporativa é de 12,5%, assim como na Holanda, em vez dos

Estados Unidos, com suas alíquotas ultrajantes que podem superar os 35%, incluindo a tributação estatal. Outro passo é criar escritórios corporativos virtuais em estados que não têm tributação corporativa.

Estas táticas estão permitindo que a Apple, por exemplo, impeça que cerca de 2,4 bilhões de dólares sejam confiscados anualmente, de acordo com um relatório publicado no *New York Times*. A Wal-Mart e outras empresas presas fisicamente a um determinado local não podem fazer isso. *"As gigantes da tecnologia estão se aproveitando dos códigos tributários escritos para uma era industrial e pouco adaptados à economia digital da atualidade".*

Isso é bem verdade, e também é verdade de muitas outras formas. Felizmente, o código tributário é pouco adaptado à economia digital; se o fosse, a economia digital seria muito menos avançada do que é!

É exatamente porque tantas características da vida econômica digital escapam à máquina regulatória anacrônica que o setor de tecnologia está em expansão, enquanto quase todo o restante da economia está quebrando sob o peso do controle governamental.

Consideremos que os últimos dados a respeito do crescimento da economia americana são patéticos – anêmicos! E isto é o que o governo divulga, o que provavelmente apresenta um quadro muito mais bonito do que a realidade sombria.

No entanto, como alguém pode se surpreender, levando em conta o crescimento do poder do governo e de sua dívida ao longo dos últimos dez anos? Isso afastou o crescimento privado e não deixou quase nenhum espaço para que as empresas pudessem respirar. Se você duvida, pergunte a qualquer um que esteja tentando ganhar dinheiro nos dias de hoje.

Depois de toda essa surra, a verdadeira pergunta é por que a economia americana não ter retraído ativamente 5% ao ano? Por que ainda existem sinais vitais?

A resposta tem algo a ver com o surgimento da tecnologia digital. Ela tem sido a nossa única fonte de salvação. É como se o governo tivesse afundado o Titanic econômico e então botes salva-vidas feitos de dígitos tivessem aparecido repentinamente na água para nos salvar. Nesta altura, sem o crescimento da tecnologia, estaríamos todos no fundo do mar.

Os dígitos são leves, velozes e podem correr de lá para cá e evitar as miras assassinas da polícia tributária do governo. A produção de seus ativos mais valiosos pode ocorrer em qualquer lugar, em unidades minúsculas. São escaláveis, copiáveis e infinitamente reproduzíveis, permitindo que os custos de produção marginal por unidade dos itens vendidos cheguem a zero ou bem próximo disso.

Some tudo isso e você terá um modelo funcional para escapar das garras de governos gananciosos em todo o mundo, especialmente daqueles cujos sistemas de exploração têm raízes em anacronismos analógicos como o planejamento macroeconômico de estilo keynesiano.

Num mundo *laissez-faire*, o advento da revolução digital teria inspirado um crescimento de dois dígitos, como o que temos visto em muitos outros países hoje em dia. No caso norte-americano, o governo tem roubado tanto do que é ganho que nossas cabeças mal conseguem se manter acima do nível da água.

É uma das grandes oportunidades perdidas da História. Na Era de Ouro, com relativamente poucas tributações e regulamentações — além de um padrão-ouro e um Congresso que tinha as mãos atadas por ele — as inovações levaram a um crescimento como nunca vimos antes ou depois nos Estados Unidos (sugiro a leitura do livro *How Capitalism Saved*

America [*Como o Capitalismo Salvou os Estados Unidos*], de Thomas DiLorenzo).

Nestes anos, entre 1870 e o fim do século, a expectativa de vida aumentou drasticamente. A renda *per capita* aumentou enormemente. Inovações geraram inovações. Empresários ricos e bem-sucedidos eram heróis nacionais. Um novo modelo para a construção da civilização, por meio do comércio, capturou a imaginação de toda uma cultura.

As coisas incríveis da época eram as ferrovias, a ampla disponibilidade do aço, as melhorias na comunicação, a eletricidade, a possibilidade de comercializar automóveis e o voo. Todas essas eram coisas grandiosas que derramaram bênçãos inimagináveis sobre a humanidade.

Mas, no nosso tempo, as coisas são ainda mais incríveis. Todos utilizamos tecnologias milagrosas que guardamos em nossos bolsos, tecnologias às quais nem mesmo presidentes tinham acesso há dez anos. Temos mais capacidade computacional nos nossos dispositivos digitais do que havia em qualquer lugar do mundo na década de 1990. O mundo todo está interligado, universal e instantaneamente. E o que é mais importante: os preços estão cada vez mais baixos para todas essas coisas.

É uma virada na História, um novo mundo. Seria preciso se esforçar muito para evitar que um momento como esse propicie níveis históricos de crescimento econômico. É o que tem ocorrido em países como a China, Índia, Turquia e Etiópia. De fato, uma rápida consulta às tabelas do Banco Mundial mostra que 150 nações do mundo estão crescendo em taxas mais elevadas do que os Estados Unidos.

Onde está a revolta? Ela está ali, mas seu foco está totalmente equivocado. A cultura opinativa está decididamente a favor de um saque ainda maior das riquezas privadas. De acordo com o Institute on Taxation and Economic Policy

[Instituto de Tributação e Política Econômica], aqueles que compõem o 1% de maiores rendimentos financiam 21,6% de todos os impostos recolhidos pelos governos em todos os níveis. Isso é totalmente desproporcional. No entanto, a ideia política dominante é a de saquear ainda mais esse 1% e atar a economia digital ao aparato planificador.

Não é escandaloso que empresas como a Google e a Apple tenham descoberto maneiras criativas de reduzir a extensão do saque ao qual são submetidas pelo Estado tributário. O verdadeiro escândalo é que elas tenham que gastar tanto dinheiro e energia encontrando maneiras de preservar o dinheiro que ganham. Elas estão nos servindo e nossos governos as estão saqueando.

Se restaurar a prosperidade e trazer aos Estados Unidos um pouco do crescimento econômico que outros países estão desfrutando, um primeiro passo seria cortar drasticamente a tributação corporativa do atual nível confiscatório. Se queremos evitar a injustiça da tributação dupla (nunca nos esqueçamos de que os indivíduos também pagam!), o nível correto deveria ser zero.

Uma mudança para uma tributação corporativa nula nos Estados Unidos traria um fim imediato ao *Double Irish*.

ENSAIO 45

Wal-Mart:
Vítima de extorsão

Fazer negócios de maneira séria dos Estados Unidos exige imensas contribuições para diversas camadas de políticos eleitos, um exército de lobistas em Washington, funcionários públicos aposentados no conselho da sua empresa e uma devoção pública à religião cívica norte-americana. Isso se repete a cada ano e recomeça a cada ciclo eleitoral.

Mesmo assim, é difícil saber se você conseguirá obter aquilo pelo que pagou.

É mais fácil e eficiente no México. Lá, você paga diretamente os subornos. Aquele que toma as decisões recebe o dinheiro e abre o caminho para que você possa fazer o que quiser. O facilitador recebe uma fatia. As pessoas, em sua maior parte, mantêm suas promessas. O negócio está feito.

Aparentemente, pagar subornos nos Estados Unidos é um sinal de uma democracia sadia e que funciona; fazê-lo no México, de uma maneira mais direta, é uma violação criminosa dos padrões da boa administração corporativa.

Aqui, temos o *New York Times* "expondo" o fato chocante e aparentemente horripilante de que, ao longo de muitos anos, a Wal-Mart pagou cerca de 24 milhões de dólares em propinas para políticos, burocratas e facilitadores subalternos no México, tudo na esperança de empregar pessoas que precisam de trabalho e de levar bens e serviços àqueles que precisam.

A matéria investigativa do *Times*, esbaforida e pomposa, foi escrita como se seus intrépidos repórteres estivessem denunciando uma gangue violenta que pratica assassinatos para conseguir o que quer. Nunca fica claro que a Wal-Mart preferia muito mais ter usado esse dinheiro para expandir seus negócios, contratar mais funcionários ou ampliar o estoque. O dinheiro gasto com subornos é uma perda para qualquer empresa, um preço terrível a se pagar para fazer negócio sob o controle do Estado.

De qualquer maneira, a informação foi dada ao jornal por funcionários descontentes. E isso não é incomum. É como os negócios são feitos. Ainda assim, o *Times* quer sangue – não dos chantagistas que gerenciam o sistema, mas da vítima, a Wal-Mart.

Na última contagem, havia 1200 reportagens sobre o assunto nas agências de notícia. A *Forbes* noticia:

> A Wal-Mart Stores provavelmente enfrentará a ira do Departamento de Justiça dos Estados Unidos por interromper uma investigação interna das alegações de suborno em sua subsidiária mexicana.

WAL-MART: VÍTIMA DE EXTORSÃO

Tenho certeza de que as investigações do Congresso iniciarão muito em breve, com os executivos cujos nomes foram revelados sendo levados diante de comitês e achacados por autoridades regulamentadoras.

A ironia amarga é que a empresa transferirá ainda mais do sistema mexicano para os Estados Unidos. Para sobreviver, a Wal-Mart será obrigada a gastar mais do que os mais de doze milhões que já gasta todo ano em contribuições para campanha e *lobbies*.

Tudo o que essa aplicação prática da Foreign Corrupt Practices Act (Lei de Práticas de Corrupção Estrangeiras, FCPA, na sigla em inglês) faz é aumentar as práticas corruptas domésticas. Na verdade, é assim o sistema deve funcionar. Se a FCPA fosse aplicada de fato tal como está no papel, negócios ao redor do mundo seriam interrompidos de uma hora para a outra.

Sob o tão bem conhecido sistema mexicano, pessoas chamadas de "gestores" se especializam em fazer a ligação entre as empresas e a burocracia. Elas lidam com inspetores, com os responsáveis pelos alvarás, com os burocratas ambientais, sindicalistas e os responsáveis pelo zoneamento. Se os gestores conseguirem fechar o negócio, a convenção é de que fiquem com 6% para si. Até mesmo os cidadãos comuns utilizam essas pessoas para que fiquem na fila por elas – tudo em um esforço para encontrar meios não violentos de contornar os burocratas.

Tendo em vista as ridículas barreiras que foram erguidas, não é um sistema terrível. Um governo corrupto que pode ser contornado através de subornos é muito melhor do que um "governo bom" que impede qualquer progresso.

A crítica feita à Wal-Mart é a de que eles teriam feito ainda pior. Quando a empresa descobriu o que estava acontecendo, ela resolveu abafar o caso, em vez de vir a público.

Não diga. Será que a empresa imaginou que seria caluniada e atacada?

Subornar autoridades públicas é ilegal no México, assim como nos Estados Unidos. Mas, obviamente, isso é apenas uma fachada. Onde existir governo, haverá corrupção. Essa é a função das barreiras ao empreendedorismo: extrair riquezas daqueles que querem transpô-las.

E vale a pena? É isso ou não fazer negócios, o que significa pobreza permanente. Hoje em dia, a Wal-Mart emprega 209 mil pessoas no México, sendo o maior empregador do país. A empresa é um exemplo fabuloso do mérito do empreendedorismo privado naquele país, que finalmente está começando a se erguer economicamente. A Wal-Mart trouxe comida, bens e serviços para milhões de pessoas que, sem ela, não os conseguiriam. Ela fez mais para o México, em dez anos, do que todos os burocratas do governo fizeram em cem ou mil.

Mas, pelo crime de trazer desenvolvimento econômico àquele país, ela deverá ser caluniada, espancada e forçada a obedecer à classe política americana. Por que o México deveria gozar de tantas benesses quando existem milhões de burocratas americanos que precisam fazer parte desse trem da alegria?

É possível ler milhares de trabalhos acadêmicos sobre o problema da "corrupção" em países ao redor do mundo e ainda assim não enxergar a questão central. A melhor forma de eliminar a corrupção é acabar com as barreiras ao empreendedorismo. Por que isso não é óbvio? Porque muitas pessoas imaginam um ideal utópico que não existe nem nunca existiu: um governo bom. Elas imaginam que regras governamentais podem ser aplicadas de maneira imparcial, com base na ciência ou no bem público.

Não faz nenhum sentido. Como escreveu Ludwig von Mises em *Ação Humana*, em 1949:

WAL-MART: VÍTIMA DE EXTORSÃO

Infelizmente, os detentores de cargos públicos e seus funcionários não são angelicais. Eles aprendem rapidamente que suas decisões significam para os homens de negócios perdas consideráveis ou – às vezes – ganhos consideráveis. Certamente, também existem burocratas que não recebem subornos, mas existem outros que anseiam por obter vantagens de qualquer oportunidade "segura" de "partilhar" daquilo que é obtido por aqueles que suas decisões favorecem. [...] A corrupção é um efeito normal do intervencionismo.

Mas eis a parte que mais me perturba. De alguma maneira, a iniciativa privada sempre, e em todos os lugares, leva a culpa de perpetuar esse tipo de coisa, enquanto que a verdade óbvia é que a culpa é do governo. É como assistir a um assalto e colocar a culpa em quem foi assaltado por carregar dinheiro demais. É como dizer a qualquer um que já tenha ouvido a ordem "o dinheiro ou a vida" que ele deve sempre escolher dar a sua vida.

Este cenário não passa de ressentimento anticapitalista. As elites odeiam a Wal-Mart por seu feito de ter conseguido expor a incrível realidade do capitalismo sobre a qual você nunca ouve falar nas escolas: trata-se de um sistema focado freneticamente no bem-estar da sociedade a serviço do homem comum.

Vá à Wal-Mart e você verá trabalhadores e camponeses não se rebelando contra o sistema, mas comprando coisas que melhoram suas vidas. Parece um tanto mundano. É assim que a civilização se constrói: uma troca econômica depois da outra. As pessoas que se colocam no caminho não merecem um tostão, mas ainda assim a iniciativa privada é suficientemente boa para lhes pagar. A Wal-Mart merece nossa simpatia, não nossa condenação.

ENSAIO 46

Lições econômicas da Silly Putty

Nós a amávamos quando crianças — aquela fantástica substância chamada Silly Putty[13]. Recentemente, encontrei uma versão dela num quarto de hotel, rebatizada de Thinking Putty. Como acabei descobrindo, os nomes são diferentes por estarem direcionados a segmentos diferentes do mercado. De qualquer maneira, o fenômeno é curioso. Como é que essa coisa aparentemente ridícula pôde se tornar um produto que ligou diferentes gerações?

Um olhar mais atento revela que é possível aprender muito sobre o funcionamento do mundo apenas examinando a história desse brinquedo moldável.

---

[13] Brinquedo feito de silicone. Comumente encontrado no Brasil com o nome de Geleca ou Amoeba. (N.T.)

LIÇÕES ECONÔMICAS DA SILLY PUTTY

Quem o inventou? Existem diversos concorrentes a este título e pelo menos duas patentes. Earl L. Warrick, que morreu em 1992, sempre alegou que ele e um colega da Dow Corning, Rob Roy McGregor, inventaram o brinquedo em 1943. Mas a alegação é tão incerta que até o obituário de Warrick no *New York Times* se esquivou do assunto. Parece que James Wright, que era pesquisador na General Electric, também reclama a invenção para si e tem uma patente de 1944 para provar.

O mais provável é que seja um caso de invenções simultâneas. Isso não é incomum na História da Humanidade. Na verdade, é a norma. Se você examinar a história de quase tudo, do desencaroçador de algodão ao telefone, passando pelo próprio avião, encontrará disputas ferrenhas sobre quem foi o primeiro. Patentes não decidem nada: os burocratas que aprovam esse tipo de coisa constantemente se confundem e muito depende de como tudo foi escrito pelos advogados.

Lição número 1: A lenda do inventor solitário em seu laboratório é um mito. Todos respiramos o mesmo ar de ideias. Estas ideias são misturadas e remisturadas. Os pesquisadores da história das invenções descobriram que as inovações ocorreram nas margens e simultaneamente ao longo de boa parte da história, uma pequena melhoria aqui e outra ali, todas nascidas da tentativa e erro e do propósito do produto. Isso não se aplica só a produtos, mas também a ideias.

Congelar uma etapa e isolar um inventor com uma concessão monopólica governamental de privilégios (patente) é totalmente artificial e prejudicial ao processo de descoberta. É por isso que os processos da Apple contra a Samsung (entre um milhão de outras ações judiciais dispendiosas de disputas de patentes) não têm sentido. Todos "roubam" de todos, se bem que aprender a partir dos outros, adaptar, melhorar e remodelar não é roubo. É assim que a sociedade progride.

De qualquer maneira, os cientistas que descobriram a primeira "geleca" imaginaram usos revolucionários para o novo substituto da borracha. E adivinhe? Ninguém jamais descobriu tal uso, a menos que você leve em conta a vontade de fazer uma cópia apressada e borrachuda de seu personagem favorito dos quadrinhos de domingo. A principal utilidade para essa coisa parece ser exatamente a função que ela tinha no laboratório: algo com o que é divertido brincar.

Lição número 2: Ninguém é inteligente o suficiente para prever a contribuição econômica mais valorizada de qualquer bem ou serviço. Achamos que sabemos, mas não. A única maneira de descobrir valor econômico é colocar algo no mercado e ver o que acontece. Na maioria das vezes, ficamos surpresos.

De qualquer maneira, a Silly Putty definhou no mundo dos laboratórios e da ciência até que Ruth Fallgatter, proprietária de uma loja de brinquedos em New Haven, Connecticut, viu nela algum potencial e a colocou em seu catálogo. Foi um sucesso instantâneo, vendendo milhões, primeiro para adultos e depois para crianças. Mesmo assim, Ruth ainda não enxergava plenamente o potencial do produto. Foi preciso que o executivo de *marketing* contratado por ela, Peter C. L. Hodgson, o levasse ao limite e se transformasse no primeiro milionário da geleca.

Mas não foi fácil. Todos diziam a Hodgson que ele estava louco, que aquela coisa estúpida não tinha qualquer utilidade. Ele seguiu adiante assim mesmo e ganhou mais alguns milhões no começo da década de 1950. Então veio a Guerra da Coreia, que quase o levou à falência por causa do racionamento de ingredientes essenciais. Depois da guerra, contudo, ele persistiu e se adaptou ao mercado, que estava mudando.

Lição número 3: Inventar nunca é o bastante. Você precisa de *marketing* para criar algo maravilhoso e mudar o mundo. Nada se vende por conta própria. Você pode inventar a melhor comida, bebida, medicamento ou sapato da história, mas ele definhará a menos que haja alguém disposto a correr o risco de levá-lo ao mercado. Durante o processo de *marketing*, o produto muitas vezes sofre mudanças. A invenção é supervalorizada; o *marketing* é subvalorizado. E, mesmo quando há um empurrão bem-sucedido, ainda é preciso uma mente empreendedora especial para ver um futuro possível de sucesso contínuo.

Na década de 1960, a Silly Putty era um sucesso de vendas gigantesco em todo o mundo. Foi o clássico caso de uma moda que "pegou", só que não foi uma moda. O produto continua sendo parte da experiência cultural, geração após geração. Na verdade, considere isso: quantos bens de consumo que você conhece permaneceram praticamente inalterados por cinquenta anos e ainda assim vendem milhões por dia?

Lição número 4: Nada pode ser desprezado *a priori* como uma moda e nada pode ser declarado *a priori* como um item valioso destinado a ser um clássico. Não dá para saber isso com certeza. Isso acontece porque o que chamamos de valor está basicamente ligado a cada mente humana específica. O valor é subjetivo, como dizem os economistas austríacos. Estabelecemos o valor por meio do nosso pensamento, e nosso pensamento é claramente imprevisível. O que é inútil e o que é útil está associado à experiência humana. Ninguém pode saber antecipadamente, e essa é uma das razões pelas quais o planejamento central é impossível.

Peter Hodgson, o maior paladino deste produto no mundo, um homem cuja vida foi dedicada a vender uma substância elástica e maleável, morreu em 1976. No ano seguinte, o produto e seu aparato de *marketing* foram comprados pela mesma empresa que vende o giz de cera Crayola. A geleca continua sendo um sucesso estrondoso, sem nenhuma mudança em sua longa tradição.

Lição número 5: Aquisições corporativas não significam desastre. Às vezes, são o melhor meio de preservar uma tradição e levá-la a outro patamar. Tudo depende. No caso deste produto específico, a Silly Putty continuou vendendo extremamente bem, década após década. Até mesmo para grandes corporações, vale a regra: não se mexe em um time que está ganhando.

Olhando de fora, assumindo o papel de um ditador que sabe do que precisamos e do que não precisamos, ninguém diria que a Silly Putty contribuiu de maneira essencial à vida somente porque, por algum motivo peculiar, ficamos intrigados com sua capacidade de quicar e esticar. E, no entanto, aí está ela – um dos elementos essenciais da civilização tal qual a conhecemos. E por quê? Porque nos faz feliz. E esse motivo é suficiente.

ENSAIO 47

Os Jetsons, episódio 5437: "A Máquina de Venda Automática Kroger"

Você já ouviu falar de voo não tripulado. Mas, para mim, é muito mais impressionante a "mercearia não tripulada" que pode estar chegando em uma esquina perto de você. Ela está sendo lançada pela Kroger. Trata-se de uma máquina de venda automática em grande escala, com 200 itens de mercearia em estoque.

Biscoitos, queijos, leite, pães, salgadinhos e molhos, talvez até mesmo algumas frutas e frios – os itens mais comuns de uma mercearia –, todos estão disponíveis nessa máquina genial de venda automática sendo testada neste exato momento em lugares selecionados dos Estados Unidos.

Os preços são semelhantes aos da mercearia, mas ela é mais conveniente do que a loja de conveniências. Entre as economias feitas pela empresa responsável está não ter que pagar funcionários para trabalharem vinte e quatro horas por dia, não ter que pagar altas taxas de seguro, não ter que pagar alugueis caríssimos, não ter que fazer a manutenção dos estabelecimentos e não ter que se preocupar com as infinitas dores de cabeça proporcionadas por clientes malucos, empregados pouco confiáveis, catástrofes nos banheiros e roubos, entre outras coisas.

Parece um sucesso garantido, mas não é. As pessoas precisam manter as máquinas abastecidas. Existem inúmeros ajustes nos estoques que precisarão ser feitos nos meses seguintes. Meu primeiro pensamento foi que essas máquinas deveriam ter também cerveja e cigarro, do contrário ninguém as utilizaria, mas obviamente isso não seria compatível com as restrições de idade existentes impostas pelo Estado-babá. Por isso, as máquinas podem ou não dar certo. Somente a contabilidade dirá com segurança.

O que essa empresa privada está nos trazendo é algo novo. Algo que está começando pequeno, mas que pode crescer até se tornar uma coisa disseminada, comum e sensacional. Lembro-me de ver matérias sobre máquinas ainda mais incríveis no Japão, que vendem caranguejos vivos, comidas quentes e bananas (muito populares naquele país). Tudo isso poderia vir para os Estados Unidos, mas, novamente, tudo depende. Os extratos de ganhos e perdas nos dirão ao certo se isso é algo que deve ficar e se expandir, ou se retrair e morrer.

Estamos bastante acostumados com este tipo de progresso incansável no mundo da livre iniciativa. Na última década, aproximadamente, parece que o mundo tem virado de ponta-cabeça a cada ano, de modo que reverter até mesmo um ano de progresso seria impensável. Se as pessoas tivessem que abandonar até mesmo um único benefício deste progresso – meu exemplo predileto são as videoconferências no Skype por meio de aparelhos portáteis sem fio — haveria choro e ranger de dentes.

Estamos cercados diariamente pelas glórias do empreendedorismo e das tomadas de risco. Não temos que fazer *lobbies* pelo progresso. Não temos que votar por ele. Não temos que parar nossas vidas e nos envolver em algum grupo de pressão estúpida e marchar com cartazes que dizem: "Queremos fazer nossas compras de mercearia em máquinas automáticas!"

Em vez disso, as empresas empreendedoras estão se esforçando constantemente para descobrir do que podemos gostar, e depois trabalham duro nisso e assumem o risco de oferecê-lo para nós. Cabe a nós decidir se estamos a favor ou contra o que nos apresentam. Se utilizarmos o serviço, ele permanece e se expande. Se não, ele desaparece e outra coisa aparece no lugar.

Estava pensando nisso na fila do correio na semana passada. A fila era comprida. Havia dois atendentes que pareciam trabalhar em um ritmo completamente alheio ao tamanho da fila. Os atendentes, aparentemente pessoas simpáticas, pareciam dizer a quase todos os clientes o que eles tinham feito errado e também os instruíam a respeito das diversas obrigações que precisavam cumprir.

O ambiente ali era desprovido de qualquer alegria, sombrio, burocrático, reverente, antiquado. A distância entre os funcionários e os clientes era enorme. Os funcionários estavam protegidos por um balcão alto e nós éramos contidos por meio de diversas linhas no chão. Enquanto esperávamos, líamos placas que nos diziam o que precisávamos fazer. Absolutamente ninguém estava feliz por estar ali; nem nós, nem eles.

Assumo como uma missão tentar dissecar instituições governamentais como essa e tentar identificar o que há de errado com elas. Às vezes, é difícil entender por que estes edifícios são tão deprimentes, por que o serviço é tão ruim, por que uma espécie de monotonia sombria permeia estas instituições. Está além do que qualquer "consultor administrativo" poderia consertar, além do que qualquer faxina poderia limpar. A sensação de esterilidade, de tristeza e de anacronismo está por toda a parte e parece irreparável.

Enquanto isso, o serviço piora ainda mais. O correio faz lobby no Congresso para deixar de funcionar aos sábados, a fim de que não ter ainda mais prejuízo do que o Congresso está disposto a bancar. Não me lembro da última vez em que o correio ofereceu algo que parecesse interessante ou maravilhoso. Basta olhar para a estrutura geral do modelo de negócios para perceber que ela não parece ter mudado muito em cem anos.

Por que a iniciativa privada é tão sensacional, sempre do lado do progresso, enquanto as instituições governamentais são tão horríveis, monótonas e atrasadas? Algumas pessoas acreditam que isto ocorra porque as pessoas erradas estão encarregadas do governo. Precisamos eleger melhores governantes para que eles possam colocar os burocratas em ordem e, assim, termos um "governo bom", ao invés de um governo anacrônico, ineficiente, beligerante e acomodado.

Não é esse o motivo. O cerne da questão foi explicado por Ludwig von Mises em seu livro *Burocracia*, de 1944. Ele o escreveu como uma continuação, quase vinte e cinco anos mais tarde, de seu livro original *Socialismo: Uma Análise Econômica e Sociológica*, de 1922. Como explicou Mises, o socialismo jamais poderia funcionar porque não existe nele um teste de lucro e prejuízo para descobrir a melhor forma de utilizar os recursos na sociedade. O balanço final é obtido a partir de dados que surgem da troca de propriedades privadas na vida real. Elimine a propriedade privada e as trocas

OS JETSONS, EPISÓDIO 5437: "A MÁQUINA DE VENDA AUTOMÁTICA KROGER"

— como faz o socialismo — e você destrói a própria essência da vida econômica.

Mises deu um passo além para demostrar que o mesmo problema que condena o socialismo absoluto também é inerente à administração burocrática. Há uma lacuna criada entre o produtor e o consumidor. O produtor não age com base em qualquer tipo de reação daqueles que dependem da produção. Os balanços contábeis mostram entradas e saídas, mas não são extratos de ganhos e perdas obtidos graças a experiências do mundo real. Não existe, nestes casos, um mercado real em funcionamento. Os burocratas, na melhor das hipóteses, estão brincando de mercado, mas não estão de fato vivendo em um.

Que diferença isso faz? A diferença entre o atraso e o progresso, entre um fracasso sistêmico e contínuo, por um lado, e um sistema que corrige a si próprio e está sempre procurando evoluir. A diferença importa para nossas vidas cotidianas. Melhorias nos deixam de bom humor, nos fazem viver mais, aumentam nosso padrão de vida e nos proporcionam existências mais agradáveis. Um mundo de estagnação e decadência nos nega tudo isso.

É espantoso, não é mesmo, que os tipos de instituições criadas pela sociedade — e um fator aparentemente insignificante, como se o balanço de uma instituição foi feito pelo mercado ou por legislaturas — podem ter um efeito tão incrivelmente profundo na maneira como sentimos a vida.

Se você passar por uma dessas novas máquinas legais de venda automática, lembre-se de levar em conta o que a existência delas sugere a respeito do nosso mundo. Pense em como a ordem sem planejamento da economia de mercado serve à sociedade de formas sobre as quais quase nunca pensamos e considere também como o mundo seria incrivelmente terrível se tudo fosse organizado pelos políticos e pelo tão mal nomeado "setor público".

Proponho aquilo que chamamos de "teste da larica". Se você tiver larica de madrugada e precisar de um sorvete e um refrigerante, quem vai dá-los a você? A instituição que cuida de seus hábitos alimentares excêntricos é aquela que se preocupa com sua vida e seu bem-estar.

ENSAIO 48

Uma ode ao Taco Bell

Todos nós já visitamos um restaurante da rede Taco Bell milhares de vezes — dois bilhões de nós pelo menos uma vez por ano —, mas agora dediquei algum tempo para examinar por que amamos tanto esse lugar.

Comecemos pelo mais óbvio: a comida. Ela é, obviamente, maravilhosa e repleta das mais variadas texturas: tacos crocantes, carnes robustas, alface frio e fresco, queijo fibroso e todas as coisas gordurosas que amamos tanto porque nos satisfazem e nos dão energia. A comida é preparada rapidamente e está pronta para ser comida, quase sempre com as mãos, que é como todos nós realmente queremos comer.

O cardápio em si é verdadeiro um arraso. Pedimos uma dúzia de tacos, acrescentamos alguns burritos de carne, mais um ou dois enchiritos, ou nos enchemos de nachos? E os preços? Por dois dólares posso comprar quase qualquer um dos itens do cardápio. Por 10 dólares posso sair com uma embalagem cheia de coisas para dividir ou, melhor ainda, ficar beliscando desde o café da manhã até o lanche da meia-noite.

Mas há algo mais ali do que apenas comida divertida. A empresa obviamente dedicou bastante atenção ao *ethos* do restaurante. A decoração nos oferece coisas para olhar que não vemos em nenhum outro lugar. As cores são todas as que associamos ao sudoeste dos Estados Unidos, mas não da maneira tradicional. As formas são geométricas e modernas, com uma ostentação ousada que deleita os olhos e incendeia a imaginação.

Os detalhes do lugar aumentam a sensação de aventura, mas você não repara neles individualmente, a menos que observe com atenção. A parte traseira das cadeiras tem formato de sino, esculpido em metal. A iluminação não vem principalmente do teto, e sim de luminárias alaranjadas de vidro em forma de cones, penduradas no teto, e me peguei tentando imaginar onde vira aquilo antes. Seria como a nave de uma capela em um mosteiro no território de uma missão espanhola? Talvez seja isso. Não tenho certeza, mas ela evoca algo diferente.

Espere um pouco. Talvez você já tenha percebido isso e eu seja um pouco lerdo, mas toda a experiência do Taco Bell evoca essa sensação das missões espanholas. É por isso que os edifícios têm aquele formato. E, obviamente, esse é o significado por trás do sino e o porquê de ele adornar a entrada principal do lugar. É um sino de igreja! Ele se conecta a algo profundo e duradouro em nossas sensibilidades culturais, algo que moldou nossos ancestrais e suas comunidades, e o apresenta de uma maneira nova em nossos tempos.

Uma ode ao Taco Bell

Você já viu as pinturas nas paredes? São muito peculiares e agressivas no uso das cores e formas, um pouco como a iconografia da América Latina. A maior parte parece exibir algum tipo de robô ou homem caminhando, desenhado de maneira abstrata, com contornos bem definidos, e as palavras "Taco" e "Bell" aparecem em algum lugar. As imagens não têm moldura, como teriam se estivessem numa galeria. Gostaria de conhecer a pessoa que as criou. Ela tem talento, com certeza, e eu gostaria de parabenizá-la por usar este talento a serviço do bem público.

Na próxima vez que você estiver ali, olhe atentamente para a bela fotografia dos pratos em si. Nunca houve um taco mais bonito, jamais um burrito pareceu mais excitante, muito menos um prato de nachos em que cada um deles parece estar praticamente dançando de alegria diante da perspectiva de ser devorado.

Cada uma das imagens apresenta uma utilização exuberante de cor, profundidade e ação. Como se faz a comida ter uma aparência tão boa? Deve ser uma habilidade rara. Eu poderia passar o dia todo tirando fotos de tacos com meu *iPhone* sem conseguir obter nem mesmo uma que parecesse razoável em comparação a essas.

Geralmente, dizem que a comida não tem aquela aparência quando chega à mesa. Não diga! Mas alguém liga? Não mesmo. A intenção daquelas imagens é deixar você com vontade de comer o que vê, despertar em você o espírito do momento, criar aquela sensação profunda de desejar o que há de melhor.

Você não se sente nem um pouco decepcionado ao ver que a comida no prato não igual à da foto. E por quê? Porque não se pode comer uma foto. E a comida está bem ali à sua frente, pronta para ser comida. Parte do segredo do Taco Bell deve ser o fato de criarem imagens tão ridiculamente irrealistas que você parece um idiota destacando isso.

O restaurante foi fundado em 1946 e só se popularizou na década de 1990. Outra razão pela qual temos sorte de viver nos tempos de hoje.

Vá em frente e desconsidere esta afirmação como uma hipérbole, se quiser. Mas afirmo seriamente que, se você jogasse esse restaurante em qualquer lugar do planeta antes de 1940, para não dizer em 1200 ou 1000 a.C., todas as pessoas ficariam profundamente maravilhadas e o considerariam um pedaço do paraíso que de alguma forma caíra do céu. Mas não existiam viajantes e comerciantes o suficiente para tornar isso possível, muito menos acessível.

Isso é o mercado livre em funcionamento. Ele juntou milho, farinha, feijões, tomates, carne e alface fresco de todos os lugares da Terra, combinou-os com uma tecnologia avançada de cozinha, acrescentou uma administração experiente, um empreendedorismo brilhante e uma ética de trabalho para nos dar algo mais incrível do que os contadores de histórias do passado jamais poderiam ter sonhado em seus devaneios mais loucos.

É inconcebível, para mim, que um grupinho de ativistas parasitários possa ter como alvo a destruição deste lugar. Mas é o que fizeram há alguns anos, com uma ação judicial contra o Taco Bell. Eles alegaram que a empresa não estaria servindo carne 100% bovina nos tacos. Claro que a esquerda organizada se reuniu em torno deste processo, algo que me deixa confuso, já que seria de se esperar que eles ficariam aliviados com o fato de que a empresa não serve carne 100% bovina. Eles odeiam as vacas por precisarem de grandes extensões de terra para pastar e até mesmo porque suas peculiaridades biológicas estariam supostamente agravando o "problema" das mudanças climáticas.

Toda essa histeria foi como uma piada. Claro que o Taco Bell acrescenta algo à carne bovina na fabricação do produto final. Você também o faz quando prepara tacos em casa. Pelo menos, espero que o faça. Você remove a gordura e acrescenta especiarias e farinha, entre outras coisas, para deixá-la com a textura correta para o consumo. Não entendo o problema. Mas os ativistas estavam tão desesperados para destruir aquele lugar que agiram como se a empresa, que consiste apenas de serviços, fosse, de alguma maneira, culpada por uma enorme fraude.

A mídia entrou de cabeça na campanha, procurando prejudicar a reputação do Taco Bell. A resposta da empresa foi brilhante. Ela acrescentou toda uma série de novos itens ao cardápio que não eram baseadas em hambúrguer, e sim carnes fatiadas. São os itens mais caros do cardápio. Então, agora você entra com a intenção de gastar três dólares e, em vez disso, gasta sete ou mais! Ótimo para o Taco Bell.

Melhor ainda: depois que os bobões abandonaram seu processo estúpido, o Taco Bell lançou uma campanha publicitária nacional com o slogan: "Seria demais pedir desculpas?"

Fantástico!

A genialidade do capitalismo é que ele sempre acaba sendo mais esperto que seus oponentes, sejam eles planejadores e regulamentadores centralizados ou ativistas enlouquecidos munidos de processos. Mas o capitalismo não é apenas uma força sem rosto e sem nome, anônima, operando no Universo. Ele consiste de carne, sangue e cérebros dedicados a servir a Humanidade em troca de lucro, sempre voluntariamente. Os proprietários e trabalhadores de cada um de seus 5.800 restaurantes merecem nossa admiração e nossa gratidão.

ENSAIO 49

O mercado preserva ou destrói a tradição?

Os folhetos da mercearia local chegam todo dia. "Compre a refeição completa do seu feriado por quarenta dólares!" Para mim, isso é simplesmente emocionante. Você compra um peru assado dourado, pães, salada, recheios, *cranberries* e tudo o mais, direto de uma pintura de Norman Rockwell (1894-1978), por um preço baixo e memoravelmente justo, e tudo é empacotado e entregue diretamente na sua porta. Mesmo que você recuse a oferta e acabe trabalhando como um escravo diante do fogão, procurando espaço dentro dele, lavando incessantemente panelas enormes, tentando se lembrar de como fazer aquela receita de família e, quando tudo terminar e todos os comensais correrem para assistir ao futebol na TV, deixando toda a bagunça para um punhado de pessoas responsáveis, os folhetos plantam uma pequena ideia na sua cabeça: por quarenta dólares, eu poderia ter evitado tudo isso! Talvez ano que vem!

A oferta torna-se ainda mais atraente levando em conta as últimas notícias sobre o preço de um jantar de Ação de Graças para quatro pessoas. Ele aumentou em 13% neste ano, chegando a estonteantes 49 dólares. Você não só pode poupar tempo ao comprar tudo já preparado na loja, como agora também pode economizar.

Seguramente, algumas pessoas veem essas ofertas e torcem o nariz. Isso é um ataque à tradição! A que ponto o mundo chegou, quando comercializamos até mesmo rituais sagrados como preparar as refeições dos nossos feriados? Será que não resta mais nada que realmente valorizemos, nada que esteja imune ao envenenamento da economia do dólar, nada que esteja fora da lógica do dinheiro?

Essa é uma crítica aos mercados que vem sendo feita há um século, tanto pela esquerda quanto pela direita. Todos parecem concordar que o mercado está em guerra com a tradição. A esquerda diz que nossas vidas estão sendo engolidas por conglomerados corporativos gigantescos que tiram nossa capacidade de administrar nossas vidas. Já a direita diz que estes acordos comerciais estão destruindo as raízes da nossa cultura e civilização, destruindo nossos laços comunitários e substituindo os laços que nos unem pelos cálculos frios da contabilidade.

Bobagem. Depois que removemos toda a retórica e o melodrama, estes ataques ao mercado não fazem nenhum sentido, na verdade. Se as pessoas querem comprar um peru assado na loja, a empresa lhes deu a oportunidade para tanto. Todos são livres para aceitar ou rejeitar o negócio. Não há qualquer coerção envolvida. Ninguém está destruindo raízes ou engolindo vidas. Trata-se de pessoas e suas escolhas. Não consigo ver como o mundo seria melhor se as mercearias fossem, de alguma forma, proibidas por lei de oferecer às pessoas comidas e serviços que elas desejam.

Mas e quanto à crítica de que isso é na verdade um ataque à tradição? Não consigo sequer conceber o significado disso. O que as empresas estão fazendo é reforçar uma tradição e possibilitando viver dentro de suas estruturas de uma forma mais prontamente acessível e imediata. E se todas as pessoas que compram esta refeição pronta, ao invés disso, abrissem latas de sopa para suas refeições de feriados? As lojas permitem que estas pessoas participem de uma tradição que, de outra forma, não estaria presente em seus lares.

Em outras palavras, a comercialização destes rituais de feriados não está destruindo a tradição; em vez disso, está fazendo com que sejam ainda mais difundidos. Isso também vale para todos os apetrechos natalinos que enchem as prateleiras das lojas. Na verdade, é graças à mercantilização das festas de fim de ano que as tradições foram preservadas – e, em muitos casos, foi o próprio comércio que criou essas tradições antes de mais nada.

Basta analisar o primeiro Dia de Ação de Graças para perceber isso. William Bradford (1590-1657), governador da colônia de Plymouth, tinha imposto uma espécie de socialismo administrativo, esperando que todos trabalhassem para o bem de todos e depositassem os frutos de seu trabalho em um fundo comunitário. O sistema não funcionou. As pessoas se tornaram preguiçosas, começaram a roubar e quase morreram de fome.

Bradford percebeu o erro de suas decisões e deixou que cada um tomasse posse de suas próprias terras e utilizassem seus produtos para si. Isso gerou comércio, honestidade, trabalho duro e, por fim, abundância. É por isso que as colheitas de 1621 foram catastróficas e as de 1623 foram abundantes.

A comemoração do Dia de Ação de Graças, na verdade, remonta a uma época de abundância gerada pelo mercado. Em outras palavras, o que nossas festas têm de mais tradicional é a relação integral da propriedade privada, dos mercados, do comércio e das trocas com o que consideramos nossos costumes enquanto povo. Os mercados propiciam nossos rituais e muitas vezes os criam. E certamente os tornam mais divertidos.

As pessoas reclamam do livre mercado, mas, sem ele, nossa cultura e nossas tradições sofreriam. Elas poderiam até mesmo deixar de existir. Poderíamos acabar como aqueles pobres habitantes de Plymouth em 1621. Precisamos de pensadores sábios como William Bradford, que consigam reconhecer os próprios erros e abraçar o comércio agora, quando precisamos dele mais do que nunca.

ENSAIO 50

Quem mexeu na minha garrafa de suco?

A maioria das pessoas acha que o mercado capitalista é um palco para exibição do ego humano. O egoísmo reina na medida em que as pessoas com recursos financeiros compram e constroem tudo que querem, adquirindo e acumulando sem se preocupar com o destino de qualquer um além dos delas próprias.

Bah! Sequer consigo imaginar uma descrição menos precisa da vida real. Na verdade, é o oposto disso. O mercado encoraja a preocupação com a comunidade como nenhuma outra instituição. Ele incita, provoca e corrige, principalmente os ricos, sempre com a intenção de inspirar os tomadores de decisão a deixar de lado eles próprios e seus egos e a pensar sobretudo nas necessidades dos outros.

Como forma de ilustrar, deixe-me narrar uma cena ocorrida no mercadinho hoje de manhã. Por mais de um ano, meu suco de frutas favorito ficava exposto logo na entrada. Ficavam todos alinhados. Os compradores que chegavam ali logo cedo podiam pegar o suco, pagar e sair em uma questão de minutos. Era tudo muito conveniente.

Lembro-me de pensar: "Uau, como saber onde expor as coisas numa loja é uma ciência notável!" Seria de se esperar que os sucos fossem expostos junto aos hortifrutigranjeiros, mas não. Os indicadores de estoque mostram aos administradores a existência de pessoas como eu, que querem entrar e sair rapidamente do mercado. Queremos o suco, e logo. Ótimo para os negócios!

Mas nesta manhã uma mudança abalou meu mundo. Fui até meu local na entrada da loja, e suco não estava ali. No local, havia chapéus, cachecóis e, surpreendentemente, uma vitrine de vinhos. Fiquei atordoado. Chamei o agradável gerente da loja e perguntei o que ocorrera. Ele me respondeu educadamente que os sucos haviam sido transferidos para a seção das frutas há duas semanas. Abalado, arrastei-me até lá — parecia que estava a cem metros de distância — e depois voltei.

Levemente exausto, confrontei o sujeito de novo.

— Certamente, vocês estão perdendo vendas. As pessoas querem pegar o suco assim que entram. Ninguém quer andar até o outro lado da loja por um item!

Ele riu e respondeu que também pensara nisso. Mas, uma semana antes, a administração de estoques do mercadinho recebeu um memorando do escritório central. Os dados indicavam que os sucos vendem mais quando estão ao lado das frutas. Arriscando, mas sem acreditar realmente, o gerente pegou os sucos e os mudou para lá, alterando completamente a parte da frente da loja.

— E como está sendo o resultado?

Para a minha surpresa, ele sabia os dados de cabeça. No decorrer das duas semanas desde a mudança, as vendas do suco que eu comprava aumentaram 160%! Eu estava totalmente errado. Que bom que não sou eu o encarregado pelas coisas aqui. Sou apenas uma pessoa entre milhares. Meu comportamento, que eu até então julgava ser "o que todos faziam", se revelou como excêntrico.

Não só isso, mas o gerente também estava totalmente enganado. Sua intuição e ego foram derrotados pelos dados de vendas. O sistema de contabilidade de ganhos e perdas ditou um resultado diferente.

Agora, com certeza, o gerente não tinha a palavra final. O novo sistema de exposição dos sucos poderia mudar novamente na semana seguinte. Talvez exista algum outro lugar na loja onde os sucos possam gerar ainda mais vendas. Ou talvez no ano passado os sucos vendessem melhor na frente da loja.

Não há como saber, não há como realizar experimentos perfeitamente controlados que gerem resultados determinantes. O mercado não é um laboratório com variáveis constantes e elementos que se comportam previsivelmente. O mercado é composto por seres humanos, que têm o hábito maluco de fazer escolhas e mudar de ideia sem motivo aparente.

Isso significa que um empreendimento bem-sucedido precisa estar constantemente alerta às decisões tomadas pelas pessoas. Nenhum detalhe é pequeno demais. Além disso, as empresas precisam mudar a maneira como operam diante da evidência de algo que possa gerar mais lucro.

Negócios administrados porególatras que têm sempre razão sobre tudo, implementando fórmulas rígidas que não se adaptam às novas influências, estão absolutamente fadados ao fracasso em um mundo competitivo, no qual a concorrência está sempre livre para copiar seus sucessos passados.

Os lucros sempre tendem à queda na ausência de inovações. É preciso que sempre haja novos casos de sucesso, os quais dependem da capacidade de se enterrar o passado, suprimir a percepção de infalibilidade administrativa e se adaptar a mudanças aparentemente aleatórias.

O que se aplica à garrafa de suco se aplica a cada um dos itens em todo o mercadinho.

Digamos que você esteja encarregado de administrar, mas não tenha experiência. Você precisa colocar as cerejas *maraschino* em algum lugar. Jogue o jogo, por favor: Você as colocaria na seção da padaria (bolos de frutas!), de frutas em conserva (afinal, são frutas em conserva) ou na seção de coquetelaria (são ótimas para coquetéis)? O que fazer? O produto não pode estar nas três seções. Isso criaria um problema terrível de administração de estoque e o espaço nas prateleiras é escasso. Você precisa escolher.

É um problema sério. Sua escolha pode ou não estar certa. Você precisa experimentar, examinar as evidências, estar preparado para mudar de ideia. Você precisa se render ao público consumidor. Precisa pensar na comunidade. Precisa estar disposto a admitir erros. Precisa ser humilde, estar aberto a correções. O ego desenfreado não tem lugar algum aqui.

(A minha loja optou pela seção de coquetelaria.)

Mais uma vez, isso se aplica a todo e qualquer produto do mercado. Não só isso, aplica-se a todos os bens e serviços da economia mundial, todos os incontáveis bilhões deles. Não se trata apenas do local de exposição na loja, mas de todo o processo de produção: o que fazer, quanto fazer, como fazer, onde vender, quais características o produto deve ter e como deve ser vendido. Existe uma variedade enlouquecedora de alternativas.

À medida que você tenta resolver esse dilema, você tem a liberdade para ser um idiota, umególatra, de ser incapaz de aprender algo, de ser incorrigível. Ninguém o está impedindo. Mas você pagará um preço por isso. Você entrou nos negócios para ganhar dinheiro, e a única forma de fazer isso com consistência, em longo prazo, é se dedicar humildemente às necessidades dos outros, passando por cima da retidão do próprio cargo.

É por isso que digo que o mercado instila a humildade e o bom atendimento como ética. Afinal, você pode estar nessa apenas para ganhar uns trocados. Mas a experiência lhe diz que a única maneira de conseguir isso é se submeter e atender as necessidades dos outros. Os lucros são uma recompensa, mas não você não pode ousar repousar sobre os louros. O serviço nunca pode terminar. Depois de um tempo, essa sensibilidade começa a forjar o caráter humano. Você desenvolve um olhar externo e deixa de lado a exigência infantil de sempre fazer tudo do seu jeito.

Isso é o que acaba sendo esquecido em todos os questionamentos frenéticos sobre como os *sites* coletam dados a respeito de nossos hábitos de compras e procuras na *Internet*. Por que fazem isso? Porque querem invadir nossa privacidade? Não, é porque se preocupam conosco. Elas querem nos servir melhor. Eles se importam assim como a mercearia se preocupa em colocar os itens mais procurados no nível dos olhos. Eles estão lá para satisfazer nossas necessidades.

Não, nem sempre conseguimos o que queremos. Mas, em vez de viver numa sociedade na qual sabichões governam com base em um modelo fixo, prefiro viver em uma sociedade com uma ética de atendimento que rege a vida econômica, na qual não existem respostas finais, na qual toda decisão está sujeita a um teste e na qual este teste é avaliado por pessoas e suas escolhas cotidianas. Em outras palavras, uma economia livre é melhor do que uma economia controlada justamente porque a sociedade livre impõe um limite ao ego humano e mantém em xeque o complexo de infalibilidade.

ENSAIO 51

Botem essas crianças para trabalhar!

Eu estava lendo um incrível conjunto de biografias curtas de empreendedores da Era Dourada e reparei em algo que todos sabemos quando paramos para pensar. Aqueles homens e mulheres realizavam trabalhos produtivos desde cedo.

Todos dão crédito a essas experiências de trabalho na infância por terem lhes instilado uma ética de manter o foco no trabalho, estar alerta às oportunidades e ter aquela sensação de realização que vem do exercício da resiliência. Eles não costumam falar sobre a escola. Falam sobre as barcas que pilotaram, as pedras que carregaram, as minas que cavaram, os rios pelos quais navegaram. O trabalho foi o principal professor deles.

Isso não era atípico. Ao longo dos séculos XVIII e XIX, todas as crianças trabalhavam. E isso não ocorria em detrimento do estudo. As crianças ainda aprendiam a ler, escrever e fazer contas. O trabalho era algo que faziam paralelamente à escola e que era parte do processo de aprendizado. E foi assim ao longo de toda a História humana. A ideia de uma criança saudável de catorze anos de idade não fazer nada além de se sentar atrás de uma mesa por sete horas, todos os dias, e depois passar o restante do tempo jogando *videogames* e conversando no Facebook, seria impensável.

No mundo em desenvolvimento, as coisas são diferentes. Todos trabalham. *Stealth of Nations* [*O Lado Furtivo das Nações*], um novo e surpreendente livro de Robert Neuwirth, mostra que, nas economias que crescem mais rapidamente no mundo, as crianças trabalham desde os dez anos de idade. Isso não é exploração – pelo contrário. Isso significa que as crianças estão obtendo uma boa educação no mundo real do comércio. Isso lhes dará uma vantagem na vida e um domínio maior sobre seu futuro do que os jovens dos Estados Unidos terão.

Penso na minha própria vida e me lembro com detalhes vívidos das profissões que tive. Sou grato por todas elas. Meu primeiro emprego foi em uma empresa que transportava pianos. Lembro-me de subir diversos lances de escada, morrendo de medo de que aquela coisa caísse e provocasse um desastre. Eu tinha dez anos.

Aos poucos, consegui melhorar de emprego e passei a trabalhar com um afinador de órgãos. Eu rastejava por galerias empoeiradas, usando uma máscara para me proteger de doenças contagiosas transmitidas por pombos mortos, cujos ossos eu esmagava sob meus pés ao caminhar.

Passei, então, a consertar telhados. Depois, a construir cercas. Em seguida, a cavar poços. Depois, cortei grama. Em seguida, passei a limpar um salão de cabelereiros. Depois, lavei pratos.

Foram necessários cinco anos até que eu tivesse meu primeiro emprego de verdade, com horários regulares e um formulário W-2[14]. Era um emprego limpando banheiros numa loja de departamentos. Era a maior responsabilidade que já me tinham dado, e eu tinha plena consciência de que o destino da loja estava nas minhas mãos. Se um cliente fosse ao banheiro e o encontrasse sujo, entrasse em uma cabine que não tivesse papel higiênico ou visse algo nojento na pia, eles teriam recordações terríveis para sempre e jamais voltariam.

Lembro-me de combater as sujeiras do banheiro como um centurião durante uma batalha. A guerra é um inferno.

Para conseguir aquele emprego, eu, com quinze anos, tive que mentir sobre minha idade. Dava para fazer isso naquele tempo. A papelada necessária para conseguir um trabalho era mínima. As autoridades federais não estavam envolvidas na aplicação das chamadas "leis antitrabalho infantil" — regras ultrapassadas que negam oportunidades a pessoas perfeitamente capazes de obter um bom treinamento.

Isso não acontece mais. Conseguir qualquer emprego antes dos dezesseis anos é extremamente difícil. Existem muitos formulários, exigências legais, documentos e restrições. O salário mínimo está absurdamente alto para os primeiros empregos. Muitos jovens acabam ficando excluídos do mercado de trabalho durante todo o período escolar, universitário e às vezes até depois disso (o que não é nenhuma surpresa).

A taxa de desemprego entre jovens de todas as classes sociais nunca foi tão alta. Ela equivale a um terço das pessoas entre dezesseis e vinte e quatro anos de idade. Não trabalhar

---

[14] Formulário no qual o empregado declara seus rendimentos mensais ao imposto de renda norte-americano. (N.T.)

em empregos remunerados equivale a um treinamento para passar a vida inteira sendo um autômato dependente.

A verdade é que, na minha juventude, era muito mais fácil ser pago em dinheiro vivo, "por baixo dos panos", como quase qualquer um da minha idade fazia naqueles tempos. Agora, o governo deixou quase todos os empregadores assustados. Quem contrata um jovem está colocando tudo em risco.

As leis contra o "trabalho infantil" não datam do século XVIII. Na verdade, as leis nacionais contra o trabalho infantil só foram aprovadas depois da Grande Depressão – em 1938, com o Fair Labor Standards Act. Foi essa mesma lei que nos deu o salário mínimo e definiu o que constitui trabalho integral e de meio período. Foi uma maneira cômoda de aumentar os salários e diminuir as taxas de desemprego: simplesmente defina setores inteiros da força de trabalho como não empregáveis.

Quando a legislação foi aprovada, no entanto, ela era essencialmente um símbolo, um daqueles casos clássicos de Washington tentando seguir uma tendência já existente a fim de ganhar crédito por ela. O trabalho dos jovens era esperado nos séculos XVIII e XIX – era até mesmo bem-vindo, já que oportunidades remuneradas de trabalho tinham acabado de surgir.

Mas, à medida que a prosperidade aumentou com o avanço do comércio, mais crianças deixaram o mercado de trabalho. Em 1930, somente 6,4% das crianças entre dez e quinze anos tinham algum emprego, e três entre quatro estavam no setor agrícola.

Nas áreas urbanas, mais ricas e industrializadas, o trabalho realmente infantil (diferente do trabalho adolescente) já desaparecera, já que cada vez mais crianças estavam na escola. Fatores culturais tiveram um papel importante, mas o fator mais importante foi econômico. Economias mais desenvolvidas permitem que pais "comprem" a educação de seus filhos a partir do excedente de renda da família — ainda que, para isso, tenham que abrir mão do que poderia ser um rendimento ainda maior.

Isso tudo era visto como algo bom. Pessoalmente, não tenho tanta certeza. A educação já era subsidiada pelo Estado. O fluxo incessante de jovens que saíam do setor comercial para frequentar salas de aula significava um excesso de recursos desviado para a indústria das ideias profissionais e tirado da produção de coisas reais e de uma forma de educação diferente a ela atrelada. De qualquer maneira, essa tendência foi destruída pela Segunda Guerra Mundial, que alistou pessoas desses dois setores para que pudessem matar e ser mortas.

Apesar disso, a lei em si não evitava nem impunha qualquer pesadelo. Naqueles dias, havia uma confiança crescente de que a educação era fundamental para a salvação da juventude dos Estados Unidos. Permaneça na escola, consiga um ou dois diplomas e você estará com a vida garantida. Claro que isso aconteceu antes que os padrões acadêmicos caíssem ainda mais e as escolas começassem a funcionar como um serviço nacional de babás.

Hoje em dia, no entanto, quando os jovens crescem mais rápido do que nunca, estamos atados a essas leis que têm o efeito contrário de infantilizar os adolescentes. E tudo fica ainda complicado mais quando se leva em conta todas as variações estaduais e locais. Crianças menores de dezesseis anos não podem ter emprego remunerado fora de uma empresa familiar. Se seu pai for um ferreiro, você pode aprender a martelar ferro com os melhores. Mas, se ele trabalhar em um escritório de advocacia, azar o seu.

Desde o início, a lei federal abriu exceção para artistas e estrelas de cinema infantis. Por quê? Provavelmente, tem a ver com Shirley Temple (1928-2014) ter liderado as bilheterias entre 1934 e 1938. Ela era uma das estrelas mais bem pagas daquele período.

Se você tem catorze ou quinze anos, pode pedir uma autorização da sua escola pública e trabalhar, por uma quantidade limitada de horas, fora do horário de aula. Se você estuda numa escola privada ou em casa, precisa pedir autorização à agência local de previdência social – que não são exatamente as pessoas mais solidárias do mundo. A própria escola pública também tem autorização para administrar programas de emprego.

Esta questão do trabalho aprovado é interessante, se você pensar a respeito. O governo parece não se importar tanto se uma criança passa todas as horas fora da escola longe do lar, da família e da igreja, mas a impede de trabalhar no setor privado durante o tempo em que estaria nas escolas públicas bebendo da fonte da cultura cívica. Uma exceção legal também se abre no caso de entrega de jornais, como se bicicletas, e não carros, ainda fossem usadas para tal atividade.

Eis aqui outra exceção estranha: "jovens trabalhando em casa, na confecção de guirlandas feitas de azevinho, pinheiro, cedro ou outras folhas perenes (incluindo a colheita destas folhas)". Será que o *lobby* das guirlandas era mais poderoso na época da Grande Depressão do que hoje?

Ah, existe uma última exceção, por mais incrível que pareça. A lei federal permite que os estados autorizem crianças a trabalhar para um governo estadual ou local a qualquer idade, sem qualquer restrição de horário. A Virgínia, por exemplo, permite isso.

Essas exceções vão contra a teoria dominante no Direito de que "comoditizar" o trabalho infantil é, de alguma maneira, perversidade. Se é maravilhoso que uma criança seja uma estrela de cinema, um assistente parlamentar ou um fabricante caseiro de guirlandas, por que é errado que um adolescente conserte *softwares*, empacote compras ou sirva sorvetes? Não faz sentido.

Depois de examinar as exceções, a conclusão é clara: o trabalho integral no setor privado, em horário determinado pelo próprio indivíduo, só é permitido àquelas "crianças" que tenham dezoito anos ou mais — idade na qual a criança já passou do tempo de ser influenciada a ponto de ter uma ética de trabalho consolidada.

O que se perdeu nisso tudo? As crianças não têm mais opção de trabalhar por dinheiro. Pais que acreditam que seus filhos se beneficiariam disso saem perdendo. Consumidores que se beneficiariam do conhecimento tecnológico dos adolescentes não têm como tirar proveito comercial disso. Os mais jovens foram excluídos à força da matriz comercial.

Este também é um argumento sociocultural. Empregadores dirão que a maioria dos jovens que saem da faculdade está radicalmente despreparada para um emprego regular. Não por falta de habilidade ou porque não possam ser treinados; é que não compreendem o que significa servir aos outros em um ambiente de trabalho.

Eles não gostam de receber ordens, tendem a não cumprir suas tarefas e trabalham com os olhos no relógio, e não na função em si. Em outras palavras, esses jovens não receberam a educação necessária para saber como o mercado de trabalho funciona. Na verdade, se notamos uma cultura de preguiça, irresponsabilidade e direitos adquiridos entre os jovens de hoje, talvez devamos procurar aqui um fator que tenha contribuído para isso.

A lei raramente é questionada hoje em dia. Mas o fato é que as leis de trabalho infantil não foram implementadas com facilidade. Foram necessários mais de cem anos de contendas. Os primeiros defensores da remoção das crianças das fábricas foram os sindicatos femininos, que não gostavam da concorrência por salários menores. E, seguindo a tradição, os sindicatos vêm mantendo a postura exclusivista desde então.

A oposição a essa legislação não era formada por mineradoras procurando mão de obra barata, e sim pelos pais e o clero, que temiam que uma lei contra o trabalho infantil seria um golpe contra a liberdade. Eles previam que ela equivaleria à nacionalização das crianças, isto é, o governo, e não os pais ou a própria criança, seria a autoridade final e o ponto focal das tomadas de decisões.

Os jovens precisam ser criativos para que sejam produtivos nos dias de hoje. A procura por estágios não remunerados pode funcionar, e é muito melhor do que não fazer nada. Também existem formas de ser pago sem receber dinheiro. Uma criança pode trabalhar no jardim do vizinho em troca de verduras para a família. Você pode consertar computadores e receber créditos na Amazon como compensação. Você pode trabalhar em um clube de campo e receber aulas de tênis por meio de um acordo de permuta.

É preciso pensar diferente dos padrões dos regulamentadores. É preciso se associar com pessoas nas quais você confia. É preciso ir além daquela posição padrão de não fazer nada. Independentemente de qualquer coisa, começar a trabalhar cedo é essencial para uma boa formação na vida. Dezesseis anos talvez seja tarde demais, mesmo que você consiga um emprego tão tarde assim na vida.

Se você tem filhos, nada é mais importante do que isso para o futuro deles. Você pode gastar US$ 150 mil ou mais na educação universitária dos filhos. Pode pagar professores caros para que eles passem nos exames padronizados. Pode comprar para eles os computadores e ferramentas mais caros para que fiquem inteligentes. Mas, se seus filhos não compreenderem o significado do trabalho a partir das próprias experiências, eles não estarão preparados para uma vida criativa e próspera.

De uma maneira ou outra, coloque essas crianças para trabalhar!

ENSAIO 52

Capitalistas que temem mudanças

A tecnologia digital está reinventando todo o nosso mundo, servindo a mim e a você. É a livre iniciativa em esteroides. Ela contorna os atravessadores e dá a cada um de nós o poder de inventar para si sua própria civilização, de acordo com nossas especificações.

A promessa do futuro não é nada menos que espetacular — desde que aqueles que não têm imaginação para perceber tal potencial não consigam impor suas vontades. Infeliz, mas previsivelmente, alguns dos maiores obstáculos para um futuro brilhante são os próprios capitalistas que temem o futuro.

Um bom exemplo é a histeria atual em torno das impressoras 3D. Essa tecnologia evoluiu a uma velocidade incrível, saindo do reino da ficção-científica para o mundo real no que pareceu uma questão de meses. Hoje, é possível comprar uma dessas impressoras por US$ 400. Elas permitem que objetos sejam transportados digitalmente e literalmente impressos do nada diante de seus próprios olhos.

É como um milagre! A impressora 3D pode mudar tudo que sabemos sobre o transporte de objetos físicos. Em vez de enviar contêineres e navios pelo mundo, no futuro enviaremos apenas dígitos sem peso. O potencial disso para se escapar de monopólios e de companhias que lutam para manter o *status quo* é espetacular.

Mas eis aqui o que Andrew Myers escreveu na *Wired Magazine* semana passada:

> No inverno passado, Thomas Valenty comprou uma MakerBot – uma impressora 3D barata que permite que você crie rapidamente objetos plásticos. Seu irmão tinha alguns Guardas Imperiais do jogo de tabuleiro Warhammer e, então, Valenty decidiu projetar dois bonequinhos próprios no estilo do Warhammer: um robô bípede de guerra e um tanque.
> Ele fez ajustes nos projetos durante uma semana até ficar contente com o resultado. "Trabalhei muito neles", afirmou. Depois, Valenty postou os arquivos para que pudessem ser baixados no Thingiverse, um *site* que permite o compartilhamento de instruções para a impressão de objetos em 3D. Logo, outros fãs estavam produzindo suas próprias cópias dos bonequinhos.
> Até que apareceram os advogados.
> A Games Workshop, empresa com sede na Inglaterra que produz o Warhammer, descobriu o trabalho de Valenty e enviou uma notificação para o Thingiverse mandando o site retirar os arquivos do ar, citando o

Digital Millennium Copyright Act[15]. O Thingiverse removeu os arquivos e, de repente, Valenty tornou-se um combatente involuntário na próxima guerra digital: a disputa pela cópia de objetos físicos.

E aí está. A Câmara de Comércio dos Estados Unidos — a suposta defensora da livre iniciativa — está entrando em pânico, determinada a matar a impressão 3D ainda no berço, ou pelo menos se assegurar de que ela não saia da infância.

Na década de 1940, Joseph Schumpeter (1883-1950) disse que os capitalistas acabariam por destruir o capitalismo insistindo que seus modelos existentes de lucratividade se autoperpetuavam diante de mudanças. Ele afirmou ainda que a classe capitalista acabaria perdendo o gosto pela inovação e insistiria em regras governamentais que gerariam sua própria derrocada, tudo em nome da proteção das elites empresariais.

Um exemplo: quando a música e os livros começaram a se tornar digitais, houve uma revolta. Como os autores e músicos sobreviverão a este ataque?

A verdade é que não houve qualquer ataque. Foi um golpe de sorte para os consumidores que se transformou na maior benção de todos os tempos para a música e a literatura. Hoje, vemos que o sistema funciona, e não só funciona como há cada vez mais autores e músicos ganhando dinheiro atualmente do que em qualquer outra época. Meu melhor exemplo: o Laissez Faire Club. Os métodos jamais poderiam ter sido previstos. Alguns doam seus conteúdos e vendem suas apresentações. Alguns encontraram formas novas e interessantes de distribuir conteúdo através de acessos

---

[15] Lei que aumenta as penas por infrações de direitos autorais cometidas pela *Internet*. (N.T.)

pagos que são acessíveis e convenientes. Os autores estão começando a publicar suas próprias obras através de uma variedade incrível de plataformas.

Tenho percorrido museus recentemente, e comecei a me dar conta de algo importante sobre o longo processo de avanços tecnológicos. No decorrer da longa história de avanços, todo melhora e toda mudança do antigo para o novo gerou pânico. O maior pânico costuma vir dos próprios produtores, que se ressentem da maneira como o novo processo desestabiliza seu modelo de negócio.

Costumava-se dizer que o rádio poria fim às apresentações ao vivo. Ninguém mais aprenderia música. Tudo seria executado uma vez e ficaria gravado para sempre, e esse seria o fim de tudo.

Claro que nada disso aconteceu. Então houve outra onda de pânico quando os discos apareceram, na crença de que destruiriam o rádio. Depois, surgiram as fitas cassete e todos previram o fim das músicas gravadas, já que elas podiam ser copiadas com facilidade ("A Gravação em Casa Está Acabando com a Música"). O mesmo se deu com a música digital: seguramente esse será o fim de toda a música!

Mas voltemos à propriedade em massa de livros no século XIX. Diversas pessoas previram que eles destruiriam os novos autores, pois as pessoas só comprariam livros de autores antigos, que eram baratos e acessíveis. Os novos autores morreriam de fome e ninguém mais escreveria.

Há um padrão aqui. Toda nova tecnologia que se torna lucrativa faz com que as pessoas reclamem sobre como ela prejudica os produtores existentes. Com o tempo, no entanto, o setor acaba por prosperar como nunca, mas de formas que ninguém realmente esperava.

O grande segredo da economia de mercado é que ela representa uma tendência de longo prazo a dissipar os lucros dos métodos existentes de produção e distribuição. É assim que funciona a concorrência. É assim que a concorrência não só inspira inovações como também as torna inevitáveis. E este é um dos motivos por que tantos capitalistas odeiam o capitalismo.

O processo funciona assim: a novidade surge e gera grandes lucros. Então aparecem os imitadores, que fazem as mesmas coisas, só que melhores e mais baratas, acabando com o monopólio do primeiro produtor. Os lucros finalmente se reduzem a zero e então algo ainda melhor precisa surgir para atrair novos negócios, gerar novos lucros, despertar novos imitadores e recomeçar o ciclo.

Nunca entendi por que os esquerdistas reclamam dos lucros indo para os capitalistas. Em uma economia de mercado vibrante, lucros são uma exceção temporária à regra; eles cabem apenas às empresas mais inovadoras e eficientes, aquelas que atendem melhor o consumidor, e estes ganhos nunca são permanentes. Assim que a empresa perde seu pioneirismo, o lucro desaparece.

Sob a concorrência do livre mercado, escreve Ludwig von Mises, a trajetória dos modelos de produção e distribuição existentes é sempre reduzir os lucros a zero. Para quem quer insistir no lucro, não pode haver descanso. Novidades e melhorias precisam ser experiências cotidianas. Deve haver um esforço constante para atender os consumidores cada vez melhor.

É por isso que as empresas sempre pedem proteção do governo. Acabem com esta nova tecnologia maluca! Parem com estas importações! Aumentem os custos da concorrência! Deem-nos uma patente para que possamos destruir os outros caras! Imponham leis antitruste! Proteja-me com leis de direito autoral! Regulamentem os novatos até que eles desapareçam! Deem-nos um resgate financeiro!

Além disso, existe o medo do grande público em relação a tudo que é novo. Se não fosse assim, as pessoas não achariam tão convincentes os protestos dos membros da elite consagrada que querem apenas proteger seus próprios interesses.

Eis aqui um fato notável sobre a mente humana: temos muita dificuldade em imaginar soluções que ainda precisam se revelar. Não importa com que frequência com mercado resolva problemas aparentemente insolúveis; ainda não conseguimos nos acostumar com essa realidade. Nossa mente pensa em termos de condições existentes, portanto prevemos todo tipo de fatalidades. Com uma frequência excessiva, fracassamos em esperar pelo inesperado.

Isso impõe um problema sério para a economia de mercado, que consiste na capacidade do sistema de inspirar a descoberta de novas ideias e novas soluções para problemas existentes. Os problemas impostos pelas mudanças são óbvios; mas as soluções são "contribuições colaborativas" e surgem de lugares, pessoas e instituições que não podem ser antevistas.

O capitalismo não é para fracotes que não querem melhorar. Se você quer lucros garantidos para poucos, em vez de prosperidade e abundância para muitos, de fato o socialismo e o fascismo são sistemas melhores.

No final das contas, é claro que o esforço para deter o progresso do mercado não terá sucesso. A tecnologia acaba destruindo as forças que resistem a ela. Os mercantilistas podem somente adiar, mas jamais conseguirão suprimir a ânsia humana por uma vida melhor.

ENSAIO 53

Quem deve controlar o mundo?

Nos dias que se seguem às festas de fim de ano, milhões de pessoas ficam analisando a qualidade dos presentes que deram e receberam. Eles chegaram a tempo? A qualidade foi satisfatória? A realidade correspondeu ao que foi anunciado nas campanhas publicitárias? Os anúncios na *Internet* acrescentam algumas rugas a estas preocupações. Qualquer um que esteja insatisfeito pode publicar ataques ferozes a qualquer comerciante e aos produtos em questão. Qualquer um pode ser a favor ou contra.

Os votos negativos é que acabam virando notícia. O *Wall Street Journal* nos conta a história de Scott Mitchell, de Connecticut, que comprou o Playstation 3 na Best Buy para seus dois filhos, de 10 e 14 anos. A empresa o avisou, por *e-mail*, que não recebera o produto. Ele ficou furioso e publicou diatribes incessantes contra a empresa. Finalmente os executivos se envolveram e enviaram a ele todos os produtos que comprara por um preço mais baixo, juntamente com um vale-presente de US$ 200. *"Embora não possa dizer que estou feliz, acabei ficando satisfeito"*, disse o sr. Mitchell ao *Journal*.

O caso foi citado como um entre muitos. A demanda dos consumidores foi tão grande que a Best Buy não teve como atendê-la. Não havia itens em estoque para todos os pedidos. A Cyber Monday sobrecarregou os funcionários da empresa e eles não conseguiam fazer o atendimento em tempo hábil. Qualquer empresa que ouça essa história pensa: que ótimo problema para se ter. Decisões relacionadas a estoque como essas precisam de uma dose diária de clarividência.

O mais importante aqui é o que essa história nos mostra sobre a ordem social. Neste cenário, quem está no controle? O sr. Mitchell é somente um sujeito isolado com um problema envolvendo uma empresa que atende milhões. Mas ele tinha voz e sua voz foi ouvida. A empresa se empenhou em satisfazê-lo.

A justiça foi feita, e não porque ele fazia parte de uma grande matilha que vai às urnas a cada quatro anos. Não foram necessárias audiências, comitês, testemunhos, debates, sistemas complexos de legislações e assinaturas, juízes e júris, regulamentações e direitos legais. Ele foi atendido porque é um cliente. Um homem com um cartão de crédito derrotou o sistema.

A instituição que permite que algo tão grandioso ocorra é conhecida como soberania do consumidor e é uma parte intrínseca do mercado. As preferências e direitos de um indivíduo prevaleceram, ainda que ele não fizesse parte de uma maioria, ainda que ele jamais tivesse se registrado em qualquer sistema do aparato político, ainda que ele não tivesse lobistas nem amigos com conexões importantes. Ele reclamou e o monólito corporativo gigantesco curvou-se aos seus desejos. E eles agiram assim movidos pelo interesse próprio. É um mau negócio ter clientes insatisfeitos. Por isso os executivos ficaram de joelhos e suplicaram.

É um bom sistema. Quem o implementou? Ninguém. Não houve votos, constituições, audiências de comitês, *lobbies*. Ele surgiu espontaneamente a partir de decisões das duas partes agindo em interesse próprio. A empresa existe para obter lucro encontrando uma forma de oferecer bens às pessoas que os querem. O sr. Mitchell estava entre os que decidiram, por livre e espontânea vontade, realizar transações comerciais com a empresa que visa o lucro. Esta relação comercial é uma entre bilhões e bilhões realizadas todo dia, o dia todo, o ano inteiro. Some-as e você terá o que se chama economia de mercado.

Os filósofos do mundo antigo e de hoje tentaram imaginar como criar uma sociedade na qual todo indivíduo importe, uma sociedade sem exploração, sem violência, com paz, justiça e prosperidade. De modo geral, imaginaram que este mundo precisaria surgir a partir do processo político. É aí que geralmente começam as especulações e planos deles. Os filósofos estavam e estão errados. Esta sociedade está diante de nossos olhos e é encontrada dentro da estrutura das nossas próprias escolhas, ações e transações comerciais com os outros.

Frequentemente, ouvimos falar dos males do poder corporativo e do pesadelo sombrio do mercado no qual todos somos engolidos pelas forças do materialismo e do consumismo. Mas onde está qualquer evidência disso na esfera governada por trocas voluntárias?

Na economia de mercado, o comprador é quem toma as decisões. Ele determina o que é produzido, quanto é produzido e indica os padrões de mudança. Os supostamente poderosos figurões do mundo corporativo se submetem diariamente aos desejos do sujeito comum com um computador e um cartão de crédito. Qualquer empresa no mercado pode falir em questão de semanas se os consumidores se apegarem a outra marca. Isso acontece diariamente.

Não existe nada semelhante a este sistema em nossas interações com o Estado. Já faz anos que multidões de pessoas reclamam das humilhações que nos são impostas pela TSA. A TSA responde com uma enxurrada de propagandas criadas para nos fazer crer que eles nos revistam nus eletronicamente para nosso próprio bem. A instituição não tenta satisfazer todos os nossos desejos, muito menos os desejos de uma só pessoa. Em vez disso, ela procura mudar a forma como pensamos, tentando fazer com que nossos hábitos mentais se adaptem aos que detêm o poder.

Em outras palavras, a TSA opera de acordo com um princípio oposto ao do livre mercado. No mercado, estamos no controle e os produtores tentam, de maneira servil, descobrir o que pensamos e adequar suas operações aos nossos pontos de vista. Já o governo nos diz que nós é que temos que mudar. Devemos nos submeter. Devemos obedecer. Devemos nos adequar, não importa como. Podemos escolher entre ficar mal-humorados ou felizes com isso, mas, em ambos casos, não há escolha. Devemos obedecer. E as instituições do governo nunca se vão realmente.

E isso ocorre com todas as instituições governamentais em todos os níveis. O indivíduo comum não importa. Não existe nada parecido com a relação entre consumidor e produtor que vemos em ação a todo instante na economia de mercado. Ao invés disso, o governo toma nosso dinheiro à força e o gasta como bem deseja. Se não gostamos do sistema, somos convidados a nos arrastar até determinados lugares a cada quatros anos e escolher a partir de uma lista de autômatos que querem ser nossos líderes nomeados.

Governo ou mercado: qual sistema é melhor? Admitimos que nenhum sistema proporciona uma utopia. A questão real é: qual sistema tem mais capacidade de se autocorrigir a nosso favor? O mercado faz isso todo dia. Existe uma disputa incessante ocorrendo ao redor do globo, cuja meta é nos conquistar como consumidores. O mercado está sempre dizendo: "como posso lhe ajudar?" O governo está sempre dizendo: "ajude-nos, se não..."

Tendo em vista essas escolhas, parece um tanto óbvio que o mercado – enquanto aplicação específica dos princípios de escolha e associação livre – é a melhor forma de organização da sociedade. Ninguém o projetou. Ele é controlado por nós em nosso próprio exercício do livre-arbítrio. Ele dá poder às pessoas. A abordagem estatista só pode levar a menos satisfação, menos benefícios mútuos, menos controle e, finalmente, ao próprio pesadelo que todos queremos evitar.

Considere tudo que o mercado contribuiu para suas festas de final de ano e tudo o que ele fará por você no ano que vem. Como forma de organização social, nada respeita mais suas necessidades e seus desejos.

PARTE V

O Amor Pelo Dinheiro

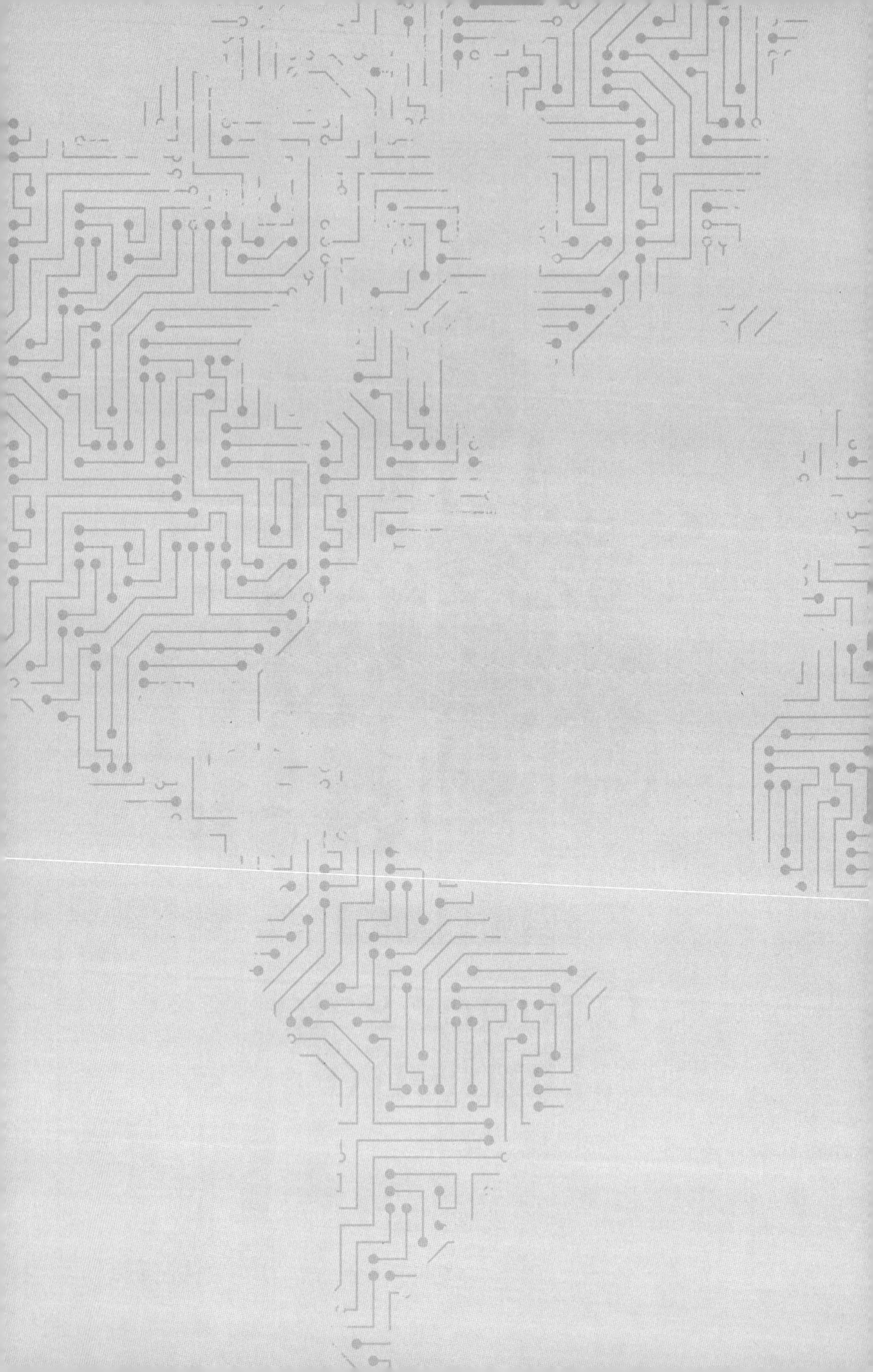

ENSAIO 54

O grande debate monetário

Q uando a National Public Radio transmite um programa sobre o padrão-ouro, você sabe que o debate sobre a qualidade do dinheiro chegou ao ponto em que não pode mais ser ignorado. Outro sinal veio mês passado, quando Newt Gingrich, que nunca demonstrou o menor interesse pela causa do dinheiro com lastro, de repente começou a falar sobre reinstaurar o padrão-ouro.

A última vez que se discutiu esta questão foi há mais de trinta anos, depois que a arrasadora inflação do fim da década de 1970 roubou as economias de toda uma geração, pondo um fim à vida familiar norte-americana e gerando o vício em débito que tem desestabilizado economias em todo o mundo. A administração Richard Nixon (1913-1994) prometeu um paraíso depois do dólar de papel, mas os resultados foram bem diferentes.

A crise na nossa época não é (ainda) a hiperinflação, mas é tão grave quanto. Os problemas do sistema monetário gerenciado pelo Fed são demais para serem mencionados, mas podem ser reduzidos a três que atingem mais gravemente o cidadão médio.

Em primeiro lugar, não é mais possível obter o mesmo retorno de antes em aplicações de poupança. Tal realidade mina toda a prática e a ética que geraram a prosperidade como a conhecemos. O motivo está diretamente relacionado à qualidade do dinheiro: sem ter qualquer lastro, seu valor e produção são determinados por um grupinho de tecnocratas em um palácio de mármore. Eles usaram este poder para impor o controle máximo de preço sobre a relação entre tempo e dinheiro.

Depois, o problema do desemprego e do encolhimento cada vez maior do mercado de trabalho atingiram a geração jovem de uma maneira nunca antes vista. Este problema tem efeitos econômicos horríveis e efeitos culturais igualmente devastadores. Ele ataca a esperança fundamental que as pessoas têm no futuro. Mais uma vez, o dólar de papel, como força geradora por trás das bolhas e seus estouros, é uma causa.

Por fim, há um movimento crescente contra o poder, o sigilo e a criminalidade interna do Federal Reserve, que imprime e distribui quantidades inconcebíveis do saque a seus amigos e clientes, desconsiderando totalmente o processo político ou o destino do norte-americano de classe-média. Isso enfurece pessoas de todas as tendências políticas. A abertura dos registros e negócios do Fed não acalmou as pessoas; isso só confirmou os seus piores medos.

Na década de 1970, escritores como Henry Hazlitt (1894-1993) se esforçaram enormemente para fazer com que as pessoas entendessem a conexão entre política monetária e o valor decrescente do dólar. Enquanto as administrações de Gerald Ford (1913-2006) e de Jimmy Carter atacavam empresas e especuladores, Hazlitt e outros apontavam a causa real. A mensagem dele pegou. Em 1980, até a plataforma republicana incluiu um pedido da reinstauração do dólar com lastro. O Congresso formou uma comissão para estudar o padrão-ouro.

A conexão entre o dinheiro de papel do Fed e nosso sofrimento econômico é ainda mais difícil de estabelecer hoje em dia. Mas as fundações intelectuais existem há anos, e foram expressas enfaticamente por Ron Paul, entrevista após entrevista. Ele nunca perde a oportunidade de falar sobre este assunto no qual, anteriormente, não se podia tocar.

Um tema complicado para o movimento, hoje, é lidar com a coalizão política diversa que está se formando contra o sistema monetário atual. Os maiores críticos do Fed, por exemplo, concordam que o sistema atual é confuso, mas parecem não concordar quanto ao que deve ser feito a respeito.

Nesta semana, em Washington, D.C., debati com Dean Baker, do Centro para Pesquisa Econômica e Política. O ambiente era fantástico: um lugar subterrâneo financiado pelo belamente nomeado Empire Unplugged[16]. Baker é um crítico ferrenho do Fed por bons e maus motivos. Pelo lado bom, ele está tão horrorizado quanto Ron Paul em relação às atividades criminosas internas do banco central. Pelo lado ruim, ele gostaria de ver os poderes do Fed transferidos para um grupo com mais supervisão política e influência democrática.

Este é o exato oposto do que defendi: a completa despolitização de todo o sistema. Falamos sobre este assunto por uma hora, concordando quanto ao grande mal, mas discordando quanto ao que o deveria substituir. Como é típico

---

[16] Império Desativado, em tradução livre. (N.R.)

dos críticos progressistas do Fed, ele gerou medo dizendo que o dinheiro controlado pelo mercado e pelos bancos ressuscitaria o sistema bancário irresponsável do século XIX. Os progressistas esquecem convenientemente que a era do padrão-ouro (que nunca foi perfeitamente posto em prática) gerou a maior e mais positiva transformação econômica da História, levando à criação e à consolidação da chamada classe-média.

Estes debates importam? Teoricamente, sim. Na prática, nem tanto. Eles refletem os tipos de debates ocorridos nos estágios intermediários do colapso do socialismo na Europa Oriental. Lembre-se de que o movimento contra o planejamento central polonês teve início não como um movimento pela propriedade privada do capital, e sim como protestos sindicais contra o poder e o privilégio dos oligarcas com conexões estatais.

Esta tendência enojou os defensores do mercado livre, por um bom motivo. Substituir o monopólio do Estado por um monopólio sindicalista estatal não parece necessariamente uma melhora. Mas não foi isso o que acabou acontecendo na Polônia. O Solidariedade foi o principal veículo que destruiu o regime. Em determinado momento, o Solidariedade tinha 9,5 milhões de membros. Este movimento de massa subverteu a história. Hoje, o Solidariedade é um sindicato normal como qualquer outro, com cerca de meio milhão de membros, um número que continua caindo, e sem nenhum poder real. O resultado não foi um monopólio sindical, e sim uma sociedade de mercado lindamente próspera.

Esta é a lição que aprendemos aqui: às vezes, você precisa derrubar o sistema que existe e ver o que acontece. Por isso é que Ron Paul tem sido tolerante em relação aos pontos-de-vista amplamente divergentes dentro do movimento anti-Fed. Ele está certo. Colunistas do *Wall Street*

Journal e de outros veículos temem os perigos do controle político do dinheiro em uma era pós-Fed. Mas a história mostra que a reforma não é tão facilmente administrável. Quebrar o monopólio atual é a principal prioridade agora.

Se o Fed fosse um governo socialista da Europa Oriental, o ano seria em torno de 1987. Se a economia afundar novamente depois do crescimento falso que as impressoras de Bem Bernanke fabricaram, ele deveria se certificar de que o helicóptero no telhado esteja funcionando.

ENSAIO 55

Meros mortais no Fed

O sigilo do Federal Reserve é lendário, mas a pressão nos anos recentes levou a alguma abertura. No último ano, vimos registros assustadores de quem recebeu crédito durante a crise de crédito de 2008-2009. Vimos listas de instituições favorecidas pelo Fed, e estas listas confirmaram os piores temores. Dica: tudo tem a ver com os grandes bancos.

Mas agora chegamos à parte realmente divertida. As transcrições das reuniões do comitê de livre mercado, divulgadas cinco anos depois do fato, são uma imagem fascinante de como o Fed via o mundo pouco antes da maior crise dos mercados dos últimos tempos. Ninguém durante as reuniões de 2006 percebeu o que estava por vir. Milhares de analistas de mercado, economistas e banqueiros previram a crise, mas o Fed – o sábio e onisciente Fed – não a previu.

O fato de o Fed ter sido na verdade o responsável pela bolha que acabou estourando só aumenta a ironia do fato de que o Fed não tinha a menor ideia da realidade que começava a emergir mundo real. Ben Bernanke percebeu um declínio no preço dos imóveis e a necessidade de uma correção no período que antecedeu o estouro da bolha, mas de alguma forma tinha certeza de que o solavanco não seria tão grande.

As reuniões tiveram início naquele ano, com Alan Greenspan em sua última reunião e se despedindo. Houve alguma conversa sobre o problema das aposentadorias em longo prazo. Greenspan desprezou isso, dizendo: *"Já temos dificuldade demais em prever o que acontecerá daqui a nove meses"*. Todos riram. Haha. Obrigado por admitir isso — em privado.

Nesta última reunião, o grupo também ouviu uma das mais claras afirmações em todas as transcrições de que havia problemas no horizonte. O economista-chefe do Fed, David Stockton, disse muito claramente:

> Ao analisar o cenário e as coisas que mais me preocupam em relação à economia doméstica, eu diria que o setor habitacional é, sem dúvida, um dos maiores riscos que vocês estão enfrentando atualmente.

Mas o baixo-astral não durou muito e a reunião terminou com um relatório entusiasmado de ninguém menos do que Timothy Geithner, hoje Secretário do Tesouro. Ele começa com uma homenagem exagerada a Greenspan (*"Gostaria de deixar registrado que o considero sensacional"*) e continua com uma previsão otimista de crescimento interminável e felicidade eterna. Apesar de que estava completamente enganado, ele agora está dirigindo o espetáculo.

A reunião de abertura com Bernanke estabeleceu o tom para todas as reuniões seguintes. Stockton provavelmente sentiu que talvez estivesse livre para falar o que pensava pela primeira vez em anos. Ele comparou a situação do mercado imobiliário a andar de montanha-russa de olhos vendados. *"Sentimos que estamos no topo, mas não sabemos ainda o que há lá embaixo"*.

Mas Bernanke interveio para calar toda aquela maluquice. *"Acho improvável que vejamos o crescimento prejudicado pelo mercado imobiliário"*, disse. Ele garantiu a todos os presentes que *"os fundamentos sólidos apoiam um desaquecimento relativamente ameno do mercado imobiliário"*.

Sempre um puxa-saco, Geithner concordou. *"Os valores das propriedades depois da quitação das hipotecas e a diversidade de créditos sugerem uma confiança considerável na previsão de crescimento"*, disse. *"As condições financeiras de um modo geral parecem dar apoio à expansão"*.

Mais tarde naquele verão, Susan Bies, diretora do Fed, tentou novamente recomendar alguma cautela, afirmando que todos os bancos estavam usando modelos que supõem taxas de juros em declínio e uma valorização dos imóveis. Isso permitiu que muitas famílias norte-americanas pegassem mais empréstimos baseados no valor que suas propriedades teriam após a quitação da hipoteca do que deveriam. *"Não está claro o que pode acontecer quando uma destas tendências se inverter"*, alertou ela.

Novamente Bernanke calou a pessimista.

Do ponto de vista da teoria econômica, há uma crítica interessante feita pelo presidente do Fed de Dallas, Richard Fisher. Ele disse que todos no planeta estavam falando do problema do mercado imobiliário, mas mencionou isso como um motivo para não ficar preocupado. *"Se não tivermos descontado o que tem acontecido no mercado imobiliário, é porque estávamos vivendo em Marte".*

Em outras palavras, ele estava dizendo que, se fosse para algo horrível acontecer, já teria acontecido. O fato de que todos estavam falando sobre algo era sinal de que, com certeza, a consciência do risco já estava incluída nos dados existentes.

Isso equivale ao inverso da velha piada do economista que se recusa a admitir que há uma nota de US$ 20 no chão diante dele porque, se a nota estivesse ali, alguém já a teria pegado. Da mesma forma, se este economista fosse ser atropelado por um caminhão que se aproximava, o caminhão já o teria atropelado.

O ano terminou com a diretora Bies alertando novamente que o risco era muito maior do que qualquer um já reconhecera. *"Boa parte das hipotecas privadas que foram titularizadas nos últimos anos tem na verdade muito mais risco do que os investidores têm percebido"*, disse. Mas Bernanke a calou novamente. Haverá uma *"desaceleração leve"* da economia.

Veja bem, não há crime em não saber o futuro. Ninguém sabe: nenhum leitor de mãos, nenhum filósofo, nenhum economista. Você pode reunir todos os dados que o mundo tem a oferecer, mas eles só dão informações sobre o passado. Previsões são bem-vindas, mas são sempre especulações. As pessoas reunidas na sala de reunião do Fed estavam fazendo previsões da mesma maneira que todas as empresas do mundo fazem todos os dias. Às vezes elas têm razão, às vezes não.

O importante aqui não é que Bernanke não previu o futuro. O importante é que o poder e as responsabilidades do Fed se baseiam na premissa de que seus administradores de alguma forma sabem algo que não sabemos. Eles são encarregados não do planejamento do passado que compreendem, e sim do planejamento do futuro que não têm como conhecer. Este é o erro fundamental do poder de planejamento dos bancos centrais.

E há outro problema. O Fed possui um viés institucional e isso ficou claro nas transcrições. Ele é particularmente obtuso em perceber os riscos e problemas gerados pelo próprio Fed. Assim, ele é como todas os outros órgãos governamentais. Todos veem problemas no mundo, menos aqueles causados pela própria instituição.

O elogio que parabenizou Greenspan na primeira reunião de 2006 é uma metáfora da arrogância e da cultura autocongratulatória da instituição como um todo. O Fed se imagina como a solução para todos os problemas. A verdade é que o Fed é a fonte de vários dos nossos problemas.

ENSAIO 56

Os homens do Fed nos bastidores

O debate sobre o Fed está sendo travado, ainda bem. Mas, como é o caso de vários debates políticos, não deveria haver debate algum. Isso porque, se você pensar bem, a ideia de um banco central não faz sentido.

Não temos um repositório central criado pelo governo que planeje e administre a distribuição de sapatos. O mercado cuida disso. Não temos nada disso para repolhos, teclados ou cortinas. De alguma forma, temos acesso a livros, roupas, serviços de jardinagem e tudo mais que precisamos e queremos sem um órgão de planejamento central que gerencie a quantidade disponível, estabeleça os preços dos produtos e socorra as empresas quando elas cometem excessos.

Por que deveria ser diferente com o dinheiro e o sistema bancário? Dinheiro é uma *commodity*. Bancos são empreendimentos de negócios. Ambos tiveram origem no mercado, não no Estado. Eles deveriam ter sido deixados assim, de modo que a qualidade do produto pudesse estar sujeita à disciplina do mercado. Em uma economia de mercado, as coisas se resolvem sozinhas. Há oferta e demanda. Empreendedores percebem oportunidades de lucro e se põem a trabalhar para combinar as duas coisas.

É assim que o mundo funciona para nós. É assim que sempre funcionou. É assim que obtemos nosso *software*, café, partitura e carne. É como obtemos nossos carros, as peças que o mantêm funcionando e o combustível que os abastece.

O mundo é feito pelo homem em todos os aspectos, e as mãos que o tornam produtivo, eficiente, dinâmico e socialmente benéfico operam dentro da matriz do mercado. As simples relações de aprendizado, trocas e concorrência dão origem a um sistema glorioso que consegue sustentar uma população mundial de sete bilhões de pessoas.

O Fed é uma instituição desligada do mercado, assim como a habitação social e a estação espacial. É uma criação da Idade das Trevas que existe sem motivo aparente. Por Idade das Trevas, refiro-me, é claro, ao mundo anterior a 1995, quando a *Internet* – isto é, toda a informação – tornou-se acessível ao mundo. Antes disso, o mundo permaneceu praticamente no escuro, quando o governo controlava as informações às quais tínhamos acesso e as verdades privadas precisavam ser compartilhadas em papel por meio do sistema governamental de correios.

Durante a Idade das Trevas, somente gênios como Ludwig von Mises e F. A. Hayek sabiam que o Fed era um engodo. Quase todos os demais imaginam que as pessoas do Fed estavam fazendo coisas incríveis e mágicas em salões sagrados para que a economia permanecesse estável e crescesse. Seu

Corpo Administrativo era habitado por pessoas que sabiam o futuro da economia e tinham o poder de direcioná-lo para o benefício de todos.

Graças à era digital, hoje temos acesso ao que realmente acontece. Só nos últimos doze meses, fomos inundados por relatórios do que realmente ocorre no Fed. Em 2006, de acordo com transcrições liberadas das reuniões do conselho, os sábios do Fed estavam ocupados se tranquilizando de que não havia nada fundamentalmente errado com o mercado imobiliário e que todas as outras estruturas econômicas estavam indo muito bem.

É fascinante ler as transcrições diretas. Longe de serem um fórum aberto de discussão, Alan Greenspan e bem Bernanke presidem as reuniões recorrendo a todo seu poder para determinar os resultados, desafiando os subordinados a discordar do consenso ao qual eles chegaram de antemão. O economista do Fed levanta a cabeça ocasionalmente para dizer que nem tudo está tão bem, mas, como num jogo de martelar toupeiras, ele recebe um golpe na cabeça todas as vezes.

Este é o pior caso de mau gerenciamento corporativo do qual se pode encontrar registros. Isso faz o mundo de Dilbert parecer um paradigma de gerenciamento bem-sucedido. Não há abertura, não há sinceridade. Se o presidente faz uma piada, você deve rir. Se o presidente diz que está tudo bem, você deve concordar. Se o presidente diz que sabe o futuro, você deve se maravilhar com sua capacidade de visão. Toda discordância deve ser manifestada de uma maneira suave que gere somente uma preocupação leve e provavelmente irrelevante, e, ainda assim, é provável que seja punida.

Há ainda um problema que não está inteiramente claro, nem mesmo para as pessoas na reunião: o que exatamente elas podem fazer a respeito de qualquer coisa? Elas sabem que o que fazem é importante e querem acreditar que têm muito poder. Mas eis o problema: o Fed só tem um poder de verdade: criar as condições necessárias para estimular uma mudança na oferta de dinheiro e crédito.

É um poder enorme, mas não exato. A oferta de dinheiro é muito parecida com uma criança indisciplinada. Muitas vezes, a criança obedecerá você. Às vezes, e imprevisivelmente, não obedecerá. Depende do humor, do contexto, do temperamento na hora, das recompensas e castigos. E mesmo quando a criança obedece, os resultados nem sempre são os desejados. O conselho de pais pode se reunir e planejar o dia inteiro, mas, no fim, a criança age por vontade própria.

Há dois exemplos notáveis. No começo da década de 1930, o Fed estava desesperado para aumentar a oferta de dinheiro como uma questão de diretriz e prática. Não havia intenção de provocar um colapso, como Murray N. Rothbard demonstrou. O problema era que o Fed dependia do sistema bancário para que isso acontecesse por meio dos mercados de créditos. Mas o sistema estava quebrado, e isso nunca aconteceu.

A mesma coisa aconteceu a partir de 2008. O Fed fez todo o possível para fabricar uma inflação monetária ampla, mas fracassou em tornar isso lucrativo de modo que os bancos cooperassem. Contrariamente aos desejos do Fed, isso nunca se materializou plenamente. Seus esforços só acabaram subsidiando o fracasso e impedindo uma correção do mercado profunda e muito necessária.

O poder absoluto do Fed esteve em plena evidência em 2008, e todos os registros públicos mostram para que foi usado. O Fed forneceu liquidez aos amigos. Eles disseram que fizeram isso para o bem do país, mas não está claro se o país ganhou qualquer coisa com o acordo. O que ficou claro é que os amigos do Fed sobreviveram e prosperaram, enquanto muitas instituições deveriam ter falido de acordo com as regras do sistema capitalista. Esta é a essência do poder do Fed e a essência do que ele faz.

Isso não é nenhuma novidade. Só que agora está plenamente à mostra para todo o mundo. E este é um dos motivos pelos quais o Fed está sob ataque como nunca antes. A era digital o descortinou. Em vez do poderoso Oz, encontramos algumas pessoas acionando alavancas por meio de ilusionismo.

Antes de 1989, o mundo estava cheio de órgãos de planejamento centralizado como este. Eles existiam em toda a Europa Oriental e em todo o antigo império chamado União Soviética. Até que, um dia, a coisa toda derreteu e o absurdo e arrogância dos planejadores centrais foram revelados ao mundo. O Fed não tem uma estrutura diferente daquelas instituições. A coisa toda se baseia na mentira de que é preciso poder governamental para se ter um bom sistema monetário.

Em que sentido isso é bom? A depreciação do dólar desde 1913 foi catastrófica para a prosperidade. O dólar agora vale menos do que cinco centavos. As economias foram expropriadas. A política de taxa de juros do Fed tirou qualquer vantagem de poupar dinheiro. Os ciclos comerciais tornaram-se nacionais, internacionais e prolongados, ao invés de locais e de curta duração, como eram no século XIX. A risco moral que o Fed embutiu no sistema é que os sistemas financeiros deixaram de levar em conta adequadamente os riscos.

Na era digital, os custos de oportunidade do monopólio do dinheiro têm sido enormes. Nesta altura, um sistema monetário competitivo já poderia ter emergido. Ele poderia ser baseado no ouro, na prata ou em qualquer outra *commodity*. Mas o mercado não tem tido permissão para trabalhar. O Fed, junto com o governo que o criou e o mantém, atacou com força toda tentativa do mercado de criar algo melhor do que o dólar administrado pelo Fed. Pessoas agora apodrecem na cadeia pelo crime de tentar devolver o dinheiro e o sistema bancário ao mercado.

Qual é o pior custo do Fed? Ele tornou o governo federal, por maior que ele se torne, imune ao fracasso. Este é o maior perigo moral. Ele inchou o Leviatã estatal para além de qualquer coisa que jamais deva exisitir no mundo. Não foram os impostos o que fizeram isso. Foi o Fed. Assim, ele se transformou no maior inimigo da liberdade. E, quando a liberdade desaparece, também desaparecem os direitos humanos.

Não é mais possível ignorar toda esta catástrofe. Ron Paul fez disso uma questão política. Newt Gingrich aderiu à moda de brigar com o Fed. O ex-CEO do BB&T deu uma entrevista na qual disse:

> Enquanto o Fed existir, o Congresso pode imprimir dinheiro. E não importa se são democratas ou republicanos, eles preferem imprimir dinheiro a cobrar impostos do povo. Eles querem gastar porque isso efetivamente compra votos, e não querem cobrar impostos porque isso faz com que percam votos.

O problema de acabar com o Fed não é técnico. Tampouco é intelectual. São necessários poucos minutos para perceber que a coisa toda se baseia em um mito. O problema de pôr um fim ao Fed é inteiramente político. O governo depende do poder do Fed. Portanto, sim, faz sentido que a classe política e seus amigos – o chamado 1% – pensem que o Fed deve existir. Nessa altura, o restante de nós deveria ser mais esperto.

ENSAIO 57

O Fed dá uma chave de perna

Os mestres monetários do Fed fizeram um trabalho incrível, não é mesmo? Bem, não, o que dá ainda mais razão ao *Acabem com o Fed,* o *slogan* lendário de Ron Paul. A cada poucos meses, desde a grande crise de 2008, há algum anúncio na imprensa financeira sobre a mais recente medida extravagante e ineficiente que o Fed tomará para salvar o dia.

Estes caras não estão apenas imprimindo dinheiro! Eles estão envolvidos em manobras incrivelmente técnicas que os meros mortais não conseguem compreender. As frases de efeito se multiplicam: facilitação quantitativa, Operação Reviravolta, esterilização de facilitação quantitativa, ZIRP (política de taxa de juro zero, no acrônimo em inglês) e, agora, recompra reversa.

Fique atento para outros truques. Eles podem inventar o *camel clutch*, a mordida do dragão, a chave de braço, a *bridging chickenwing*, a prensa do gorila, o abraço do polvo, a virada do pôr-do-sol, a chave de perna invertida e, finalmente, se ficarem realmente desesperados, a Árvore do Infortúnio.

Estes termos são, obviamente, tirados da luta-livre profissional. Infelizmente, o mundo do sistema financeiro centralizado não é tão divertido, principalmente porque, em vez de apenas machucarem uns aos outros, os banqueiros machucam todos nós.

Você sabe disso quando consulta seu extrato e percebe que todos os seus esforços para economizar não serviram para nada: por causa dos aumentos de preços, seu dinheiro está perdendo mais valor do que rende no banco.

O Fed está mandando um recado: se você economiza, você é um idiota. Que mensagem ele está transmitindo para os investidores? Ele está lhes dizendo para aplicar o dinheiro em algo, qualquer coisa, exceto em títulos de curto e longo prazos. Assim, ele espera estimular uma espécie de bolha artificial no mercado de ações e qualquer outra forma de arbitragem financeira, exceto contrair e manter dívidas.

Isso é manipulação explícita do mercado, do tipo que o governo criminaliza quando realizada pela iniciativa privada. O Departamento de Justiça, por exemplo, disse que está estudando acusações de que editores de livros manipulando o preço dos *e-books*, e também disse que pode impor um acordo que talvez destrua este maravilhoso mercado emergente. Muito obrigado!

Mas como aumentar o preço dos *e-books* em um ou dois dólares se compara a destruir completamente o mecanismo de precificação das taxas de juros, justamente aquilo de que cada alma humana depende para estimar a lucratividade do planejamento econômico de curto e longo prazos? Como resultado, ninguém tem certeza do que é ou não real.

Isso não só é perfeitamente legal como se tornou a própria descrição da função do Federal Reserve. Não é nada mais do que um planejamento central elaborado e insanamente distorcido projetado para manipular preços. Mas como o Fed tem o monopólio legal e alega estar fazendo isso em nome do interesse público (obrigado por anular minha recompensa por poupar!), ele se safa.

Ainda pior, ele exige nosso respeito e nossa deferência diante de seu brilhantismo. Mas ele o merece? O Fed se pôs, em 2008, a resgatar os mercados de crédito, impulsionar mercado imobiliário, salvar o mercado de trabalho da estagnação e estimular a economia.

Isso fracassou em todas as frentes. Os empréstimos bancários para objetivos industriais e comerciais permanecem nos níveis de 2007. A pressão sobre os preços dos imóveis continua os empurrando para baixo, não há um fim no horizonte para o fiasco das ações de execução hipotecária e o Fed é o orgulhoso proprietário de algo em torno de um trilhão de dólares em títulos afiançados por hipotecas. O cenário do desemprego é sombrio: os pedidos de seguro-desemprego estão em alta e a participação da força de trabalho está no nível de 1980!

Quanto ao crescimento econômico, ele é tão limitado que toda a imprensa financeira celebra qualquer notícia boa, como prisioneiros de guerra aplaudindo a chegada de migalhas de pão. Enquanto isso, a China, a Índia, a Argentina, a Indonésia, o Vietnã, a Mongólia e até Botsuana conseguem taxas de crescimento entre 6% e 10%. E isso em uma época na qual o crescimento econômico deveria ser tão fácil quanto respirar, levando em conta a revolução digital que nos abençoou com ganhos de produtividade impressionantes.

O Fed não poderia ter feito um trabalho pior. Sua política de taxa de juro zero (ZIRP) é um fracasso completo de qualquer ponto de vista, exceto um: ela manteve o custo de captação de dinheiro do governo federal no menor nível possível. Ainda assim, a crise do orçamento fiscal é interminável. Se a taxa de juros voltasse para algo mais próximo de um nível humano e realista, o orçamento estouraria, algo que o Fed certamente sabe e que nos dá mais indícios de que o órgão reconhece quem o sustenta.

Mas vamos falar algo sobre esse truque novo chamado recompra reversa. O Fed imprime dinheiro para comprar títulos de longo prazo. Mas então o Fed "congela" o uso do dinheiro novo pegando-o emprestado novamente por períodos curtos e a taxas mais baixas. Ele pode realizar essa operação com instituições que não sejam bancos, como fundos de investimentos. Como disse James Grant, contrair empréstimos de curto prazo e emprestar em longo prazo é uma ótima maneira de falir.

Há uma frase de F. A. Hayek que foi colocada no vídeo de *rap* sobre Hayek-Keynes feito por John Papola e Russ Roberts: *"Você precisa economizar para investir; não use a prensa"*. Isso resume tudo. Não há investimento bom que não seja precedido pela poupança. Para poupar, você precisa renunciar ao consumo. Uma vez poupado, o dinheiro pode ser emprestado para projetos futuros que pagarão taxas de retorno maiores do que se poderia obter sem a etapa inicial da poupança. É assim que o capitalismo faz a economia crescer: uma expansão cada vez mais complexa da divisão do trabalho baseada no estoque crescente de capital.

A afirmação do Fed de estar promovendo o crescimento econômico se baseia em uma doutrina que compreende todo este processo de maneira inversa. Devemos consumir mais e poupar menos. Se isso funcionasse, o segredo para ter saúde seria viver afundado no sofá tomando cerveja e evitando exercícios como se fossem uma praga. Ou talvez a praga seja justamente o que todas estas medidas extravagantes do Fed estejam nos trazendo.

ENSAIO 58

Dinheiro e finanças como se você fosse importante

Durante a crise de crédito de 2008, vários banqueiros, autoridades do Tesouro e grandes empresas gritaram que o fim do mundo estava iminente – a não ser que trilhões do seu dinheiro fossem gastos (ou impressos) para impulsionar os sistemas financeiro e bancário existentes.

A ideia era a de que a estrutura atual jamais deve ser mudada e o controle do Fed sobre o sistema monetário e financeiro jamais deveria ser questionado. Tudo é exatamente como deveria ser. Isso é apenas um som sem importância no radar, nada com o que se preocupar, desde que algumas medidas fossem tomadas.

Assim, todos fomos roubados. Houve uma rolagem da dívida, novas regulamentações, a curiosa impressão de dinheiro, a absorção dos débitos podres que foram reenvernizados e rebatizados como ativos, o complicado socorro a todas as instituições que Ben Bernanke e seus amigos consideravam grandes e importantes demais para nosso bem-estar para que as deixassem falir. O governo deve ter permissão para distribuir somas enormes de dinheiro, diziam eles, a fim de salvar nosso glorioso sistema.

Democratas, republicanos, liberais, conservadores e todo veículo de imprensa tradicional deste mundo verde concordaram. Não se deve poupar esforços para solucionar esta grande emergência. Qualquer um que seja contrário a este socorro plurianual, que começou sob o governo de George W. Bush, continuou com Barack Obama e continuará com quem quer que seja o próximo presidente, é claramente um cretino odioso que não entende a gravidade que nós (como nação) enfrentamos.

Contudo, aqui estamos, não muitos anos depois, e parece que os empreendedores entendem algo que as classes política e financeira não entendiam: o sistema está podre e precisa ser consertado. Ele não atende aos consumidores, o que significa que não atende à sociedade. Há camadas demais entre nós e as pessoas que controlam o espetáculo.

Estes jovens empreendedores têm trabalhado duro para encontrar novas formas de desenvolvermos relações financeiras uns com os outros, formas humanas que não dependam de força, fraude ou pânico ao menor sinal de problema. O mais notável é como estão fazendo isso dentro da estrutura rígida existente, independentemente de todos os obstáculos que colocam em seu caminho.

Andei explorando alguns fascinantes sistemas novos da era digital para bancos, dinheiro, empréstimos e pagamentos. Se você não acompanha isso diariamente, deixará passar algo. Eles podem ser usados por milhões de pessoas para transferir bilhões de dólares, mas mesmo assim, não estão ao nosso alcance. Isso porque as pessoas estão usando mídias digitais como nunca antes para criar e inovar de forma que as velhas instituições financeiras piedosamente poupadas jamais poderiam imaginar.

Vamos citar alguns, dos mais simples aos mais complexos. E deixe-me dizer, antes de adentrar no assunto, que, se você teve um dia ruim, trabalhando em um emprego rotineiro no qual nada de novo acontece, ou se você ficou sentado na carteira ouvindo algum professor autômato falar sobre as mentiras datadas que entopem seu cérebro, estas ferramentas deixarão você muito mais animado.

Squareup. Esta é uma criação de Jack Dorsey (do Twitter) e seus amigos, e surgiu apenas em 2010. O primeiro problema que eles tentaram solucionar era se haveria uma forma mais fácil para os comerciantes aceitarem cartões de crédito. Eles decidiram dar de graça o equipamento que pode ser utilizado em celulares simples e cobrar por transação. Bingo!

Ao longo do desenvolvimento do negócio, já avaliado em US$ 1 bilhão, eles resolveram um problema ainda mais estranho que todos temos, mas nunca notamos: se não estamos com nossa carteira, não podemos comprar nada.

Agora, eis a genialidade: o Squareup permite que você pague falando seu nome. O comerciante compara sua foto no sistema com a sua fisionomia. Vocês se encaram e a transação é feita. Todos podem se inscrever. Sim, é incrível. Simples e maravilhoso.

O Lending Club. Mais uma vez, é espantoso. O Lending Club promove o encontro entre quem empresta e quem toma emprestado, contornando completamente o sistema bancário. A ideia surgiu em outubro de 2008, justamente quando o sistema de crédito existente parecia estar explodindo. Hoje, a empresa gera um milhão de dólares em empréstimos por dia.

Qualquer um pode conceder um empréstimo com um investimento mínimo de US$ 25 por promissória. Quem empresta pode escolher clientes específicos ou escolher entre vários grupos e combinações de clientes para reduzir o risco.

Qualquer cliente em potencial pode pedir dinheiro emprestado, mas é claro que a empresa quer manter as taxas mais baratas possíveis, e elas são divulgadas diariamente (neste momento, estão em 3%). Como resultado, a maioria dos pedidos de empréstimo é negada (e isso é bom!).

A taxa de juros média nos empréstimos é de 11%, mais barata do que nos cartões de crédito, mas mais realista do que a pressão louca do Fed pelo juro zero. Como resultado, o retorno médio anualizado é de 9,6%.

A atenção, claro, é voltada aos pequenos empréstimos para casamentos, despesas de mudanças, capital para a abertura de negócios, consolidação de débitos e coisas do gênero. Se você é um país endividado com muitos passivos sem financiamento, provavelmente não conseguirá o empréstimo. Se você é um estudante com um emprego que precisa de dinheiro para dar entrada em um apartamento, você pode conseguir.

Dwolla. Este é um sistema de pagamento *online* extremamente fácil e esperto que se especializou em conectar pagamentos por meio de redes sociais como o Facebook e o Twitter. Como a maioria destas empresas, a ideia surgiu em 2008, como uma reação à crise. O sistema estava quebrando e precisava de novos serviços que funcionassem. O Dwolla começou suas atividades em 2009 e hoje processa mais de US$1 milhão por semana.

Um jeito fácil de entender o Dwolla é vê-lo como a próxima geração do PayPal, mas com um foco especial na redução do problema que afligiu o PayPal nos primeiros anos: acabar com a fraude nos cartões de crédito. O Dwolla está focando seu desenvolvimento de produtos em formas de pagamento que não exigem o envio de informações do cartão de crédito através de redes.

O Dwolla também desenvolveu um forte interesse pelo sistema de pagamento virtual chamado Bitcoin, uma unidade contábil digital que espera se tornar uma alternativa aos sistemas monetários nacionais. Ele está bem longe de se tornar isso, mas não é de se surpreender que uma empresa jovem e inovadora se interessasse em concorrer com o papel-moeda fracassado.

Estes são alguns dos serviços, mas há centenas de outros. Nenhum deles foi criado pelos mestres monetários de Washington. Os serviços são resultado da inovação privada, de empreendedores individuais refletindo sobre problemas econômicos e sociais e descobrindo soluções. Eles aceitam o risco do fracasso e lucram com o sucesso.

O que todos têm em comum é o que falta à estrutura monetária, financeira e bancária atual — uma atenção louca ao atendimento ao consumidor individual. Se ou quando a estrutura oficial quebrar, estas empresas privadas estarão presentes para nos salvar.

ENSAIO 59

Lavagem de dinheiro

A história do *Daily* espalhou-se pela *Internet* na velocidade da luz. A reportagem: criminosos em todo o país estão roubando uma quantidade desmedida de frascos do sabão líquido Tide. Não porque os criminosos planejem entrar para o ramo das lavanderias. Não é só um "ataque de limpeza". Parece que os frascos de Tide estão funcionando como reserva monetária e até uma forma de dinheiro em vários mercados negros.

Como a história afirma memoravelmente, Tide é chamado de "ouro líquido" nas ruas. Harrison Sprague, do Departamento de Polícia do condado de Prince George, Maryland, diz que seus agentes infiltrados procuravam drogas e acabavam recebendo ofertas de Tide. Eles estão derrubando redes de tráfico de drogas e encontrando mais líquido azul do que pó branco.

Para deixar claro, alguns veículos de imprensa estão lançando dúvidas sobre essa reportagem, destacando que o roubo de Tide não parece ser um problema nacional. De minha parte, não tenho problemas quanto à credibilidade da reportagem. Na verdade, parece bem crível que novas formas de dinheiro estejam surgindo nos mercados negros. Por isso é que as lojas estão começando a instalar mecanismos antifurto nos frascos.

A força motriz aqui é uma guerra contra o dólar. Transportar grandes quantidades de dinheiro desperta suspeitas nas autoridades. É cada vez mais difícil "lavar" dinheiro por meio do sistema bancário. E, de qualquer forma, o dólar está sempre perdendo valor. Portanto, faz sentido procurar novas formas de facilitar as trocas. Isso não é nada incomum. A economia digital está cada vez melhor em trocar serviços e *softwares* como uma alternativa à troca de dólares.

Mas, se vamos pensar no Tide como dinheiro, isso significa que seu uso vai muito além do escambo. As pessoas não estão adquirindo Tide para lavar a roupa, e sim para trocá-lo por outras coisas, como drogas. Portanto, em um sentido restrito, o Tide está sendo usado para facilitar uma troca indireta. Ou seja, tornou-se uma moeda.

Na verdade, há muitas condições nas quais podem surgir moedas alternativas. Você vê isso entre crianças que trocam doces depois da noite de *Halloween*. As crianças acumulam e começa o escambo, mas, à medida que as trocas continuam, surgirá um doce mais desejável – não para o consumo, e sim para ser trocado por outras coisas. Por um breve período, um doce surgirá com propriedades monetárias. À medida que as trocas terminam, este mesmo doce será desmonetizado e ressurgirá como bem de consumo.

O dinheiro é frequentemente reinventado em condições ideais, emergindo de uma mercadoria em uso. Cigarros tornam-se dinheiro na prisão. Zonas de guerra também se tornam incubadoras de concorrência monetária, usando desde bebida até palitos de fósforos. Ao longo da História, o dinheiro assumiu muitas formas, de conchas a sal, passando por peles de animais. As qualidades comuns de uma mercadoria que os economistas dizem que compõe um bom dinheiro: durabilidade, divisibilidade, alto valor por unidade de peso, uniformidade de qualidade (fungibilidade) e reconhecibilidade.

O Tide não tem todos estes atributos. No entanto, é durável, no sentido de que não estraga. É divisível. A tampa lacrada dá alguma segurança contra a falsificação. Sim, ele não é tão bom quanto um metal precioso, mas os comerciantes não estão preocupados com isso. Eles só querem uma mercadoria vendável capaz de substituir o dólar, cujo uso se tornou extremamente arriscado para propósitos flagrantemente criminosos.

A guerra do governo contra o dólar como forma de combater a guerra às drogas não vence nada neste caso. Desde que haja um mercado, desde que haja oferta e demanda, haverá a pressão de inventar algum meio que permita trocas indiretas. Foi o que Ludwig von Mises explicou no tratado *A Teoria do Dinheiro e Crédito*, escrito em 1912, na alvorada da era dos bancos centrais.

Um grande problema do Tide é que ele não tem uma oferta estável, então seu valor de troca estará sujeito a pressões inflacionárias. Quanto mais Tide entra no mercado negro, mais seu preço cai em relação aos bens e serviços que pode comprar – a maré inflacionária poderia subir cada vez mais.

Mas, pensando bem, por pior que o Tide seja como moeda, sente-se que o dólar é ainda pior. Imprimir em linho custa menos do que fabricar um frasco de sabão líquido, o que significa que o dólar tem uma probabilidade maior de cair no esquecimento por causa da inflação. E qual seja o problema do sabão líquido, se o preço cair demais, o produtor não tem nenhum motivo para manter a fabricação. Sinais de lucros e prejuízos determinam quanto dele é produzido. Seu caráter físico, por si só, impõe algum limite – e este não é o caso da entrada de dados do Fed que chamamos de dinheiro.

A monetização do Tide demonstra algo extremamente importante sobre a própria instituição do dinheiro. Sua existência no mercado não deve nada ao governo ou a algum contrato social. Seu surgimento, como argumentou Carl Menger (1840-1921) no final do século XIX, se deve ao comércio. Escolher qual mercadoria se torna moeda é uma questão para empreendedores e as forças do mercado.

Nenhum planejador central – nem mesmo dentro do mercado negro – chegou à conclusão de que o Tide deveria se tornar moeda. Note ainda que o Tide é produzido pela iniciativa privada, o que é uma indicação do que poderia valer para todas as moedas hoje. Não precisamos do governo para escolhê-la e produzi-la. O mercado pode cuidar disso muito bem.

Há uma última lição a se observar neste caso: às vezes, dizem que somente o governo é inteligente o suficiente para ser capaz de escolher, produzir e administrar as questões monetárias. Com certeza, entidades privadas não são capazes de fazer isso, e a tentativa simplesmente levará ao caos. Mas não é assim. Os mercados privados podem fazer tudo isso, incluindo lidar com várias moedas que competem entre si e administrar as relações de preços entre elas. Isso acontece o tempo todo no mundo em desenvolvimento, com até crianças aprendendo a matemática e o funcionamento do mercado monetário.

O maior problema que o Tide como dinheiro enfrenta agora é de segurança. Quando você vir um carro-forte indo para a Walgreens, você saberá que eles estão tentando resolver o problema. A imagem pode nos deixar nostálgicos de um tempo em que nossa moeda oficial era algo no mínimo tão real e útil quanto detergente líquido para roupas.

ENSAIO 60

A dádiva da queda de preços

O aparelho de DVD quebrou ontem à noite. Ele não conseguia ler o disco. Claramente, o aparelho morreu. Com muita relutância, fui ao Wal-Mart para substituí-lo pela primeira vez em talvez dez anos. Enquanto estava lá, decidi comprar uma capa para meu *iPhone*.

Para minha surpresa, paguei praticamente a mesma coisa pelos dois. O DVD *player* – e não comprei o mais barato – custava incríveis US$ 28. Tenho certeza de que paguei US$ 150 da última vez. Pesquisando, o fato é que eles custavam o equivalente a mil dólares em 1997, e o preço está em queda desde então. A deflação dos preços não deu descanso nos últimos catorze anos, e ainda assim, de alguma forma, as empresas que fabricam os aparelhos de DVD sobreviveram e prosperaram.

A DÁDIVA DA QUEDA DE PREÇOS

E os preços em queda desse tipo de equipamento não são nada em comparação com o preço da memória usada no seu *laptop*. Depois de quinze anos de queda, os preços este ano despencaram ao ponto em que oito *gigabytes* que antes eu achava impagáveis hoje saem praticamente de graça. Quando o ano acabar, os mendigos terão mais acesso a DRAM (memória dinâmica de acesso remoto) do que a sopa.

Preços em queda são uma grande dádiva para o consumidor, e toda a experiência da revolução digital tem demonstrado que a isso não é uma ameaça à livre iniciativa como a conhecemos. Longe de ter matado a tecnologia, este setor é a principal fonte de crescimento econômico, empregos, inovação e produtividade. Ainda bem que a tecnologia não teve o mesmo tratamento que o mercado imobiliário depois da crise de 2008.

Geralmente, percebemos isso quando analisamos setores específicos como o da indústria tecnológica, mas, de alguma maneira, quando se trata da macroeconomia, ficamos confusos. Na verdade, não há motivos para temer a queda de preços. O maior período de crescimento econômico na História norte-americana aconteceu durante a Era Dourada, quando os preços médios caíam 3,8% ao ano, mesmo quando o crescimento econômico continuava em 4,5%.

Hoje, contudo, o Fed, sempre que tem oportunidade, promove o medo da deflação. Mês passado, Ben Bernanke, falando em Fort Bliss, Texas, chamou os preços em declínio de *"tanto uma causa quanto um sintoma de uma economia extremamente fraca"*. Bernanke esclareceu dizendo que se referia à deflação provocada pela desalavancagem e liquidação, e não à queda de preços como reação ao aumento da produtividade e inovação.

O problema dessa distinção é que ela é puramente teórica; não significa nada do ponto de vista dos produtores e consumidores que enfrentam a mesma realidade, seja qual for a causa. Mais importante, mesmo em casos de crise econômica, os preços não mentem; eles existem para revelar verdades sobre a alocação de recursos que nem mesmo os bancos centrais podem varrer para debaixo do tapete.

Então, para Bernanke, a queda de preços, mesmo a do tipo que vemos no setor de tecnologia, pode ser vista não apenas como um sinal de fraqueza (o que, obviamente, não é verdade), mas também como uma causa real da fraqueza (o que é ainda menos verdadeiro). Esta visão parece um resquício da Grande Depressão, quando economistas concluíram equivocadamente que a deflação era o motivo para a persistência da fraqueza. Murray N. Rothbard, quase sozinho, questionou isso e disse que preços em queda são a única coisa boa de uma economia deprimida, algo a se comemorar, e não lamentar.

Tomado por esse dogma, o Fed, o Tesouro e praticamente todo mundo se puseram a impedir a queda dos preços dos imóveis a partir de 2007. Isso tem sido uma das principais preocupações da política econômica desde então, e trilhões foram gastos neste sentido. Mas é tudo para nada. Os preços têm vontade própria, uma teimosia incrível que não se importa nem mesmo com os desejos do exército mais poderoso do mundo. O sistema de preços é a maior força de resistência do Universo, mais eficiente do que todas as insurgências mundiais combinadas.

Por que o Fed estaria tão interessado em propagar a ideia de que a queda de preços é um desastre? Porque sua principal função é criar dinheiro, o que sempre acaba por diluir o valor do estoque de moeda existente, além de distorcer as estruturas de produção. A inflação é seu principal produto. Ou na nossa época, quando a tentativa do Fed de fazer isso tem sido frustrada pela falta de cooperação do sistema bancário, ele pode ao menos dizer que faz o bem de evitar a deflação.

Em 2009, os preços ao consumidor medidos pelo CPI[17] na verdade caíram pela primeira vez em cinquenta anos. Graças à intervenção do Fed, essa tendência foi interrompida e os preços em geral têm subido desde então, apesar de pressão deflacionária dos imóveis e da tecnologia. Os setores mais inflacionários foram aqueles sobre os quais o Estado tem mais controle: educação, serviços públicos e saúde.

Cenários alternativos sempre são especulações, mas é de se imaginar como o mundo seria hoje se o Fed não tivesse imposto sua agenda inflacionária depois de 2008. A queda dos preços teria continuado? E, se a resposta fosse afirmativa, quão mais barato tudo seria hoje depois da desalavancagem mundial que ocorreu? Teria sido maravilhoso para o público consumidor e teria criado novos desafios para os capitalistas resolverem. Teria sido empolgante ver como isso levaria a uma reviravolta tão necessária em todo o mundo corporativo.

Portanto, especulemos. Levando em conta os esforços do Fed para criar uma inflação alta, como podemos explicar a taxa relativamente baixa de hoje em dia? Por que a inflação está assumindo a forma de uma chama fraca em vez de uma fogueira vibrante? Uma forma possível de analisar isso é que a inflação assumiu a forma da falta da deflação de preços que teríamos sem as ações do Fed. Se os preços pudessem ter caído 10%, mas em vez disso aumentaram 2%, talvez devêssemos incluir a dádiva anterior como um custo da política monetária do Fed.

Portanto, podemos entender por que o Fed tem todos os motivos do mundo para impor essa visão da deflação

---

[17] *Consumer Price Index*, uma espécie de IPCA dos Estados Unidos. (N.T.)

como o pior inferno possível no qual podemos nos encontrar. Essa afirmação vai contra toda a experiência humana. Quando encontrei pilhas de DVD *players* no Wal-Mart, senti o tipo certo de surpresa. Ampliando esse modelo a todos os bens e serviços, estaríamos vivendo em um mundo belo de prosperidade crescente, moeda cada vez mais valorizada e inovação interminável.

Talvez, um dia até as capas para *iPhone 4* sejam vendidas a um preço razoável.

ENSAIO 61

A moeda metálica que simplesmente não morre

Há mais de cem anos os governos tentam acabar com o papel do ouro no sistema monetário. Eles sonham com um dia em que o maldito metal desapareceria completamente, a não ser como joia e enfeites luxuosos. Ainda assim, as propriedades monetárias do ouro não somem. Os bancos centrais ainda o armazenam e muitos aumentaram o armazenamento de ouro nos últimos anos.

O governo norte-americano o acumula e registra isso nos balanços. O Fundo Monetário Internacional, o Banco Central Europeu, a China, a Alemanha, a Rússia, a Índia – todos armazenam ouro. A Turquia comprou cerca de 41,3 toneladas de ouro para as reservas oficiais em novembro. A Goldman Sachs espera que os bancos centrais comprem seiscentas toneladas de ouro este ano. Veja só as reservas oficiais combinadas até hoje: 30.744 toneladas.

Por quê?

Ao contrário do mito público, o ouro não exerce qualquer papel estatutário no sistema monetário. O padrão-cédula predomina desde 1971, apesar de muitas pessoas ainda não se darem conta disso. É claro que o ouro é um bem, mas o mesmo se aplica a várias outras coisas das quais governos e bancos centrais são donos: computadores, terras, imóveis, títulos afiançados por hipotecas, por mais que sejam podres, e muitas outras coisas. Não há um motivo especial para que o ouro conste nos registros, seja citado, promovido e comprado em tempos assustadores, mas não estes outros bens.

A verdade é que o ouro tem um papel enorme e contínuo a desempenhar. E é mais do que algo meramente psicológico. É algo que está profundamente entranhado na história do próprio dinheiro e no desenvolvimento da economia mundial como a conhecemos. Os governos destruíram o padrão-ouro há muito tempo, mas eles sabem melhor do que ninguém que não há garantia maior de segurança financeira, provada em praticamente todos os tempos e lugares.

Mas eis uma pergunta interessante. O que exatamente os governos e bancos centrais buscam proteger com suas compras e o acúmulo de ouro? Não somos eu e você. Trata-se de seu sistema e interesses. Por mais que eles adorem impingir o papel-moeda à população, correndo o risco até de destruir o meio pelo qual ganhamos, economizamos e nos sustentamos, quando se trata das finanças dos governos e bancos centrais, o ouro é ótimo para eles. Eles negam isso publicamente, mas suas ações falam mais alto do que suas coletivas de imprensa.

Este é um entre o milhão de motivos pelos quais você não pode confiar ao governo a administração e nem mesmo a fabricação do dinheiro que controla a economia. Isso deveria e poderia ser função da iniciativa privada. Na primeira vez

A MOEDA METÁLICA QUE SIMPLESMENTE NÃO MORRE

que ouvi Murray N. Rothbard dizer isso, fiquei pasmo. As pessoas não sabem que esta é uma função primária do governo? Mas ele não só tinha razão quanto a isso; desde quando seu livro *What Has Government Done to Our Money?* [*O que o governo fez com nosso dinheiro?*] foi lançado, grandes pesquisas sobre o assunto reforçaram o argumento.

O principal historiador da cunhagem privada é George Selgin. Seu livro *Good Money* [*Dinheiro Bom*] é um dos livros mais fascinantes sobre história monetária já escrito. O país é a Inglaterra e a época é a Revolução Industrial. A Casa da Moeda oficial cunhava apenas moedas de alto valor adequadas ao comércio tradicional feito por grandes empresas, mas foi nessa época que a burguesia estava surgindo. Pequenos fabricantes de todo o país precisavam de moedas de valor menor para pagar os funcionários. Eles não esperaram que o governo começasse a produzi-las. Os fabricantes de botão aproveitaram a oportunidade de cunhar moedas de valor baixo para que as fábricas pagassem os funcionários.

O que surgiu disso foi um sistema extremamente desenvolvido e sofisticado de cunhagem privada no âmago da entrada da Inglaterra no mundo moderno. O livro de Selgin conta toda a história com detalhes impressionantes e o editor se esmerou para oferecer uma seção enorme de belas imagens coloridas das muitas moedas privadas do período, incluindo uma comparação com as moedas sem imaginação e quase sempre feias do governo. O livre mercado assumiu o trabalho que o governo deixou de fazer!

Você pode adivinhar o que aconteceu. O resultado foi o mesmo de hoje, quando comerciantes privados inventaram moedas digitais para concorrer com o governo: o Estado os obrigou a fechar. Não cunhe sua própria moeda; o governo odeia concorrência! O livro de Selgin cobre o drama com energia e ironia, revelando uma porção da história que pouca gente conhece.

Nunca deixe ninguém lhe dizer que a iniciativa privada não pode ficar completamente encarregada do sistema monetário. Selgin demonstrou o contrário.

Isso é passado, mas e quanto ao futuro? Em 1982, a administração de Ronald Reagan aprovou uma lei que criou a Comissão Norte-americana do Ouro para analisar a questão. Foi uma oportunidade perdida, porque – não é de se surpreender – a solução estava no que a comissão decidiria. Ron Paul e Lewis Lehrman estavam na comissão e discordaram da opinião majoritária.

A opinião dissidente não era apenas um artigo que defendia uma visão pessoal; era um livro incrível sobre o passado, presente e futuro do ouro como unidade monetária. Ele termina com um plano detalhado para restaurar o dinheiro com lastro e nos libertar da tirania do papel. O livro foi lançado numa edição especial da Laissez Faire Books: *The Case for Gold* [*Em Defesa do Ouro*].

O ouro pode mesmo ser a moeda do futuro? Nathan Lewis acha que sim e defende sua opinião em *Gold: The Once and Future Money* [*Ouro: A Moeda do Passado e do Futuro*]. Ele diz que, sem o padrão-ouro, sem uma moeda com lastro e atada a limites estritos de produção, todo o aparato teórico das finanças governamentais deixa de fazer sentido. De que importa quanto você deve se você pode simplesmente imprimir dinheiro para pagá-la? Talvez isso tenha algo a ver com porque governo parece não conseguir controlar seus gastos. E como sequer podemos travar uma discussão racional sobre a política tributária e seus prováveis efeitos sobre o faturamento e a dívida pública enquanto qualquer queda de arrecadação pode ser compensada pelo poder mágico do Banco Central?

A MOEDA METÁLICA QUE SIMPLESMENTE NÃO MORRE

A ausência do ouro, argumenta Lewis, introduziu a irracionalidade e o caos fiscal nas finanças do governo. Ela tampouco serviu bem à população. Isso é o responsável direto pela criação do ciclo de bolhas — o papel dá ao Banco Central um poder gigantesco para manipular as taxas de juros — assim como pelas quedas persistentes do valor do dólar. O sistema fracassou, diz ele, e se os governos não consertarem o dinheiro, a iniciativa privada reagirá, assim como fez nos primórdios da Revolução Industrial.

Economias em desenvolvimento estão prestes a mudar. Indústrias nascem e morrem. Empresas vêm e vão, e até mesmo gigantes são geralmente derrotadas por *start-ups*. Os trabalhos que fazemos mudam. As formas de produção nas quais os países se especializam mudam constantemente. Todo esse empreendedorismo mundial altera a face da Terra a cada cinquenta anos, mais ou menos. Agradeça às mudanças: sem elas, não haveria como sustentar os sete bilhões de habitantes deste planeta.

Há poucas coisas neste mundo que não mudam, mas uma delas é a percepção e a realidade de que o dinheiro com lastro é baseado no padrão-ouro. Presidentes poderosos não conseguiram eliminá-lo, apesar de mais de uma dúzia ter tentado. Economistas de elite desejaram o desaparecimento dele, mas não conseguiram. O ouro é o objeto permanente máximo no mundo da economia. Que o ouro como unidade monetária sobreviverá a todos nós é uma das poucas apostas seguras da História.

ENSAIO 62

Saltando rumo ao sonho keynesiano

O mais recente plano inflacionário do Fed parece uma inovação tecnocrata. Ele diminuiu os custos de contratos de câmbio entre os bancos centrais do mundo, imaginando que o Fed faria pelo mundo o que a Europa, a Inglaterra e a China têm receio demais de fazer, isto é, acionar as prensas 24 horas por dia, todos os dias, para socorrer instituições e economias falidas. Na verdade, o Fed prometeu ser o emprestador de último caso para toda a economia mundial.

Parece novidade, mas não é. Depois da Segunda Guerra Mundial, John Maynard Keynes fez muita pressão para que houvesse um papel-moeda mundial administrado por um banco central global. Esta era a proposta dele para solucionar o problema das disputas entre as moedas de cada nação.

Saltando rumo ao sonho keynesiano

Vamos simplesmente tirar o poder inflacionário do Estado e dá-lo a uma autoridade mundial. Então, jamais precisaremos lidar de novo com a falta de coordenação.

A ideia não vingou, mas as instituições que deveriam administrar este sistema foram criadas mesmo assim: o Fundo Monetário Internacional e o chamado Banco Mundial. Não deu certo. Em vez disso, as nações mantiveram a autoridade monetária e as novas instituições se tornaram elogiadas provedoras de ajuda, meios de transferir pagamentos e cargas para nações em desenvolvimento.

Mas o sonho sobreviveu. A criação do euro e do Banco Central Europeu foram um passo nesta direção. Assim como o fechamento da janela do ouro por Richard Nixon. Cada nova crise cambial gerou uma justificativa para que mais passos sejam tomados na direção do que Murray N. Rothbard chama de *"sonho keynesiano"*.

Por que isso ainda não aconteceu? Por vários motivos. As nações não querem abdicar do poder. O Banco Mundial e o FMI são institucionalmente inadequados para a função. Muitas pessoas no mercado financeiro também manifestam abertamente nojo da ideia, plenamente cientes da destruição que crédito inflacionário sem supervisão pode gerar na economia mundial. E, principalmente, porque não houve uma crise grande o bastante para justificar medidas tão extremas.

No entanto, talvez esta crise tenha finalmente chegado. Desde 2008, o Fed demonstrou que, entre todos os bancos centrais do mundo, só ele tem coragem o bastante para adotar medidas inflacionárias gigantescas sem hesitar. O Banco Central Europeu atua sob certas restrições que o impedem de agir como um planejador monetário central. A China não se converteu à fé inflacionária. O mesmo vale para a Inglaterra.

Ben Bernanke, contudo, é diferente: ele está se revelando um keynesiano ortodoxo com uma fé ilimitada no poder do papel-moeda para resolver todos os problemas do mundo.

Isso significa que cabe só ao Fed salvar o mundo. Há uma lógica perversa nisso. Afinal, se você pretende se tornar um império mundial, operando sob a premissa de que nada no mundo está fora do seu alcance político, você também tem certas responsabilidades. Ajuda externa e tropas em todos os países é só o começo. Você deve, por fim, também assumir suas responsabilidades financeiras. Uma economia globalizada viciada em dívidas precisa de uma instituição disposta a agir e garantir tal dívida, além de dar a liquidez necessária para superarmos tempos difíceis.

Assim que o anúncio das novas medidas do Fed foi feito, o grupo de pessoas inteligentes na *Internet* chamou atenção para as observações óbvias de que tais medidas vinham com um risco enorme de causar uma crise inflacionária mundial. Elas poderiam levar à explosão final da bolha.

O Fed garante o contrário. Ele diz *"não provocar risco cambial"* ao tomar tais ações. Mas, como explica o economista Robert Murphy:

> Francamente, isso não é verdade. Se o Fed dá US$50 bilhões ao Banco Central Europeu, que (a preços locais) dá US$50 bilhões ao Fed, então o BCE empresta dólares aos bancos privados e, antes de eles pagarem os empréstimos, o euro despenca em relação ao dólar. [...] Então o BCE não tem recursos para adquirir dólares para pagar o Fed. Apesar de o BCE ter uma prensa de dinheiro, ela está configurada para produzir euros, não dólares.

Ele diz ainda o que todos sabem, mas ninguém dirá:

As intervenções atuais não resolverão o problema. Em algum momento – provavelmente mais cedo do que tarde – os bancos centrais do mundo adotarão medidas ainda mais extraordinárias para, mais uma vez, impedir que o mundo desmorone. Ainda assim, imprimir dinheiro não resolve os problemas estruturais. O que quer que eles façam, no final das contas o mundo financeiro vai desmoronar.

A velocidade com que tudo isso está acontecendo é impressionante. Foi somente há trinta e seis horas que ouvimos os primeiros alertas públicos quanto à escassez de crédito na Europa. Grandes empresas viram suas linhas de crédito diminuírem. Bancos começaram a ficar mais cuidadosos em suas operações, o que não é surpresa, já que a taxa de juro zero quase impossibilitou a obtenção de lucros com operações tradicionais de empréstimo.

Na recessão de 2008, o Fed permitiu que os alertas quanto à falta de crédito chegassem ao ponto de uma histeria internacional antes de agir. Desta vez, no entanto, ele tentou se antecipar aos alertas inevitáveis quanto à morte iminente da civilização. Somente trilhões em papel-moeda podem nos salvar agora! O Fed percebeu o que estava acontecendo e decidiu fazer algo, antes mesmo que a demanda surgisse.

No entanto, em vez de acalmar os mercados, o efeito real foi o oposto. Se você vai ao médico com um resfriado e ele o manda às pressas para o hospital para fazer uma cirurgia, você não apenas o parabeniza por ser meticuloso. Você imagina que ele sabe algo que você desconhece, isto é, que sua condição é muito mais séria do que você pensava. Sua família provavelmente entrará em pânico.

Em função somente deste motivo psicológico, esta ação provavelmente tumultuará os mercados das formas mais loucas. O Fed é agora o impressor de papel-moeda de todo o mundo. É um mundo novo e ousado. Se você pensa que uma nova era de prosperidade, paz e estabilidade nos aguarda, é porque passou o último século vivendo em uma caverna. Não há alma viva que dormirá bem sabendo que Ben Bernanke se autonomeou como o gerente de empréstimos do mundo inteiro.

ENSAIO 63

A desalavancagem do mundo

O capitalismo deveria ser um sistema de lucro e prejuízo, mas, nos últimos anos, bancos e planejadores centrais parecem ter se esquecido da parte dos prejuízos. Eles acionam todas as alavancas no painel de controle para tentar anular os prejuízos dos pesos-pesados, o que pode ser um pouco como tentar deter uma maré baixa. A estratégia não pode funcionar em longo prazo. A lei econômica, no final das contas, prevalece.

Por este motivo, a notícia de que a American Airlines pediu falência – uma empresa enorme que finalmente está jogando a toalha – surge como uma lembrança de como as coisas costumavam funcionar no passado quando as coisas funcionavam (lembra-se da falência da Lehman?). A maré recuou e nada pôde detê-la.

Não que a empresa não tenha tentado. Mas sua capacidade de se adaptar às novas realidades foi prejudicada por seus próprios sindicatos, pelo preço crescente dos combustíveis, pelas dívidas que se acumulavam e por uma tempestade de decretos e restrições impostas por regulamentadores federais. Seja qual for o motivo, a empresa não conseguiu mais negar a realidade, por mais que os acionistas, administradores e até mesmo políticos comprados desejassem o contrário.

O abençoado poder da lei econômica! Ela opera sem que ninguém acione as alavancas. Ela se impõe até mesmo contra a determinação dos príncipes e potências mundiais. É ela que mantém o mundo honesto e sincero quanto ao que é ou não possível. Ela mantém o mundo material no rumo, de modo que pessoas falíveis não possam fazer idiotices para sempre. Não é de se surpreender que a classe política a odeie.

O que vale para a American Airlines vale para toda a Europa. Uma crise de crédito como a que se abateu sobre os Estados Unidos em 2008 agora ameaça o continente. Bancos estão procurando os títulos podres de dívidas do governo em seus portfólios e estão preocupados com a manutenção da própria liquidez. Eles começaram a cobrar empréstimos e a cortar linhas de crédito, mesmo dos pesos-pesados. Isto está começando a espalhar os primeiros sinais de pânico na Europa. Levando em conta o precedente norte-americano, gerado pela crise imobiliária, os problemas só podem piorar.

Pense em 2008, quando a realidade começou a vir à tona, os preços dos imóveis despencaram e a Lehman faliu. Não tínhamos visto uma histeria financeira deste nível em nossas vidas. Os políticos, banqueiros e especialistas financeiros pareciam concordar que, se deixássemos a crise de crédito continuar, o próximo passo seria a fome em massa.

Apenas veja os navios cheios de mercadorias que sequer podem deixar os portos por causa dos cortes nas linhas de crédito! Veja a Islândia, com os mercados vazios! Imagine um futuro no qual as pessoas talvez tenham que realmente economizar para comprar, ao invés de depender de uma prosperidade fictícia como a criada pela máquina de imprimir dinheiro!

Poderíamos ter ido em duas direções. Poderíamos ter reconhecido que a falência da Lehman representava uma reafirmação da realidade. Poderíamos ter permitido que a desalavancagem continuasse, a fim de que os sinais da falsa prosperidade desaparecessem do sistema. Poderíamos ter deixado os preços dos imóveis caírem aos níveis de mercado e deixar que o mesmo mercado lidasse com os bancos e as instituições financeiras que construíram as casas sobre a areia das dívidas podres, e não sobre a rocha sólida da poupança real.

Mas não foi o que fizemos. Deixaram que o vício em crédito se infiltrasse demais, e praticamente ninguém sequer conseguia conceber um mundo se desintoxicando. Um mundo no qual a prosperidade foi recriada com base em coisas reais, não ilusões. Assim, enquanto até o presidente Barack Obama admitia o tamanho e escala da bolha financeira, ninguém no poder teve coragem de se sentar e deixar que a desalavancagem cobrasse seu preço. Se tivéssemos feito isso, dizem vários economistas, já teríamos voltado ao rumo certo de construir uma civilização baseada na realidade.

Em vez disso, o que vimos? Trilhões em recursos reais foram tirados da economia privada e investidos em empresas que deveriam ter pedido falência, mas não o fizeram. As taxas de juros foram derrubadas a zero e até mesmo a níveis negativos, uma ação destinada a fomentar os empréstimos, mas que só acabou punindo as poupanças e garantindo que os bancos não pudessem mais lucrar com operações de crédito. Três anos mais tarde, que bem isso gerou? As notícias mais recentes do mercado imobiliário são devastadoras. Os preços ainda estão caindo. Os preços sem ajustes anuais de setembro caíram 3,3% nos dez principais mercados. O índice das vinte maiores cidades caiu 3,6%, a níveis não vistos desde 2003. Alguns analistas tentaram ver um lado bom nisso, dizendo que, na verdade, a velocidade da queda de preços diminuiu.

Apenas admitamos uma coisa: este é um dos fracassos mais gigantescos da política econômica de estilo keynesiano da história. Os planejadores centrais começaram com a teoria de que toda a confusão foi causada pela queda nos preços dos imóveis, então a solução era claramente fazer os preços subirem de novo. Eles recorreram a todas as estratégias disponíveis, mas nada deu certo. E por quê? O fato é que os preços são determinados por um acordo entre o comprador e o vendedor. Os planejadores têm muito poder, mas ainda não têm a capacidade de invadir nossos cérebros e nos forçar a fazer coisas idiotas como comprar e vender com prejuízo.

Todo novo relatório sobre os valores no mercado imobiliário é como uma reprimenda severa ao Fed, ao Departamento do Tesouro, ao Congresso e a duas administrações presidenciais consecutivas. Não há nada de errado em protestar contra as políticas deles e fazer *lobby* contra eles, mas, no fim, nada expressa tão bem e tão diretamente o fracasso deles quanto as forças estonteantes e revigorantes do sistema de preços e da contabilidade. É onde encontramos a manifestação inquestionável da verdade em um mundo de mentiras.

Se eles precisassem fazer isso de novo, será que as autoridades institucionais reagiriam de outra forma? Provavelmente não, porque, no fim, nada disso tem a ver com criar ou proteger as condições de prosperidade para nós. Trata-se de proteger o próprio poder e os lucros de seus amigos. Logo veremos todo o cenário se repetir em toda a Europa: histeria, seguida por burrice, seguida por fracasso.

É por isso que a falência da American Airlines é, na verdade, um motivo de celebração. Não porque uma empresa antes grande foi derrotada por regulamentações entorpecentes, exigências sindicais ou administração falha; e sim porque isso é uma vitória das forças da oferta e demanda, as quais, ao contrário do que dizem os ditadores desde tempos imemoriais, são as melhores amigas que o homem comum já teve. Isso prova que os políticos só fingem governar o mundo.

ENSAIO 64

Dinheiro ou capitalismo em crise

Quando o *Financial Times* deu início à série "Capitalismo em Crise", fiz uma careta. Aqui vamos nós de novo, uma tentativa de culpar a iniciativa privada pelo que na verdade são fracassos do Estado e do papel-moeda. E alguns escritores da série – nem todos – fizeram exatamente isso, obscurecendo as diferenças entre mercado livre e não livre, referindo-se apenas à forma como "o sistema" fracassou.

E qual a prova desse fracasso? Ela está em todos os lugares. A renda das famílias continua a cair no mundo desenvolvido. O desemprego persiste e, da maneira que está sendo solucionado, é por meio da redução drástica no padrão de vida, um salário de cada vez. Dívidas são onipresentes. Jovens enfrentam a perspectivas terríveis. Reclamações quanto à desigualdade ressoam neste ambiente não porque o setor financeiro desenvolveu tamanha riqueza monetária, e sim porque a vida está tão difícil para todos.

Tudo isso levanta a questão: o que exatamente é este "sistema"? Nossa era é constantemente comparada à Grande Depressão, e muitas pessoas esperam uma mudança ideológica semelhante rumo a um controle estatal cada vez maior da vida econômica. John Maynard Keynes incentivou a destruição do padrão-ouro e o "fim do *laissez-faire*". Poderosos de todo o mundo cederam.

Mas, no passado, era mais fácil ludibriar o público e levá-lo a acreditar que o capitalismo é a fonte dos problemas e que os novos administradores-cientistas da máquina estatal restaurariam a prosperidade. Com certeza, a Era do Jazz foi um tempo de livres mercados, não foi? Não exatamente – havia a questão importante da Lei Seca, assim como o banco central e sua capacidade de gerar bolhas, como a que estourou em 1929. A mensagem não pegou, pois apenas um punhado de pessoas a compreendeu realmente, e eles não tinham o microfone. Assim, os poderosos aproveitaram.

E hoje em dia? A máquina estatal é o Leviatã pesado que não poupa nenhuma parte da vida. Ele cobra impostos e regula todas as coisas e usa o banco central como um cartão de crédito sem limites para distribuir ajuda a todas as classes e manter um império mundial baseado na violência militar e em privilégios executivos. É preciso muita cara de pau para dizer que isso tem qualquer relação com uma crise do capitalismo. É uma crise de um sistema baseado na administração social e econômica do Estado.

Isso talvez explique por que a esquerda socialista ainda precisa conquistar muita força no ambiente pós-2008. Alguém duvida do papel do governo e de seus amigos na criação da bolha imobiliária e financeira? Isso já foi demonstrado dez mil vezes, e a informação está disponível para todos no mundo digital. Não somos mais limitados pelo rádio, esperando por uma homilia qualquer do sumo sacerdote em Washington. Esse cara não controla mais o que podemos ler e pensar.

Escrevendo para a série, o ex-Secretário de Tesouro de Bill Clinton, Lawrence Summers, diz que uma pesquisa recente mostrou que *"entre a população norte-americana como um todo, 50% tinha uma opinião positiva sobre o capitalismo e 40% não"*. Mas não tenho certeza do que deve ser interpretado a partir da pesquisa, já que ela supõe uma compreensão generalizada do que "capitalismo" realmente significa. Trata-se de um sistema de proteção privilegiada da elite financeira à custa dos demais, ou é sinônimo de uma economia livre? São duas coisas bem diferentes.

O mais impressionante no artigo de Summers é que ele admite que as soluções keynesianas parecem inúteis neste ambiente. Ele escreve que, no que diz respeito à crise, "não há uma solução óbvia disponível". Ele diz ainda que algumas das maiores ansiedades sociais se focam em três setores em particular: educação, saúde e aposentadoria. Os três setores são controlados ou administrados pelo Estado. Ele conclui com uma admissão honesta: *"Não são os setores mais capitalistas da economia contemporânea, e sim os menos capitalistas [...] que mais precisão de uma reinvenção"*.

Outra contribuição para a série foi dada por Gideon Rachman. Ele apresenta uma fascinante tipologia das quatro divisões ideológicas do nosso tempo. Ele diz que a opinião pública e a intelectual podem ser divididas assim: 1) populismo de direita; 2) social-democracia; 3) libertarianismo hayekiano; e 4) socialismo anticapitalista. Isso me parece correto.

O populismo de direita (vivo nos Estados Unidos e na Europa) é o contingente belicoso que se opõe à imigração, quer a guerra contra o Islã, defende restrições às liberdades civis, tem obsessão pela demografia, defende um tipo próprio de distribuição de renda e anseia pelo surgimento de alguém poderoso que imponha algum tipo de ordem. Esta tendência tem uma história antiga na política, remontando provavelmente ao mundo antigo.

A tendência socialdemocrata é encontrada no eleitorado de Barack Obama e quer mais do mesmo que nos pôs nessa confusão: administração fiscal keynesiana, privilégios sindicais e um setor público cada vez maior, planejamentos e regulamentações gradativas, estímulos financiados pelo Banco Central, "imperialismo democrático" ou uma combinação qualquer desta lista. Este é o partido no poder aqui e em praticamente todos os lugares.

O elemento socialista/anticapitalista é bem óbvio. Ele consiste de uma coalizão estranha de intelectuais e jovens perdidos que lideram o movimento Occupy, juntamente com idiotas da mídia sempre em busca de uma história chamativa e simples para contar. É uma visão de mundo ridiculamente simples, segundo a qual tudo estaria bem se pudéssemos simplesmente tomar a renda do grupo minúsculo no topo da pirâmide social e a distribuíssemos à população. Para eles, a ordem social baseada no mercado é pouco mais do que um golpe para roubar e saquear os trabalhadores munidos de *iPhone* e os camponeses e beneficiar as elites financeiras.

O mais interessante é o surgimento do que Rachman chama de "tendência libertária hayekiana", representada principalmente por Ron Paul, mas englobando, na verdade, um movimento intelectual e popular mundial que enxerga a realidade em meio à propaganda oficial. Aqui, encontramos uma coerência absoluta: tanto explicações realistas do nosso sofrimento atual quanto respostas claras sobre o que deve ser feito a respeito.

Dos quatro grupos, este é o único que percebe a importância da reforma monetária. Keynes, na década de 1930, viu que o passo mais importante para modificar o sistema de mercado em favor da administração estatal era a destruição do padrão-ouro. Ele o odiava e se dedicou a convencer todos os governos a desistirem do ouro em favor do papel-moeda. Sem esta medida, não havia esperança para as políticas keynesianas.

De modo semelhante, os libertários reconhecem que o passo mais importante rumo à restauração da vitalidade econômica e do livre mercado é recuperar a qualidade do dinheiro. O padrão-ouro seria maravilhoso, mas improvável, já que sua reinstituição exige estadistas e banqueiros esclarecidos que façam a coisa certa. Um caminho mais viável rumo à restauração do dinheiro com lastro é a liberdade monetária total: deixemos que o mercado reinvente o dinheiro com lastro por meio do uso livre de todo e qualquer instrumento monetário.

O fundamental é que os libertários colocaram o tema do dinheiro no mapa. Vivemos sob uma forma de proibição monetária hoje, proibidos de usar quaisquer meios de pagamento que não os mantidos pelo Estado. E isso não é diferente da Lei Seca de antigamente, pois redistribui a riqueza, direciona os ganhos para os inescrupulosos, fortalece o Estado e promove várias formas de criminalidade.

Ao apresentar a série, John Plender escreve: *"F. Scott Fitzgerald (1896-1940) retratou o vácuo moral do capitalismo da Era do Jazz em* O Grande Gatsby*"*. Bobagem. Fitzgerald nunca ataca o capitalismo em seu grande romance. Jay Gatsby fez fortuna como contrabandista de bebidas, profissão que não existiria se não fosse pela Lei Seca.

Da mesma forma, nossa era é cheia de Gatsbys, pessoas que se deram bem manipulando um sistema falido. É o sistema o que deve mudar, não o direito de se dar bem.

ENSAIO 65

O mundo bizarro das taxas do cartão de crédito

Quase todos estão realmente irritados com as instituições financeiras hoje em dia. Que tipo de golpe eles estão aplicando, afinal? Parece que, para onde quer que recorramos, há sempre taxas, taxas, taxas. Como quase todos têm alguma espécie de cartão de crédito ou débito, o povo está especialmente interessado nisso, esperando encontrar sinais de exploração e suborno.

Vamos analisar melhor.

Um amigo meu está num restaurante na Virgínia e recebe uma oferta estranha com a conta. Há um bilhete: se você pagar em dinheiro, terá 5% de desconto. E por quê? Taxas do cartão de crédito. O lugar preferiria não pagá-las. Meu amigo paga em dinheiro e economiza sessenta centavos. Tenha em mente que era uma empresa consagrada, não um ambulante qualquer.

Claro que todos vivemos algo semelhante milhares de vezes ao trabalharmos com proprietários individuais. A pessoa que corta sua grama, pinta o quarto do seu filho, conserta seu encanamento ou presta uma corrida de táxi prefere receber em dinheiro. E por quê? Digamos apenas que dinheiro é mais líquido do que plástico. Todos sabem disso.

Mas não é exatamente comum que empresas estabelecidas sempre dêem descontos para pagamento em dinheiro. Mas isso está aumentando. Nem o governo nem as empresas de cartão de crédito tolerarão a disseminação dessa prática, algo que é considerado discriminação de preços. Haverá novas regras, novas intervenções, novas restrições, tudo em uma tentativa de deter isso.

O que os restaurantes e outros negócios farão? O que muitos já fizeram – recusar cartões de créditos para transações inferiores a US$ 5 ou US$ 10. Esta deveria ser a era dos micropagamentos, principalmente com o comércio digital. Em vez disso, seguimos no caminho oposto.

A pressão do preço do cartão de crédito só começou a transbordar agora, e isso é uma reação direta à regulamentação governamental. As regulamentações relevantes foram aprovadas ano passado, sem praticamente nenhum debate e muito pouca conscientização pública. As empresas de cartão de crédito reclamaram e fizeram alertas, mas, diante do clima antiempresarial atual no Capitólio, os protestos foram ignorados como um pedido de privilégio.

A legislação relevante é a Lei Dodd-Frank, que entrou em vigor ano passado. A Emenda Durbin limitou as taxas que as empresas de cartão de crédito podem cobrar por débitos a 21 centavos por transação. Isso deveria refletir o "custo real" do processo. E isso deveria impedir a prática de se cobrar mais do que o dobro disso em média.

O MUNDO BIZARRO DAS TAXAS DO CARTÃO DE CRÉDITO

Parece uma boa ideia, não? Ajuda o consumidor a economizar um pouco, certo? Contém o golpe dos cartões. Claro, essas empresas têm lucros altos o bastante.

Não é tão fácil. Tipicamente, uma fórmula complicada determina as taxas que as empresas cobram por transação. E, antes de descrevê-la, vamos deixar claro que estas taxas são um acordo entre duas partes: comerciantes e os serviços de cartão. Ninguém obrigou ninguém a fazer o acordo.

A fórmula anterior usava uma escala graduada para que quanto mais alto fosse o valor da transação, maiores seriam as taxas. Algumas transações tinham uma taxa muito mais alta do que a média. Da mesma forma, transações menores cobravam taxas menores. A maioria das transações por aluguel de filmes, cafés em lojas de conveniência e um bolinho no aeroporto custava aos comerciantes apenas alguns centavos.

Isso não tem a ver com caridade ou com um desejo por parte das empresas de cartões de ajudar os negócios menores. É uma questão de fechar negócio. Se você quer que a loja da mamãe e do papai e que o pequeno comerciante virtual feche o negócio, você precisa ir além do dinheiro. As empresas usavam os grandes comerciantes para "subsidiar" os pequenos comerciantes. As taxas altas cobriam as perdas das taxas menores.

O sistema dava certo. Então o Congresso interveio com um controle de preços – assim como os planejadores centrais nos estados socialistas – que achatou as taxas.

O efeito imediato foi o aumento de vinte centavos na locação de um filme pela Redbox ano passado. As pessoas culparam a distribuidora de filmes. Na verdade, eram os políticos, mas quem sabia?

Há mais legislações atuando aqui. A Lei de Responsabilidade e Transparência dos Cartões de Crédito (CARD, no acrônimo em inglês) de 2009 impôs sérias restrições à capacidade das empresas de cartões de crédito de aumentar as taxas de juros nos saldos existentes. Isso foi feito supostamente para proteger os consumidores das pessoas más e gananciosas que lhe emprestavam dinheiro cobrando uma taxa.

Adivinhe! Esse tiro também saiu pela culatra. Em vez de aumentar as taxas para faturas em atraso, as empresas foram obrigadas a impor taxas mais altas para todos. Isso não só tirou das empresas uma importante estratégia de *marketing* como também acabou custando aos consumidores muito mais do que costumavam pagar por rolar a dívida. É a classe relativamente mais pobre dos usuários de cartão de crédito que acabam prejudicadas com isso.

Quem os consumidores culpam? A Visa, a MasterCard e todas as outras, é claro. Elas estão cobrando 15% em um momento que os bancos pagam taxas negativas sobre os depósitos. A coisa toda é absolutamente perversa. As pessoas analisam o sistema e concluem corretamente que algumas pessoas devem estar recolhendo a pilhagem como bandidos.

Falei de apenas duas das leis mais recentes e escandalosas. Há milhares, dezenas de milhares de outras. Todas estas regulamentações, quando somadas, distorcem o mercado de mais maneiras do que podemos saber. Mas, novamente, quem fica com a culpa? Não o Congresso, o Tesouro, o Fed ou a Casa Branca. É a iniciativa privada.

Agora, pense no maior e mais escandaloso de todos os regulamentadores que afetam as taxas de juros e os mercados financeiros: o Federal Reserve. Ele está tentando falsificar a realidade de maneiras que contradizem todos os princípios da economia de mercado. E quais são os resultados? Um mundo louco e confuso. Sejam quais forem as distorções, elas são enormes e potencialmente muito assustadoras.

Logo conheceremos todas as consequências. Se as pessoas entenderem a causa fundamental (o governo, não o mercado), isso pode determinar o futuro da economia livre.

ENSAIO 66

A transformação do sistema bancário

Há uma cena na Parábola dos Talentos na qual o senhor, ao retornar, repreende o mais pobre de seus três servos. Ao descobrir que ele enterrou seu capital inicial, o mestre diz: *"Deveria ter depositado meu dinheiro com os banqueiros, pois assim, quando eu voltasse, teria recebido o que é meu com juros"*. O servo, então, é lançado nas *"trevas exteriores"*, onde enfrenta *"choro e ranger de dentes"*.

No mundo de hoje, enterrar o dinheiro talvez fosse a melhor ideia. De outro modo, o servo precisaria pagar taxas de depósito, retirada e transferência, não teria recebido nenhum juro e o dinheiro teria perdido valor neste tempo. É o bastante para fazer você chorar e ranger os dentes.

Esta parábola mantém uma vida longa porque receber juros sobre depósitos é uma característica universal da experiência humana em qualquer economia. Até agora. O Fed anunciou que trabalhará para manter as taxas de juro em zero pelos próximos anos, com o suposto objetivo de renovar a economia. Pelo menos, é o que Bernanke nos diz detalhadamente.

Mas eis o problema: essa mesma estratégia de levar a taxa de juros a zero foi uma característica do período no qual o Fed administrou o mundo pós-recessão. O resultado foi o que o *The Wall Street Journal* descreveu com precisão como cinco anos de perda de progresso econômico: a economia hoje é pouco maior do que no final de 2007, apesar da população crescente e da gigantesca explosão tecnológica. A renda familiar ainda está diminuindo e toda uma geração precisou reajustar suas expectativas para o futuro.

O que o Fed fez? Ele criou e garantiu cerca de US$ 13 trilhões em bens falsos para embelezar os balanços de instituições financeiras que, de outra forma, teriam morrido. Estes bens falsos serviram como substitutos de reservas reais para criar a ilusão de uma contabilidade equilibrada. Ele fez sua própria taxa de desconto desaparecer como forma de abrir suas reservas ao sistema bancário a fim de mantê-lo vivo. Por fim, deixou claro que está pronto para ser o emprestador de último recurso para praticamente tudo, tirando a recompensa de risco que normalmente estaria atrelada a empréstimos de longo prazo.

No todo, esta estratégia praticamente destruiu a capacidade dos bancos de funcionar, transformando efetivamente os bancos em instituições de utilidade pública para atenderem a si mesmos e aos governos, em vez de depositários e emprestadores. A iniciativa privada busca financiamento fora do sistema bancário oficial, investidores estão procurando outras opções e os próprios bancos se voltaram para outras fontes de renda, como arbitragem de taxas de juros e fazendo empréstimos para outras instituições financeiras, fundos de investimento, seguradoras e imobiliárias.

Na década de 1930, as políticas do *New Deal* tentaram ressuscitar a agricultura e a atividade econômica em geral mandando os fazendeiros destruírem as plantações e matarem os animais. Hoje, as políticas do Fed tentam ressuscitar o mercado imobiliário, os bancos e a atividade econômica em geral diminuindo a capacidade dos mercados de empréstimos de funcionar em qualquer grau de normalidade.

Michael Hudson explica inteligentemente o problema:

> As pessoas costumavam saber o que um banco fazia. Os bancos recebiam depósitos e os emprestavam, pagando aos depositários de curto prazo menos do que cobravam por empréstimos de risco ou menos liquidez. O risco era assumido pelos bancos, não pelos depositários ou o governo. [...] O sistema bancário se afastou tanto do papel de financiador do crescimento industrial e do desenvolvimento econômico que hoje lucra à custa da economia de uma forma predatória e extrativa, sem fazer empréstimos produtivos.

Mesmo que Ben Bernanke estivesse dizendo a verdade quando afirmou que tudo se trata de inspirar a recuperação da economia, não há esperança de que isso possa funcionar. O mercado imobiliário ainda está uma enorme confusão, com um quarto das hipotecas existentes supervalorizado. Ele luta contra a gravidade para continuar tentando fazer subir o que cairá assim que o estímulo artificial for retirado. E, nesta altura, já deveria ser óbvio que taxas cada vez menores não estimulam os empréstimos neste ambiente, e sim o contrário.

A TRANSFORMAÇÃO DO SISTEMA BANCÁRIO

Como a tradição austríaca explicou há muito tempo, a base da prosperidade futura é o acúmulo de capital e o consumo adiado na forma de poupanças reais. Estas diretrizes punem as duas coisas. Pior: elas tornam as poupanças tradicionais praticamente impossíveis. Estas diretrizes encorajam ainda mais o consumo e o acúmulo de dívidas e não fazem nada a fim de resolver o problema central que gerou a bolha artificial e seu consequente estouro.

Mas Bernanke está mesmo dizendo a verdade? Não. Entre restaurar o crescimento e salvar o sistema bancário das consequências de suas próprias decisões irresponsáveis, o Fed escolheu a segunda opção. Esta é a conclusão inevitável.

De outra forma, precisaríamos acreditar que o Fed está completamente cego diante dos resultados recentemente comprovados de suas próprias diretrizes. Isso não é administrar o Fed para o bem do interesse público, e sim para o bem do interesse dos bancos e dos governos endividados com eles. O fato de você não poder mais receber uma recompensa por poupar seu dinheiro é um indicativo microeconômico de um problema muito maior.

Pense nos custos de oportunidade de tais políticas. Vivemos em uma época de inovação sem precedentes, graças às mídias digitais, à *Internet* e às melhoras diárias na produção, administração e distribuição de informações. Boa parte do mundo comoditizável abandonou o reino da escassez para entrar no setor no qual a reprodutibilidade infinita não só é possível como também uma característica comum do cotidiano.

Com uma economia de bases sólidas, a sociedade deveria estar ficando cada vez mais rica a uma velocidade ainda maior do que a da Era Dourada, quando 10% ou 15% de crescimento era comum e a população começou a prosperar como nunca antes. A era digital nos deu tecnologias de poupança que fazem tudo o que veio antes parecer como meros aquecimentos. Em vez disso, negam-nos estes benefícios e crescimento, graças a políticas catastróficas de governos apoiados por bancos centrais e instituições financeiras dependentes.

Em que cenário a normalidade volta? De acordo com Bernanke, não há um fim para isso, o que significa estagnação contínua sem motivo. Por isso, nunca houve mais urgência em abolir o Fed, instituir um sistema de livre mercado e deixar que um novo sistema monetário surja com uma fundação sólida. Ao mesmo tempo, o Fed nunca teve tantos motivos para manter vivo este sistema que está acabando com a prosperidade futura.

Se a Parábola dos Talentos fosse recontada hoje, ela precisaria de um final diferente, com um grupo diferente de ladrões lançados nas trevas para chorar e ranger os dentes.

ENSAIO 67

Uma forma de explorar os ricos

Você talvez tenha notado que muitas pessoas estão realmente furiosas com o chamado 1%. Muitas pessoas, principalmente políticos, ficam completamente loucos sabendo que há muitas pessoas sentadas sobre milhões, bilhões. Populistas imaginam que estas pessoas não fazem nada, exceto acumular e contar o dinheiro e dar risadas ameaçadoras sobre as vantagens que têm sobre as outras.

Portanto, os ativistas estão propondo planos para tirar o dinheiro dessas pessoas à força, por meio de políticas governamentais. É uma abordagem brutal que envolve o uso intenso da coerção estatal contra as pessoas. Se você acredita na paz, como muitos ativistas dizem acreditar, isso não é tão bom. Violência gera violência, então nunca é a solução.

O outro problema com a taxação é que o dinheiro é transferido para o próprio Estado — a mesma instituição que reprime a liberdade de expressão, prende pessoas por fumar maconha e dissolve manifestações contra o 1%. Não ajuda nada transferir o dinheiro do roto para o esfarrapado.

Claro que deve haver uma forma melhor de tirar o dinheiro dos ricos e colocá-lo nas mãos da classe média e dos pobres. Há uma forma mais pacífica, mas também letal, de produzir o mesmo resultado?

Tenho a solução perfeita. Ocorreu-me há alguns dias, quando andava por uma rua e vi um Rolls-Royce Phantom estacionado como um carro qualquer. Estes carros ridiculamente pomposos podem ser incríveis, mas custam cerca de US$ 320 mil.

Incrível! Por que alguém compraria isso? Quem quer que seja o dono poderia gastar uma fração ínfima disso em um carro usado normal que vai daqui até ali (como o meu), mas, em vez disso, e por motivos que ninguém sabe explicar, essa pessoa decidiu gastar mais de sete anos de renda de um trabalhador médio em um único carro.

A questão é que essa pessoa gastou o dinheiro. E para onde ele foi? Para as pessoas que venderam o carro, construíram o carro, transportaram o carro e fizeram tudo no carro, até os operários na fábrica de pneus e aqueles na metalúrgica que fez o aço do belo gradil.

O dinheiro foi do rico para todos os demais, e ninguém precisou ameaçá-lo de prisão para que isso acontecesse. Os que receberam o dinheiro não precisaram fazer *lobby*, impor impostos ou forçar ninguém. O cara transferiu o dinheiro voluntariamente! Parece-me que estamos diante de algo aqui.

Os ricos são um grupo interessante. Eles gostam de se definir por meio de símbolos do que o restante do mundo considera ostentação. Se não houvesse coisas nas quais gastassem o dinheiro, eles talvez só acumulassem riqueza, esconderiam-na em algum paraíso fiscal ou a protegessem em algum *trust* obscuro.

Thorstein Veblen (1857-1929) entendeu tudo ao contrário. Pessoas que se ressentem da riqueza da superelite não deveriam estar condenando o consumo conspícuo. Elas deveriam estar encorajando mais disso. A solução é ter uma sociedade com uma proliferação de coisas extremamente caras nas quais os ricos possam gastar seu dinheiro. Este é o caminho da expropriação voluntária e da distribuição de renda eficiente, deles para nós, do 1% para os 99%.

Pense na passagem de primeira classe nos aviões. Em alguns voos, esta passagem quase quebra o banco. Passagens em voos internacionais adquiridas em cima da hora podem custar US$ 15 mil. E o que você ganha com isso? Uma aeromoça que acha que você é incrível, bebidas grátis e mais espaço para as pernas. E, por isso, você transfere milhares de dólares da sua conta bancária para a conta dos pilotos, comissários, bagageiros, funcionários da empresa área, operários das linhas de montagem, as pessoas que abastecem os aviões e todos os outros envolvidos no voo.

O mesmo vale para hotéis caros. Para mim, eles são apenas lugares para dormir até eu chegar ao meu destino final. Mas há toda uma classe de hotéis por aí criada para lhe proporcionar todo um estilo de vida enquanto você está hospedado. Eles têm *spas*, saunas, piscinas, salas de ginástica, vários restaurantes, bares em todas as partes, bibliotecas, golfe, caminhadas, salões de dança e mais atrações do que você é capaz de usar em um ano. A diária pode custar milhares de dólares.

Não entendo, mas muitos dos integrantes do 1% gostam destes lugares. Que bom! O dinheiro deles vai diretamente para as mãos dos garçons, limpadores de piscina, porteiros, camareiras, cozinheiras, jardineiros, zeladores, pedreiros e todo tipo de funcionário e camponês que você possa imaginar.

Precisamos de mais disso. Veja a Copa do Mundo de Iatismo. É caríssimo envolver-se nela, em qualquer nível. Os iates podem custar mais de US$ 5 milhões. Só a participação pode custar mais alguns milhões. Estas coisas levariam qualquer pessoa normal à falência pelo resto da vida. Mas os ricos gostam e voluntariamente transferem a riqueza para os mais pobres de todas as classes sociais. Principalmente quando você considera a atenção da mídia e o sensacionalismo, há centenas de milhares de pessoas que são beneficiadas pela extravagância dos ricos.

O mais legal é que os produtos consumidos pelos ricos acabam, por fim, disponíveis para todos os demais, desde que a economia de mercado esteja funcionando como deveria. Um celular na década de 1980 era o bem de luxo máximo. Hoje, eles estão disponíveis a todos os pobres do mundo. O mesmo vale para os computadores, é claro. Tenho mais poder computacional no meu bolso do que os mais ricos e poderosos tinham, juntos, há duas décadas.

Os ricos são os primeiros consumidores. O que era luxo antes se torna normal para nós hoje. A cadeia de consumo começa nas lojas caras e exclusivas nas quais você precisa marcar hora para entrar e acaba no Wal-Mart alguns anos mais tarde. Eles seguram o tranco para que não precisemos fazê-lo. Deste modo, são benfeitores da sociedade.

Se queremos explorar os ricos, precisamos dar mais oportunidades para que eles gastem milhões e bilhões em coisas as quais eu e você jamais pensaríamos em comprar. Precisamos de mais luxos, mais consumo desenfreado, mais coisas pomposas e extravagantes e serviços que os deixem tentados a gastar seu dinheiro.

Uma forma de explorar os ricos

Mas, obviamente, se isso é verdade, também precisamos de produtores que fabriquem estas coisas para vendê-las aos ricos. Isso significa que não devemos punir o investimento e o acúmulo de capital, e que certamente não devemos impor impostos quando os investimentos dos ricos geram lucro. Os impostos sobre ganhos de capital precisam ser eliminados, e o mesmo vale para o imposto de renda e outros impostos sobre o consumo. Qualquer coisa que desencoraje a criação e a venda de itens de luxo deve ser repelida, desde que queiramos esvaziar os bolsos dos ricos.

Também precisamos eliminar a crença cada vez mais disseminada de que os ricos deveriam doar todo seu dinheiro para instituições de caridade distantes. A quem elas realmente beneficiam? Às vezes é difícil saber, mas em geral são ONGs que podem ou não estar fazendo o que dizem fazer. Um caminho melhor é encorajar os ricos a ficar ainda mais ricos e gastar loucamente em coisas que beneficiam o restante da população.

Eles não podem levar suas fortunas quando morrerem. O mercado é a melhor e mais poderosa forma de garantir que a riqueza seja distribuída a todo o mundo.

ENSAIO 68

Zero por cento acima de tudo

Estamos começando a ter uma noção de como é a vida com a nova política de abertura do Fed. Ela significa que o presidente do Fed tenta bater o recorde mundial de coletiva de imprensa mais demorada e chata da história moderna. Ben Bernanke está melhorando cada vez mais nessa habilidade fundamental de não dizer nada em detalhes. Quanto melhor ele fica nisso, mais tempo ele se dispõe a passar respondendo aos repórteres.

    Todos fazem alguma versão da mesma pergunta, de todo modo. É a pergunta de praxe feita a todos os economistas: o que nos aguarda no futuro e o que deveria ser feito a respeito? O problema é que Bernanke não tem mais noção do futuro do que os mercados. Na verdade, analisando as transcrições das reuniões de 2006 do FOMC (Comitê Federal de Mercado Aberto), o Fed sabe muito menos do que os mercados.

Mas, ao menos, sabemos o que Bernanke acha que sabe. Um breve resumo das notícias de ontem sobre o Fed: a economia ainda está em crise, e continuará assim por anos, taxas de juros serão mantidas a zero e os poupadores que se danem.

Podemos deduzir a última parte a partir da pergunta mais interessante feita a Bernanke ontem. Greg Robb, do *MarketWatch*, afirmou que alguns republicanos o criticam severamente. O Fed tem sido um tema importante nos debates e nas campanhas eleitorais. O sr. Robb tem uma teoria do porquê: muitos eleitores republicanos vivem de rendas fixas que dependem do retorno sobre seus investimentos. Para este povo, taxas de juro zero são um desastre. Roubo, na verdade.

A primeira reação de Bernanke foi dizer que não se envolveria em política porque "tem um trabalho a fazer". Os jornalistas merecem crédito por não terem caído na gargalhada diante da afirmação ridícula de que o trabalho do Fed não tem nada a ver com política! Depois de cem anos de serviço, é óbvio que o Fed atende a dois clientes: os grandes bancos e o governo. O Fed certamente não atende aos interesses das pessoas que poupam e investem.

Então, como Bernanke lidou com a segunda parte da pergunta? Foi interessante. Ele disse que tinha muita pena dos poupadores e dos rentistas, mas eles precisavam entender que também compartilham de um interesse de longo prazo em uma economia saudável. Se o investimento e a produtividade estão aumentando, eles criam condições para o crescimento de longo prazo, e isso certamente é bom para todos.

Há um raciocínio confuso aqui. É como um ladrão que rouba a prataria e depois explica aos ex-proprietários que uma distribuição maior dos belos utensílios com certeza é boa para todos em longo prazo. Mesmo que você aceite este argumento, seria melhor se o proprietário tivesse alguma escolha no assunto.

E há outro problema tão incrivelmente óbvio que ninguém na coletiva de imprensa sequer ousou apontar. O problema é que a política de juro zero não deu certo para impulsionar o crescimento da economia. Qual justificativa possível existe para pensar que mais dois anos de extermínio da classe poupadora farão o que os três últimos anos não fizeram?

Claro que isso depende do que você entende por "deu certo".

Digamos que o Fed queira afastar todos os investidores dos títulos do governo e empurrá-los para instrumentos mais arriscados na tentativa de impulsionar artificialmente o mercado financeiro. Deu certo.

Digamos que o Fed queira punir todos que desejam poupar dinheiro para tempos de dificuldade e levá-los a comprar mais TVs de plasma, aparelhos digitais e casas de verão. Deu certo.

E digamos que o Fed queira suprimir artificialmente os custos do governo para contrair empréstimos a fim de reduzir a pressão sobre a classe política. Deu certo.

Destas formas, abolir as taxas de juros deu certo para o Fed e a elite política. Mas há pelo menos três lados ruins.

Primeiro, os bancos dependem dos pagamentos de juros para terem lucro, e juros baixos tiram os incentivos financeiros para que os bancos emprestem dinheiro normalmente. É por isso que os empréstimos dos bancos de varejo continuam baixos, com os dados mais recentes mostrando um volume igual ao da metade de 2007. Alguém pode dizer que isso contraria os objetivos do Fed, mas é um preço que o Fed está disposto a pagar.

Depois, uma política de taxa de juros baixos exige que o Fed tente controlar não apenas os juros de curto prazo, sobre os quais tem mais influência, mas também os juros ao longo de toda a curva de rendimentos. Isso significa retirar os prêmios de risco em empréstimos de longo prazo garantindo implicitamente socorros, assim como aqueles de 2008-2010. Isso gera um risco moral maior e estabelece uma divisão entre risco e resultado.

Em terceiro lugar, essa política de taxas baixas é semelhante – mas ainda pior – às políticas que justamente criaram a bolha da década de 2000 que estourou em 2008 e gerou a maior calamidade financeira e econômica em muitas gerações. O Fed não aprendeu absolutamente nada com sua própria história recente. Se as pessoas não conseguem ganhar dinheiro por meio de juros, os financistas encontrarão outra forma de vender risco, resultando em planos mirabolantes de investimento e capital mal alocado.

Como escreve David Malpass no *Wall Street Journal*:

> Taxas de juro quase zero penalizam os poupadores e canalizam capital artificialmente barato para o governo, grandes empresas e países estrangeiros. Um dos princípios mais fundamentais da economia é que manter os preços artificialmente baixos provoca escassez. Quando algo de valor é grátis, ele acaba rápido e só os bem-conectados conseguem ter acesso a ele. Taxas de juros são o preço do crédito e não deveriam ser controladas para que permaneçam em zero. Isso provoca crédito barato para os que têm acesso especial, mas escassez para quem não tem – principalmente novos e pequenos negócios e os que buscam hipotecas no setor privado.
>
> A grande conclusão que se pode tirar em função das políticas do Fed é sua nova diretriz de manter a inflação

em 2%. Isso é pura bobagem. Não existe essa coisa de nível de preços, como até mesmo os dados recentes do CPI demonstram. Alguns preços subiram (comida, educação, saúde) e outros caíram (petróleo, *software*, serviços). Misture-os e você terá um valor único que não se aplica a absolutamente nada específico.

De qualquer forma, o Fed não pode controlar os preços assim. Ele está sempre dirigindo olhando pelo espelho retrovisor. Quando a batida acontecer, não haverá nada o que o Fed possa fazer a respeito, a despeito das repetidas promessas de Bernanke de salvar o mundo de quaisquer consequências negativas das suas políticas.

Como diz Caroline Baum, da *Bloomberg*, é quase como se o próprio Fed tivesse se esquecido completamente da existência da *"longa e variável defasagem"* entre suas políticas e seus efeitos. Ela recorda a analogia de Milton Friedman (1912-2006) do *"tolo no chuveiro"*, que alterna entre a água totalmente quente e fria demais e se pergunta por que se queima ou morre de frio.

Baum conclui que, de acordo com o plano de Bernanke, teríamos *"oito anos de taxas de juro zero. Haverá uma revolução neste país antes disso se a economia é ruim o bastante para garantir juros de 0% por tanto tempo"*.

Sério? Tomara.

ENSAIO 69

A autoexpropriação dos milionários patriotas

Você quer pagar impostos maiores? Há uma solução bem fácil. Pague mais. Ninguém o está impedindo. Você pode pagar mais do que deve às autoridades tributárias. Lembro-me de que até existe um campo para isso no formulário. Doe para a instituição de caridade que você ache que vale a pena! Nenhum governo na História do mundo jamais recusou o dinheiro que seus "cidadãos mais patriotas" quiseram doar por vontade própria.

Infelizmente, não é disso que se trata a organização "Milionários Patriotas pela Robustez Fiscal" — este é o nome verdadeiro de uma nova entidade. Um imposto não é uma contribuição voluntária. Do contrário, ele se chamaria doação. Um imposto é uma retirada forçada da propriedade privada pelo Estado para que o Estado a use para os próprios objetivos. Se não envolve coerção, não é imposto. O uso da força define o imposto. Isso vale até para impostos sobre circulação de mercadoria ditos voluntários: tente comprar gasolina ou cigarro sem pagar o imposto e veja se você consegue.

Estes muitos signatários da Milionários Patriotas não estão pedindo apenas um aumento dos próprios impostos. Estão pedindo que seus impostos também sejam aumentados. Os patriotas entre nós têm como fazer os não patriotas pagarem, e isso se chama fazer pressão para o governo saquear a população ainda mais do que já saqueia.

A questão é que não se trata de um ato de autossacrifício da parte deles. Eles são livres para fazer um sacrifício sempre que quiserem. Não, eles estão tramando para incluir você na causa deles, goste você disso ou não.

Existe uma longa tradição de ricos se unindo para pedir impostos maiores. Andrew Carnegie ('835-1919) pediu apaixonadamente por um imposto que saquearia pessoas quando morressem para que elas não pudessem deixar sua riqueza para os outros. Na nossa época, Bill Gates e Warren Buffett conquistaram o respeito e a admiração da elite esquerdista liberal pedindo que o Estado tire mais de seu dinheiro.

Por que estas pessoas fariam isso? Bem, para começar, é legal para conquistar o respeito e admiração da elite esquerdista liberal, que tende a perdoar qualquer acúmulo de dinheiro desde que o acumulador esteja disposto a apoiar as causas da esquerda liberal. Você consegue um passe livre desta maneira, uma medalha de honra para esconder o que algumas pessoas poderiam considerar como uma riqueza obtida ilegalmente.

Vários motivos psicológicos também foram alegados para explicar isso. Talvez estes ricos odeiem a si mesmos e se sintam culpados. Eles precisam que a política pública expie seus pecados e limpe suas consciências.

Outra teoria é a de que os já ricos estão bem felizes em assegurar seus ganhos por meio de uma política que evite que outros se juntem ao seu grupo. Um imposto, portanto, torna-se um método pelo qual a elite rica combate a concorrência e consolida seu monopólio.

Ou talvez devamos simplesmente acreditar neles, que eles realmente acreditam na redução do défice. A verdade é que toda a riqueza deles não faria a menor diferença no défice. Uma expropriação de 100% do patrimônio das pessoas que ganham mais de US$ 10 milhões por ano mal cobriria umas poucas semanas de gasto do governo. Um imposto progressivo de até 70% sobre uma renda superior a US$ 1 milhão mal cobriria 10% do défice. Na verdade, nem dobrar os impostos de todos hoje equilibraria o orçamento (com todo o resto permanecendo como está).

O problema não é que os impostos são baixos demais para todos; o problema é que o governo não tem nenhum mecanismo institucional que estimule qualquer contenção de gastos.

De qualquer forma, a coisa toda é bizarra. Por que alguém esperaria que o governo de repente começasse a se controlar se subitamente gozasse de uma renda extra temporária? Não há absolutamente nenhuma prova que sustente tal suposição. O que o governo faz com mais dinheiro? Gasta, se possível.

Há uma forma muito mais rápida e segura de impor a disciplina fiscal. O próprio governo precisa enfrentar algum teste de mercado. A melhor forma de garantir que haja algum tipo de penalidade para maus hábitos financeiros é sujeitar a dívida do governo à mesma disciplina enfrentada pela dívida privada. Os títulos do tesouro precisam de um prêmio baseado no mercado atrelado a eles.

Mas isso não pode acontecer enquanto o Fed estiver presente como último recurso de empréstimo para os políticos.

Por pior que estejam as finanças, por maior que seja a dívida, por mais odioso que seja o défice, o Fed está lá com a promessa de dinheiro. Financiar isso pode exigir uma hiperinflação, mas o dinheiro estará lá. Ele pode acabar valendo menos do que o papel em que é impresso, mas estará lá.

O Banco Central é a fonte real da irresponsabilidade fiscal. Mas os milionários não falam sobre isso. É um assunto intocável, uma instituição sacrossanta. Nossas contas bancárias estão vulneráveis às pressões de seus *lobbies*, mas o Fed está perfeitamente seguro. É isso o que eles chamam de "patriotismo".

PARTE VI
Sociedades Digitais Privadas

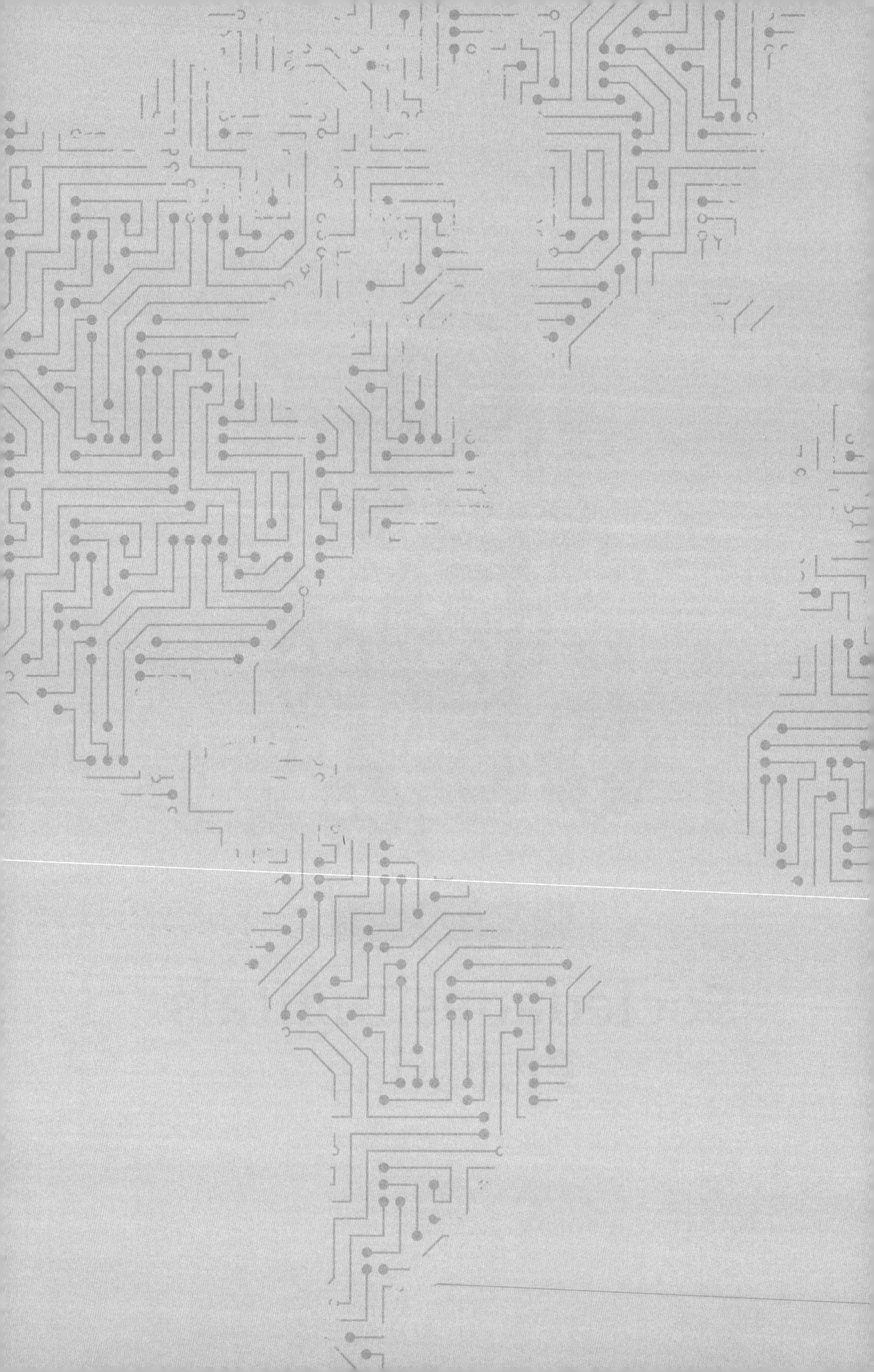

ENSAIO 70

A história do clube, parte 1

"Lançamento" foi a palavra de ordem desta semana no mundo da Laissez Faire Books. Ela esteve na mente de todos desde que a brilhante ideia do clube surgiu nas primeiras semanas de 2012.

Quando o lançamento finalmente aconteceu, vivenciei uma daquelas situações "me belisque para que eu saiba que não estou sonhando". Eu estava, naquele exato momento, voando em um avião, logado à *Internet* no meu *laptop*, usando cerca de cinco aplicativos diferentes que permitem interações em tempo real com os mortais na Terra.

Isso sequer era possível há alguns anos. É como um mundo de sonho, um milagre que faz parte do cotidiano, uma dádiva dada a nós por empreendedores que trabalham dentro de uma estrutura de mercado. Isso tem gerado resultados que ninguém poderia ter esperado apenas poucos anos atrás.

Eu estava refletindo sobre essa realidade incrível quando, de repente, detectei uma imobilidade entre aqueles que trabalhavam em casa. Os textos e as conversas cessaram. Mandei uma mensagem para Doug Hill, que tem trabalhado muito duro neste projeto na sua posição na Agora Financial.

— "Como estão as coisas?", perguntei.
— "Arrasando", respondeu ele.

Carreguei a página para ver o que ele queria dizer. Arrasando mesmo. O Laissez Faire Club estava no ar. Existíamos. Finalmente. De repente, aquilo que era um sonho há apenas algumas semanas se tornara realidade.

Eis a prova de uma ideia que me consumiu por anos, uma teoria que colhi dos meus anos lendo as obras de Ludwig von Mises: o mundo que vemos é a concretização de ideias do passado; o mundo do futuro consistirá das ideias que temos hoje. Precisamos apenas sonhar, criar e agir, e o curso da história será alterado.

Não duvido de que existirão livros escritos num futuro não muito distante sobre os primórdios do Laissez Faire Club, esta ideia capaz de mudar a história. O futuro deste lugar, a mistura inflamável de comércio e trabalho intelectual, pode determinar o futuro da liberdade humana. Ele é a reinvenção de todo o projeto de criar e distribuir as melhores ideias.

Este relato curto é só o começo. Há tantas peças em movimento, tantas mentes criativas e pessoas talentosas envolvidas, tanto drama extraordinário. Se este lançamento fosse transformado em um *reality show,* seria maior do que *The Office.*

A gênesis remonta a um momento anterior ao meu envolvimento. Há muito tempo, a Agora Inc. se interessa pela aquisição, preservação e renovação de bens subvalorizados. Veja só as propriedades que ela tem em Baltimore, Maryland, os prédios históricos que tomou para si. Veja as terras na Nicarágua que estão sendo transformadas agora em um resort de luxo. Veja como a empresa mudou a vida de tantas pessoas no mundo dando-lhes as ferramentas para administrarem suas próprias vidas.

A Laissez Faire Books era um destes bens subvalorizados. A editora tem uma história poderosa que remonta a 1973, mas, desde o início da era digital, havia uma percepção generalizada de que a empresa estava em decadência, mudando de dono a cada poucos anos e incapaz de acompanhar as mudanças advindas com o passar do tempo. Addison Wiggin e Bill Bonner decidiram assumir o objetivo de fazer com a empresa o que a Agora fizera com tantas propriedades físicas.

Entrei para o projeto em novembro de 2011, e a primeira tarefa foi migrar para um espaço moderno na *Internet*. Para quem nunca tentou isso, você se surpreenderia com o trabalho. Estávamos falando de um inventário enorme que precisava ganhar vida de uma nova forma. Criar um espaço comercial do nada exige tempo, mas é possível; migrar uma loja gigantesca de um lugar para o outro é como mudar uma cidade de um estado para outro.

Mas isso finalmente aconteceu, e em um período relativamente curto. O lançamento foi realizado na primeira semana de janeiro. Era um *site* empolgante e maravilhoso, belíssimo. Ainda assim, sabíamos a verdade: tínhamos apenas começado. Era necessário algo mais. Havia algo maravilhoso aguardando para acontecer; só precisávamos descobrir o quê.

As peças se juntaram aos poucos no final de janeiro. Tudo começou com Joe Schriefer, da Agora, que disse que precisávamos de uma pequena coleção de livros excelentes que oferecesse uma educação econômica completa em um pacote pequeno. Brilhante! Addison Wiggin e eu conversamos e era bastante óbvio quais deveriam ser os autores: Henry Hazlitt, F. A. Hayek e Garet Garrett.

Mas era só isso? Claro que não. Vamos falar dos *e-books*. E se os déssemos de graça a quem comprasse os livros físicos? Parece-me ótimo: não há nada que eu ame mais do que livros gratuitos. E quantos destes livros gratuitos podemos efetivamente dar? Dezenas, centenas, milhares. Que tal um por semana, eternamente? Perfeito. Pode ser feito. Cada livro terá novas notas dos editores, novas introduções, projetos gráficos incríveis e a melhor funcionalidade possível.

Ainda pensando. E se fornecêssemos uma maneira para as pessoas discutirem os livros? Há fóruns públicos em todos os cantos, mas eu sabia por experiência própria que o valor deles é limitado e instável. E se os tornássemos fóruns privados, só para sócios, de modo que todos tivessem interesse em mantê-los os mais educados e inteligentes possível? Todos começávamos a ver como aquilo funcionaria. Grandes ideias, uma comunidade de discussão, generosidade despreocupada, efeitos práticos.

E em que contexto isso aparece? O governo está crescendo e destruindo o mundo físico de todas as formas possíveis. O padrão de vida está diminuindo. O desespero está aumentando. A política proporciona um ótimo desvio de energia, mas nenhuma solução verdadeira. Ah, mas o mundo digital é diferente: ele permite que criemos nossa própria civilização.

Agora, a abundância de possibilidades está surgindo. Precisamos da nossa própria cidade privada, não para nos escondermos, mas para que possamos pensar e descobrir em paz. Este novo mundo deveria ser um lugar governado por ideais, onde as amizades florescem e todos podemos aprender juntos. Podemos discordar sem ser perversos ou discutir e esperar aprender ao mesmo tempo, comparando nossas experiências e ideias.

Não se passaram mais do que alguns dias entre o período no qual tínhamos apenas vislumbrado a ideia e o momento em que tudo se encaixou. Então, ele nasceu: o Laissez Faire Club. Agora temos tudo. Combinamos a mágica do mercado comercial com a incerteza emocionante que acompanha uma sociedade de pensamento livre formada por ideias.

Ter o modelo é uma coisa. Criar a infraestrutura de *software* é outra. Foi quando a diversão começou e quando realmente comecei a entender a cultura interna deste lugar chamado Agora. Em tantas ocasiões desejei que todos pudessem ver o que vi no lugar. A empresa representa o melhor que a vida comercial moderna tem a oferecer, uma instituição que atende bem ao mercado que levou à sua criação e crescimento.

Todos os funcionários têm algo com o que contribuir. A diversidade de personalidades é o grande estímulo. Independentemente do cargo oficial, todos estão interessados em ideias. Eles podem ser técnicos, contadores, membros da equipe de atendimento ou gerentes de dados, mas todos se importam com muito mais do que fazem. Qualquer assunto é válido.

Um exemplo: saindo do escritório um dia, o gênio por trás da infraestrutura de dados da Agora me deu uma pintura inspirada que ele fizera. É um tesouro, uma cena de um cemitério na França na qual uma estátua de 500 anos ganha vida em meio a flores de primavera.

Outro exemplo: uma autora estava falando como ansiava com medo e alegria por uma apresentação aberta que assistiria na noite seguinte. A ópera é o *Fausto*, de Charles Gounod (1818-1893), e ela tem razão: é mais assustador do que qualquer filme moderno.

Um capista estava buscando inspiração, a qual lhe foi dada por um operador do sistema de pagamento que conhecia muito bem o livro em questão. Ele escreveu um belo parágrafo de explicação para o capista enquanto eu ainda pensava no problema. O resultado foi genial.

Eu gostaria de poder escrever uma homenagem pessoal para cada um. Todos contribuíram para tornar este sonho uma realidade.

O lugar pode ser silencioso e solene em um minuto e rapidamente se tornar um lugar de diversão agitada e muitas gargalhadas. Os funcionários trabalham até a exaustão, todos a serviço do cliente, mas, de alguma forma, nunca parecem cansados. Ao fim do dia, na véspera do lançamento, eu estava debruçado sobre a mesa, segurando a cabeça com as mãos, sentindo-me como se a última gota de energia tivesse sido sugada de mim. Levantei-me e fui até um salão no segundo andar onde redatores e editores trabalham. Todos tinham passado pelo que eu passara. Mas não havia caras feias. Ainda estavam cheios de energia e empolgados com o que aconteceria. Eles sorriam e brincavam. Imediatamente, senti uma mudança tomar conta de mim. A inspiração voltou, assim como a energia.

Em qualquer escritório assim, onde todos se importam tão intensamente com os resultados, haverá discussões e até ataques de raiva e palavras duras. Todos estão acostumados a opiniões diferentes expressas apaixonadamente. Ali, elas são permitidas. Ninguém se contém, mesmo de uma maneira que desconsidere a hierarquia da empresa. Não há nada de falso na cultura interna. Se você vai explodir, exploda.

Mas o realmente incrível é que, mesmo nos momentos mais tensos, mesmo depois de discussões pesadas, a normalidade e o coleguismo voltam com facilidade. Em determinado momento antes do lançamento, as coisas estavam ficando bem tensas na sala de reunião. De repente, o chefe do departamento de imprensa apareceu com uma caixa de "bolinhas antiestresse da Agora Financial" e jogou tudo sobre nossas cabeças. As bolas quicaram por todos os cantos. Todos caíram na gargalhada.

Estes momentos passam rápido. Não há rancores. Todos queremos a mesma coisa. Estamos na mesma equipe. Todo dia é algo novo. Toda hora é uma oportunidade de fazer algo excelente.

Refletindo sobre como aquilo podia existir e por que esta cultura de honestidade, inovação e coleguismo está tão ausente em outros aspectos da vida, finalmente entendi. O olhar da instituição está sempre voltado para a frente e para cima, na direção da Estrela Polar do mercado comercial: o consumidor. Na Agora Financial, ele até tem um nome: Bob. Bob é o arquétipo da pessoa a quem atendemos. Ele é inteligente, curioso, inquiridor e espera uma vida melhor por meio de ideias melhores.

Bem, Bob está de casa nova. Uma casa feliz de ideias e amizade. Nós a construímos para ele. Estamos desenvolvendo-a todos os dias. Nós o convidamos a entrar a fim de que possamos servi-lo generosamente e pelo tempo que ele se sinta beneficiado pelo que fazemos. Bob pode ser você.

ENSAIO 71

A história do clube, parte 2

Sonhadores e contadores — dizem que uma empresa excelente precisa destes dois tipos de pessoas. Um sem o outro é um beco sem saída. Juntos, a mágica pode acontecer. E a mágica está acontecendo no Laissez Faire Club, que celebra agora o que Doug Hill chama de "primeiro mesaniversário" (tenho certeza de que é um neologismo) com um nível de sucesso que animou a todos.

Se estou surpreso? Não completamente. Em retrospecto, tudo parece inevitável. Dedicamos meses pensando cuidadosamente no que as pessoas realmente precisam nestes tempos de tirania governamental crescente. Não podemos simplesmente jogar a toalha. Não podemos simplesmente aceitar este abuso implacável. Não podemos simplesmente ficar parados e deixar que o governo desmonte a civilização peça por peça.

Frank Chodorov (1887-1966) escreveu que precisamos primeiro desejar a liberdade para alcançá-la. Isso requer leitura, aprendizado, comunicação, compartilhamento de ideias e crescimento intelectual – tudo tendo como objetivo o resultado prático de viver uma vida mais livre e inteligente. Esta é a visão, o sonho, a esperança. O *Club* embute este sonho em uma solução prática e generosa dentro de um contexto comercial.

Não somos o primeiro povo na história a enfrentar este problema, e nos juntamos a povos de todo o mundo que se esforçam para se livrar do anacronismo do Estado invasivo. Não há nada mais ridículo, em uma era digital, do que acreditar que milhões de burocratas em uma capital distante possam nos proteger, planejar nossas vidas, manipular resultados econômicos, redistribuir a riqueza e levar a justiça ao mundo.

Cada vez menos pessoas ainda acreditam neste sistema. Os fracassos do despotismo nos cercam, assim como as provas do sucesso da liberdade e da capacidade das sociedades de se formarem e se administrarem sozinhas. Só precisamos aprender a ver esta verdade, compreendê-la e usar as liberdades que temos para criar instituições que nos ajudem a obter mais liberdade, um passo de cada vez.

E pense em todas as vantagens que temos que as gerações anteriores não tinham. Temos séculos de conhecimento, novas ferramentas incríveis de comunicação e para nos conhecermos, a tecnologia do contato em tempo real com indivíduos do mundo todo. Estes instrumentos foram dados para esta geração, agora mesmo, na nossa época – instrumentos que pareciam ficção científica há apenas uma década.

Mesmo com todas estas vantagens, todo ato de empreendedorismo é um salto no desconhecido. Pessoas que gostam de histórias de empresas de sucesso não conseguem compreender isso. Em retrospecto, todo sucesso parece inevitável, apenas uma questão de cumprir as etapas. Os dados históricos sempre parecem assim, como o desenrolar de uma história coerente com começo, meio e fim.

No calor do processo de criação (que nunca termina!), contudo, o futuro é incerto e os resultados desconhecidos. Como em uma sala escura, você usa todos os sinais que tem para encontrar uma maneira de avançar. Isso requer uma combinação de intuição, atenção à contabilidade, bom senso e atenção constante à reação do consumidor. Os riscos estão sempre presentes e a taxa de fracasso é muito alta. É sempre uma luta, principalmente neste tempo em que o Leviatã parece conspirar contra o sucesso.

Muitos acadêmicos escreveram sobre aquela mentalidade especial que caracteriza o empreendedorismo, como Ludwig von Mises, Joseph Schumpeter e Israel M. Kirzner. O empreendedorismo exige que a imaginação veja que o mundo pode ser diferente do que é hoje, que se acredite que um novo conhecimento possa surgir e ser implementado de uma maneira que transforme determinada realidade em algo melhor.

É uma mentalidade rara até mesmo para indivíduos. É especialmente difícil arraigar esta visão em uma instituição como uma empresa. É uma visão cultivada por meio de liderança excepcional e criativa, funcionários atentos e bem-sucedidos em todos os níveis, uma tolerância disseminada à vida com riscos e incertezas e uma cultura de adaptabilidade e flexibilidade que permeie toda a organização.

Isso vale para pequenos e grandes negócios, da banquinha de limonada até o conglomerado multinacional. Toda empresa enfrenta o mesmo desconhecido. O amanhã é uma página em branco. Para quem quer ver belas imagens surgindo, não pode haver descanso. Eles devem ter aquele desejo do novo e a capacidade de viver com a crença de que a solução está em algum lugar, só que ainda não se revelou. Neste sentido, um empreendimento vive à base de fé. Não há uma fórmula infalível para fazê-lo dar certo.

Estas características estão completamente ausentes na burocracia governamental. As burocracias só veem o que existe e não estão preparadas para a mudança. Elas querem estabilidade e conformidade. Com certeza, não podem e não liderarão a transformação. É por isso que o governo não está em uma posição na qual possa se adaptar aos nossos tempos, muito menos administrá-los. É por isso que sociedades dominadas por burocracias murcham e morrem.

Penso nisso com frequência ao me lembrar do período de formação do *Club*. Observei e aprendi quando as pessoas da Agora Financial traziam ideias à mesa. Todas as evidências e experiências favoráveis ou contra qualquer ideia fluíam livre e abertamente. A crítica fluía também livremente e elogios e discordâncias eram tão bem-vindas quanto as concordâncias. As pessoas ouviam, contribuíam, aprendiam, e o modelo surgiu aos solavancos, primeiro lentamente e depois mais rápido, até tudo se encaixar.

O Laissez Faire Club seria de fato algo completamente novo. Ele seria baseado no desejo mais profundo da Humanidade de descobrir e prosperar — mesmo em tempos difíceis — mas usando instrumentos que só existem agora. Não havia uma mente única por trás do plano; todos contribuíam e o resultado foi algo que ninguém esperava. O todo era maior do que a soma das partes.

Perdoe-me por ser um tanto quanto sonhador em relação a este projeto. Trabalhando com a equipe do *Club* ontem, sentei-me e gravei uma série de vídeos nos quais discuti muitos livros, um a um, que tiveram um impacto gigantesco na minha vida, e senti o enorme prazer que vem do compartilhamento das coisas que realmente se ama. Pensava comigo mesmo: "sou o homem mais sortudo do mundo".

    A união entre grandes ideias e o espírito comercial – eis aqui as coisas que tornam a vida dramática e excitante. Os poetas de antigamente escreveram sobre batalhas e guerras, reis e suas proezas, como se estas fossem as coisas que moldam a História. Não é verdade. O melhor que a História oferece à humanidade é moldado pelos produtores e empreendedores que servem aos outros em paz por meio da criatividade. Neste sentido, o Laissez Faire Club está fazendo história em nosso tempo.

ENSAIO 72

Jogando fora o que é velho

Há dois anos, eu era a alma da generosidade. Mexi na minha considerável coleção de CDs e encontrei trinta discos dos quais fiquei feliz em dar de presente. Meu círculo social ficou louco, elogiando-me como grande doador. Eles ficaram muito felizes em receber músicas tão fabulosas de graça.

Nesta semana, tentei a mesma coisa, com uma oferta ainda mais generosa. Ninguém quis. Estou aqui sentado com uma pilha de CDs com o que era considerado ótimo há dois anos, mas não consigo encontrar um lar para os discos hoje. Não houve nenhuma mudança física. A música mantém a mesma qualidade de sempre.

O que mudou? A avaliação e, portanto, o preço. Antes, eu tinha um tesouro. Hoje, os discos parecem destinados ao lixo. A única coisa que mudou foi a passagem do tempo — e acontece que o período em questão testemunhou as mais espetaculares inovações na reprodução musical de todos os tempos.

Pense nisso. A mesma quantidade de trabalho era usada na fabricação de CDs (lá se vai a "teoria do valor do trabalho"). Os CDs não se depreciaram em qualquer sentido físico. A música que eles contêm não tem menos valor hoje do que na época (era na maior parte barroca ou anterior, de todo modo, então não estamos falando dos sucessos do ano passado). Tudo que mudou foram os ponteiros do relógio. Ainda assim, o valor, que antes era elevado, foi reduzido a quase zero.

O que isso nos diz sobre a economia do sistema de preços? Isso nos diz que os preços são fundamentalmente um reflexo dos valores humanos no momento. Eles não nos proporcionam nenhuma compreensão sobre algo intrínseco ao bem em si. Não nos dizem nada sobre que foi necessário para produzir o bem. Não nos fornecem nenhuma base confiável para que façamos previsões.

Os preços são um acordo em determinado instante no tempo, e nada além disso. Ainda assim, nenhuma instituição é tão essencial para nos dar os sinais e os instrumentos que nos possibilitam gerenciar nossas vidas. O mundo nunca para de mudar. Em uma economia livre, os preços mudam como reflexo das mudanças no mundo. Reagimos aos preços de mais maneiras do que costumamos nos dar conta. Eles permitem que interajamos com a realidade que existe fora de nossas mentes — e que naveguemos por suas mudanças e movimentos.

Sei há algum tempo que boa parte da minha coleção de CDs acabaria obsoleta. As pessoas compram cada vez mais cópias digitais. Elas acoplam seus aparelhos em mini alto falantes ou usam fones de ouvido para escutar música. O velho ritual de trocar discos brilhantes estava começando a parecer algo do passado, como ligar o motor do carro com uma manivela.

Meu problema é que esperei demais para finalmente me desapegar da velha tecnologia. Esperei até que os preços caíssem a abaixo de zero. Demorei demais para me adaptar a novas realidades e agir de acordo com esta informação. A realidade foi mais veloz do que meu cérebro era capaz de processar os dados e agir em função deles.

Lembro-me bem de quando comprei meu primeiro CD. Deve ter sido em torno de 1986. Coloquei o disco no aparelho, o som saiu e continuou tocando por uma hora. Acho que era Johann Sebastian Bach (1685-1750). Não mudei o disco. Dias e dias se passaram, mas era Bach o tempo todo. Meus discos de vinil ficaram num canto, intocados. Depois de mais ou menos uma semana, precisei aceitar a realidade: jamais ouviria aquelas coisas de novo. Não que os vinis fossem ruins; o fato era que eu encontrara algo mais conveniente.

Mas não consegui me desapegar. Os LPs ficaram lá. Um ano se passou e me mudei de apartamento. Seria necessário mais espaço do que meu carro tinha para transportar os duzentos vinis. Rangi os dentes e fiz algo em que jamais achei que faria. Joguei todos no lixo. Foi sofrido. Parecia loucura. Mas era a realidade. Nunca me arrependi.

No entanto, aqui estamos, 26 anos mais tarde, e cometi o mesmo erro de novo.

Ora, alguém pode reagir com "desacelere o mundo para eu poder respirar"! O problema com esta solução é que ela pressupõe retardar a velocidade na qual a Humanidade pode buscar uma vida melhor por meio da inovação e empreendedorismo. O único motivo pelo qual algumas tecnologias prevalecem sobre outras é seu mérito em satisfazer os desejos das pessoas.

Às vezes, imaginamos que estamos sobre um cavalo descontrolado. A verdade é que as pessoas estão, sim, controlando a velocidade do desenvolvimento. Os CDs venceram os LPs por um motivo. E os *downloads* de música digital também estão vencendo os CDs por um motivo. Se as pessoas não gostarem de algo novo, esta coisa não resistirá e não terá futuro. Mas as pessoas exigem meios cada vez melhores de alcançar seus objetivos, e o propósito de uma economia livre é ajudar as pessoas da forma mais eficiente (e menos dispendiosa) possível.

A novidade mais notável da nossa época em relação à distribuição de música é o serviço por assinatura. Deixe-me ilustrar. Nos primórdios do CD, eu tinha um disco com músicas de Giovanni Pierluigi da Palestrina (1525-1594). Levei meses, ou até mesmo um ano, para descobrir que ele não era o único compositor de música renascentista. Precisei consultar livros, passar horas em lojas de CD, conversar com amigos, agir com base em informações ouvidas em festas e coisas assim.

Por fim, acabei por descobrir Tomás Luis de Victoria (1548-1611), Josquin des Prez (1450-1521), Thomas Tallis (1505-1585), William Byrd (1539-1623), Johannes Ockeghem (1420-1497), Jan Pieterszoon Sweelinck (1562-1621), Cristóbal de Morales (1500-1553), Francisco Guerrero (1528-1599) e outros. Este processo consumiu muitos anos de busca. Foi sofrido.

Hoje em dia, você consegue uma conta gratuita no Pandora ou Spotify e cria seu próprio canal. Uma palavra basta: Palestrina. O que aparece são todos os compositores do gênero. Você diz o que gosta ou não e compra o disco inteiro ou não, e o programa faz a mágica de criar uma *playlist* baseada no seu gosto. Não há custos de pesquisa. O conhecimento de outros se torna o seu conhecimento instantaneamente.

Jogando fora o que é velho

E sim, eu disse que é gratuito. Não há uma alma viva que, há dez anos, tenha previsto a existência de tal tecnologia, e muito menos que os produtores estariam implorando para que aceitássemos usá-la de graça, cobrando-nos, mais tarde, apenas se quisermos menos comerciais. Isso é genial. Isso é progresso. Isso é a civilização gerada pela economia de mercado e pelos empreendedores que a fazem avançar, tudo de maneiras inteiramente imprevisíveis.

Mesmo com toda esta aparente revolução, não estamos realmente jogando fora o passado. Ele ainda vive em nossos corações e, cada vez mais, está documentado e digitalizado em anais históricos disponíveis ao toque dos nossos dedos. O que estamos fazendo é adotar formas melhores de viver e superar os limites da escassez. A sociedade deve seguir em frente e o sistema de preços determinados pelo mercado existe para coordenar as coisas e nos ajudar a alcançar nossos objetivos.

Nenhum aparato de planejamento regulamentador governamental pode substituir como o mercado aborda a inovação. Na verdade, se o governo estivesse no comando, teríamos sorte se a tecnologia tivesse avançado além da conversinha presidencial ao lado da lareira. Com certeza, não seríamos capazes – nenhum de nós – de alcançar o mundo neste instante por meio de *blogs*, do YouTube, de videoconferências, de transmissões ao vivo de tudo para qualquer um e de todas as maravilhas geradas pela interação livre de seres humanos criativos, pensantes e cooperativos.

ENSAIO 73

Como pensar: Lições na hora do almoço

"Acabei de entrar para o *Club*!" Este foi o conteúdo integral de um *e-mail* que recebi de um velho amigo querido e muito especial. Ele está falando do Laissez Faire Club, a cidade literária digital *startup* criada pela Laissez Faire Books.

Dou crédito a este escritor por (inadvertidamente) ter me ensinado um aspecto importante de como pensar. Ele não era meu professor. Ele não me deu aulas. Tudo que fazíamos era discutir coisas aleatórias de interesse passageiro. Todos os dias. Mas, ouvindo como ele abordava o pensamento, descobri uma deficiência séria na minha abordagem e estabeleci um ideal novo pelo qual tenho almejado desde então.

Portanto, é claro que fiquei lisonjeado e empolgado por tê-lo em nossa sociedade digital que cresce cada vez mais e faz coisas cada vez mais incríveis todos os dias. É um modelo novo de distribuir e gerar ideias, algo que nunca foi tentado antes, e o fato é que ele está extremamente empolgado.

O homem é Sheldon Richman, editor do *The Freeman*, publicado pela FEE, a Foundation for Economic Education [Fundação para a Educação Econômica]. Ambos trabalhávamos em Fairfax, Virgínia, e quase todos os dias, durante anos, almoçamos juntos. Ambos nos interessávamos por política, libertarianismo e economia da Escola Austríaca.

Mas política cria hábitos mentais ruins. Se você segue uma tribo com "posicionamentos sobre determinados assuntos", fica fácil demais adotar esta posição sem pensar muito. Sou a favor disso. Sou contra aquilo. Este cara é bom. Este cara é ruim. Esta política é boa. Esta política é ruim.

Sentimo-nos tentados a nos autossatisfazer por estar no time certo, fazendo o estardalhaço certo, ecoando os sentimentos aprovados. A irmandade substitui a lógica. A arrogância substitui a razão.

O problema é que isso não é pensar. Isso é só adestramento.

Você vê essa mentalidade todos os dias na televisão. É como os analistas falam. Eles expressam suas visões e depois discutem entre si. O mais valentão ganha.

Na verdade, é assim que toda a política moderna quer que pensemos. Ela nos dá dois paradigmas simples em uma máquina de vendas. Apertamos esse ou aquele botão com base no viés que adotamos. Nosso produto chega e nós o consumimos. Depois, o repetimos no momento certo.

Sheldon ensinou-me que ter e consumir opiniões não é a mesma coisa que pensar seriamente. Ele ensinou-me isso dando o exemplo.

Um de nós mencionava uma notícia. Meu instinto era dar minha opinião. Era o que eu fazia. Sheldon assentia e esperava. Depois, começava a mencionar uma série de motivos para manter sua opinião. Ele fazia uma argumentação lógica. Ele mencionava provas históricas. Fazia referências à literatura. Quando sentia que tinha defendido bem seu argumento, ele parava e levantava questões adicionais e aplicações possíveis que geravam outros assuntos.

Sempre me impressionei com isso. Ele não fazia isso para se exibir ou interromper o fluxo da conversa. Ele fazia isso para satisfazer seu próprio anseio por rigor intelectual. Para ele, nunca bastava ter a "opinião certa". Ele fazia isso para ter certeza de que não agia por hábito, e sim de que era capaz de defender um argumento sólido que fazia sentido mesmo a despeito de suas inclinações.

Por que eu não fazia isso? Na verdade, não sabia nem se era capaz. Portanto, comecei a ouvir com mais cuidado para aprender o que ele fazia. Comecei a tentar fazer o mesmo e descobri que, na verdade, não é tão fácil. É muito mais fácil simplesmente manifestar uma opinião com o cérebro confortavelmente desligado. Novamente, é assim que os políticos querem que ajamos. É muito mais difícil fazer de verdade o trabalho duro de elaborar um argumento a favor ou contra algo usando raciocínio, provas e referências claras.

Esta abordagem transparece em seus textos. Outro dia, ele escreveu um artigo sobre o envolvimento de Mitt Romney com a Bain Capital. Seria muito simples apenas fazer uma série de afirmações. Em vez disso, ele adiou o julgamento do caso e tratou do assunto de empresas que precisam mudar de direção, demitir funcionários e reformular seus planos. Ele discutiu escassez, incerteza, aprendizado, ignorância e mudança, e destacou que, sem capacidade de se adaptar a mudanças, nenhuma empresa pode contribuir verdadeiramente para o bem-estar da sociedade em longo prazo.

Foi um caso clássico de como ele lida com o raciocínio. Ele evita o caminho fácil e procura o caminho mais difícil. Como percebi mais tarde, ele faz isso pois acredita profundamente em uma sociedade livre. Ele acredita tanto nisso que não teme sujeitar suas posições a questionamentos e argumentações implacavelmente rigorosos. Se ele está errado, quer saber como e por que está errado. Ele é destemido pois acredita na impenetrabilidade da ideia de liberdade. Mesmo que não saiba as respostas, ele fica feliz em assumir o risco de pensar detidamente no caso a fim de descobri-las.

Isso é o trabalho duro de pensar. Se todos fizessem isso, muitos mitos desapareceriam, principalmente o mito de que a sociedade e a economia precisam de uma mão firme centralizadora para guiá-las, do contrário elas descambarão em desordem e caos. Eu gostaria que todos seguissem este exemplo! Mas não podemos fazer os outros pensarem. Tudo o que podemos fazer é assumir a responsabilidade por nossos próprios pensamentos. Especialmente no caso das pessoas com um ponto de vista minoritário, fazer isso é um dever.

Por sinal, eu não concordava com tudo que Sheldon dizia na época e não concordo com tudo que diz agora. Mas isso levanta uma questão. Se você concorda totalmente com alguém, qual o sentido de ter um diálogo com essa pessoa? Se vocês não têm nada a aprender um com o outro, qual o sentido de se encontrar e discutir?

Conversas sobre ideias deveriam ser como trocas de bens e serviços. Ambas as partes deveriam aparecer esperando tanto dar quanto receber. O resultado deveria ser algo de maior valor para os envolvidos do que simplesmente o que eles trouxeram para a conversa. Assim como trocas econômicas aumentam a riqueza, ótimas conversas nos tornam mais esclarecidos do que seríamos sem elas.

As lições que aprendi durante este tempo com Sheldon ficaram comigo por toda a vida.

Parte da ideia do *Club* é universalizar esta experiência da hora do almoço. É inspirar uma troca intelectual que desafie restrições geográficas e governamentais. É usar a tecnologia que a iniciativa privada nos deu para criar trocas digitais de ideias diariamente, não para pregarmos uns para os outros, e sim para aprendermos e crescermos por meio de trocas.

Portanto, é claro que dou boas-vindas a Sheldon como membro! É uma honra tê-lo conosco.

ENSAIO 74

Por que eles odeiam a liberdade de expressão

Às vezes – por que não agora? – você simplesmente precisa refletir sobre o quão incrível Thomas Jefferson foi. Quero dizer, ele realmente compreendeu a ideia da liberdade, talvez melhor do que todos antes dele e muito melhor do que a maioria das pessoas hoje em dia. Que homem! Que sonho ele teve!

Lembro-me de sua coragem e brilhantismo ao ler esta obra magistral: *Perilous Times: Free Speech in Wartime From the Sedition Act of 1798 to the War on Terrorism* [*Tempos perigosos: Liberdade de Expressão em Tempos de Guerra, do Ato de Sedição de 1798 até a Guerra ao Terror*], de Geoffrey R. Stone. É uma história estranhamente emocionante de vilania, perversidade, despotismo e mentiras do governo dos Estados Unidos.

Ainda assim, o livro oferece um grande consolo. Ele mostra que não há nada de novo no clima repressivo atual. Quero dizer, você pode acabar preso rapidamente hoje em dia por causa de um tuíte ou *post* errado no Facebook. É assustador, mas já aconteceu muitas vezes no passado. Ainda assim, a liberdade sempre venceu os tiranos.

Outra questão: este livro mostra precisamente por que o governo teme as palavras mais do que qualquer outra coisa: porque ideias são mais poderosas do que armas. De outro modo, qual o sentido de fechar o cerco?

Mas voltemos a Jefferson. Ele teria ficado feliz em se aposentar em sua casa na Virgínia, vivendo em paz e satisfação, mas o dever o chamou a concorrer à presidência. O que estava acontecendo? Inacreditavelmente, o novo governo central estava fechando o cerco em torno da liberdade de expressão. Uma lei de 1798 criminalizava "textos falsos, escandalosos e maliciosos" e 25 pessoas foram presas por dizerem coisas desagradáveis sobre o presidente.

Tenha em mente que a tinta ainda estava fresca na Constituição dos Estados Unidos e na Declaração de Direitos, a qual incluía a garantia de liberdade de expressão da Primeira Emenda. Dois estados se recusaram a aceitar isso e falou-se em secessão. As pessoas estavam surpresas e horrorizadas e até falavam da farsa que foi lutar numa revolução contra exatamente as mesmas ações que o novo governo estava tomando. Eles pularam de uma fogueira para outra.

Em 1800, Jefferson assumiu o cargo sob clamor popular. Como seus inimigos devem ter ficado furiosos ao ouvir estas palavras em seu discurso de posse:

> E reflitamos que, depois de banir da nossa terra a intolerância religiosa sob a qual a Humanidade sangrou e sofreu por tanto tempo, ainda assim conquistamos

muito pouco se permitirmos uma intolerância política tão despótica, perversa e capaz de perseguições tão implacáveis e sangrentas.

(No mesmo discurso, ele atacou impostos, forças armadas, altos gastos, regulamentações e todas as formas de despotismo).

O incidente é de extrema importância por vários motivos. Ter conhecimento dele acaba com a mitologia de que nossos "Pais Fundadores" eram todos amantes da liberdade. O fato é que, depois que passaram a controlar o governo, a liberdade começou a cair cada vez mais na lista de prioridades, e é por isso que nenhum homem deve ter o poder absoluto (outro assunto bem abordado pelo grande Jefferson). Isso ajuda em pôr em contexto histórico exatamente o que a ameaça de uma guerra sempre e em todos os lugares significa para os direitos humanos e a liberdade.

O autor, um professor de Direito em Chicago (juntamente com um exército de pesquisadores), cobre os seis grandes períodos nos quais o governo esfriou o ambiente da liberdade de expressão:

– 1798, quando a guerra com a França ganhava força;
– A Guerra de Secessão, quando o "Grande Libertador" suspendeu o *habeas corpus* e perseguiu e prendeu os inimigos;
– A Primeira Guerra Mundial, quando milhares de pessoas foram presas por ousarem discordar;
– A Segunda Guerra Mundial, quando cidadãos japoneses foram presos e seu nome era incluído em uma lista por "más associações";
– A Guerra Fria, quando todos os dissidentes políticos eram considerados comunistas;

— A Guerra ao Terror, que se transformou em uma guerra contra a própria liberdade.

O professor Stone relata todos estes períodos com detalhes incríveis e envolventes. As biografias que ele escreve das vítimas (o cara realmente escreve bem!) fazem você perceber que o mesmo poderia acontecer com você ou comigo. Isso faz você respeitar as pessoas que ousam se opor ao governo, o que sempre significa que os dissidentes também se opõem à opinião pública predominante.

Odeio o comunismo, mas preciso admitir que os comunistas geralmente falavam a verdade em tempos de guerra!

É preciso coragem para se opor ao Estado, mas ainda assim isso é extremamente necessário. Se o governo criminaliza algumas palavras, é provável que tais palavras precisem ser ditas mais do que nunca, provavelmente por expressarem uma verdade que ninguém quer ouvir. E mesmo que as palavras não sejam verdade, a causa da liberdade é bem atendida pelos que ousam se manifestar.

Algumas pessoas escreveram que este livro mudou a vida delas. Entendo por quê. Primeiro, é difícil interromper a leitura, pois os detalhes são muito ricos, o arco histórico é excelente e o texto em si é atraente. O livro também é preciso em termos de senso de oportunidade. Somos atacados em todos os espaços públicos hoje em dia por mensagens orwellianas que denunciam qualquer pessoa suspeita às autoridades. Sim, é assustador, mas nenhuma novidade.

O próprio Stone não chega perto de ser um defensor absoluto da liberdade de expressão como acabei me tornando depois de aprender sobre todos estes casos. Ele parece pensar que pode haver bons motivos para suprimir a liberdade de expressão, mesmo se o governo se empolgar; na minha opinião, nunca se pode dar este poder ao governo, e qualquer governo que o exerça deve ser destituído. Alguém sempre abusará deste poder.

Podemos dizer que o controle sobre a liberdade de expressão é o maior elogio que o governo faz ao poder das palavras. E você se pergunta por que a elite odeia a *Internet*? Ela é a pior inimiga que os aspirantes a déspotas jamais enfrentaram. Vimos este poder em ação não apenas em países árabes, mas também todos os dias nos Estados Unidos. Ela recrutou milhões para as fileiras de dissidentes.

Imagine como nosso tempo seria muito pior se o governo tivesse hoje o mesmo controle que tinha durante a Primeira Guerra Mundial ou a Guerra Fria! Graças à tecnologia digital, isso não pode acontecer. O segredo foi revelado e qualquer tentativa do governo de encobri-lo gera protestos do tipo que levaram Jefferson à presidência em 1801.

O maior elogio que posso fazer é dizer que Jefferson adoraria ler *Perilous Times*. E você também.

ENSAIO 75

Como *Jogos Vorazes* se beneficiou com a pirataria *online*

Então você quer assistir ao filme *Jogos Vorazes* na estreia, quinta-feira à meia-noite? É improvável que você tenha oportunidade. Os ingressos na minha comunidade estão esgotados há semanas. Na verdade, as dez primeiras exibições do filme estarão esgotadas. Isso me decepciona muito, porque é um dos poucos filmes adolescentes que eu realmente queria ver.

O fenômeno parece prestes a fazer com que a histeria em torno de *Harry Potter* e da saga *Crepúsculo* pareçam exercícios de aquecimento. Pergunte aos adolescentes e você terá a confirmação. Este é um exemplo real de frenesi em massa. Na verdade, a coisa toda parece uma versão moderna da "loucura das massas". É um "pandemônio", como disse a revista *People*.

Tanto a trama quanto a genialidade da estratégia de *marketing* têm lições a ensinar ao nosso tempo.

Baseado no livro de Suzanne Collins lançado em 2008, o filme conta a história de uma sociedade totalitária empobrecida na qual a rebelião entre os súditos é punida pela criação de um jogo mortal para a diversão das massas. Uma adolescente é colocada em uma posição na qual deve matar ou morrer, mas ela inteligentemente trama ir contra o regime cooperando com seu oponente. Juntos, eles conquistam a multidão e derrubam o regime.

Em outras palavras, é uma história sobre a liberdade pessoal contra um Estado poderoso, uma história de coragem e desafio ao poder. As críticas de leitores (não dos críticos profissionais) são ótimas. O livro é o primeiro na lista dos mais vendidos da Amazon e alcançou mais de quatro mil críticas. É um fenômeno.

A despeito da trama, há algo de contemporâneo no tema da escassez e da sobrevivência. Isso resume como os jovens estão vendo as oportunidades que lhes são apresentadas atualmente. Ainda não estamos promovendo jogos vorazes, mas quando toda uma geração tem certeza de que não terá o mesmo sucesso de seus pais, isso não é bom. A vida parece o jogo de soma zero apresentado pelo filme.

O guru do *marketing* por trás da divulgação do filme – e não se engane, pois tudo precisa de *marketing* – é Tim Palen. Ele começou o trabalho há três anos. Ele usou as mídias sociais ao máximo. Mandou que um vídeo e aplicativos para *smartphones* fossem criados. Tuitou constantemente. Criou enigmas baseados em encontrar dicas dentro do Twitter. Trabalhou em pôsteres incríveis e todo tipo de divulgação. Não se passou um dia sem que ele e sua equipe não fizessem algo. (Ele também provavelmente perderá o emprego depois disso, mas isso é outra história).

Mas eis outra coisa sobre isso. Não há sentido no *marketing* – e ele com certeza não dá certo em longo prazo – se o produto essencial não for bom. Você precisa ter as duas coisas: uma boa técnica de venda e algo bom a vender. Só assim a mágica acontece.

Vários veículos de mídia examinaram essa estratégia e é fascinante ver como tudo se desdobrou com base na ideia de que o filme só funcionaria se os próprios usuários tivessem o poder de disseminar as notícias. Os especialistas e pessoas com acesso a informações privilegiadas foram mantidos à distância. Os jovens eram o público-alvo e era com eles que os produtores contavam para ver isso se realizar. É assim que as coisas funcionam na era digital. Os homens no conselho diretor só importam depois que descobrem do que precisam para alcançar o jovem na rua.

Mas em todos os apanhados gerais de *marketing* que vi, não encontrei menção ao que poderia de fato ser o fator central que fez com que o livro e o filme decolassem. Isso me ocorreu conversando com os adolescentes. Perguntei a muitos deles: onde você leu o livro? A resposta vinha imediatamente: *online*. *Online*? Como é possível? Eu achava que vivíamos em um tempo no qual a pirataria era punida com a morte ou coisa parecida.

Bem, tente você mesmo. Procurei por "*Jogos Vorazes* grátis *online*". Em um segundo, tive acesso ao texto completo de todos os livros, em todos os formatos: PDF, doc, txt, rtf, html e epub. Até em áudio. Incrível. E depois de todos estes *links*, encontrei mecanismos de busca publicando avisos de que tinham removido vários *links* com base na lei antipirataria *online*. O que isso significa é que há pelo menos um esforço débil em manter estes livros *offline*.

Não está dando certo. E ainda bem. Os jovens ficaram loucos por este livro e, portanto, se dedicam a assistir ao filme, comprar camisetas e fazer toda a coisa da histeria adolescente. É verdade que os livros estão vendendo, mas vamos encarar os fatos, nem todo pai está disposto a dar o dinheiro para o filho adolescente comprar livros sobre jovens se matando em um mundo distópico sombrio.

Estou especulando aqui, mas acho que um dos principais motivos para o incrível sucesso destes livros e filmes — facilmente a mais espetacular loucura juvenil da nossa época — é essa coisa temerária chamada pirataria. Isso mesmo, pirataria. Só que isso não é roubar para ler algo *online*. Isso não tira nada de ninguém. Não há propriedade física roubada. A propriedade intelectual está sendo compartilhada, copiada, duplicada e multiplicada.

Mas espere um pouco. Toda a energia do Leviatã não está direcionada justamente para impedir justamente isso em nome da salvação da iniciativa privada, apesar de o livro mais bem-sucedido do nosso tempo ser universalmente pirateado como poucas coisas que já vi? Isso mesmo. E aí está a incrível perversidade de toda essa mania antipirataria. O Estado busca impedir o compartilhamento de informação, a fonte que deu vida a tantos empreendimentos no nosso tempo.

Alguns autores estão compreendendo isso. O incrivelmente bem-sucedido escritor Paulo Coelho escreve em seu *blog*:

> Como escritor, deveria estar defendendo a "propriedade intelectual", mas não estou. Piratas do mundo, uni-vos e pirateiem tudo que já escrevi! Os velhos tempos, nos quais cada ideia tinha um proprietário, terminaram para sempre.

Veja bem, como escritor, ele acredita em ideias e acredita em sua obra e quer que ela encontre um destino universal. Ele também percebeu que quanto mais pessoas o lerem, mais dinheiro ele ganha.

Portanto, modernizem-se, escritores, produtores e editores. Vejam este caso como apenas um entre milhares. A pirataria é sua amiga. Só escritores e editores de segunda categoria querem alistar o Estado para perseguir o desejo das pessoas de saber mais. Você não pode ter sucesso chantageando as pessoas para que comprem produtos infinitamente copiáveis. Empreendimentos de sucesso surgem ao se dar o que as pessoas querem, estimulando a imaginação e encontrando formas de lucrar a partir dos desejos delas. Você não pode conseguir isso amordaçando as pessoas.

Jogos Vorazes tem muito a ensinar ao mundo: o poder do indivíduo, o mal do Estado, a perversidade do jogo soma zero. Talvez, também possa nos ensinar que a iniciativa do Estado hoje de acabar com a pirataria na *Internet* se baseia em uma falácia. Compartilhar informações não é um jogo soma zero; é um processo do mercado, uma arena divertida na qual todos podem ganhar.

ENSAIO 76

O fracasso de outro filme distópico

Toda boa história distópica precisa de um vilão responsável por causar o triste estado no qual a sociedade se encontra. Metade do interesse na trama está relacionado com como as condições despóticas se desenvolveram e são mantidas. É precisamente por isso que quase todas as histórias distópicas tendem ao libertarianismo, ou pelo menos ao tema da libertação humana de algum tipo de arranjo coercitivo.

Jogos Vorazes é um ótimo exemplo. A premissa é brilhante. O Estado central cria uma tradição nacional que exerce uma função dupla: primeiro, castiga o povo por uma rebelião no passado e, depois, dá ao povo um meio de entretenimento e esporte que cria heróis e mártires.

Tudo tem a ver com controle, e o controle vem de uma mistura complexa de compulsão e propaganda oficial.

As duas coisas são necessárias a qualquer sistema político. O resultado desalenta e corrompe o povo e alimenta a elite parasitária. O drama vem da tomada de consciência desta realidade e do plano para destituir os opressores.

Ao refletir sobre os motivos do fracasso do filme *O Preço do Amanhã* (escrito e dirigido por Andrew Niccol e estrelando Justin Timberlake e Cillian Murphy), é preciso manter o foco em sua incapacidade absoluta de criar um vilão atraente. E isso apesar da premissa maravilhosa na qual o filme se baseia.

Como resultado de alguma forma de engenharia genética, todos na sociedade estão marcados para viver por apenas mais um ano depois dos 25, a não ser que consigam tempo adicional de alguma maneira. O tempo é a moeda neste mundo. Você o gasta para comprar tudo, desde uma passagem de ônibus até um café, e você o ganha trabalhando e recebendo unidades extras de alguém. O tempo também pode ser obtido por meio da violência, como um roubo. Quando você consegue mais tempo do que lhe foi alocado, você deixa de envelhecer.

É um mundo soma zero. O tempo tirado de uns é dado a outros. As áreas geográficas são rigorosamente divididas de acordo com o tempo que os residentes têm. A variedade de castas vai dos que têm apenas um ano aos que são praticamente imortais – os mais ricos dos ricos.

É uma premissa muito intrigante. Como as pessoas se comportariam se pudessem comprar e vender tempo desta maneira? Infelizmente, além de mostrar como os mais pobres tendem a administrar as coisas e correr o tempo todo – ócio não é para os pobres de tempo – as implicações culturais disso nunca são realmente exploradas em profundidade.

E como a economia funcionaria neste mundo? Seria uma existência precária ou poderia surgir uma divisão de trabalho genuinamente complexa?

Não tenho certeza. Mas o filme tampouco tem, já que nenhuma destas perguntas sequer é explorada. Só vemos as pessoas trocando o tempo por meio de uma espécie de aperto de mão. É assustador de ver e assistimos a esta operação repetidas vezes, mas não há profundidade além desta operação simples.

Quando o espectador finalmente vê o mais rico dos ricos, é tomado pela decepção. Descobre-se que o chefão deste mundo é o maior dono de um banco corporativo de tempo. Ele empresta tempo a juros (o qual, é claro, também é pago em tempo!) e conseguiu monopolizar a maior parte do tempo disponível no mundo.

Cabe ao herói e à heroína da trama um plano de redistribuição em massa que faz com que os imortais morram e os pobres vivam muito mais.

A premissa intrigante, portanto, é completamente desperdiçada no que se torna uma saga política altamente convencional baseada em uma fantasia socialista de um mundo soma zero no qual a elite capitalista prospera à custa dos demais. Há uns poucos policiais aqui e ali ("guardiões do tempo" mal remunerados) que trabalham para a elite, mas não há Estado no sentido normal. O vilão é um banqueiro com cara de menino, e não muito assustador.

O filme todo acaba sendo estranhamente entediante, moralizador e nada envolvente. Tal é o destino de um romance distópico que tenta tornar a matriz econômica a causa de todos os males humanos. Para aumentar a decepção, a premissa é muito boa e poderia ter sido a base de um grande romance ou filme feito por alguém que realmente entendesse de economia. Mas agora que o filme foi lançado, uma segunda tentativa de fazer algo robusto vindo da mesma premissa não dará em nada, infelizmente.

Outra crítica que eu faria a este filme se aplica à maioria das histórias distópicas, incluindo *Jogos Vorazes*. Na cidade onde os ricos vivem, há um grande progresso tecnológico. As pessoas vivem excepcionalmente bem, os sistemas de transportes são incríveis, os carros são rápidos e belos e os prédios brilham.

Pensando bem, o único tipo de sistema que gera tais cidades é o que se baseia na liberdade. As pessoas têm suas coisas e as trocam umas com as outras. Novas ideias decolam por meio do empreendedorismo. As recompensas de sucesso econômico são conferidas aos indivíduos que fazem acontecer. Uma divisão de trabalho complexa e extensa, juntamente com uma estrutura de produção complexa em um ambiente jurídico estável, possibilita o máximo de produtividade de capital.

Não há outra forma de gerar prosperidade e criar cidades brilhantes. Sistemas despóticos não podem fazem isso, por mais que os ditadores se esforcem. Veja a Romênia sob Ceaușescu ou a Coreia do Norte hoje. Estes regimes adorariam construir cidades brilhantes. Mas não podem. Só a liberdade faz isso. Portanto é difícil entender de onde vem toda essa prosperidade nestes filmes distópicos.

Em um contraste maravilhoso, pense no incrível livro *Cântico,* de Ayn Rand (1905-1982). Nele, encontramos a verdade sobre a sociedade e a economia. Os déspotas odeiam tecnologia, novas ideias e individualismo e, é claro, criaram para si o mundo imundo e nojento que merecem. Rand viveu sob o socialismo russo e conheceu essa realidade que nem mesmo George Orwell compreendeu completamente.

ENSAIO 77

Violando direitos em nome da propriedade

Sabe aquele vídeo antipirataria que você às vezes vê no início dos filmes? Ele explica que se você não roubaria uma bolsa, tampouco deveria roubar uma música ou filme por meio de *download* ilegal. Bem, o fato é que o cara que escreveu a música do filme, Melchoir Rietveldt, diz que sua música está sendo usada ilegalmente. Ela foi licenciada para tocar em um festival de cinema, e não para ser reproduzida milhões de vezes em DVDs distribuídos no mundo todo. Ele exige milhões em reparação da BREIN, organização antipirataria que produziu a peça.

Interessante, não? Quando você vê uma hipocrisia tão evidente, uma criminalidade tão desenfreada e práticas consideradas piratas tão onipresentes — a ponto de você se lembrar dos anos da Lei Seca — você precisa se perguntar se há algo fundamentalmente errado com a lei e os princípios que a sustentam. Sim, as pessoas deveriam cumprir os contratos. Mas não estamos falando disso aqui; este caso não está sendo tratado como uma violação de contrato, e sim como uma violação de direitos autorais, que é algo bem diferente. Estamos lidando com uma questão mais fundamental. É mesmo roubo reproduzir uma ideia, uma imagem ou uma ideia? É mesmo imoral copiar uma ideia?

O veredito aqui é crucialmente importante, pois a intervenção estatal ativa contra a liberdade e a propriedade real ocorre cada vez mais em nome da manutenção da propriedade intelectual. A legislação SOPA poderia realmente acabar com a liberdade da *Internet* em nome da manutenção dos direitos de propriedade.

Se as pessoas que acreditam na liberdade não entenderem isso – e não dá mais para ficar à margem – acabaremos do lado do Estado, dos tribunais, dos bandidos e até do braço de manutenção internacional do complexo militar industrial, tudo em nome dos direitos de propriedade. E isso é algo muito perigoso neste momento histórico, já que a manutenção do direito autoral se tornou uma das maiores ameaças à liberdade que enfrentamos hoje.

Outro caso a considerar aqui. Nesta semana, um juiz em Nevada, agindo em um caso aberto pela marca de luxo Chanel, ordenou a derrubada de cerca de seiscentos *sites* que ele, por conta própria, considerou culpados de contrabandear produtos pirateados, isto é, de vender produtos Chanel falsos. Não houve uma pesquisa extensa; a alegação da empresa bastou. O juiz, então, expediu um mandado que ia além dos envolvidos no processo e ordenou a complexa desindexação dos *sites* pelo GoDaddy, Facebook, Google, Twitter, Yahoo e Microsoft. Enquanto isso, há legislações em tramitação no

Congresso que permitiriam a derrubada de qualquer *site* considerado violador da propriedade intelectual.

Sempre que um caso desses surge, lembro-me de uma cena das ruas de Washington, D.C., que vi anos atrás. Algumas famílias de imigrantes estavam fazendo negócios escusos com itens de moda e relógios falsos. Recém-convertido à causa da livre iniciativa, fiquei lá admirando a capacidade comercial deles. Eles não estavam enganando ninguém. Os itens se pareciam muito com os produtos reais, com umas poucas diferenças, e o consumidor não era enganado de nenhuma maneira. Todos os compradores sabiam exatamente o que estavam adquirindo e sabiam também que estavam comprando os itens por uma fração do preço do produto real na loja de departamentos.

Lembro-me de pensar: o mercado é incrível!

Alguns dias mais tarde, o *Washington Post* publicou uma história sobre como aqueles vendedores foram presos por traficar produtos falsos e violar marcas registradas. Um juiz expediu um mandado e a propriedade deles foi confiscada. E assim foi feito. O negócio próspero foi fechado pela polícia. Desta forma, foi negada aos consumidores e fabricantes a chance de comercializar pacificamente em proveito mútuo. E tudo isso porque terceiros reclamaram, invocando uma regulamentação governamental.

Mas espere um pouco. Se você é dono de uma marca registrada, não é roubo que alguém venha e faça seu produto, anunciando-o como uma cópia ótima e vendendo-o por uma fração do preço? Caso seja, a ordem do juiz pode ser vista como a manutenção dos direitos de propriedade, e não é exatamente a manutenção dos diretos de propriedade o que empreendedores livres deveriam defender?

Admitamos que a marca registrada – o que está sendo preservado aqui – é a mais intuitivamente plausível de todas as formas de proteção da propriedade intelectual. Marca registrada diz respeito ao registro federal de um nome ou logomarca, registro que proíbe a concorrência de usar as coisas protegidas no comércio. Acho que isso não é compatível com a iniciativa privada, mas formas ainda menos defensáveis de propriedade intelectual são os direitos autorais e as patentes. As duas invertem os princípios competitivos da livre iniciativa e ilustram justamente o quanto a propriedade intelectual vai contra o livre mercado.

A ideia da concorrência é que você é livre para copiar o sucesso dos outros, melhorar o produto ou processo envolvido na manufatura ou publicidade e tomar um pedaço da fatia de mercado de outro produtor. Por causa dessa liberdade, todo produtor deve inovar constantemente e reduzir custos a serviço do consumidor, e há uma mudança constante acontecendo entre as empresas que buscam o lucro por meio do empreendedorismo.

Com a proteção de patentes, contudo, uma única empresa detém um monopólio concedido pelo governo sobre um produto ou processo e, assim, pode excluir toda a concorrência. Isso é uma variação da velha falácia da "infância da indústria" das políticas protecionistas. Durante algum tempo, uma lei protege uma empresa das exigências do comércio competitivo. Não importa que outra empresa tenha se deparado com uma ideia independentemente. A patente proíbe todos de se tornarem concorrentes da empresa privilegiada.

Com o direito autoral, todos na sociedade são proibidos, por muito tempo, de produzir quaisquer palavras ou imagens que pareçam refletir um processo de aprendizado usado pelo detentor do direito autoral como exemplo. Aqui também se concede um privilégio de monopólio similar, mas, em vez precisar buscar proteção, ela é concedida automaticamente. Isso pode parecer um benefício ao criador, artista, compositor ou escritor, mas a verdade é que estas pessoas quase sempre cedem os direitos a uma empresa produtora, editora, a um diretor de cinema ou o que quer que seja, e isso geralmente dura todo o período de vigência do direito autoral. Até mesmo o criador, portanto, deve implorar ou pagar a fim de usar seu próprio material. A lei foi expandida e internacionalizada para que o monopólio dure setenta anos depois da morte da pessoa que compôs a música, fez o desenho ou escreveu o livro.

Se você analisar as origens destas duas instituições, entenderá a essência do que está ocorrendo. O direito autoral teve origem como uma restrição governamental à impressão durante as guerras religiosas da Inglaterra. Quando criada, ela não tinha nada a ver com os direitos individuais e tudo a ver com proteger as editoras dominantes da concorrência. O mesmo se dá com as patentes, que surgiram da experiência mercantilista da Europa, na qual o príncipe concedia a um produtor direitos contra os concorrentes. As duas foram criadas para retardar a inovação e emperrar o processo de desenvolvimento econômico com restrições governamentais. Por isso, a ideia de que a propriedade intelectual gera um incentivo para inovar é completamente errada; na verdade, a realidade é exatamente o oposto.

O advento do liberalismo do século XVIII acabou aos poucos com a maioria destas instituições antiquadas e as substituiu pelo capitalismo competitivo. Mas no mundo das ideias, estas proteções permaneceram e pioraram, principalmente no final do século XX. Elas são resquícios de uma era pré-capitalista.

Na era digital, quando ideias podem ser multiplicadas bilhões de vezes em segundos, a ideia da proteção da propriedade intelectual torna-se ridiculamente ultrapassada. E é justamente por isso que a aplicação da lei tem aumentado e agora ameaça a liberdade de expressão e a liberdade de inovar. Por fim, uma aplicação consistente da manutenção da propriedade intelectual acabaria com a livre iniciativa como a conhecemos.

Este não é um tema fácil e é preciso pensar muito para compreender todos as nuances. Mas eis aqui uma dica sobre como as pessoas que amam a liberdade deveriam abordar a questão. Quando o Estado se dedica totalmente a usar seu braço de manutenção da lei para prejudicar tantos negócios e tantas associações livres, e faz isso em nome da propriedade privada, você deve se perguntar se algo deu terrivelmente errado. O Estado é a instituição menos confiável quando se trata de defender nossas liberdades; não há motivo para supor que essa quadrilha de ladrões tenha se convertido à causa dos direitos de propriedade reais só porque é o que dizem estar defendendo.

ENSAIO 78

O Lórax: Uma alegoria da propriedade intelectual

Qualquer um que leu *O Lórax,* do Dr. Seuss (1904-1991), quando criança, talvez odeie a versão para o cinema. Ninguém precisa realmente de mais uma lição de moral intimidadora de ambientalistas sobre a necessidade de salvar as árvores da extinção, ainda mais que essa causa antes na moda parece ridiculamente exagerada hoje em dia. Não há escassez de árvores, e isso se deve não à nacionalização, e sim à privatização e ao cultivo de florestas.

Ainda assim, o filme é impressionante e belo em todos os aspectos, com uma mensagem que trata de algo importante, algo com relevância política e econômica para nós hoje. Na verdade, o filme melhora o livro com a importante adição da "Thneed-Ville", uma comunidade de pessoas que vivem em um mundo completamente artificial governado por um prefeito que também detém o monopólio do oxigênio.

Isso complica a narrativa relativamente simples do livro, que conta uma história de um ambiente completamente estéril que não faz muito sentido. O original mostra um empreendedor que descobre que pode fazer um *"thneed"* – uma espécie de tecido para todos os fins – usando os tufos da árvore "trúfula", e que este produto é altamente comercializável.

Na vida real, qualquer capitalista neste cenário saberia exatamente o que fazer: começar imediatamente a plantar e cultivar mais trúfulas. Este é o capital essencial que torna o negócio possível e sustentável ao longo do tempo. Você quer mais, não menos capital. Um produtor de ovos não mata as galinhas; ele as reproduz. Mas no livro (e no filme) o capitalista faz o contrário. Ele corta todas as árvores e, surpresa, seu negócio acaba.

O livro termina com o velho capitalista arrependido e passando a última semente de trúfula para a próxima geração. Fim. Mas o filme nos apresenta à cidade fundada depois da extinção. Ela é protegida do mundo exterior envenenado e estéril e o oxigênio é bombeado pelo prefeito, que detém o monopólio do ar e constrói estátuas de si mesmo, como Vladmir Lenin. As pessoas por fim se rebelam quando descobrem que "o ar é livre" e, assim, destituem o déspota, cortando a cabeça da estátua.

Foi esta fala sobre o ar ser grátis que me deu a pista para as possíveis entrelinhas do filme. Você só precisa acrescentar uma metáfora para ver como este filme pode ser o drama político-econômico mais importante e relevante da temporada.

A substituição metafórica é essa: as árvores são ideias.

Agora, a ação realmente começa. Você pode até ver que os tufos das árvores parecem o que podemos imaginar como uma ideia se parece. Eles são fofos, coloridos, sedosos e cheiram a "leite de borboleta". E é claro que os tufos são o capital essencial que torna o negócio possível. O *thneed* a partir do qual os tufos/ideias são feitos é útil para tudo, desde ser usado como chapéu até funcionar como uma rede. Sua flexibilidade absoluta contribui para o sentido alegórico.

Claro que as árvores são tão renováveis quanto as ideias. Você pode tirar proveito delas, mas não ousa proibir o acesso a elas e muito menos matá-las. Ainda assim, sempre que um machado fere um tronco, as ideias tornam-se não renováveis. Os machados representam as leis estatais que criam uma escassez artificial no reino não escasso das ideias. Faça isso o bastante – e as empresas privadas usam as leis governamentais para fazer isso o tempo todo hoje em dia – e você matará o que dá origem aos negócios.

E, neste caso, a cooperação dos capitalistas faz todo o sentido. Quando uma empresa usa a lei da "propriedade intelectual" para monopolizar uma ideia à força – a tela sensível ao toque da Apple, as fórmulas da indústria farmacêutica, uma música gravada por um magnata da indústria, uma história impressa por uma grande editora – ela está impedindo que os outros aprendam e usem aquela ideia. O governo torna ideia não renovável por um tempo determinado. Isso gera uma tendência à estagnação e ao declínio econômico. Pode parecer fazer sentido em curto prazo, mas, em longo prazo, todos sofrem.

É exatamente isso o que vemos no mundo real. As indústrias que não cortam as árvores de ideias estão prosperando. A moda é inovadora e dinâmica. O mundo da culinária compartilha receitas e técnicas. O movimento de *softwares* de código aberto inova diariamente. Em contraste, indústrias nas quais a propriedade intelectual domina tendem à monopolização e estagnação: indústrias farmacêuticas, *softwares* de código fechado e editoras antiquadas, por exemplo. É particularmente interessante lembrar que um dos monopólios mais controversos e odiados do nosso tempo são as patentes da Monsanto sobre sementes.

No filme, os resultados são exibidos de uma forma cativante. A cidade de Thneed-Ville está estagnada. Nada cresce, nada muda, nada está verdadeiramente vivo. É um lugar paralisado e fixo, cartelizado por um único magnata que dá a todos algo essencial: ar. Ela também é um estado policial com uma vigilância inescapável. Forçosamente, há uma união total entre o dono do ar e o Estado. É o exemplo máximo do Estado corporativo, o qual ludibriou todos a pensarem que é assim que o mundo deveria ser. Eles desconhecem uma forma melhor.

Esta situação muda quando um jovem descobre a verdade sobre o que aconteceu às ideias. Ele descobre que elas já foram abundantes e davam toda a energia e vida que a sociedade precisa para prosperar e crescer. Ele recebe uma única semente de trúfula – e isso representa a esperança de que o mundo das ideias possa voltar a existir e inspirar a recriação de uma sociedade próspera, dinâmica, progressiva e em crescimento.

Portanto, é claro que o prefeito precisa roubar a semente que representa a esperança pela volta das ideias. Dá-se início a uma perseguição e, ao longo dela, o menino rompe a barreira entre Thneed-Ville e a escuridão exterior. É o que basta para que as pessoas descubram que o ar não é escasso e que pertence a todos. Elas começam a se revoltar contra o prefeito e cantam uma música ótima e dançam: uma dança de desafio absoluto.

Como na vida real, depois que o governante perde a confiança dos súditos, o regime acaba. A semente é plantada no meio da cidade e o monopólio sobre o ar termina. Por fim, a beleza e a vida no mundo são restauradas.

Há belas lições neste filme, se interpretadas por meio desta metáfora. Veja o que estamos fazendo a nós mesmos com a imposição e a manutenção do emaranhado gigantesco chamado "propriedade intelectual" que está tomando conta do mundo. É como uma moita de espinhos enorme, e mal podemos nos mover sem nos ferirmos. Isso está transformando a natureza do mercado, que precisa de ideias como precisamos de oxigênio, de um mundo de livre exploração em um mundo com bilhões de jaulas invisíveis. Isso está retardando o processo, matando a criatividade, monopolizando a produção nas mãos dos ricos e poderosos e até ameaçando a própria era digital.

A lição é resumida neste hino incrivelmente inspirador no final:

Dizemos deixe crescer
Deixe crescer
Deixe crescer
Você não pode colher o que não planta
É apenas uma sementinha
Mas é tudo que precisamos
É hora de acabar com sua ganância
Imagine Thneedville florida e arborizada
Que este seja nosso credo solene
Dizemos deixe crescer

ENSAIO 79

Fracasso do mercado: O caso do direito autoral

Quão gigantesco e invasivo é o governo federal? Uma forma tradicional de medição é analisar as páginas de regulamentações do Federal Register, o qual, nesta altura, é provavelmente a maior coleção de livros do mundo. O problema desta abordagem é que ela não leva em conta o quanto uma única regulamentação ruim pode ter efeitos monstruosamente deletérios.

As regulamentações de direito autoral são um bom exemplo disso. Não havia uma manutenção universal delas antes do final do século XIX, e a maioria dos termos eram breves nos primórdios da regulamentação. Ao longo do século XX, as regulamentações tornaram-se cada vez mais duras e os termos de direitos autorais cada vez mais duradouros, tanto que, hoje, as palavras que você cede a um editor tradicional pertencem a eles durante toda a sua vida e mais setenta anos!

O argumento padrão para justificar isso é que obras sem direitos autorais não serão eficientemente exploradas. Você precisa designar um proprietário, do contrário os recursos desaparecerão no éter. Ninguém se importará e a civilização perderá obras literárias extremamente valiosas. Nosso mercado de ideias empobrecerá.

Ora, para mim, este argumento parece obviamente falso, mas talvez seja por causa da minha experiência com o mercado editorial. Vi isso acontecer tantas vezes que é até previsível: quando uma obra sai do catálogo, mas ainda está sob algum tipo de proteção de direito autoral, ela é geralmente negligenciada pelos herdeiros. Ninguém que seja o "dono" da obra tem incentivo para reavivá-la, enquanto os que se importam com ela temem a lei ou não querem pagar um preço arbitrário determinado pelos proprietários.

Enquanto isso, quando a obra está em domínio público, há dezenas de pessoas disputando para imprimi-la. Isso vale ao longo de toda a História, na verdade. O motivo pelo qual os alunos norte-americanos do século XIX liam literatura britânica é que ela não era regulada nos Estados Unidos e, portanto, podia ser vendida muito barato e amplamente distribuída. Isso é verdade hoje: sejam músicas ou livros, o material sem direito autoral tem uma demanda muito maior do que quando é regulado. E a demanda comanda a oferta.

Em outras palavras, o oposto da teoria convencional da exploração está correto. Obras protegidas pelo direito autoral caem no esquecimento, enquanto obras em domínio público duram. Mas, obviamente, esta observação é fruto do meu profundo envolvimento com o mercado editorial e não podemos esperar que escrevedores acadêmicos entendam qualquer coisa relativa ao funcionamento do mundo na vida real.

Durante anos, suspeito que um sério problema estava surgindo por conta das regulamentações governamentais. Há um abismo enorme no qual milhões de livros caíram. Eles só podem ser reeditados ou republicados mediante riscos e custos enormes. Muitos dos livros têm direitos autorais incertos ou os "proprietários" estão pedindo um preço alto demais, ou não podem ser encontrados ou estão sem dono. O custo é muito alto. Tive experiências com cerca de uma centena de livros nessa situação e sempre presumi que milhares ou milhões de títulos caem nesta categoria.

Nos primórdios da Google, houve um breve período no qual a empresa imaginou ingenuamente que poderia fazer a coisa certa disponibilizando toda esta literatura para ser lida e impressa instantaneamente. Eles tinham a tecnologia para resgatar os livros e oferecê-los ao mundo inteiro. Editoras, com o apoio das regulamentações que as defendem, ficaram loucas. A Google tentou um acordo de divisão de lucros. Não deu certo. Por fim, a Google desistiu e cooperou com o sistema vigente.

De certa forma, todo um século de ideias foi colocado nas sombras pelo governo em conluio com grandes editoras. E isso está piorando a cada dia. Editoras estão consultando seus catálogos mais antigos e ameaçando a todos que publicam qualquer trecho *online*. Não que eles planejem novas edições; só estão reclamando posse do que consideram seus bens.

A literatura de 1850 está mais disponível que a de 1970. Quão absurdo é isso? Tudo isso é resultado direto de regulamentações escandalosas e sem precedentes que efetivamente criaram um véu de censura sobre o período mais produtivo da História no que diz respeito à criação literária. Este mundo inteiro está confinado a bibliotecas que ninguém visita ou está sendo colocando nas prateleiras de queima de estoque para que as bibliotecas possam criar mais espaço para cafés.

Há uma lição mais geral que se refere a todas as regulamentações governamentais. Até mesmo uma única linha pode causar danos catastróficos à indústria ou ao progresso social. É extremamente difícil quantificar as perdas. Este é só um caso, mas um caso importante, pois lida com a coisa mais importante que qualquer civilização possui: seu tesouro de ideias. Este tesouro foi jogado no fundo do mar. Algum dia, exploradores o descobrirão e se perguntarão como uma sociedade pôde deixar isso acontecer apesar de ter os meios para fazer o contrário.

ENSAIO 80

Os provedores de serviços de *Internet* estão se tornando fiscais do Estado

Você se lembra da batalha em torno da SOPA, na qual os maiores *sites* do mundo repeliram uma ameaça legislativa que mudaria a *Internet* para sempre? Um dia depois dessa vitória pírrica, ficou bastante claro que as leis existentes bastavam para dar ao governo poder para acabar com o mundo digital. Mas como isso aconteceria? Como o governo poria um fim à liberdade digital?

Bem, a desculpa é óbvia. É a "propriedade intelectual". Esta expressão serve aos aspirantes a censores do mesmo jeito que "terrorismo" serve aos belicistas. É uma forma de aumentar o controle governamental e ao mesmo tempo cegar os que se opõem a tal controle. Você é a favor do terrorismo? Você é a favor do roubo?

É bem fácil identificar um roubo normal. Um dia, tenho um vaso de plantas em frente à minha casa. No dia seguinte, o vaso está na sua casa — e chegou lá sem minha permissão. Ou um dia, estou dirigindo meu carro. No dia seguinte, você está dirigindo meu carro porque você o tomou de mim à noite. É assim que um roubo normal funciona. Você sabe quando ele ocorreu. E o meio de repará-lo é óbvio.

Agora, imagine um cenário diferente. Um dia, o parágrafo acima aparece no site da Laissez Faire Books. No dia seguinte, aparece na sua página do Facebook ou *blog*. Mas ele não foi removido do *site* lfb.org. Ao invés disso, foi copiado. Uma segunda ocorrência do parágrafo foi criada sem tirar nada de mim. Meu parágrafo ainda existe. E digamos que isso aconteça 10 bilhões de vezes em poucos minutos, como pode acontecer no mundo digital.

Este é um caso de saque em massa ou um elogio em massa a mim?

A lei do direito autoral vê isso como roubo. Mas como é possível? O mérito do mundo digital está na notável escalabilidade de tudo que é digitalizado. Esta é a base da economia na *Internet*. Sua capacidade de inspirar e alcançar cópias infinitas e compartilhá-las é algo sem paralelo na História. É isso que torna a *Internet* diferente do pergaminho, do vinil ou da televisão. Tire isso e você tira a energia única da mídia.

A lei de propriedade intelectual tornou-se universal somente há 120 anos. Ela expandiu-se aos poucos ao longo do século, invadindo o reino digital na década de 1980 e aumentando a sua abrangência desde então. Como você pode tornar cópias ilegais em um meio especializado em sua capacidade de compartilhar, multiplicar, criar *links* e formar comunidades? Você precisa de um controle totalitário.

Mas como o governo fará isso? Bem, considere como o governo se pôs a fortalecer o Estado tributário na década de

1940. Em vez de apenas cobrar impostos das pessoas diretamente, o Estado usou as empresas privadas para fazê-lo, por meio de "impostos sobre a circulação de mercadorias". As empresas foram obrigadas a se tornar coletoras de impostos para o Estado. E o mesmo foi feito com a saúde pública. Em vez de simplesmente decretar cobertura universal, o Estado usou as empresas privadas para fazer a vontade governamental. As empresas tornaram-se fornecedoras de serviços de saúde por decreto.

O mesmo está acontecendo agora na manutenção da propriedade intelectual na *Internet*. Todos os relatórios mais recentes dizem que os ISPs (provedores de *Internet*) fecharam um acordo com empresas de mídia tradicionais para começar a fiscalizar como os usuários navegam na *Internet*, fazem *uploads, downloads* e *links*.

Haverá vários avisos e, depois de algum tempo, presumivelmente, o acesso será interrompido. Elas farão isso com base no endereço de IP do usuário. Em outras palavras, os ISPs estarão fazendo o trabalho sujo pelo Estado. Provavelmente, eles fecharam o acordo somente porque 1) as leis já existem e 2) eles estão tentando evitar um destino pior.

Para deixar claro, um pouco disso já está em andamento. Se você usa o WordPress ou Blogger para escrever seu *blog*, provavelmente já sabe disso. Os violadores agressivos ou abertos recebem notificações, mesmo que a violação não tenha sido intencional. Durante anos, o YouTube tem silenciado o áudio de vídeos caseiros se a música estiver protegida por direito autoral. E incontáveis sites de *upload* apagam tudo que seja questionável, considerando os usuários culpados antecipadamente.

Nem mesmo um anúncio aberto da Creative Commons, que garante a permissão de cópia, é sempre o bastante. Supõe-se que toda cópia seja um crime. Todo *upload* é suspeito, assim como todo *download*.

E, ao contrário do que as pessoas dizem, nem sempre é fácil saber a diferença entre propriedade protegida e de uso comum. A lei de direito autoral é notoriamente difícil de entender. Às vezes, a resposta é óbvia, como acontece com materiais publicados antes de 1922. Mas há um terreno enormemente vasto de publicações entre 1922 e 1963 no qual as renovações dos direitos são às vezes confusas, especialmente quando há vários autores envolvidos.

As patentes são um caso ainda pior. Agora mesmo, todos estão processando todos por seja lá o que for. Isso se tornou um jogo perverso no qual a concorrência acontece não na arena do atendimento ao consumidor, e sim em tribunais, por meio de várias formas de perseguição e chantagem jurídica.

No final das contas, todas estas disputas são vencidas pelas empresas mais ricas. Já vi disputas em torno de direitos autorais resolvidas tendo por base somente esta premissa, sem levar em conta o mérito do caso. No final, fica caro demais para os peixes pequenos se defenderem dos interesses das grandes corporações, então os peixes pequenos invariavelmente cedem para evitar litígios caríssimos.

Será assim no futuro. Os peixes graúdos comandarão o espetáculo, fazendo pelo Estado o que o Estado é incapaz de fazer por si, e o farão em nome dos interesses das grandes corporações. Isso é péssimo para a cultura competitiva. E pior ainda para a cultura do compartilhamento comunitário que gerou um vasto mundo de milagres e maravilhas disponíveis a toda a Humanidade. É um caso de crueldade do homem contra o homem, servindo a nenhum propósito além dos interesses materiais de grandes corporações determinadas a retardar o progresso da Humanidade.

Mas nem tudo são trevas. Toda imposição legal incentiva os *geeks* do mundo a descobrir atalhos. Sempre haverá uma forma. Assim como os bares ilegais permaneceram abertos na década de 1920, sempre haverá zonas de liberdade no mundo digital. E não tenho dúvida de que, no fim, a liberdade de informação vencerá. A tragédia é que haverá muitos obstáculos no caminho até a vitória.

ENSAIO 81

A teoria ganha vida

A última sessão geral da Investment University do Oxford Club — a décima quarta anual, realizada em San Diego este ano — acaba de terminar, e uma série de sessões vespertinas seguem agora. É o tipo de evento do qual apenas uma porcentagem minúscula da população — pode--se dizer que se trata do 0,01% — jamais participará, e isso é lamentável, de certo modo. Isso porque a oportunidade educacional é absolutamente extraordinária.

Muitas pessoas aqui esforçaram-se para concluir todo tipo de faculdade em busca de educação teórica, técnica e empresarial. Mas, repetidas vezes, ouvi a mesma coisa das pessoas: quatro dias aqui valem muito mais do que toda a educação em salas de aula oferecidas em qualquer lugar.

Entendo por que tantos dizem isso. O nível intelectual era muito alto, apesar de o foco não ser a teoria, e sim a prática. Esta é uma conferência de praticantes, pessoas que experimentam e se envolvem com como o mundo funciona em primeira mão e com suas próprias propriedades, sempre voltados para a descoberta e criação de valores.

Fale com qualquer participante (algumas das pessoas mais inteligentes que já conheci), qualquer palestrante (algumas das mentes mais impressionantes que jamais ouvi) e você ouvirá histórias incríveis de ascensão e queda de grandes empresas e todos os países e setores, das coisas e serviços que definem o passado, o presente e o futuro. É incrível admirar o conhecimento coletivo aqui.

O rol de palestrantes é de outro mundo. São pessoas com históricos comprovados como administradores de fundos, analistas de ações, capitalistas de risco, comerciantes, empreiteiros, intelectuais com dinheiro investido e empresários ousados de todos os tipos. Sim, muitas pessoas tinham algo a vender; isso é fato e também um teste de credibilidade. Ao contrário de uma aula em uma faculdade, na qual o suposto especialista pode não ter feito nada na vida além de ler e repetir, todo palestrante aqui se baseava na responsabilidade real que só o mercado comercial pode proporcionar.

O evento não é só sobre ganhar dinheiro, apesar de isso ser verdadeiro (e animador) o bastante. Ele gira em torno de planejar o curso da vida em si – e, a despeito do nome do evento, ele abrange realmente todos os aspectos da vida. Não importa o setor ou estratégia em discussão, a essência sempre acaba lidando com a interseção mais fascinante entre economia, finanças, psicologia, sociologia, tecnologia e política.

Politicamente, pode-se ver uma tendência libertária aqui, geralmente nascida da observação geral e inexpugnável de que o mercado gera riqueza, enquanto a política não. Mas pouco tempo é gasto pregando como o mundo deveria funcionar. O foco aqui é inteiramente em como o mundo funciona e na descoberta de oportunidades em mundo no qual ainda restam muitas. Hoje em dia, isso exige indispensavelmente uma visão aberta, cosmopolita e global.

De certa forma, o trabalho de investimento hoje é necessariamente subversivo. O governo no mundo desenvolvido tem a riqueza como alvo de confisco ou destruição. A cultura é pouco disposta a celebrar o sucesso financeiro. O Fed destruiu a capacidade de ganhar dinheiro poupando à moda antiga. Se todos fizessem o que o governo e a cultura querem que as pessoas façam, o resultado seria a expropriação em massa. A única forma de evitar isso é pensar alternativamente.

Portanto, o dinheiro inteligente precisa perseguir as ideias inteligentes em todos os cantos do mundo. É nos mercados emergentes e nas tecnologias digitais que a paisagem da prosperidade realmente se ilumina. Estar neste evento é o equivalente a fazer um passeio por todo o mundo, setor a setor, e ouvir as estratégias para lidar com ele.

Havia uma enorme variedade de palestrantes, cada qual com um conhecimento íntimo de alguma tecnologia, do processo exigido, da história e do presente das empresas e ideias que as fazem funcionar, das barreiras enfrentadas pelo caminho, sua comerciabilidade e sentido ao longo da História humana. Ninguém jamais seria capaz de absorver todo o conhecimento à mostra aqui ao longo de quatro dias.

Meu próprio tópico era inevitável. Falei dos aspectos economicamente únicos da era digital e da dificuldade de comoditizar e comercializar bens e serviços em um mundo de reprodutibilidade infinita. Falei sobre as várias formas como empresas de sucesso conquistaram este território por meio de programação inovadora, *marketing* e adaptação incansável a mudanças, mesmo sem recorrer a táticas de monopólio forçado.

Claro que isso toca no assunto da propriedade intelectual, e havia duas opiniões aqui, na verdade. A primeira é a visão tradicional do capitalista de risco de que uma empresa digna de aquisição precisa de um portfólio impenetrável de propriedade intelectual para se proteger da imitação da concorrência.

A segunda perspectiva é o oposto exato. Uma empresa inovadora e em crescimento jamais deveria buscar a proteção de patentes, pois isso tende a amarrar a empresa a um processo e tecnologia específicos que podem ou não ser a melhor forma de seguir adiante. Patentes distorcem o desenvolvimento. A estagnação é uma ameaça maior do que a concorrência. Qualquer *startup* que aposte em seu fundo de guerra de patentes será derrotada. Claro que acho essa última visão mais interessante.

O Oxford Club teve Mark Skousen como mestre de cerimônias do evento, e seus livros foram um sucesso de vendas no estande da Laissez Faire Books. Boa parte de sua obra lida com a interseção entre economia e investimento, mas o seu livro mais vendido aqui é, na verdade, sua história do pensamento econômico – um livro que se tornou o texto mais usado sobre o assunto.

O professor Skousen é também o empresário por trás da FreedomFest, um evento realizado em julho em Las Vegas que reúne vários pensadores libertários para apresentarem pesquisas, debaterem ideias e em geral se divertirem estrondosamente. Participei do evento dois anos seguidos e, nas duas vezes, considerei-o extraordinariamente animador. O tom e a abordagem aqui enfatizam uma ampla e diversa troca de ideias. É garantido que você ouvirá coisas das quais discorda; também é garantido que você deixará o evento mais inteligente e mais inspirado intelectualmente do que quando chegou.

Foi o mesmo com a Investment University. A Laissez Faire Books fez um ótimo trabalho com todos os tipos de livros, de obras técnicas sobre operações a prazo a obras clássicas sobre história e economia. É um grupo muito culto e intelectualmente curioso, interessado em ideias – ideias baseadas em experiências reais de seres humanos reais.

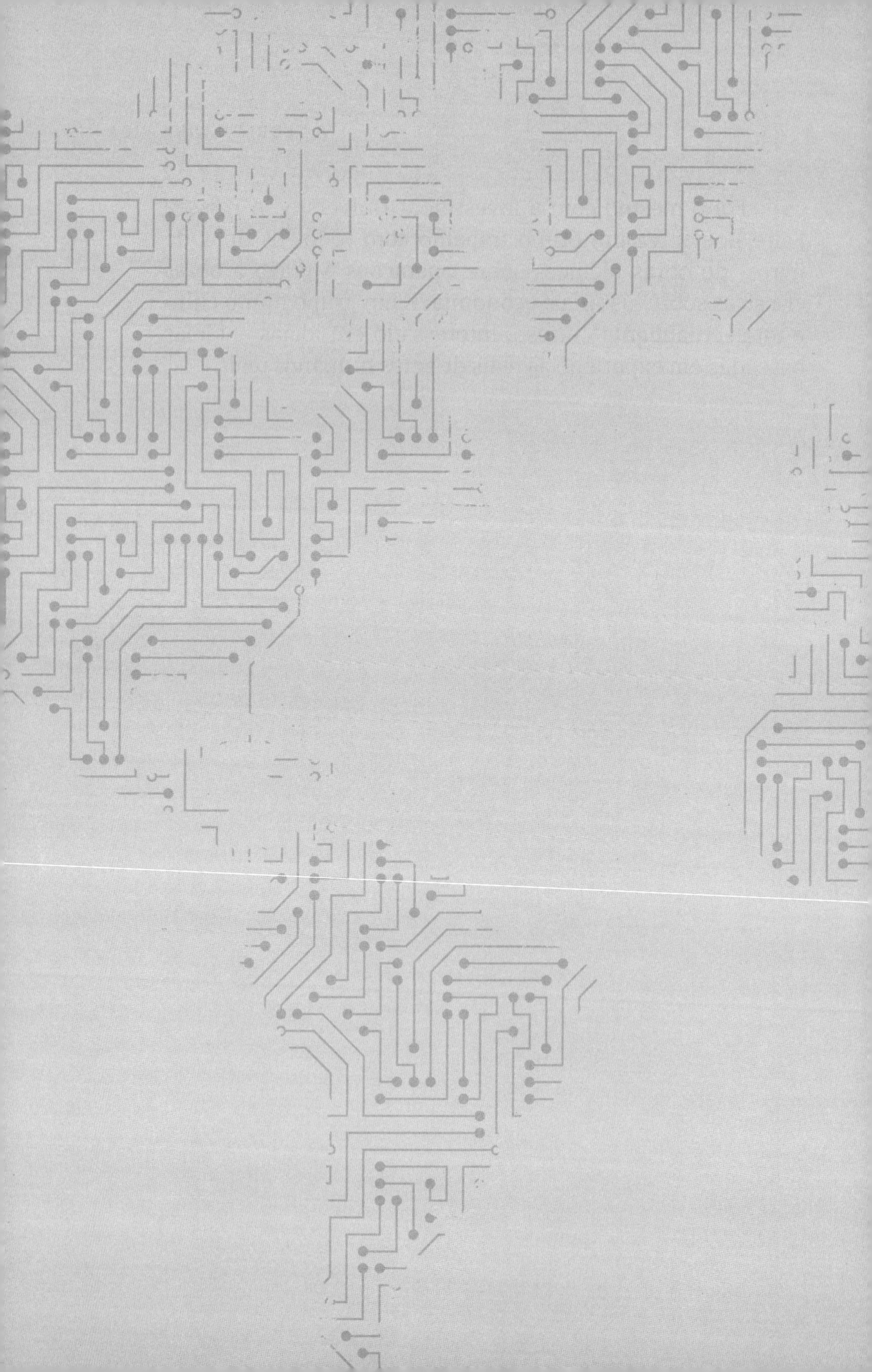

PARTE VII

Os Agentes da Libertação

ENSAIO 82

A Genialidade do sistema de preços

Outro dia, uma lanchonete local estava anunciando um hambúrguer de noventa e nove centavos e aceitei a oferta. Estava ótimo. Fiquei me perguntando: como eles conseguem lucrar assim? Alguns dias mais tarde, com a cabeça ainda cheia de lembranças da ótima experiência, voltei à lanchonete. Desta vez, fui um pouco mais longe e melhorei o pedido, incluindo batatas fritas e uma bebida, e também comprando para minha companhia. A conta total foi de US$16. Uau. É assim que eles ganham dinheiro.

Era um caso interessante de como uma empresa vende um produto abaixo do preço de custo para atrair você e depois compensa a diferença em uma compra melhor. Claro que eu poderia ter ficado com o hambúrguer barato, mas não fiquei. Comportei-me exatamente como a lanchonete esperava. Isso é estonteante de várias formas. Eles me conhecem melhor do que eu mesmo. E que bom para eles.

Deixando claro, algumas pessoas cínicas considerariam isso uma fraude. Não vejo desta maneira. Eu não precisava voltar à janela do *drive-through*, não precisava aumentar meu pedido, não precisava comprar para a pessoa ao meu lado, não precisava pedir batatas fritas e uma bebida. Tudo isso foram decisões que fiz por vontade própria. Tampouco me arrependo: a comida estava melhor do que nunca. Sou livre para me recusar a voltar, mas voltarei.

Certa vez, disse-me um sábio que, nesta vida, você pode obedecer a balanços contábeis ou valentões. No final das contas, estes são os únicos caminhos. Ele estava chamando atenção para uma realidade inevitável em um mundo de escassez. Todas as coisas escassas devem ser alocadas entre extremidades concorrentes. Isso pode ser feito de cima para baixo pelas pessoas no controle, ou de baixo para cima com o sistema que surge das trocas voluntárias. As duas abordagens não combinam bem.

Claro que os preços não existem independentemente da vontade humana. Os produtores do mercado podem brincar com eles, mas não controlá-los no final das contas. Há muitas surpresas ao longo do caminho. Não são apenas os ricos que prosperam neste ambiente. Quem imaginaria que a máquina dos velhos filmes de ficção científica que dá respostas instantâneas a todas as perguntas seria finalmente dada gratuitamente por uma das maiores empresas do mundo? Estou falando da Google, mas o mesmo poderia ser dito de vários mecanismos de busca existentes.

Quem imaginaria que as maiores redes de telecomunicação do mundo – redes sociais e de *e-mail* – também seriam gratuitas, financiadas principalmente pela venda de espaço publicitário e de produtos com *upgrades*? Da mesma forma, boa parte dos *softwares* mais úteis do mundo é gratuita, assim como o sistema de processamento de texto em nuvem que estou usando para escrever este artigo. O mesmo vale para a música que preencheu minha sala de estar por doze horas ontem, seleções de músicas dos séculos XVI e XVII, tudo me dado de graça. Incrível.

O sistema de preços é um caleidoscópio em mudança constante que funde lindamente nossa imaginação subjetiva com a realidade dura do mundo físico. É a combinação de mente e matéria que gera uma saída – um número simples – que nunca mente. Isso nos dá aquele maravilhoso balanço contábil que lhe diz se você está fazendo algo sustentável ou não. Nenhuma instituição pode competir com sua eficiência, muito menos ignorar sua utilidade indispensável neste mundo.

Certa vez, ouvi falar de uma mãe obcecada pelo preço dos combustíveis. Aonde quer que fosse, ela olhava os cartazes com os preços e os informava a todos. "Hmmm, estão cobrando US$ 3,15". "Tem um posto cobrando US$ 3,45". "Aquele lugar cobra US$ 3,10". "Eles têm gasolina por US$ 3,50". Era assim durante toda a viagem. Ela não tinha nenhuma opinião sobre os preços; só achava interessante observar e comparar. E talvez as observações dela refletissem uma espécie de confusão sobre como a mesma coisa oferecida em lugares diferentes podia ser precificada de formas tão diferentes.

E é mesmo intrigante. Há duas coisas das quais podemos ter certeza. Primeiro, o produtor – o varejista, no caso – gostaria de cobrar mais pelo litro da gasolina, até mesmo um milhão de dólares. Depois, o consumidor gostaria de pagar menos pelo litro do combustível, até mesmo nada. O preço final representa um acordo. Chega-se a ele mesmo que os envolvidos na troca não falem antecipadamente; em um único número, estão embutidos bilhões de dados sobre os valores humanos, a disponibilidade de recursos e os usos alternativos do dinheiro e dos recursos.

Tudo isso acontece sem um planejador central — e sequer com um quadro central de especialistas — nos dizendo qual deveria ser o preço. Isso é genialidade em ação.

Mesmo há um ano, quem poderia prever que os livros físicos seriam vendidos às vezes por um valor menor do que os livros digitais do mesmo título? Isso desafia qualquer expectativa. O bem físico é algo real que você pode segurar e tem custos de produção (lá se vai a teoria do valor do trabalho). Os bens digitais só precisam ser produzidos uma vez e depois podem ser vendidos bilhões de vezes. Então, qual é o truque? Tudo se resume à demanda do consumidor. Gostamos muito de *e-books* — da conveniência e rapidez na entrega — e estamos dispostos a pagar por eles.

O sistema de preços também decide quais empresas são lucrativas ou não. Não tem nada a ver com o tamanho da empresa. Se você fatura menos do que gasta, acabará falido em algum momento. Se você fatura mais do que gasta, crescerá. A vasta rede mundial de formação de preços resume-se a este cálculo simples que determina como os recursos do mundo são usados. Toda empresa enfrenta as mesmas restrições. Portanto, se as decisões de preço são ou não racionais está profundamente relacionado com o destino do mundo.

O fato é que é impossível prever tais coisas. Por mais inteligente que seja a equipe de especialistas, por mais poderosos e prestigiados que sejam os que determinam os preços nos bastidores, sempre haverá surpresas. Isso porque ninguém pode prever com exatidão os valores fabricados pela mente humana, tampouco saber tanto sobre o mundo a ponto de prever todos os usos alternativos dos recursos usados no processo de produção. Quando economistas dizem que algo deve ficar "nas mãos do mercado", o que estão realmente dizendo é que as pessoas deveriam resolver isso sozinhas. Esta é a única forma de lidar com todas as incertezas do mundo.

Estas são algumas das percepções sobre o sistema de preços que podem ser obtidas das obras de Carl Menger, Ludwig von Mises e F. A. Hayek. Eles entenderam que não há substituto para o sistema de preços. E é por isso que é também tão profundamente perigoso para qualquer sociedade dar a um banco central o poder de manipular sistema de preços de cima para baixo. As decisões dele sobre a oferta de dinheiro não podem deixar de ser irracionais e, por fim, destrutivas para as economias e a concretização do bem comum.

O mesmo poderia ser dito de várias instituições estatais que distorcem preços, como os pisos e tetos salariais, subsídios e penalizações para empresas específicas e impostos e regulamentações que tiram recursos e afetam profundamente o cálculo de lucro e prejuízo. Tudo isso interfere com o funcionamento fluido do sistema de preços. Tudo isso desperdiça recursos. Tudo isso interfere na eficiência do mercado.

Cada vez mais, as pessoas do mundo desenvolvido estão vendo o balanço contábil substituído pelo valentão. Isso prejudica tanto nossa prosperidade quanto nossa liberdade pessoal de tomar decisões sozinhos. Se o valentão pode dizer à lanchonete quais devem ser seus preços, o mesmo valentão pode me dizer o que posso comer ou não, o que e onde posso ou não dirigir e onde posso ou não trabalhar, e em quais termos.

O sistema de preços, baseado na ideia da propriedade privada e da liberdade de escolha, é o melhor amigo que a liberdade e a prosperidade já tiveram. Da próxima vez que alguém reclamar disso, pergunte à pessoa o que ela prefere no lugar.

ENSAIO 83

O não crime de saber

Digamos que Rajat Gupta, o ex-diretor da Goldman Sachs em julgamento pelo uso de informações privilegiadas, seja preso por passar informações adiante há quatro anos. Digamos que ele realmente tenha recebido – e deixado vazar – uma dica de que a Goldman receberia em breve um aporte de capital do Berkshire Hathaway e que essa informação tenha sido usada para gerar um belo lucro.

Onde exatamente está a justiça em prender este cara? Não a vejo. O que precisamente os investidores ganharão com isso? Absolutamente nada. O que isso impedirá? De novo, nada, não para um setor que recompensa a inteligência acima de tudo.

Se Rajat ficar na cadeia como Martha Stewart e tantos outros antes dele, os mercados sentirão falta da sua inteligência, os contribuintes precisarão sustentá-lo por anos e a ele será negado o direito humano básico de saber e falar.

Nenhuma das vítimas de suas ações jamais será recompensada. E isso levanta uma questão interessante: mesmo que o pior seja verdade, não houve vítimas, só ganhadores. As pessoas que venderam as ações naquele dia as venderiam de qualquer modo. As pessoas que as compraram as comprariam de qualquer modo.

Seja ele tecnicamente "culpado" ou não de passar informações adiante, ninguém foi roubado. Ninguém foi prejudicado. Seu único crime foi saber mais do que deveria e agir em função disso, em um negócio que recompensa as pessoas por boas decisões baseadas em um conhecimento específico.

Na pior das hipóteses, Gupta é culpado de revelar um segredo relacionado ao seu cargo, uma questão que deveria ser tratada pela própria empresa. O governo não conquista nada aqui além de perseguir algumas das pessoas mais inteligentes do mundo, dizendo a elas quem é que manda.

Mais do que isso, toda a base da regulamentação das informações privilegiadas é um absurdo, principalmente na era digital, e isso fica cada vez mais claro dia após dia.

Na vida comum, se você quer manter um segredo, só há uma maneira: não dizer nada a ninguém. A maioria das pessoas aprende isso em torno da terceira série. Quanto mais valiosa a informação que você tem, mais é provável que ela circule. E, ao fazer isso, a informação muda e se transforma e chega ao fim de maneiras estranhas que nunca são inteiramente confiáveis.

Todo o negócio dos mercados é gerar informação. Informação é a única defesa que temos contra aquele inimigo insuportável, a incerteza do futuro. Não há garantias. Não só porque você não pode ter certeza do que é ou não verdade;

mesmo que você saiba o que é verdade, você não pode ter certeza das implicações da informação sobre os preços futuros.

A disponibilidade pública da informação é o lado "socialista" da moeda "capitalista". As informações que o mercado gera são onipresentes, multiplicáveis e incrivelmente transportáveis. Mas a informação nunca é distribuída igualmente pela sociedade e tampouco agem em função dela com a mesma perspicácia.

Os corretores buscam e obtêm "informações privilegiadas"? Com certeza. Não há como impedir isso. A guerra contra a informação privilegiada vai ter tanto sucesso quanto as outras guerras do governo contra o tabaco, a maconha, o analfabetismo, a obesidade e o terrorismo. Em todos os casos, o único resultado óbvio é que o governo tem mais poder, e nós, menos liberdade.

As pessoas que ganham a vida com ações processam centenas de milhares de dados diariamente. Elas também transmitem a mesma quantidade, ou mais. Pesquisas sobre os hábitos dos corretores revelam que, quanto mais bem-sucedido o profissional, mais informações ele processa, tanto as recebidas quanto as transmitidas.

Repare que nunca vimos o governo processar as pessoas por usar informação privilegiada e perder dinheiro. Isso é porque tal ocorrência jamais chama a atenção dos regulamentadores. Mas então, é perversidade punir apenas as ações lucrativas.

Tornar os segredos (informação material privada) ilegais cria uma espada de Dâmocles de propriedade do governo e por ele operada que os reguladores mantêm sobre todos em Wall Street e no mercado. É o lembrete constante de quem é que manda.

Como um corretor ativo em Wall Street buscando qualquer informação não universal, você descobrirá a qualquer momento que a SEC[18] pode solicitar seus registros telefônicos, *e-mails*, mensagens de texto e mais e alegar que suas aplicações bem-sucedidas são injustas. Então, você vai preso.

Como os estudiosos da Escola Austríaca destacaram há muito tempo, não há um limite claro entre o que é ou não informação privilegiada. E aí é que está. Todo o negócio da corretagem lucrativa se resume a agir em função de informações que não estão universalmente disponíveis ou em função das quais outras pessoas não agiram.

Este é o trabalho deles. Tornar as informações privilegiadas ilegais é como punir a beleza no mundo da moda ou as boas refeições nos restaurantes. Você acaba apenas estabelecendo uma base para uma aplicação arbitrária da lei.

Quando o filme *Wall Street* foi feito, a atenção estava voltada para as fusões e aquisições. Hoje, todos querem saber dos relatórios de faturamento. Na véspera do anúncio, as pessoas no mercado financeiro são bombardeadas por especulações, promessas, blefes e oceanos de boatos.

O que é ou não confiável? Este é o trabalho do corretor empreendedor. Os regulamentadores investigam apenas transações notoriamente bem-sucedidas, encontrando informações reveladas logo antes e depois considerando os envolvidos como criminosos. Nos casos mais recentes, a SEC estava investigando até pesquisas excelentes que se revelaram corretas.

Como escreve Felix Salmon na *Reuters*:

> Os mercados deveriam ser um jogo de pessoas usando informações obtidas independentemente e análises para tomarem decisões sobre o valor de diversos títulos

---

[18] *Securities and Exchange Commission*. O equivalente norte-americano à Comissão de Valores Mobiliários. (N.T.)

— esta é a melhor forma de maximizar a quantidade de informação refletida no preço dos títulos.

O que a regulamentação sobre informação privilegiada ignora é que nenhuma informação no mundo assegura um resultado lucrativo. Salmon cita o caso da oferta pública inicial do Facebook. O preço predeterminado das ações foi propositadamente baixo para criar uma onda ascendente que acabou não acontecendo. Como diz Salmon: *"O preço de títulos, sobretudo de ações, é sempre mais uma arte do que uma ciência"*.

Todos os especialistas estavam enganados quanto ao Facebook, ao menos até onde o público sabe. Algumas pessoas acertaram nesta vez, e estas mesmas pessoas se enganarão na próxima vez. Nenhum indivíduo nunca é mais esperto do que os mercados em longo prazo. É por isso que os corretores buscam vorazmente informações de todas as fontes possíveis. Eles estão constantemente corrigindo e aperfeiçoando seu conhecimento. Este é o negócio dos mercados.

Eu iria além de Salmon e concordaria com Murray N. Rothbard, que dizia que não há base para o governo se envolver aqui em nenhum nível. Cabe às próprias empresas cuidar de quais informações são reveladas e em qual momento. Impor a responsabilidade a elas estimulará um nível maior de abertura e uma confiança menor em contratos sigilosos que não podem ser protegidos de qualquer maneira.

Quanto às regulamentações, imaginar um mundo no qual todas as transações sejam baseadas em informações universais e igualmente conhecidas é propor um mundo de robôs, e não de seres humanos procurando conhecimento e tomando decisões especulativas sobre um futuro incerto. Punir um robô que ganhou vida e fez uma boa aposta é matar aquilo que torna o mercado humano e maravilhoso.

ENSAIO 84

A economia somos nós: Uma homenagem a John Papola

Para muitas pessoas do mundo inteiro, a primeira vez que ouviram falar no grande economista Friedrich A. Hayek foi em um vídeo de *rap*. Isso mesmo. Cerca de 3,4 milhões de pessoas assistiram ao vídeo *"Fear the Boom and Bust"* [Tema a Bolha e o Estouro] desde seu lançamento, há dois anos. Ele tem sido mostrado em salas de aula e apareceu em várias reportagens sobre economia.

Este vídeo fez mais do que apenas ensinar às pessoas uma alternativa à política macroeconômica keynesiana, da qual, anteriormente, apenas poucos tinham conhecimento. Ele despertou os defensores do livre mercado do estupor e os fez perceber que precisavam fazer mais do que escrever tratados volumosos que ficam nas estantes das bibliotecas a fim de divulgar sua mensagem.

Este vídeo tornou a economia interessante e dramática. Ele pegou uma batalha intelectual que acontecia nos bastidores há quase cem anos e a expressou com imagens contemporâneas. A letra não era só inteligente e esperta; também era precisa no que diz respeito às teorias de Hayek e Keynes.

Uma sequência foi feita ano passado: *"Fight of the Century"* [A Batalha do Século]. O vídeo já tem 1,7 milhões de visualizações, e muitas pessoas o consideram ainda melhor do que o primeiro (os dois vídeos têm seus pontos fortes, na minha opinião). Houve centenas de aparições na mídia, milhares de reportagens e blogs, produtos secundários e debates públicos. Vários livros sobre tema foram publicados.

Você pode ver aqui como ideias funcionam para mudar a paisagem ideológica. Hoje, há uma compreensão ampla de que existe um outro lado do problema – algo que poucos entendiam na época das "conversas ao pé da lareira" de Franklin Delano Roosevelt ou das lições noturnas de Walter Cronkite (1916-2009) sobre o que Washington queria que pensássemos.

Hoje, nem mesmo jornalistas da grande imprensa conseguem escrever sobre políticas anticíclicas e estabilidade econômica sem reconhecer o outro lado do debate. E esta nova consciência está levando as pessoas a uma verdade antes suprimida.

O próprio Hayek teria ficado exultante. Ele escreveu que a liberdade está condenada, a não ser que

> possamos tornar mais uma vez as fundações filosóficas de uma sociedade livre em um tema intelectual *vivo* e tornar sua implementação em uma tarefa que desafie a *inteligência* e a *imaginação* das nossas mentes mais inquietas. (Grifos meus).

A ECONOMIA SOMOS NÓS: UMA HOMENAGEM A JOHN PAPOLA

As mentes por trás dos vídeos: o professor de economia Russell Roberts (que se especializou em encontrar novas formas, como romances e *podcasts*, de disseminar o conhecimento) e o gênio da mídia John Papola. Atenho-me a Papola pois ele é quem chama menos atenção da dupla e foi um prazer conhecê-lo pessoalmente e entrevistá-lo em várias ocasiões.

Claro que fiquei feliz por John ter escrito uma longa e inteligente introdução para a nova edição da Laissez Faire Books da maravilhosa antologia de Hayek, *A Tiger by the Tail* [*Um Tigre pelo Rabo*]. Ela está disponível em uma bela edição em brochura ou *e-book*. Ou você pode obter os dois gratuitamente entrando para o Laissez Faire Club, que oferece um fluxo incessante de joias digitais.

A experiência de John é na mídia, na qual realizou ótimos trabalhos para a Spike TV, Nickelodeon e MTV. Então, em 2006, ele assistiu ao documentário *Commanding Heights*, da PBS. Ele se viciou em economia. Ele percebeu que a ciência econômica guarda o segredo da ascensão e queda das sociedades, a resposta para muitos problemas culturais, o calvário que determina se prosperamos ou morremos como povo.

Ele poderia ter parado ali, mas – como explica nesta introdução – continuou com os estudos e encontrou o caminho rumo a uma verdade que vai além das escolhas às quais somos apresentados nos debates políticos atuais. Ele percebeu que, ao contrário da sabedoria tradicional, nem Ronald Reagan nem Margaret Thatcher (1925-2013) representavam algum tipo de ideal do livre mercado. Há problemas mais fundamentais em jogo do que qualquer partido político representa.

Ele deu início a um gigantesco e até obsessivo plano de leitura que o explicou as obras dos economistas da Escola

Austríaca, de um século atrás até o presente. Foi uma jornada intelectual estimulante que acabou provocando uma mudança vocacional drástica em sua vida. Ele decidiu usar suas habilidades e talentos para divulgar a causa. John não queria fazer isso apenas expondo a doutrina, e sim por meios criativos, civis e inventivos, justamente como Hayek sugerira. Ele estava promovendo ideias antes ignoradas.

Os resultados mais evidentes dessa jornada intelectual são os dois vídeos de *rap*. Ele trabalhou com Roberts para criar parelhas fabulosas e frases memoráveis que mudaram a forma como os defensores do livre mercado tratam o assunto. Se você passar algum tempo com ele, verá seu talento em ação. Juro que ele pode criar rimas ótimas a partir de qualquer coisa. É estonteante só ouvi-lo pensar em voz alta.

Eis aqui duas passagens famosas do segundo vídeo, colocadas na boca de Hayek:

> A economia não é um carro, não há motor pra enguiçar
> Não há nada que um especialista possa consertar.
> A economia somos nós, não precisamos de um mecânico
> Deixe de lado as chaves inglesas, o saber econômico é orgânico.

E:

> Precisamos de regras estáveis e preços de mercado de verdade
> Pra prosperidade emergir e acabar com as suscetibilidades.
> Nos dê uma oportunidade para descobrirmos
> Uma forma de servirmos uns aos outros e agirmos.

A ECONOMIA SOMOS NÓS: UMA HOMENAGEM A JOHN PAPOLA

Fico emocionado só de ler os dois últimos versos. Esta é a linguagem do verdadeiro liberalismo. Esta é uma verdade do mercado há muito suprimida. O segundo vídeo, particularmente, usa bastante a ideia de que enfrentamos uma escolha entre uma sociedade organizada de cima para baixo ou de baixo para cima. É exatamente isso, um resumo fantástico do que as mentes liberais dizem há séculos, finalmente transmitido por meio de uma imagem de fácil compreensão.

O que sua introdução para *A Tiger by the Tail* revela é que John Papola não é só um gênio da mídia. Ele também é um intelectual de primeira. Ele discute a história do pensamento, juntamente com o uso equivocado de metáforas econômicas, teoria do capital, instituições bancárias, o papel dos preços e do empreendedorismo, taxas de juros e o papel da moeda. Ele dá ênfase especial ao tema da "Lei de Say", a qual Keynes afirmava ter refutado, mas que ainda é uma fortaleza teórica da capacidade do mercado de se autogerenciar.

Seu ensaio, que se alonga por cinco mil palavras, é uma verdadeira cartilha sobre Hayek e a Escola Austríaca. Claro que ele termina com algumas rimas. Que atuação! Como Hayek diria, é assim que se usa a inteligência e a imaginação para transformar a economia e a liberdade em temas intelectuais vivos.

ENSAIO 85

Não existe "liberdade demais"

Alguns livros excelentes são produto de uma vida toda de pesquisas, reflexão e disciplina. Outros são escritos em um momento de descoberta apaixonada, com uma prosa que brilha como o sol quando uma nova compreensão sobre algo faz o mundo entrar em foco.

The Market for Liberty [*O Mercado pela Liberdade*] é um clássico do segundo tipo. Escrito por Morris Tannehill e Linda Tannehill depois de um estudo intensivo dos textos de Ayn Rand e Murray N. Rothbard, ele tem o ritmo, a energia e o vigor que se esperaria de uma discussão noturna com estes dois gigantes.

Mais do que isso, os autores escreveram precisamente na hora certa de seu desenvolvimento intelectual, aquele período de frescor rapsódico quando uma grande verdade se revela e a pessoa precisa compartilhá-la com o mundo. Claramente, os autores apaixonaram-se pela liberdade e o livre mercado, e escreveram uma ode envolvente, do tamanho de um livro, a estas ideias.

Este livro é radical no verdadeiro sentido do termo: ele vai à raiz do problema do governo e repensa toda a organização da sociedade. Começando com a ideia do indivíduo e seus direitos, os Tannehill exploram a ideia do mercado, expõem o governo como inimigo da Humanidade, e depois – surpreendentemente – oferecem uma expansão dramática da lógica do mercado para as áreas de segurança e defesa.

A discussão deles sobre este assunto controverso se integra a seu aparato teórico libertário. O livro lida com serviços de proteção privados, agências privadas de arbitragem para resolver disputas e seguradoras privadas que dão incentivos lucrativos à segurança. É por isso que Hans-Hermann Hoppe chama este livro de *"uma análise incrível, mas muito negligenciada, da operação de produtores de segurança concorrentes"*.

A seção sobre a guerra e o Estado é especialmente tocante.

Quanto mais o governo "defende" os cidadãos, mais provoca tensões e guerras, à medida que exércitos desnecessários chafurdam descuidadamente em terras distantes e funcionários do governo, dos mais aos menos graduados, usam sua influência em intermináveis disputas de poder. A máquina de guerra criada pelo governo é perigosa tanto para estrangeiros quanto para seus próprios cidadãos, e essa máquina pode operar indefinidamente sem qualquer limitação eficiente além do ataque de uma nação estrangeira.

O plano deles para a dessocialização ou transição para uma sociedade completamente livre também é digno de nota. Os Tannehill manifestam-se contra a privatização da maneira que é geralmente compreendida, argumentando que o governo não é o dono da propriedade pública e, portanto, não a pode vender. Em vez disso, dizem, a propriedade pública deveria ser tomada pelas pessoas mais interessadas nela e depois aberta ao mercado. Se isso parece uma loucura para você agora, talvez você mude de ideia depois de ler o livro.

Notavelmente *The Market for Liberty* é na verdade anterior ao *For a New Liberty: The Libertarian Manifesto* [*Por Uma Nova Liberdade: O Manifesto Libertário*], de Murray Rothbard, publicado em 1973. Este livro de Morris Tannehill e Linda Tannehill provocou um enorme impacto quando lançado, em 1970, principalmente entre a geração que debatia se o Estado precisava oferecer serviços básicos ou ser totalmente eliminado. Rothbard até o incluiu entre os vinte melhores livros libertários de todos os tempos, a serem editados em sua série para a Arno Press.

Os autores foram atraídos pela visão ética de Ayn Rand e a economia e política de Murray Rothbard. Mas, claramente, eles se cercaram dos clássicos de todas as épocas ao escrever. Assim, este pequeno tratado ardente se conectou com o movimento florescente na época, proporcionando justamente o tipo de integração que muitos buscavam.

Desde a década de 1980, contudo, o livro caiu na obscuridade. Se os autores ainda estão ativos, ninguém parece ter ouvido falar deles, um fato que só aumentou o mistério em torno deste livro único.

Nenhum leitor pode concordar com todo o conteúdo. Considero a seção sobre propriedade intelectual completamente equivocada, por motivos óbvios. Mas isso foi escrito antes da era digital, quando o verdadeiro desafio à ideia de propriedade intelectual ainda não havia se apresentado. As falácias deles são óbvias para mim.

No entanto, em outros aspectos, os autores fazem um enorme progresso, principalmente no que diz respeito à utilidade da instituição no mercado de seguros para o fornecimento de segurança. Eles escrevem como se soubessem que precisava haver uma solução baseada no mercado para o problema, e se esforçaram para encontrá-la. Libertários têm usado as ideias deles desde então. *The Market for Liberty* é uma leitura revigorante para quem nunca foi apresentado a estas ideias. Para quem admira a livre iniciativa, este livro completa o quadro, ampliando ao máximo os limites da lógica do mercado. Nenhum leitor permanecerá imune a ele.

ENSAIO 86

A obsessão pela igualdade

A palavra "igualdade" nos é enfiada goela abaixo todos os dias, com um foco especial na chamada "disparidade de renda". Supõe-se que todos devemos denunciar a disparidade, trabalhar para eliminá-la e aceitar a igualdade plena como ideal.

É verdade que a desigualdade está aumentando, mas o foco só nisso é pura bobagem. A igualdade se aplica a equações matemáticas. Você também poderia usá-la para explicar como uma lei deve ser imparcial em relação às pessoas – o uso tradicional do termo "igualdade" na literatura liberal clássica. Mas é isso. De outra forma, a obsessão pelo assunto é muito perigosa para uma sociedade livre.

Isso porque as pessoas que evocam a igualdade não têm nenhuma intenção de criar as condições que facilitam o enriquecimento dos pobres e da classe média. Nivelar por alto nunca é o objetivo. Os igualitários querem achatar a renda nos níveis mais altos para que os ricos deixem de existir. Isso só ajuda aos invejosos, aqueles que gostam de destruir em vez de criar.

Como escreve Shikha Dalmia:

> A igualdade de renda não nos diz nada sobre a única coisa que realmente importa: a vida dos norte-americanos, ricos, pobres ou de classe-média, está melhorando ou piorando?

Tente imaginar uma sociedade de dez pessoas. Cinco delas ganham US$ 50 mil e cinco ganham US$ 100 mil. Suponhamos que reduzamos a renda dos mais ricos para que todos ganhem o mesmo. Igualdade! Mas quem é beneficiado por isso? Ninguém. A sociedade como um todo fica mais pobre, e isso é ruim para todos: menos capital, menos riqueza disponível para projetos geradores de riqueza, desmoralização dos mais inteligentes e inspirados e um limite para os que antes talvez desejassem passar das camadas mais baixas para as mais altas.

De qualquer forma, o suposto ideal igualitário sempre pode ser alcançado jogando todos na lama e universalizando a pobreza. Isso é um problema sério, com um ideal que pode ser alcançado destruindo a vida de todos.

Em uma sociedade livre, simplesmente precisamos nos acostumar com a ideia de que algumas pessoas serão muito mais ricas do que as outras. E estes ricos realmente agem como benfeitores para o resto de nós. Eles doam mais para caridade. Eles fundam os novos negócios que nos empregam. Eles assumem os riscos que tornam o capitalismo dinâmico e progressivo. Eles agem como a equipe de liderança econômica da sociedade. E os indivíduos deste setor da sociedade mudam constantemente – e isso é bom.

Além disso, em uma sociedade livre, os ricos são completamente dependentes dos pobres e da classe média, os quais, em um ambiente de mercado, permitem que os capitalistas acumulem riqueza em primeiro lugar. São as escolhas voluntárias das massas que direcionam o uso dos recursos da sociedade. A "distribuição" de riqueza é resultado das escolhas que todos fazemos como consumidores.

Sim, ouvi palestras de pessoas que dizem que sociedades mais igualitárias são mais felizes. O que elas acabam mencionando são lugares como Finlândia, Suécia, Dinamarca, Japão e Noruega. Isso é um erro: estes países são demograficamente homogêneos e não podem ser comparados de nenhuma maneira a lugares como a Inglaterra ou os Estados Unidos.

Pense nisso: onde você preferiria viver? Na Etiópia ou na Holanda? A Etiópia tem uma renda mais igualitária, de acordo com os estatísticos que calculam o tal coeficiente de Gini. Outro exemplo: Tajiquistão ou Suíça? O primeiro é mais igualitário do que o segundo. Outro: Bangladesh ou Nova Zelândia? Segundo os igualitários, deveríamos preferir viver em um dos lugares mais pobres do planeta ao invés de em um dos mais ricos.

Mais uma vez, o grau de igualdade não tem qualquer relação com a qualidade de vida.

Então, por que a histeria agora? O problema real é mais fundamental nos Estados Unidos. Os pobres estão aumentando e se consolidando. Os desempregados permanecem como estão. A classe média está diminuindo, e mais substancialmente depois do fim estatístico de uma recessão do que quando a recessão estatística estava em curso (e pesquisas mostram que praticamente ninguém acredita que saímos da recessão).

Ora, isso é catastrófico, não porque aumenta a desigualdade de renda, e sim porque está matando o sonho norte-americano. O que a esquerda faz é tentar desviar o foco do que realmente importa (estamos todos ficando pobres) para algo que não importa (a desigualdade de renda entre os mais ricos e os mais pobres). E esta mudança retórica é assustadora: ela prepara o caminho para impostos mais altos, mais redistribuição, mais ataques aos financeiramente bem-sucedidos e mais das políticas que estão causando nossos piores problemas hoje.

Então, por que o foco na igualdade? Como diz Ludwig von Mises em sua grande obra, lançada originalmente em alemão no ano de 1922, *Socialismo: Uma Análise Econômica e Sociológica*:

> O princípio da igualdade é mais defendido por aqueles que esperam ganhar mais do que perder com uma distribuição igual de bens. É um campo fértil para a demagogia. Quem estimula o ressentimento dos pobres contra os ricos garante uma grande audiência.

Os norte-americanos deveriam ser mais espertos. Até mesmo quando nossa economia era a mais livre do mundo, tínhamos uma das distribuições de renda mais desiguais do planeta. Foi durante estes anos que a expectativa de vida de todos aumentou, a as possibilidades de mobilidade social eram enormes e a renda *per capita* crescia mais do que nunca na História da Humanidade. O crescimento da desigualdade provavelmente coincide com o aumento da riqueza (leia *How the West Grew Rich: The Economic Transformation of the Industrial World* [*A História da Riqueza do Ocidente*], obra-prima de Nathan Rosenberg e L. E. Birdzell, Jr.).

Precisamos aprender a admirar os justamente ricos e tentar copiá-los, e também sua visão de vida. Era isso o que os manuais de aconselhamento do fim do século XIX diziam. As revistas mais populares da época registravam as vidas deles, e eles eram considerados heróis nacionais. Este é um sinal de uma sociedade saudável. É por causa deste sistema de crenças que os pobres de hoje vivem muito melhor do que os mais ricos há cem anos.

Hoje, por outro lado, dizem-nos para nos ressentirmos dos ricos, atacá-los, odiá-los, expropriá-los. Este é um caminho certo para o desastre. A liberdade é o que permite aos pobres se tornarem ricos. O Estado é o meio pelo qual todos na sociedade empobrecem. Precisamos de menos Estado e mais liberdade.

ENSAIO 87

Como a mudança acontece

Meu irmão está lecionando um semestre em Londres e conversou casualmente por vídeo via Skype comigo semana passada para me mostrar seu apartamento, que é pequeno, mas charmoso. Retribuí mostrando a capa do *e-book* que estou lendo e compartilhei a área de trabalho do meu computador para exibir uma apresentação no Youtube de música renascentista da qual achei que ele gostaria. Conversamos um pouco mais e desligamos. Sem pagar por "ligação de longa distância".

    E daí? Bem, nada disso teria acontecido há dez anos. Não só isso, você provavelmente não teria entendido nada do parágrafo porque ele contém palavras e ações nunca antes ouvidas. Se eu lhe dissesse em 1992 que, em 20 anos, praticamente qualquer um poderia falar por videoconferência sem fio com qualquer outra pessoa no mundo, até mesmo ao ponto de compartilhar experiências digitais em tempo real, você não acreditaria.

E se eu acrescentasse que a tecnologia não é absurdamente cara e que é levada nos bolsos dos alunos e trabalhadores em todos os lugares, isso pareceria absurdo demais até para a ficção-científica. Que força incrível no universo derramou tais bênçãos sobre nós, meros mortais?

A verdade é que, hoje, todos vivemos em um mundo que a maioria de nós seria incapaz de imaginar até muito recentemente. Ele está tão entrelaçado nas nossas vidas que não pensamos muito mais no assunto. E, ao contrário das acusações contra a era digital, que dizem que ela se trata somente de aparelhos e vício em tecnologia, a verdadeira força motriz por trás desta inovação é o ser humano de carne e osso e os mais antigos desejos da Humanidade (como querer permanecer em contato com a família).

Outro exemplo rápido. Mandei um *e-mail* para um diretor de um coral da Inglaterra há duas noites e mencionei um livro sobre música coral. Ele nunca ouvira falar do livro, então lhe enviei um *link*, pelo qual ele baixou o material (aquele clique mágico que cria uma cópia!). Nesta manhã, o coral dele cantou uma peça na igreja no outro lado do mundo e ele me disse que foi incrível.

Aqui está: dígitos transpondo oceanos em uma questão de segundos e se corporificando em linda música, cantada agora com a mesma energia humana com que era cantada no mundo antigo, música que transforma vidas. A pessoa se ajoelhando diante do pastor não sabia e não precisava saber como a música chegara ali. A tecnologia é só o meio; o fim é a melhora da vida humana.

Casos como estes são apenas uma amostra minúscula de duas coisas das quais posso me lembrar rapidamente.

Hoje mesmo, até agora, tenho certeza de que li artigos que jamais teria lido, conversei com pessoas com as quais teria perdido contato há muito tempo, descobri eventos aos quais eu teria permanecido alheio, conectei-me com alguém que achou algo que eu disse interessante o bastante... E agora mesmo, lembrei-me de que recebi a notícia de que um amigo com asma teve alta de um hospital de Xangai, plenamente recuperado. Eu não saberia nada disso há apenas poucos anos.

Mais uma vez, pergunte-se: o que está provocando todas estas incríveis mudanças? Qual a força motriz, a fonte do maná, a nascente desta avalanche de progresso humano?

Vou lhe dizer o que não a está provocando: política. A política é a grande mentira, o maior dreno de energia humana valiosa jamais imaginada pela mente do homem. O que é a política se não uma grande discussão sobre como deveríamos governar uns aos outros? Enquanto isso, todo progresso na História não veio da política, e sim de outra função bem diferente.

Políticos norte-americanos sempre defendem uma plataforma da mudança. Eles explicam como suas políticas melhoram sua vida. Eles estabelecem cronogramas. Eles apresentam um retrato do futuro. Acima de tudo, supõem que o futuro está sob o controle deles, e os eleitores geralmente acreditam nessa ideia. Como exemplo, basta considerar a história do discurso anual do presidente ao Congresso.

E se nada disso for verdade? Pense na educação. Todos têm um plano de como melhorar o que existe. Tem sido assim há cem anos. Enquanto isso, a iniciativa privada, por meio da tecnologia física e digital, está reinventando todo o empreendimento do nada de todas as formas possíveis. Esta reforma da educação descentralizada, motivada pela iniciativa privada e tecnologicamente sofisticada está tornado quase impossível não se educar sobre algo a cada hora.

Academias *online* estão sendo abertas todos os dias. As universidades estão disponibilizando seus cursos *online* gratuitamente. Empresas com fins lucrativos distribuem todos os tipos de ferramentas educacionais imagináveis. Centros de aprendizado com fins lucrativos estão sendo abertos em todas as cidades, todos ganhando dinheiro ensinando o que as escolhas públicas não conseguiram. Neste sentido, o *History Channel* exibe programas mais abrangentes do que qualquer livro didático de escola pública há duas gerações.

Qualquer pessoa no mundo pode ser um professor no mundo de hoje, com um *laptop* e uma conexão de *Internet* e, portanto, da mesma forma, qualquer um pode ser um aluno.

O mesmo vale para a reforma da saúde. Apesar de todos os problemas no sistema de preços e do horrível sistema de seguros, a saúde está melhorando, principalmente por conta das inovações da iniciativa privada. Os melhores radiologistas do mundo podem examinar seus resultados em poucos minutos, onde quer que tenham sido feitos. O acesso à informação médica não está mais encerrado em um livro empoeirado; a informação circula pelo mundo em aparelhos de mão. Erros têm uma probabilidade maior de serem corrigidos assim, salvando e mudando vidas.

A sociedade não está esperando os políticos. Quando você ouve o que eles dizem, quando assiste ao que os burocratas fazem, quando analisa o que as agências estão regulando, você percebe de repente que as monstruosidades políticas que assolam o mundo estão irremediavelmente em descompasso com o progresso que as pessoas vivenciam em suas vidas cotidianas hoje.

Políticos podem tornar o mundo um lugar pior, claro. Mas, se você analisar as tendências que motivam a mudança para uma direção positiva no mundo atual, nenhuma delas é inspirada por iniciativa política. Elas acontecem fora do setor público e até mesmo fora do alcance dos políticos e burocratas. Às vezes, parece que a classe política não tem ideia de que o mundo progrediu há muito tempo.

O que impulsiona o mundo para a frente? São as pessoas se conectando por meio de associações livres, comunicação, trocas monetárias, empreendimentos, riscos, tendo aspirações profissionais e artes práticas. E, a partir de tais forças, estamos redescobrindo os frutos maravilhosos da civilização: artes, música, filosofia e fé.

E verdade. Verdade acima de tudo. A verdade que nos cerca, a verdade que a máquina pública, de alguma maneira, não pode ver e não verá, é que a sociedade global está construindo o próprio futuro sem a ajuda dos autointitulados funcionários públicos do mundo. O Estado, em todas as suas manifestações, se enfeita todo – constrói monumentos a si mesmo e acena suas bandeiras –, mas, quando se trata de realmente fazer uma mudança, precisamos procurar em outro lugar.

ENSAIO 88

Os elfos do capitalismo

Um dos motivos pelos quais os contos de fadas dos irmãos Jacob Grimm (1785-1863) e Wilhelm Grimm (1786-1859) são tão atraentes – mais do que o folclore anterior – é que eles lidam com um mundo que nos é familiar, um mundo que estava apenas começando a ser inventado no início do século XIX, quando os contos foram publicados e circularam pela primeira vez. Eles lidam com pessoas, cenas e acontecimentos que afetam o que chamamos de classe média hoje, ou a burguesia. Sim, as histórias têm reis, rainhas, príncipes e princesas – ainda não estávamos na era da democracia – mas em geral nossa solidariedade como leitores recai sobre as pessoas simples e seus triunfos, o que os contos expressam com mais emoção.

Tanto Karl Marx quanto Ludwig von Mises concordavam que o que chamamos de classe média é uma nova criação na História mundial que nasceu graças ao capitalismo. O abismo social que antes havia entre camponeses e senhores, os privilegiados por títulos e concessões de terras e os destinados a servi-los, foi dissolvido pelo advento da sociedade comercial. A posse universal da propriedade e do dinheiro substituiu a servidão e o escambo, e os relacionamentos de trocas escolhidos pelas próprias pessoas substituíram aos poucos as associações de nascimento e acaso exigidas. A marca que distinguia esta nova classe média era a perspectiva de ascensão social por meio da prosperidade crescente. Classes fluidas substituíram as castas fixas.

Este era o mundo que serve como pano de fundo para as histórias dos irmãos Grimm.

Um grande exemplo disso é um conto muito curto chamado *"Os Elfos e o Sapateiro"*. Um sapateiro e sua esposa trabalhavam duro, fazendo sapatos todos os dias. Mas o couro era caro e, por mais que trabalhassem, não conseguiam deixar o negócio no azul. Eles vendiam alguns sapatos, mas não conseguiam fazê-los rápido o bastante. Estavam ficando mais pobres, e não mais ricos.

Uma noite, o sapateiro deixou um pedaço de couro sobre a mesa e foi dormir. Na manhã seguinte, um fantástico par de sapatos feito com aquele couro o aguardava. O trabalho era impecável. Os sapatos eram os mais elegantes. Ele conseguiu cobrar bem caro a um cliente que ficou muito impressionado com o produto. O mesmo se deu nos dias seguintes. Alguns meses mais tarde, o sapateiro e a esposa estavam financeiramente seguros e faziam parte da classe média ascendente. Todas as suas preocupações financeiras tinham sumido e eles estavam confortáveis e felizes.

Neste momento, o sapateiro disse para a esposa: *"Eu gostaria de ficar sentado aqui observando hoje à noite, assim veríamos quem faz meu trabalho por mim"*. A esposa concordou e eles ficaram acordados para ver o que acontecia à noite.

Ora, é claro que isso me parece bastante estranho. Poderíamos pensar que a curiosidade os teria feito investigar isso muito antes. Por que eles não ficaram acordados depois da segunda ou terceira vez que o couro se transformara em sapatos? Por que esperaram tanto para investigar a causa de sua prosperidade?

De qualquer forma, eles ficaram acordados e viram dois elfos nus trabalhando, transformando pedaços de couro em belos sapatos. A esposa, atenciosamente, decidiu retribuir o favor e fez roupinhas para eles. Quando os elfos encontraram as roupas, eles as vestiram e saíram correndo, felizes. Eles jamais voltaram, mas a História nos garante que ficou tudo bem, pois o negócio dos sapateiros permaneceu no azul. O sapateiro e a esposa viveram uma vida longa e próspera.

Podemos ver nesta história o arquétipo do que, na época, era um novo tipo de história de sucesso da classe média na estrutura de uma sociedade comercial. O casal saiu da pobreza para a riqueza relativamente em pouco tempo. Isso aconteceu não por causa dos favores de um rei ou descoberta de ouro, e muito menos por meio de um roubo ou pirataria, e sim apenas pela virtude do trabalho e do comércio, juntamente com a ajuda de alguns benfeitores noturnos cujos favores eles nunca buscaram, mas mesmo assim vieram a agradecer profundamente.

Aplique esta história ao nosso tempo: estamos todos na posição de pobres sapateiros com benfeitores. Em um estado natural, estaríamos lutando pela sobrevivência, assim como grande parte da Humanidade desde os primórdios da História até a baixa Idade Média, quando as primeiras luzes do capitalismo como o conhecemos surgiram no horizonte. Nos vários séculos seguintes, principalmente durante o século

XIX, a vida se transformou. O estado natural desapareceu e o mundo foi completamente reformado em nome do bem-estar humano.

William Bernstein resume a situação:

> Por volta do ano 100 d.C., houve uma melhora no bem-estar do homem, mas era tão lento e pouco confiável que não podia ser percebido durante a expectativa de vida média de uma pessoa, que era de vinte e cinco anos. Então, pouco depois de 1820, a prosperidade começou a fluir em uma torrente cada vez maior; a cada geração sucessiva, a vida do filho tornava-se perceptivelmente mais confortável, informada e previsível do que a do pai.

Nascemos em um mundo de incrível prosperidade que nossa geração não criou. Temos a expectativa de viver até a velhice, mas isso é completamente novo na História, uma expectativa que só pudemos ter a partir de 1950. A mudança na população também reflete essa mudança drástica. O mais provável é que houvesse 250 milhões de pessoas vivas há dois mil anos, e só em 1800 a marca de um bilhão foi alcançada. Cento e vinte anos mais tarde, a população dobrou. Três bilhões de pessoas viviam no planeta em 1960, e somos sete bilhões hoje. Analisando isso, você tem uma imagem de um mundo de estagnação do início da História até a Revolução Industrial, quando a vida como a conhecemos hoje foi experimentada pela primeira vez pela humanidade.

Se somos sapateiros nessa história, o mundo próspero no qual vivemos – o mundo que nos dá *smartphones*, serviços de saúde, gasolina para nossos carros e a capacidade de nos comunicarmos em tempo real por vídeo com qualquer um no planeta com o clique de um botão – pode ser considerado os elfos que vinham à noite para transformar nosso couro em um produto vendável. Muitos de nós nunca fizemos algo por mérito próprio para tirar proveito deste mundo incrível. Quando nascemos, acordamos pela manhã e encontramos um belo par de sapatos que nos foi dado.

Antes, eu disse que achava estranho que o sapateiro e a esposa tivessem demorado tanto para se perguntar quem ou o que transformava o couro em sapatos à noite. Como podem ter passado meses sem querer saber o que estava transformando sua pobreza em riqueza? Como puderam tratar a mágica da loja como algo útil, porém bastante normal e só decidiram investigar a causa disso mais tarde?

Mas é assim que quase todos se comportam no mundo, hoje. Estamos cercados pela abundância neste mundo feito pelo homem, em um mundo completamente diferente de tudo o que existiu em 99,9% da História. E tão poucos se dão ao trabalho de investigar as causas! Não damos importância a elas.

Usamos nossa tecnologia, comemos alimentos de todo o mundo à venda a poucos quarteirões de casa, embarcamos em aviões que nos levam a qualquer destino no planeta, nos comunicamos instantaneamente com qualquer pessoa em qualquer lugar e esperamos viver além dos 80 anos, e ainda assim somos incrivelmente indiferentes e nada curiosos em relação às forças que operam no mundo para que o cruel estado natural tenha sido transformado em um paraíso terrestre.

Na verdade, a situação é pior do que isso. Muitos são abertamente hostis às instituições e ideias que deram origem à nossa era de abundância. Todos vimos na televisão os protestos nos quais multidões de jovens com *iPhones* erguem os punhos em fúria contra a sociedade mercantil, o capitalismo e a acumulação de capital, e exigem justamente os tipos de controle, expropriações e arregimentações que com certeza nos farão retroceder no tempo, de volta à restauração das castas, da pobreza e das vidas mais curtas. Eles estão tramando matar os elfos.

No conto de fadas, há apenas dois elfos. No mundo real, os estudiosos descobriram que na verdade são seis, os quais atendem pelos seguintes nomes.

Primeiro, a *propriedade privada*, sem a qual não há como controlar o mundo ao nosso redor. Ela não seria necessária se houvesse uma superabundância de todas as coisas, mas a realidade da escassez significa que a propriedade exclusiva é a condição primordial que permite que melhoremos o mundo. A propriedade coletiva é uma expressão sem sentido no que diz respeito aos recursos escassos.

Em segundo lugar, as *trocas*. Desde que sejam voluntárias, todas as trocas são realizadas com a expectativa de um benefício mútuo. As trocas são um passo além das doações porque a vida das duas partes é melhorada pela aquisição de algo novo. Trocas são o que possibilita a formação dos valores de troca e, em economia monetária, o desenvolvimento da contabilidade para calcular lucros e prejuízos. Esta é a base da racionalidade econômica.

Em terceiro está a *divisão de trabalho* que permite que todos tiremos proveito da cooperação visando o enriquecimento mútuo. Isso é mais do que dividir as funções produtivas. Trata-se de integrar todos no grande projeto de construir a civilização. Até mesmo o mestre de todos os talentos e habilidades pode tirar proveito da cooperação com os menos habilidosos. A descoberta desta realidade é o início da verdadeira iluminação. Ela significa a substituição da guerra pelo comércio e da exploração pela cooperação.

O quarto elfo é o *empreendedorismo de risco* que corajosamente tira o véu de incerteza que esconde o futuro de nós e dá um passo em direção a este futuro para nos trazer todo tipo de progresso material. A incerteza quanto ao futuro é a realidade que une toda a Humanidade; empreendedores são os que não temem tal condição, e ao invés disso a veem como uma oportunidade de melhorar a vida dos outros, lucrando com isso.

O quinto é a *acumulação de capital,* a concentração de bens produzidos não para o consumo, e sim para a produção de outros bens. O capital é o que possibilita o que F. A. Hayek chama de *"ordem estendida",* o maquinário intertemporal que estabiliza os eventos da vida ao longo do tempo. O capital é o que possibilita o planejamento. Ele possibilita a contratação de grandes forças de trabalho. Ele permite que investidores planejem e construam um futuro brilhante.

O sexto elfo não é uma instituição, e sim uma mentalidade. É o *desejo de uma vida melhor* e a *crença em que isso pode acontecer* se dermos os passos certos. É a *crença na possibilidade do progresso.* Se perdemos isso, perdemos tudo. Mesmo que haja todas as condições, sem o comprometimento intelectual e espiritual para nos elevarmos cada vez mais acima do estado natural, cairemos cada vez mais no abismo. Esta mentalidade está na essência do que acabou por definir a mentalidade ocidental e que agora se disseminou pelo mundo inteiro.

Juntos, estes elfos constituem uma equipe com nome, e o nome dela é capitalismo. Se você não gosta do nome, pode chamá-la de outra coisa: livre mercado, livre iniciativa, livre sociedade, liberalismo ou qualquer outra coisa que você invente. O que importa não é o nome da equipe, e sim as partes que a compõem.

O estudo da economia é muito parecido com a decisão do casal de sapateiros que ficaram acordados à noite para descobrir a causa de sua boa sorte. Eles descobriram os elfos e descobriram que eles não tinham roupas. Eles decidiram fazer roupas para eles como recompensa por seus serviços. Nós também deveríamos vestir as instituições que embelezam nosso mundo a fim de protegê-las das intempéries e dos inimigos. E, mesmo depois que eles desapareçam na noite, nunca podemos nos esquecer do que fizeram por nós.

ENSAIO 89

Tentei, mas não consegui me tornar um enófilo esnobe

Sim, estive em festas de degustação de vinhos com as tabelinhas que deviam ser preenchidas gole a gole. Comparei a safra de 1984 com a de 1986 de um vinho francês e fiz comentários sobre suas diferenças sutis. Sibilei e girei a taça e aprendi a fazer uma cara de espanto só de sentir o cheiro de um vinho branco suave ou um vinho tinto encorpado.

E ouvi degustadores dizendo coisas como "framboesa", "capim limão", "carvalho", "couro" e "palha de abeto". E, assim que as palavras são ditas, o vinho em sua mão reflete magicamente estas mesmas propriedades. Então, de repente, você descobre, constrangido, que as pessoas ao seu redor estão falando de um vinho diferente do que o que você está degustando!

Mas, escute, serei sincero. Depois de uma vida inteira tentando, não consigo mais fingir. Não sou um enófilo esnobe. Gosto de tudo. Eu costumava excluir apenas os garrafões com tampa de rosca, mas não mais. Gosto deles também. Posso comprar aleatoriamente uma caixa em qualquer lugar, levá-la para casa e saborear todas as garrafas.

Sequer ainda finjo ser crítico. Todos os vinhos são maravilhosos. Claro que há diferenças e, se os colocarmos um ao lado do outro, sou capaz de distingui-los com facilidade. E há momentos em que uma garrafa ótima aparece diante de mim e eu sei disso, adoro e a chamo de "um sonho". Mas quão mais gosto desta garrafa do que de uma garrafa que custa um décimo do preço? Não muito.

Como compro vinhos? Aparentemente, da mesma forma que a maioria dos norte-americanos (e não estou falando das pessoas que participam de degustações). Compro com base no nome, preço e rótulo. O preço precisa ser baixo. O nome precisa ser chamativo. E o rótulo precisa ser belo e divertido. Se um desses três itens estiver errado, não compro. Assim, comprarei o vinho "Oops!" no lugar do "Clos de la Roche, Grand Cru". Levarei para casa o "Coachar Arrogante do Sapo" no lugar de qualquer coisa com as palavras "Medoc Chateau d'Armailhacq" e "Dona de Casa Louca" no lugar de "AC Chassagne-Montrachet".

Por este motivo, prefiro vinhos da Califórnia, do Chile, da Argentina, da África do Sul, do Óregon e de outros lugares que parecem ter descoberto que a melhor forma de promover seu produto é... Bem... Promovendo-o! Há cerca de dez anos, ficou claro para os especialistas do ramo que o fator esnobismo estava desaparecendo e que eles precisavam começar a alcançar o grande público. Foi quando a indústria passou por uma revolução com o que hoje é chamado de advento dos "rótulos enlouquecidos". Isso mudou tudo.

Tampouco me importo com o ano do vinho. Parece fazer sentido para mim que, na verdade, não deve haver qualquer diferença se um vinho feito em 1997 ou 1998. Seria diferente se os vinhos fossem como *iPhones*, já que o 4G é definitivamente melhor do que o 3G e assim por diante. Mas não é a isso que o ano do vinho se refere: eles não estão ficando cada vez melhores. Ao invés disso, o ano refere-se ao fato de o processo de produção ser tão instável que eles sequer conseguem fazer um produto consistente.

Aparentemente, isso é muito importante sobretudo na França, que tem o equivalente à Gosplan[19] criada por burocratas e tecnocratas antiquados para a produção de vinho. Você não pode simplesmente aparecer, plantar umas videiras e fazer vinho. Não, não, isso violaria de alguma forma uma tradição preciosa. Você precisa obedecer aos burocratas para fazer vinho de verdade.

Até recentemente, este planejamento central até o proibia de irrigar "artificialmente" sua plantação. Acreditava-se que a produção de vinho correta exigia que você ficasse sentado e esperasse que a mãe natureza decidisse abençoá-lo com chuva. Isso é o que responde pelas diferenças entre as safras. Isso é que é primitivismo! Se todos os produtores tivessem essa visão, ainda estaríamos vivendo em cavernas ou sentados sob árvores esperando as frutas caírem nas nossas mãos.

Felizmente, a grande empresa vinicultora norte--americana Gallo — a maior produtora de vinho do mundo, e que produz vinhos muito bons — deu passos enormes nos últimos anos para penetrar no mercado francês. O governo francês se abriu e permitiu a entrada da empresa, e até a

---

[19] Nome coloquial da política de economia planejada da União Soviética. (N.T.)

deixou irrigar as plantas, sob muito escárnio dos especialistas da vinicultura tradicional francesa, que adoram zombar dos norte-americanos enquanto assistem seus lucros diminuírem cada vez mais e sua dependência dos subsídios do governo aumentar.

Eles irrigaram as plantas e o resultado foi um sucesso estrondoso. O vinho Red Bicyclette tornou-se um grande produto de exportação. E você não precisava se tornar um especialista em vinhos para apreciá-lo. O vinho francês ficou divertido pela primeira vez. Juntamente com o Fat Bastard, feito pela Click Wine Group, de Seattle, foram os norte-americanos na França que finalmente tornaram os vinhos franceses um sucesso comercial gigantesco nos Estados Unidos. Ao penetrar no ar espesso de pretensão e pompa do mundo do vinho, a bebida tornou-se novamente o que era no mundo antigo, uma bebida para o homem comum, todos os dias.

Claro que os franceses não ficariam sentados sem fazer nada, deixando suas preciosas tradições serem pisoteadas pelos norte-americanos grosseiros. Então, eles fizeram o de sempre: processaram a Gallo. Parece que alguém descobriu que o Bicyclette Pinot Noir (popularizado nos Estados Unidos por conta de um filme, claro) era apenas 85% Pinot e o restante uma mistura de uvas. Foi uma sentença criminal que acabou suspensa. As pessoas previram o desastre para a Gallo. Nada disso: o vinho e a empresa ganharam fama e tiveram vendas cada vez maiores.

Essa é a glória do capitalismo em ação. Ele tem a capacidade de reinventar as tradições mais sedimentadas e revivê-las em novos tempos. Ele tem uma forma incrível de despir a artificialidade, igualar as classes e trazer coisas maravilhosas a todos de uma forma que todos podem apreciar e compreender. Não precisamos ser esnobes. Podemos ser nós mesmos e ainda assim apreciar as melhores coisas da vida.

Isso porque, no final das contas, o capitalismo transforma todo o luxo em uma necessidade e transforma as coisas antes desfrutadas somente pelos ricos em algo disponível aos trabalhadores e camponeses de todos os lugares. Por isso é que Gordon Gekko[20] carregava um celular do tamanho de um tijolo em 1987 e hoje em dia mendigos navegam na *Internet* com *iPhones*. O sistema que possibilitou isso é o sistema social mais democrático, pró-povo e simples jamais concebido na História.

O capitalismo é o sistema para os 99%. Por isso mesmo é que as elites, sobretudo a elite governante, realmente o odeiam e, se conseguirem, jamais o legalizarão plenamente.

---

[20] Personagem fictício do filme *Wall Street*. (N.T.)

ENSAIO 90

O retorno triunfal da banha de porco

Poucas coisas na vida são mais gratificantes do que uma reversão transformadora e implausível na história que traz com ela a justiça e a doce vitória para o lado da verdade e do bem-estar humano. Quando isso acontece, o período durante o qual o erro persistiu sem correção desaparece na memória como um mero parênteses na trajetória do tempo — e isso vale para um período de erro que tenha durado um, dez ou cem anos.

Um belo caso em questão: o ressurgimento da banha. Isso aconteceu em uma velocidade estonteante. A *Maclean's*[21] publicou uma matéria elogiando seu uso em massas de torta mais crocantes. A *Mother Nature Network* disse que a banha

---

[21] Semanário canadense. (N.T.)

não é mais um palavrão. A *National Public Radio* transmitiu um programa reabilitando o alimento e dizendo que, há cem anos, a banha foi *"uma baixa de uma batalha entre empresas gigantes e interesses corporativos"*.

Por fim, a *Gourmet Live*, site de culinária de maior tráfego na *Internet*, anunciou:

> A banha não só rende massas de tortas melhores, frango frito e biscoitos mais crocantes do que substitutos de base vegetal como Crisco, lançada pela Procter & Gamble em 1911, como também sua gordura é na maior parte monossaturada, como a do azeite de oliva. Comprada adequadamente (idealmente, em mercados de produtores) ou extraída, a banha é um dos melhores alimentos naturais.

Tudo isso nos últimos trinta dias! Esta é realmente uma doce vitória, uma repreensão tardia àquele hipócrita vegetariano socialista Upton Sinclair que, em 1906, escreveu *The Jungle [A selva]*, um livro que dizia que trabalhadores de matadouros às vezes caiam em tonéis de banha fervente e somente partes dos corpos eram resgatadas.

Que nojo! Dizem que o livro foi um golpe na indústria da banha, ao menos de acordo com o NPR, embora eu me pergunte se o racionamento de guerra teve a ver com a decadência do produto. De qualquer forma, em 1907, a Procter & Gamble estava cheia de óleo de algodão para velas que não tinham mercado por causa da disseminação da lâmpada elétrica, então a empresa teve uma ideia: uma bola de gordura chamada margarina.

A indústria da banha estava praticamente morta quando a Segunda Guerra Mundial estourou. Encontrei um editorial do *Milwaukee Journal* de fevereiro de 1940 que expressava alguma solidariedade pelos suinocultores e pela perda de mercado da banha, mas que essencialmente dizia para eles desistirem, que a banha era uma causa perdida e que eles precisavam encontrar outras utilidades para a banha de porco.

Que causa perdida?! Cada vez mais, as lojas estão vendendo banha e a exibindo com orgulho. Claro que isso pode não valer para as autointituladas "lojas de produtos naturais" — as quais, como diz Marge Simpson, "têm uma filosofia". Pedi banha na loja-com-filosofia perto da minha casa e o cara me olhou mal escondendo o nojo e disse:

— Você está brincando, né?

Ei, pior para eles.

De minha parte, nunca aceitei a campanha antibanha. Ela é obviamente melhor para tortas, mas isso é só o começo. É melhor para biscoitos e ainda melhor quando estes biscoitos são fritos em banha. É melhor para frango frito. Melhor para panquecas. Melhor para bolos. E pão. E batata frita. Quando você tiver um pote de banha em sua casa, ficará maravilhado ao descobrir quantas coisas incríveis pode fazer com ela. Como todo cozinheiro conhecedor da banha lhe dirá, as coisas ficam menos gordurosas do que com óleo de milho ou margarina.

Ainda mais gratificante é ver um consenso emergente de que a campanha contra a banha e as gorduras em geral está mudando completamente. Recomendo um documentário chamado *Fat Head*, que você pode assistir no *Hulu*. Ele foi produzido por Tom Naughton. Entre os vários argumentos notáveis que defende, ele documenta a catastrófica mudança nas dietas norte-americanas que teve início no final da década de 1970.

Parece que o Comitê de Nutrição e Necessidades Humanas do senador George McGovern (1922-2012) realizou audiências sobre "dieta e doenças letais", das quais surgiram Manuais de Dieta à moda soviética para norte-americanos. Eles nos disseram para comer menos gordura, que ovos estavam nos matando, que a carne era a morte e que precisávamos viver à base de grãos e milho e assim por diante.

Hoje em dia, não sei se alguém daria muita atenção a essas bobagens, mas na época isso causou comoção. Os almoços nas escolas mudaram. Os mercados mudaram o que vendiam como reação a uma transformação no mercado causada por uma população ingênua. Lembro-me vagamente do período, quando os hambúrgueres eram misturados à soja, o milho era transformado em açúcar e todos éramos estimulados a comer só carboidratos e evitar qualquer comida animal.

Pensando bem, é ruim para qualquer governo apoiar essa ou aquela forma de dieta. Isso é que é invasão da liberdade pessoal. O que comemos no jantar deve estar fora dos limites do Estado, por uma questão de princípio, em qualquer sociedade livre. Mas naquele tempo – mais ou menos como atualmente – nada estava fora do alcance do Estado. Assim, a ciência malfeita e a ideologia vegetariana fanática acabaram assumindo os controles das alavancas do poder. Nem preciso dizer que a banha estava mais morta do que nunca.

Ah, mas a doce justiça é feita! A beleza da economia de mercado é que ela reage às mudanças nos gostos das pessoas. Uma gordura que foi assassinada há cem anos pode voltar de repente. Há produtores preparados para fornecer ao mercado com um lucro. A capacidade da história de se curvar à vontade do público consumidor é uma das muitas características da economia de mercado que o governo não pode replicar.

Afinal, olhe em volta para as coisas tolas que o governo começou a fazer há cem anos e ainda faz: os correios, a escola pública compulsória, o banco central, o imposto de renda. Estamos presos a todas essas bobagens. Uma mudança na preferência popular provocaria uma mudança nestas instituições, que seriam substituídas por instituições resultantes da escolha mercado. Mas não temos esta sorte: tudo isso nos é imposto à força, o que torna cair fora bastante difícil.

A mudança é bela quando sua força motriz é a escolha humana. Nossos gostos mudam e a história muda com eles. Deveria ser assim, mas só pode ser assim em um mundo de liberdade, propriedade privada, comércio e empreendedorismo. Em resumo, precisamos do capitalismo global no mundo inteiro para que a escolha humana permita que erros sejam corrigidos. Neste mundo, os resultados costumam ser deliciosamente improváveis: estamos escolhendo a banha novamente.

ENSAIO 91

A boa notícia do sistema de saúde (para animais)

Há más notícias demais sobre o sistema de saúde hoje em dia. Talvez seja a hora de boas notícias. Um setor, o de tecnologia, avança em uma velocidade nunca antes vista. Consumidores podem escolher dentre vários serviços e a concorrência é bastante intensa. O médico o atende, tenha você um plano de saúde ou não. A maioria dos consumidores paga diretamente pelos serviços. O gasto médio está aumentando, mas isso é por que há mais serviços a serem comprados. A concorrência entre os fornecedores é muito intensa.

Infelizmente, para os seres humanos, tudo isso está ocorrendo no ramo da medicina veterinária, e os beneficiários são animais, na maioria animais de estimação. De acordo com o *New York Times*, a demanda por tratamentos modernos está em franca expansão e a oferta a está acompanhando. O jornal menciona o caso de Tina, uma *chow* de dez anos que recentemente passou por quimioterapia e um transplante de medula óssea numa clínica associada à Mayo Clinic. Os US$ 15 mil gastos nisso podem parecer muito, mas é muito mais barato do que o mesmo serviço fornecido às pessoas.

> Uma longa lista de cânceres, problemas do trato urinário, doenças do rim, problemas de articulações e até demência canina hoje podem ser diagnosticados e tratados, com o prognóstico de cura ou de melhora considerável da condição, graças à tecnologia dos exames de imagens, remédios melhores, novas técnicas cirúrgicas e abordagens holísticas como a acupuntura.

Claro que não são muitas as pessoas dispostas a gastar tanto assim para ajudar seus animais de estimação a ter uma vida melhor. Isso é um nicho de mercado, o que torna a existência do progresso tecnológico ainda mais notável.

> A melhora da medicina veterinária para todos os animais de estimação aumentou o gasto do consumidor nesta área de US$9,2 bilhões em 2006 para US$13,4 bilhões no ano passado, de acordo com a Associação Norte-americana de Produtos para Animais de Estimação.

Algumas pessoas dizem que o avanço na medicina só é possível com o envolvimento massivo do governo. Você precisa obrigar as empresas a oferecer seguro, por exemplo. Mas somente 3% dos donos de animais de estimação têm plano de saúde para seus bichos, e de alguma forma o sistema funciona. Você paga pelo que precisa. Os preços são publicados e discutidos abertamente. Todos sabem o que é o quê. Você pode até descobrir os custos dos serviços pesquisando na *Internet*. Imagine!

Também é impressionante que a medicina veterinária seja relativamente desregulamentada em comparação com o sistema de saúde humana. Não há programas governamentais caros para cuidar de animais de estimação pobres ou animais idosos. Não há benefícios para remédios de uso controlado. Não há subsídios, decretos ou sistemas de pagamentos a terceiros, muito menos ameaças, burocracias ou um gigantesco planejamento central criado para se alcançar o acesso universal.

Em vez disso, a medicina veterinária funciona como qualquer outro mercado normal. Há padrões, regras e conselhos privados para garantir o controle de qualidade. Há regulamentações firmes e lamentáveis sobre quantas universidades podem dar diploma, fato que sem dúvida aumenta os preços e salários, mas prejudica a disponibilidade. Mas depois que o médico diplomado abre o consultório, quem manda é o consumidor.

Você sabe disso assim que entra. Não há uma recepcionista intimidadora, uma longa espera que dura a tarde toda, consultas detalhadas quanto à cobertura do plano ou qualquer outra coisa. Ao contrário, é um ambiente agradável no qual todos falam com você como um ser humano normal. Você pode chamar o médico pelo primeiro nome. Eles lhe dizem tudo o que você precisa saber. Os preços são divulgados abertamente e você pode escolher entre vários serviços.

O consumidor vem em primeiro lugar. E há uma consciência a cada etapa de que o consumidor é quem paga as contas, e isso muda tudo. Você recebe explicações detalhadas de todas as opções e procedimentos, juntamente com uma análise realista dos riscos relativos aos gastos. Você pode

A BOA NOTÍCIA DO SISTEMA DE SAÚDE (PARA ANIMAIS)

aceitar ou recusar, o que dá à clínica um forte motivo para ser aberta e direta quanto a todos os aspectos do tratamento.

Às vezes, há processos por erros médicos, mas eles são raros por causa da discussão sempre aberta dos riscos e incertezas. O veterinário típico paga US$ 500 por ano em seguros para se proteger de processos. O preço para médicos de humanos é de US$ 15 mil ou mais por ano.

O que acho mais interessante neste caso é como o progresso na saúde animal acontece como que motivado por uma mão invisível. Não há debates no congresso, decisões executivas ou planos da Casa Branca ou soluções nacionais impostas de cima para baixo.

Você pode dizer que este é um exemplo superficial, que os seres humanos são obviamente mais importantes do que animais, então não faz sentido comparar os dois sistemas. A verdade é que as mesmas leis da economia se aplicam aos dois. As leis da economia são universais e se aplicam a todos os setores em todos os períodos e lugares. Portanto, há lições a serem aprendidas.

Se o consumidor não estivesse pagando e o médico recebesse de um terceiro por meio de algum decreto com uma lista de preços elaborada por um planejamento central, você veria os preços na Lua. Mais do que isso, se houvesse uma espécie de acesso universal graças ao financiamento e controle governamental, você veria ainda mais pressão para o aumento dos preços.

Na verdade, se você se dispusesse a destruir essa indústria, você seguiria um caminho bem semelhante ao que tem ocorrido no sistema de saúde humana. Você mandaria que as empresas fossem responsáveis pelo seguro e obrigaria o seguro a pagar não só por situações de emergência, mas também por procedimentos de rotina, incluindo simples injeções e tratamento antipulgas. Depois, você criaria programas gigantescos para financiar a saúde dos animais de estimação jovens, velhos e pobres e cogitaria a alegria de uma cobertura universal. Se algo desse errado, você faria com que os tribunais ficassem do lado dos animais, e não dos médicos, o tempo todo. Você faria com que o governo financiasse enormes hospitais veterinários e insistiria para que não houvesse uma grande variedade de serviços, e sim que todo animal de estimação tem um "direito animal" ao melhor cuidado possível, seja qual for a circunstância.

Você popularizaria argumentos: "A saúde animal é importante demais para ser deixada nas mãos das trapaças do livre mercado". Talvez você até colocasse este argumento em um documento das Nações Unidas sobre direitos universais. Em resumo, se você quisesse destruir esse setor, você o socializaria, reduzindo drasticamente o serviço, aumentando os preços e custos e impedido o avanço tecnológico.

Até agora, o debate em torno saúde humana foi motivado pelos impulsos errados. O exemplo correto que deveríamos estar seguindo está bem diante de nossos olhos. Mas isso significaria fazer o governo abdicar do controle, e não há nada mais difícil do que isso.

ENSAIO 92

A verdade na publicidade

Se você é um visitante de outro planeta e quer aprender mais sobre a vida real na Terra, o que você assistiria na televisão para obter a visão mais precisa: noticiários, programas ou comerciais? Pense realisticamente. Estamos buscando aqui uma imagem precisa de como os seres humanos realmente são, das coisas que fazem, das coisas com as quais realmente se importam, das decisões que eles enfrentam diariamente. Eu sugeriria que a publicidade é, de longe, a melhor expressão da verdade.

As notícias são, em geral, *"fake news"*, como o *Saturday Night Live* as chama há muitos anos. O que importa ou não é projetado para causar um efeito que não reflete nada do que realmente acontece na sua vida. A estrela guia das redes de notícia é o Estado e o teatro político que serve como uma espécie de acabamento chamativo no topo da estrutura. Os repórteres priorizam suas matérias e valores baseando-se nas histórias e valores do Estado, e nós só fingimos nos importar.

Os programas de variedade são claros simulacros da vida, com atores idealizados e tramas prontas que não existem nem podem existir na vida real. As pessoas não fazem as mesmas coisas normais que fazemos. Não há nada de errado com isso, mas não é a realidade. Até mesmo os *reality shows* são assim. Se você estrela um episódio de *Bridezillas*[22], por exemplo, você vai se esmerar para ser a pessoa mais perversa e horrível que conseguir.

Ah, mas com a publicidade você tem a imagem real, a apresentação sem verniz dos problemas da vida real que afetam a todos. Acabei de assistir a um comercial do *scanner* Neat que diz que nossos problemas com o papel pioraram, e não melhoraram, desde o advento da mídia digital. A não ser que estejamos nos esforçando conscientemente para usar coisas "não físicas", acabaremos soterrados sob pilhas de papel A4 até o teto. O *scanner* Neat nos mostra uma solução para este problema, e é uma boa saída. Este é um problema sério com o qual todos temos de lidar diariamente.

Outro anúncio começa com uma senhora comprando fraldas geriátricas no mercado e se sentindo profundamente humilhada ao passar no caixa diante do olhar dos outros. Ui. Mas há uma solução. Há um *site* chamado adis.com que oferece vários produtos assim que você pode pedir *online*, a bons preços. Os produtos chegam em sua casa em embalagens discretas para que você não precise se sentir humilhado.

Durante o dia, há um fluxo constante de produtos que lidam com o envelhecimento, algo que, podemos destacar, é uma característica onipresente da condição humana.

---

[22] *Reality show* que mostra noivas enlouquecidas antes do casamento. (N.T.)

Os problemas normais das pessoas dificilmente aparecem nos programas ou noticiários, mas os comerciais não têm vergonha de lidar com calvície, falência, disfunção erétil, obesidade, perda de energia, depressão e todas as funções corporais e doenças da vida real que se pode imaginar.

Esta é a realidade cotidiana que aborrece as pessoas. Estou gordo demais? Por que preciso levantar três vezes de madrugada para ir ao banheiro? Por que meus pés doem no fim do dia? O que devo fazer em relação à minha dívida estratosférica no cartão? Estas questões são muito mais importantes para as pessoas do que a pesquisa eleitoral mais recente ou o último conflito no Oriente Médio.

Manter a casa é outro foco da vida real das pessoas, e os anúncios não nos decepcionam. Eles lidam com os problemas do bolo de carne gordurento, das facas que não cortam, da prataria manchada, dos aspiradores que escapam da tomada, dos potes que não armazenam bem o resto do almoço – e, em todos os casos, o anunciante propõe uma solução inteligente a um preço surpreendentemente baixo.

Sim, claro que o anunciante quer que compremos o produto, mas a escolha é sua. Você é convidado, não coagido. E, mesmo que não compre, você precisa admitir que sente uma inspiração para resolver o problema de outra forma qualquer, um quê de coleguismo com os outros seres humanos só de saber que você não está sozinho e uma sensação de empoderamento só de saber que nem tudo está perdido e existe esperança.

Está além da minha compreensão por que a publicidade é alvo de ataques brutais desde o surgimento da televisão. A maior crítica é a de que a publicidade é de alguma forma socialmente ineficiente. Ao contrário de oferecer preços mais baixos aos consumidores ou investir dinheiro em pesquisa e desenvolvimento. Podemos rejeitar essa bobagem rapidamente: se a publicidade não fosse eficiente para a empresa, ela não a faria. Todo anúncio é testando diante da lucratividade, na medida do possível.

Lembre-se, ainda, que o principal motivo para anunciar é superar o problema crucial que todo empreendimento enfrenta: a obscuridade. Você precisa se tornar conhecido. Mas só isso não basta. Você precisa subir na escala de valor das preferências das pessoas. Você precisa convencê-las de que o que você tem a oferecer fará uma diferença considerável na vida delas a ponto de fazê-las gastar o dinheiro.

Você pode reclamar que os anunciantes só estão atrás do seu dinheiro. Não entendo por que isso é uma crítica. Afinal, o consumidor só está atrás do produto. O consumidor dá dinheiro e o produtor dá o produto. Isso se chama troca mutuamente benéfica. E você pode dizer que o publicitário só quer mais do seu dinheiro. Bem, o mesmo vale para o consumidor: você quer mais do produto, e é por isso que constantemente nos dizem nos anúncios para esperarmos porque "tem mais!"

Outra crítica à publicidade é que ela gera "desejos falsos". As pessoas que dizem isso imaginam que elas são os únicos árbitros do que é um desejo legítimo. Em outras palavras, elas querem controlar suas escolhas e lhe dizer o que você pode ou não querer. Que se danem, eu digo!

Uma última crítica é a de que o que o anúncio diz geralmente é falso ou exagerado. Não diga. Compare o conteúdo do anúncio com o de uma conversa humana média, da qual mentiras e exageros são parte fundamental. Não podemos esperar da publicidade o que sequer esperamos das interações humanas comuns. Pelo menos, há responsabilidade e um teste de lucratividade na publicidade que tende a excluir os mentirosos com o tempo. Não sei se você pode dizer o mesmo das interações humanas casuais diárias.

Sei que vários produtores de comerciais foram processados por fazerem alegações falsas, como o cara que prometeu um produto de cálcio que ele disse ser capaz de reduzir o risco de câncer. Ele foi multado em US$ 150 mil e banido da televisão para sempre. Não entendo. Por que o governo deveria estar policiando o que as pessoas podem ou não afirmar na televisão? Cuidado, compradores. Além disso, se o Estado pretende eliminar todas alegações falsas da televisão, o discurso do presidente ao Congresso jamais deveria ser exibido.

Sabe aqueles anúncios do governo que você vê nos aeroportos? Eles estão anunciando suas políticas. Eles dizem o que você deve acreditar, senão... Anúncios da iniciativa privada não são assim. Eles convidam você a acreditar em algo. Eles buscam mudar seus valores. Depois, querem acrescentar algo novo e especial à sua vida. Cabe a você acreditar ou não. É assim que todas as interações humanas deveriam ser.

Pois isso é que a publicidade nos dá um olhar tão cru, realista e sincero da condição humana. É uma janela para o que somos, o que fazemos, o que nos motiva. E, melhor do que isso, a publicidade busca melhorar a condição humana e nos dar uma vida melhor. Neste sentido, ela faz por nós o que o Estado jamais poderá fazer.

ENSAIO 93

Desespero e Estado

A história triste e trágica de Andrew Wordes — o avicultor levado ao desespero pela perseguição governamental que se matou no mês passado — continua a me assombrar. E o fato é que ele é apenas um dos milhões de casos de tormento psicológico semelhante provocado pelo governo, direta e indiretamente. São acontecimentos absolutamente desnecessários que infligem perdas horríveis ao mundo.

Para cada pessoa que morre hoje em dia nas guerras norte-americanas pelo mundo, vinte e cinco outros soldados se matam. Um veterano comete suicídio a cada 80 minutos. Mais de 6.500 veteranos cometem suicídio por ano. É mais do que todos os soldados norte-americanos mortos no Afeganistão e Iraque nos últimos dez anos, de acordo com uma análise do *New York Times*. Ser um veterano aparentemente dobra o risco de suicídio.

Condições econômicas geradas pelas políticas governamentais ao redor do mundo contribuem para as mortes. A Europa passa por uma epidemia de suicídios em países seriamente afetados pela recessão. Na Grécia, a taxa de suicídios entre os homens aumentou em mais de 24% desde o início da crise. Na Irlanda, os suicídios de homens subiram mais de 16%. Na Itália, suicídios motivados pela economia aumentaram 52%.

As estatísticas mencionadas aqui não expressam o nível de tragédia vivida por cada um destes indivíduos. Eles deixam para trás famílias destroçadas e comunidades arruinadas. Há uma história insuportavelmente triste por trás de cada estatística.

Há evidências sugerindo que o mesmo está acontecendo nos Estados Unidos e que essa tendência mais ampla acompanha as perspectivas econômicas. A diferença entre a prosperidade crescente do livre mercado e o desespero econômico provocado pelo governo é realmente uma questão de vida ou morte. O desespero e a tristeza gerados pela guerra – uma extensão da política doméstica levada às últimas consequências – são um sintoma do mesmo problema.

Eles representam formas diretas e indiretas de como o governo dissemina a tristeza pelo mundo. A forma direta envolve a guerra e seus efeitos psicológicos. Ser perseguido por regulamentadores é outra forma direta. A pessoa não vê saída e é levada a medidas desesperadas. A forma indireta resulta da estagnação econômica provocada pelas políticas governamentais.

A vida já é bem dura. Os governos a tornam ainda mais difícil: suas políticas recessivas, suas reações políticas que não funcionam, suas regulamentações que deixam as pessoas loucas, seus impostos e inflação empobrecedores e, principalmente, suas guerras, levaram milhões ao desespero.

Por que especificamente o Estado? Tudo se resume à sensação de ter controle sobre a própria vida. A essência do estatismo é a falta de escolha e a incapacidade de fugir disso. Muitas operações do Estado tentam disfarçar tais características.

Depois que você desenvolve o olfato para isso, você o percebe em todos os lugares. As expressões das pessoas na fila do DMV[23], a massa estupidificada na fila para ser examinada pela TSA e até os olhares perdidos que se vê nas filas do correio. Há algo na política estatal que nos desmoraliza a todos. Ele cobra um preço da nossa saúde e nossa visão de vida e leva até mesmo à tragédia.

Lembro-me dos dias da velha União Soviética, que para mim exemplificam o que significa uma sociedade completamente sob o controle estatal. O governo criou uma revista chamada *Vida Soviética*, cheia de imagens de pessoas felizes e saudáveis que viviam vidas gratificantes e ativas. O contraste com a realidade não poderia ser mais extremo. Imigrantes contavam histórias de uma população desmoralizada recorrendo ao álcool, drogas e suicídio – qualquer coisa para escapar da combinação tóxica de um padrão de vida cada vez pior e da falta de escolhas por conta do despotismo.

Hoje, sabemos que a propaganda era mentirosa. O que não percebemos é que esta tragédia humana não se restringe a uma sociedade completamente socializada. Podemos chegar lá dando pequenos passos, aumentando o Estado e expandindo seu alcance ano a ano, até que ele tome conta de todas as nossas atividades. Precisamos recorrer cada vez

---

[23] *Department of Motor Vehicles*. Uma espécie de Detran norte-americano. (N.T.)

mais ao Estado. Somos impedidos por barreias. Aonde quer que vamos, encontramos burocratas que exigem documentos, mexem em nossos pertences, proíbem o que queremos fazer e ordenam que façamos o que não queremos.

Soldados na guerra, obviamente, enfrentam esta realidade todos os dias. Eles não mandam em si mesmos. Precisam obedecer ordens, façam elas sentido ou não. Eles veem coisas que ninguém deveria precisar ver e recebem ordens para fazer coisas que ninguém deveria ser obrigado a fazer. Não é de surpreender que pessoas que passam por tal calvário tenham uma perspectiva confusa quanto ao valor da vida humana.

Em um sentido mais restrito, os cidadãos de todos os países com um Estado intervencionista enfrentam uma situação semelhante. Eles podem sonhar em abrir e fazer crescer uma empresa, mas são impedidos – não porque lhes falte visão, e sim por causa do emaranhado erguido pela política pública. O Estado age como um exterminador de sonhos. Isso se torna ainda mais enlouquecedor quando não há nada o que o cidadão possa fazer a respeito. Não há escolha real.

Ah, eles nos dizem que, em um sistema democrático, podemos votar e que temos essa escolha. Não temos nada do que reclamar. Se não gostamos do sistema, podemos mudá-lo. Mas isso é totalmente ilusório. O governo é dono do sistema democrático e o administra para gerar os resultados que o governo quer. Cada vez mais pessoas estão percebendo isso, o que explica por que a participação dos eleitores tem caído a cada eleição.

Os grandes pensadores da tradição libertária sempre nos disseram que a liberdade e a boa vida são absolutamente inseparáveis. Pense em Thomas Jefferson, Frédéric Bastiat (1801-1850), Herbert Spencer (1820-1903), Albert Jay Nock, Ludwig von Mises, Murray N. Rothbard, F. A. Hayek e tantos outros. Até mesmo autores contemporâneos trataram do tema. Eles nos alertaram há muito que todo passo que se afastasse da liberdade significaria uma diminuição na qualidade de vida. Estamos vendo estas profecias se realizando.

Com uma frequência grande demais, os debates sobre as políticas públicas acontecem em um nível errado. O ponto central não é fazer o "sistema" funcionar melhor ou aperfeiçoar as regras burocráticas. Precisamos começar a falar sobre os temas maiores da dignidade humana, do *status* moral da liberdade e dos direitos e liberdades do indivíduo na sociedade. A expansão do Estado não é errada só como uma questão de "política pública"; é errada porque é perigosa para a boa vida e a qualidade de vida.

Matar a liberdade é matar a essência do que nos faz humanos.

PARTE VIII

A Literatura da Liberdade

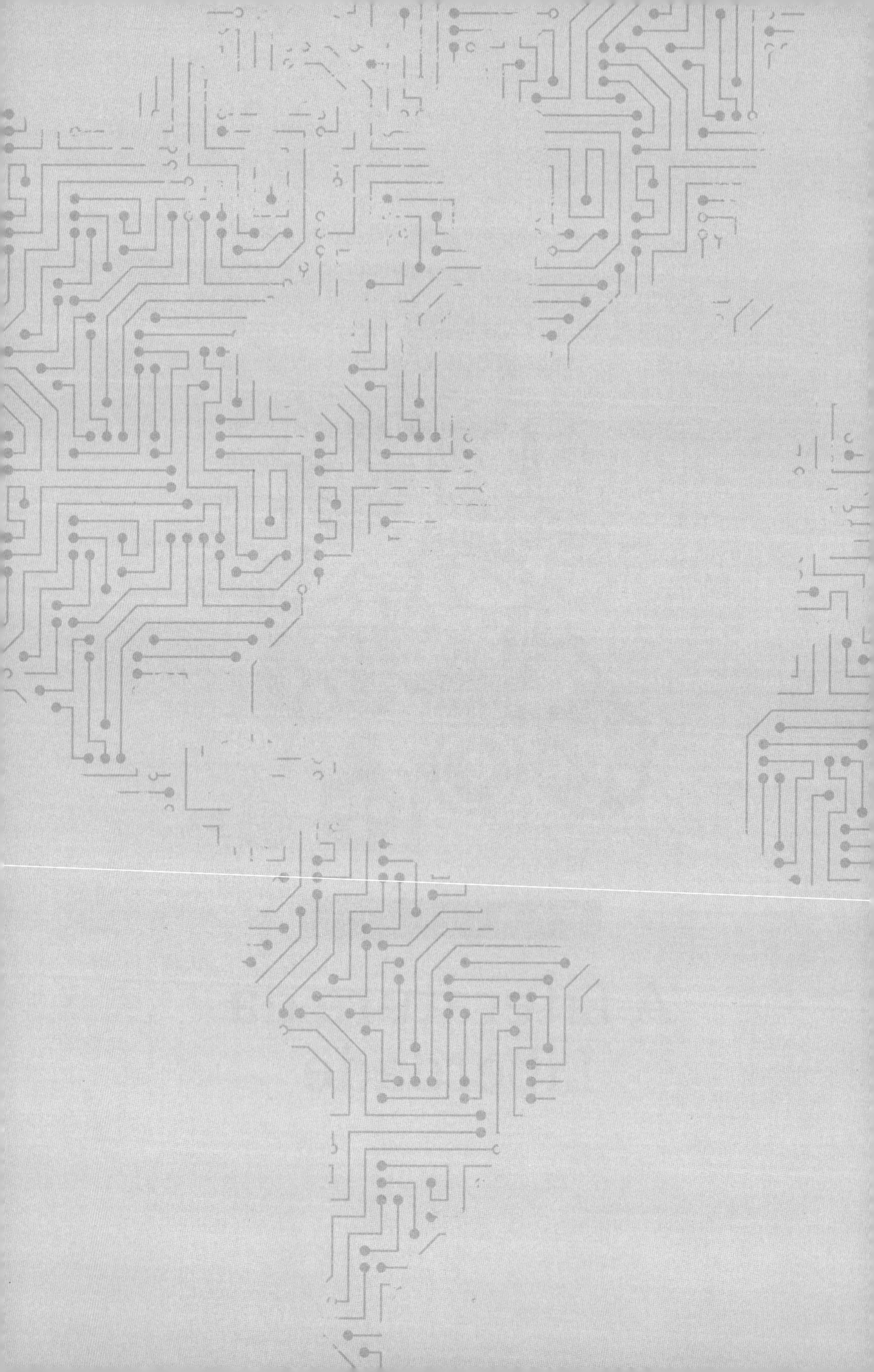

ENSAIO 94

O que é *laissez-faire*?

Os dados mais recentes mostram que as vendas de livros estão aumentando muito nesta temporada. Lá se vai a previsão de que os livros seriam mortos pela tecnologia. Pelo contrário, a tecnologia permitiu que tanto a maior literatura de todos os tempos quanto a atual fossem disponibilizadas a todos. Não consigo imaginar um momento mais propício para começar a reformar a Laissez Faire Books (fundada em 1972), pois foi o mercado celebrado pelo *laissez-faire* que tornou toda a literatura que amamos mais acessível do que nunca.

Addison Wiggin, presidente da Agora Financial, estava discutindo comigo os diversos desafios com que nos depararemos à medida que dermos mais vida a uma instituição antiga e venerável. Ele chamou minha atenção para um ponto que eu deixara passar. A maioria das pessoas não conhece o termo *"laissez-faire"*. Não sabem nem pronunciá-lo (naquele mesmo dia, durante uma apresentação de um discurso meu, o anfitrião o pronunciou equivocadamente) e não sabem o que significa. Embora já tenha circulado comumente, o termo há muito não é de uso comum, mesmo nos círculos libertários. Logo, temos muito o que fazer para ajudar as pessoas a até mesmo compreender o nome da livraria em *lfb.org*.

A pronúncia é algo como *le-se-fér*. A origem do termo é francesa e remonta ao final do Renascimento. Segundo a História, ele foi utilizado pela primeira vez por volta de 1680, em uma época que os estados-nações estavam em ascensão por toda a Europa. O ministro das Finanças da França, Jean-Baptiste Colbert (1619-1683), perguntou a um comerciante chamado M. Le Gendre o que o Estado poderia fazer para promover a indústria.

De acordo com a lenda, a resposta teria sido: *"Laissez-nous faire"* ou *"deixe estar"*. Este incidente foi relatado em 1751 no jornal *Oeconomique* pelo defensor do livre comércio René Louis de Voyer de Paulmy (1694-1757), o segundo Marquês d'Argenson. O *slogan* acabou sendo codificado nas palavras de Vincent de Gournay (1712-1759): *"Laissez-faire et laissez-passer, le monde va de lui même!"* Em tradução livre: *"Deixe estar e deixe passar os bens; o mundo segue sozinho"*.

Adaptamos isto à forma que se pode ver em nosso cabeçalho: Deixe o mundo em paz que ele cuida de si mesmo. Pode-se reduzi-lo ainda mais: deixe estar.

Todas essas traduções e versões expressam não só a ideia do livre comércio – um dos principais assuntos discutidos na política europeia do século XVIII –, mas também uma visão mais abrangente e bela de como se pode deixar a sociedade funcionar.

O QUE É LAISSEZ-FAIRE?

Essa ideia pode ser resumida na expressão *"laissez-faire"*, ou na doutrina do que costumava ser chamado apenas de liberalismo e que hoje em dia é especificado como liberalismo clássico. A ideia é a seguinte: a sociedade contém em si mesma a capacidade de ordenar e administrar o próprio caminho de desenvolvimento. Por consequência, as pessoas devem gozar da liberdade de administrar as próprias vidas, de se associar como bem desejarem, de realizar trocas com todo e qualquer indivíduo, de possuir e acumular propriedade e não ser impedido de modo algum pela intromissão do Estado em suas vidas.

Nos séculos que se seguiram, milhões de grandes pensadores e autores aprofundaram essa ideia central no contexto de todas as disciplinas das ciências sociais. Então, como agora, prevalecem duas escolas abrangentes de pensamento: a dos que acreditam no controle de um ou mais aspectos da ordem social pelo Estado e a dos que acreditam que essas tentativas de controlar são contraproducentes à causa da prosperidade, da justiça e da paz e à construção da vida civilizada.

Estas duas formas de se pensar são diferentes do que se chama hoje em dia de direita e esquerda. A esquerda tende a pensar que, se deixarmos livre a esfera econômica, o mundo entrará em colapso, e utiliza como justificativa alguma teoria a respeito do desastre que incidiria sobre todos nós sem o controle governamental. A direita também está convencida de que o Estado é necessário para que o mundo não entre em colapso, dividido entre gangues violentas e belicosas que destruirão nossa cultura.

O ponto de vista do *laissez-faire* rejeita as duas visões e defende o que Claude Frédéric Bastiat chamava de *"harmonia de interesses"* que compõe a ordem social. É o ponto de vista de que artistas, comerciantes, filantropos, empresários e proprietários — e não os bandidos cartelistas do Estado — deveriam ter permissão para guiar o curso da História.

Essa visão é sustentada, hoje em dia, por milhões de pensadores ao redor do mundo. Este é o movimento intelectual mais empolgante da atualidade e ocorre onde menos esperamos encontrá-lo. Existem instituições em todos os países dedicadas a esta ideia, *blogs* e fóruns por toda a parte dedicadas a esta convicção, livros que são publicados a cada semana, a cada dia. A revolta contra o Estado está crescendo.

A disseminação da ideia de *laissez-faire* está sendo promovida, em nosso tempo, por uma energia digital. Mas a ideia em si não é nova na História do mundo. Embora seja mais associada ao pensamento britânico do século XVIII, é uma visão de sociedade que tem raízes muito mais profundas, na Idade Média cristã e nos primórdios do pensamento judaico. O *laissez-faire* também não é uma ideia exclusivamente ocidental. As raízes mais profundas do *laissez-faire*, na realidade, remontam à China antiga e, ainda nos dias de hoje, os pensamentos desses mestres nos oferecem um belo resumo.

Eis aqui alguns exemplos:

> Lao-Tsé (século VI a.C.): *"Quanto mais tabus e restrições artificiais existirem no mundo, mais as pessoas empobrecerão. [...] Quanto mais leis e regulamentações receberem proeminência, mais ladrões e bandidos existirão"* [...]
>
> O Sábio diz: *"não tomo qualquer atitude, e ainda assim as pessoas se transformam, favoreço a aquiescência e as pessoas se corrigem, não tomo qualquer atitude e as pessoas enriquecem"* [...]
>
> Chuang Tzu (369-286 a.C.): *"Prefiro rastejar e chafurdar em uma vala enlameada para minha própria diversão a*

ser colocado sob as restrições impostas pelo governante. Nunca ocuparia qualquer cargo público e, portanto, serei [livre] *para satisfazer meus próprios propósitos".*
"Já existiu o que se chama de 'deixar a humanidade em paz'; nunca existiu algo como governar a humanidade [com sucesso]*".* O mundo *"simplesmente não precisa de governo; na realidade, não deveria ser governado".*
Pao Ching-yen (século IV d.C.): *"Quando cavaleiros e exércitos não podiam ser reunidos, não havia guerras nos campos. [...] A ideia de utilizar o poder para obter vantagens ainda não tinha brotado. O desastre e a desordem não ocorriam. [...] As pessoas mastigavam sua comida e se divertiam; eram despreocupadas e contentes".*
Ssu-ma Ch'ien (145-90 a.C.): *"Todo homem precisa apenas ser deixado livre para utilizar suas próprias capacidades e exercer sua força a fim de obter aquilo que deseja. [...] Quando cada pessoa gasta seu tempo trabalhando em sua própria ocupação e se deleita em seus próprios negócios, então, assim como a água flui para baixo, os bens naturalmente fluirão sem cessar, dia e noite, sem serem invocados, e as pessoas produzirão mercadorias sem que isso lhes seja pedido".*

Esses primeiros sinais da ideia apareceram ali, mas podem ser identificados nos pensadores da Grécia e Roma Antiga e ao longo da Idade Média, até que a ideia se espalhou pelo mundo nos séculos XVIII e XIX, promovendo a prosperidade, liberdade e paz a todos com uma intensidade até então desconhecida. No século XVIII, em diversas partes do mundo (além do mundo anglófono), o *laissez-faire* foi chamado de liberalismo ou liberalismo clássico, uma doutrina de organização social que pode ser resumida nas palavras de

Lord Acton (1834-1902): *"a liberdade é a mais elevada meta política da Humanidade"*.

Com certeza, no início do século XX, a noção de liberalismo já fora corrompida. Como Ludwig von Mises escreveu em seu livro *Liberalismo*, publicado em alemão no ano de 1929:

> O mundo de hoje não quer mais ouvir falar de liberalismo. Fora da Inglaterra, o termo "liberalismo" foi abertamente proscrito. Na Inglaterra, seguramente, ainda existem "liberais", mas a maior parte deles o são apenas nominalmente. Na realidade, são socialistas moderados. Em todos os lugares, nos dias de hoje, o poder político está nas mãos dos partidos antiliberais.

O mesmo vale para os dias de hoje. E a revolta contra isso costuma ser chamada de "libertarianismo", uma palavra que há muito tempo vem sendo associada a uma preocupação sobretudo com a liberdade humana. Em sua definição atual, ela refere-se a um endurecimento e uma radicalização do antigo ponto de vista liberal. O libertarianismo afirma a inviolabilidade dos direitos de propriedade, a primazia da paz nos assuntos mundiais e a centralidade da livre associação e do livre comércio na conduta dos assuntos humanos. Ele se diferencia da antiga visão liberal ao dispensar a visão ingênua de que o Estado pode ser limitado pela lei e por constituições; ele imagina a possibilidade de que a sociedade pode se administrar sem um Estado, definido como a única instituição da sociedade à qual é permitido o direito legal de agressão contra pessoas e propriedades. Os libertários são consistentemente contrários à guerra, ao protecionismo, à tributação, à inflação e a quaisquer leis que interfiram no direito de livre associação.

O libertarianismo amadureceu no início da década de 1970, com as obras de Murray N. Rothbard e, mais tarde, com a fundação da Laissez Faire Books e com os trabalhos de Robert Nozick (1938-2002) e Tibor Machan (1939-2016). Os libertários não são necessariamente anarquistas ou anarcocapitalistas, mas a principal corrente de pensamento no mundo libertário atual gira em torno da ideia da ausência de Estado como modelo intelectual. Este ponto de vista não é utópico nem remoto; é apenas a esperança de um ideal no qual roubos, assassinatos, sequestros e falsificações não sejam sancionados legalmente pelo Estado.

Uma sociedade assim tampouco é historicamente sem precedentes. Rothbard escreveu sobre os Estados Unidos do período colonial como um exemplo de um experimento altamente bem-sucedido de uma sociedade sem um Estado central. A Europa medieval fez a primeira grande revolução econômica sem recorrer ao poder do estado-nação. David Friedman documentou o anarquismo e as ordens legais competitivas da Islândia medieval. Outros autores chegam a afirmar que, tendo em vista como conduzimos nossas vidas cotidianas, contando com a produtividade de associações e instituições privadas, nunca abandonamos de fato a anarquia.

Como disse Mises, o liberalismo/libertarianismo/*laissez-faire* não é uma doutrina finalizada. Existem muitas áreas ainda a serem exploradas e muitas aplicações a serem feitas, tanto na História como em nosso tempo. Os livros mais interessantes do nosso tempo estão sendo escritos do ponto de vista da liberdade humana. O Estado segue marchando, mas a resistência está crescendo.

Tenho a grande honra de estar envolvido com o esforço da Agora para reviver a Laissez Faire Books como uma editora e distribuidora internacional das maiores ideias do nosso tempo. É debilitante ver o Estado avançando, mas é uma fonte de alegria saber que as ideias são mais poderosas do que todos os exércitos do mundo. A razão, a alfabetização e o trabalho incansável por aquilo que é certo e verdadeiro acabará levando a ideia de *laissez-faire* à vitória.

ENSAIO 95

O que é ou deveria ser a lei?

Parece que o presidente está frustrado com o Congresso. Que tipo de legislatura é essa, pergunta ele, que não dá aval imediato à vontade do Executivo? O Executivo tem usado uma tática um pouco diferente ultimamente: a ordem executiva, ou decreto. Esqueça tudo que você leu nos textos cívicos sobre os freios e contrapesos e a divisão de poderes. A ordem executiva passa por cima de tudo isso.

A Casa Branca até tem um nome para isso: "Não Podemos Esperar". Há até mesmo um *site* oficial .gov. Ei, se você vai rasgar a Constituição e aprovar leis como um ditador, a melhor tática é fazê-lo escancaradamente. *"Se o Congresso se recusa a agir"*, diz ele, *"continuarei a fazer tudo que estiver em meu poder para agir sem eles"*.

Para sermos justos, Barack Obama está longe de ser o primeiro. O presidente anterior também fez isso, assim como o presidente anterior e assim por diante, até a Primeira Guerra Mundial e antes. Cada novo sujeito cita o precedente do antecessor, como se isso bastasse como justificativa. Desafiar a Constituição é uma tradição antiga, você não sabia?

Mas sabe o que isso me mostra? Que este país precisa de uma boa teoria do direito. Falta-nos até mesmo uma linguagem para descrever o que está acontecendo conosco. Um partido denuncia o outro, mas apenas de maneira que lhe permita escapar das críticas. Como resultado, o "homem na rua" sequer está preparado para falar sobre questões fundamentais.

Por exemplo: de onde veio a lei e o que ela deveria fazer? Claro, as pessoas ficam incomodadas com a polícia, irritam-se com a TSA e se assustam ao ler sobre as injustiças periódicas das políticas públicas. Um partido fica irritado quando o presidente do outro partido aprova leis sem se preocupar com quaisquer convenções constitucionais.

Mas o que é a lei, e o que ela deveria ser? Estas são as maiores questões que não fazem parte da consciência pública.

O mesmo se dava na época de Frédéric Bastiat. No fim da vida, ele escreveu um apelo apaixonado sobre o assunto, tentando fazer com que as pessoas refletissem atentamente sobre o que estava acontecendo e como a lei se tornara um instrumento de pilhagem, em vez de uma proteção à propriedade.

Ele escreveu:

> Não é verdade que a função da lei seja regulamentar nossas consciências, nossas ideias, nossas vontades, nossa educação, nossas opiniões, nosso trabalho, nosso comércio ou nossos prazeres. A função da lei é proteger o livre exercício destes direitos e evitar que

qualquer pessoa interfira com o livre exercício destes mesmos direitos por qualquer outra pessoa.

Este trecho é de *A Lei*, de Bastiat, um dos grandes ensaios políticos que surgiram no mundo continental no século XIX. Ele acabou por cair na obscuridade na França, foi ressuscitado na língua inglesa no final século XIX e desapareceu novamente, ressurgindo nos Estados Unidos da década de 1950 graças aos esforços da Foundation of Economic Education (FEE).

Este ensaio faz perguntas fundamentais que a maioria das pessoas passa a vida toda sem jamais se questionar. O livro integra a nova coleção da Laissez Faire Books que tenta encontrar as obras essenciais da literatura e distribuí-las de novas maneiras. (A coleção também tem a capa mais legal de todos os tempos para este livro).

O problema é que a maioria das pessoas aceita a lei como um fato fundamental estabelecido. Como membro da sociedade, você obedece ou enfrenta as consequências. Não é seguro perguntar por quê. Isto se dá porque o braço que aplica a lei é o Estado, aquela agência peculiar com poder único na sociedade de usar a força legal contra a vida e a propriedade. O Estado diz o que é a lei – não importando como essa decisão foi tomada – e isso basta.

Bastiat não conseguia aceitar isso. Ele queria saber o que é a lei, além do que o Estado diz que ela é. Ele viu que o propósito da lei é, fundamentalmente, proteger a vida e a propriedade privada contra invasões, ou pelo menos assegurar que a justiça seja feita nos casos em que tais invasões ocorrem. Não é uma ideia única; é um resumo daquilo que filósofos, juristas e teólogos pensaram na maioria das épocas e lugares.

Bastiat, então, dá o próximo passo, aquele que abre os olhos do leitor como nada até então. Ele submete o próprio

Estado ao teste para saber se ele, o próprio Estado, obedece a esta noção da lei.

Já no primeiro parágrafo, Bastiat destacava que o próprio Estado se revela como um infrator da lei e em nome da manutenção dela. Ele faz exatamente aquilo que a lei deveria prevenir. Em vez de proteger a propriedade privada, ele a invade. Em vez de proteger a vida, ele a destrói. Em vez de resguardar a liberdade, ele a viola. E, à medida que o Estado cresce, ele faz mais disso, até se tornar uma ameaça ao bem-estar da própria sociedade.

E o que é ainda mais revelador: Bastiat observa que *quando se sujeita o Estado aos mesmos padrões que a lei usa para julgar as relações entre os indivíduos, o Estado fracassa.* Ele conclui que, quando isso ocorre, a lei foi pervertida nas mãos das elites governantes. Ela passa a ser utilizada para fazer exatamente aquilo que foi projetada para prevenir. Aquele que a aplica acaba por ser o principal violador de seus próprios critérios.

A paixão, a intensidade e a lógica incansável têm o poder de abalar qualquer leitor. Nada mais é o mesmo. É por isso que esse ensaio é tão famoso, e com justiça. Ele é capaz de abalar sociedades inteiras e sistemas inteiros de governo. Que bela ilustração do poder da pena!

Mas observemos a abordagem retórica de Bastiat. Sua conclusão vem logo no início. Por quê? Ele não tinha muito tempo (morreu pouco depois de escrever *A Lei*). E sabia que o leitor também não tinha. Ele queria conscientizar e convencer da maneira mais eficaz. Até mesmo de um ponto de vista estilístico, há muito a ser aprendido de sua abordagem.

A Laissez Faire Books tem a honra de dar vida nova a este texto incrível com essa edição que ressuscita a tradução de Dean Russell (1915-1998). A edição traz ainda uma introdução de Bill Bonner, que considero a voz mais subvalorizada na defesa do liberalismo à moda antiga hoje em dia. Ele explica como o ensaio de Bastiat abriu seus olhos para que pudesse ver o mundo de outra forma.

É um hábito de toda geração subestimar a importância e o poder das ideias. Mas o mundo inteiro em que vivemos foi construído a partir delas. Não existe nada neste mundo, a não ser a natureza pura, que não tenha começado como uma ideia sustentada por seres humanos. É por isso que um livro como este é tão poderoso e importante. Ele nos ajuda a ver as injustiças que nos cercam, as quais, de outra maneira, acabaríamos ignorando. E ver é o primeiro passo para mudar.

É por isso que o livro continua a ser impresso e a circular e por que toda alma viva deveria lê-lo. Se queremos ver uma apreciação renovada da ideia de liberdade durante nossas vidas, este ensaio, escrito há tanto tempo em um país tão distante, merece boa parte do crédito.

ENSAIO 96

Veja o mundo pelo olhar de Bonner

Na primavera de 2012, Bill Bonner, fundador da Agora Inc., fez uma pausa em sua coluna diária no *Daily Reckoning* e, como centenas de milhares de outras pessoas, tive uma crise de abstinência. Felizmente, eu tinha uma cópia de seu maravilhoso livro *Mobs, Messiahs and Markets* [*Multidões, Messias e Mercados*] para devorar enquanto aguardava seu retorno.

    O livro, escrito com contribuições de Lila Rajiva, dissipa a névoa criada pelo governo e pela grande mídia para que possamos ver a realidade tal como ela é. Ele trata, com riqueza de detalhes, da década transformadora que se estendeu do final da década de 1990 até o final da década de 2000 e, portanto, registra tudo de crucial para compreender o mundo tal como ele é hoje: a revolução digital, a ascensão do Estado policial, a criação da bolha e seu estouro, o fim da supremacia econômica americana e a expansão da violência imperial.

Diversos pontos podem ser destacados aqui sobre Bonner, o homem, que (a meu ver) não recebe o crédito que merece como um dos intelectuais públicos mais articulados e perspicazes do nosso tempo. Ele não é um agitador político nem um professor enclausurado, mas seus escritos nos falam mais sobre política, economia, cultura e tendências do que você provavelmente conseguiria encontrar em qualquer passeata ou sala de aula. Ele está sempre atento às questões que importam e tem um sistema de valores (ama a liberdade e despreza o despotismo) que destrói as convenções políticas.

Quanto à sua influência como pensador, uma ou duas gerações inteiras de investidores, intelectuais, jornalistas e cidadãos do mundo cresceram lendo os escritos de Bonner. Eles são instigantes, não por serem espalhafatosos ou terem uma motivação ideológica, e sim porque são independentes e imbuídos de um vasto conhecimento da história e da filosofia e assumem um ponto de vista que ignora o cartel opinativo. Ou seja, fazem com que abramos nossos olhos e nos proporcionam uma visão de mundo completamente diferente.

Como estilista, Bonner é lendário. Eu colocaria seus escritos sobre questões públicas na mesma categoria de de outros célebres estilistas, como Frédéric Bastiat, Mark Twain (1835-1910), H. L. Mencken e Joseph Sobran (1946-2010). Há uma maldição que acompanha este prestígio. Isso significa que quase ninguém tem competência para escrever sobre a obra destes autores, pois a tentativa jamais se aproximará, ainda que remotamente, à virtuosidade da prosa do autor em questão.

Falando francamente, escrever sobre Bonner intimida porque ler Bonner é sempre uma maneira de aproveitar melhor o tempo. Sinto exatamente isso ao escrever sobre seu livro. Nada que eu possa dizer será tão claro, preciso e interessante quanto o que o próprio Bonner escreve.

> *Fake news* não são notícias. São notícias velhas. Os roteiros fazem com as notícias o que a tortura faz com os prisioneiros – eles convencem os jornalistas a dizer o que você quer ouvir. Confundir o inimigo em um campo de batalha clássico – que tem suas próprias regras de combate – é uma coisa. Iludir civis na guerra total moderna é diferente. E enganar a multidão que está em casa torcendo é algo totalmente diferente.
> Por estes padrões, as rodas da carruagem americana não só tocaram o solo, como o atravessaram e estão se enterrando no Hades. Os noticiários roteirizados não tinham como alvo apenas a população do Iraque, que supostamente já é nesta altura uma democracia renascida, de todo modo. Eles tinham como alvo a população dos Estados Unidos. Jornalistas que produziam matérias falsas disparavam contra esta torcida patética em casa, fazendo com que fosse impossível para estes idiotas conseguir obter uma migalha sequer de informação verdadeira sobre a guerra, ainda que lhes estivessem pedindo que abrissem mão de seus filhos por ela. Eles acreditavam estar se apresentando voluntariamente para lutar pela república; não sabiam que estavam se alistando para um sacrifício de crianças astecas.

Meus amigos, isso não é apenas uma maneira brilhante de pensar; é uma maneira brilhante de escrever. Os consumidores da prosa de Bonner se maravilham dia após dia, desde 1978 e principalmente desde que ele passou a escrever na *Internet*, em

1996, com sua capacidade de oferecer prosa e análises em um ritmo constante. A maioria de nós se esforça para escrever algo tão bom em um ano; para Bonner, é algo diário.

Eis aqui outro exemplo de sua forma de escrever e pensar; esta passagem fala sobre os salários escandalosos dos CEOs durante o período da bolha de créditos de 2005:

> Os principais líderes empresariais tornaram-se ídolos esportivos, mas sem o mesmo talento. Não é preciso ter qualquer conhecimento real sobre o ramo de negócios no qual se está entrando ou, como demonstrou Bernie Ebbers, qualquer conhecimento real sobre qualquer tipo de negócio. O que lhe proporcionará um emprego como líder no mundo corporativo é o mesmo que lhe renderá uma mulher no jogo do acasalamento – uma autoconfiança fora do comum.
>
> A vida humana – além dos aspectos físicos óbvios – é baseada em grande parte no que os cientistas chamam de "administração das impressões". Um homem com uma boa lábia e um ar confiante consegue quase tudo que quer, incluindo um cargo como CEO em uma das maiores corporações dos Estados Unidos... Você pode, então, ficar preocupado – mas e se a Companhia não for bem? Bem, e se? Mais uma vez, a história recente nos mostra que é possível fracassar espetacularmente no mundo corporativo dos Estados Unidos e ainda assim sair com muito dinheiro.

Sobre a igualdade, tal como proclamada pelos Pais Fundadores:

> Quando os norte-americanos comemoram o nascimento da nação, ninguém se incomoda com o fato

de que as ideias mais importantes dos Fundadores eram claramente falsas. As pessoas nascem diferentes. Somente perante a lei é que elas são iguais e, mesmo assim, somente se tiverem dinheiro o suficiente para um bom advogado.

Aqui ele fala sobre como esta percepção se relaciona com os investimentos:

E o que falar sobre a chamada "igualdade de condições" no mercado financeiro? Um sujeito ouviu dizer que ele tem tanta chance de enriquecer com seus investimentos quanto Warren Buffett e George Soros. De maneira abstrata, isso soa como verdade. Mas se ele dirigisse seu carro com base em princípios abstratos, estaria morto em pouco tempo. Para investir, assim como para dirigir um veículo, são os detalhes precisos que importam.

Estou brincando com uma teoria sobre o porquê de os melhores livros do nosso tempo — e este entre eles — terem sido escritos por pessoas atentas a estratégias e oportunidades de investimento. Como é que essa pulsão comercial consegue revelar percepções tão espetaculares, enquanto milhares de tomos acadêmicos monótonos definham sem exercer qualquer impacto sobre o mundo?

Minha teoria é a de que isso se dá porque o comércio em tempo real é a força mais negligenciada do Universo. O comércio nos dá até mesmo o teste do mérito ideológico em longo prazo: ideias baseadas na verdade acabam sendo provadas pelas instituições e se tornam parte da história. Logo, seguir a trilha do comércio ao longo do tempo significa seguir ideias meritórias e as maneiras reais pelas quais as pessoas as utilizam para viver suas vidas. No entanto, como a ignorância econômica é tão difundida, especialmente no jornalismo e na academia, poucos têm a capacidade de seguir esse caminho. Eles acabam sonhando acordados sobre inverdades como meio de vida.

Isso nos apresenta a uma ironia interessante. Um autor como Bill Bonner — e o mesmo se pode dizer de Lila Rajiva — é capaz de monitorar e explicar nosso mundo como poucos professores universitários vitalícios conseguem ou jamais conseguirão. O célebre investidor Marc Faber disse que *Mobs, Messiahs and Markets "é um livro tão bom que, se eu precisasse indicar apenas um livro que os investidores deveriam ler, escolheria esse".*

Eu iria além e diria que as constatações da obra não se referem apenas aos investimentos, e sim à toda vida e, portanto, ela deveria ser lida por todos que querem ver o mundo com mais clareza.

ENSAIO 97

Em defesa do perigo

Existe um parque nacional perto da minha casa com um grande lago cheio de apetrechos de natação abandonados desde a década de 1970. O lugar é um pesadelo para qualquer um desses "nazistas por segurança". A água é muito funda, o trampolim é muito alto e escorregadio e está até meio quebrado. Não há qualquer salva-vidas trabalhando. Se você pular errado e perder o fôlego, pode se afogar facilmente. As distâncias no lago são enganadoras; as margens parecem mais próximas do que de fato são. Se você estiver nadando no meio do lago e se cansar, pode perder as esperanças.

As pessoas mais velhas lendo isso devem estar pensando: "E daí? Esse tipo de coisa acontecia em todo lugar quando eu era pequeno". Verdade. Mas os jovens de hoje não conhecem nenhum ambiente assim. Hoje em dia, todos os parquinhos são superseguros. O perigo foi praticamente erradicado. Balanços não balançam alto. Os movimentos de todos os equipamentos dos parquinhos são severamente restritos. As piscinas estão cada vez mais rasas. Trampolins sequer são permitidos em diversos locais.

Isso sugere uma mudança cultural gigantesca, apoiada por milhares e milhões de regulamentações governamentais – e mais delas estão a caminho. A meta é criar um mundo inteiro totalmente seguro ao nosso redor, para que possamos ser mimados de todas as maneiras concebíveis, um mundo que nunca permita o surgimento daquela sensação interior da existência de um perigo possível e, por consequência, da autorresponsabilidade e de cuidados motivados intimamente.

No fundo, tudo remonta a quais partes do cérebro são ativadas quando nos envolvemos em quaisquer atividades da vida. Se temos instituições para nos proteger e eliminar todos os riscos e todas as brincadeiras genuinamente experimentais, deixamos de ter a sensação de que o risco existe de fato ou de como devemos reagir a ele.

Mergulhei no lago perigoso recentemente e senti aquela sensação de que era melhor eu tomar as decisões corretas, se não estaria perdido. É uma sensação incomum. Admito que, inicialmente, tive medo. Mas, depois que você se acostuma com ideia, é revigorante. Essa sensação faz com que você se sinta como se o destino estivesse em suas próprias mãos. É preciso ser sábio. É preciso levar em conta o desconhecido. É preciso pensar, se preparar, ser cauteloso e ponderar os possíveis ganhos contra a probabilidade de que algo dê errado. Depois de fazer isso, veja só! É divertido e maravilhoso.

Como é possível que, nos dias de hoje, ainda permitam que alguém chegue perto deste lago? Não tenho certeza, mas suspeito que o lago ainda não foi alvo das tendências regulatórias porque é de propriedade federal e, portanto, está inevitavelmente abandonado. Ninguém liga para aquele espaço. Enquanto os funcionários estiverem sendo pagos e os nazistas da segurança não estiverem fazendo passeatas e gritando sobre ele, o lugar manterá esta sensação de vida real de um mundo que já não existe mais. (Não é de se espantar que o lugar seja muito popular entre jovens estudantes).

O impulso para criar ambientes hiperacolchoados e protegidos não prepara ninguém para funcionar efetivamente na vida real. Isso se dá porque esse tipo de ambiente não tem nada a ver com o mundo real. Não importa o quanto regulemos, administremos, criemos redes de segurança e construamos sistemas que eliminem os perigos mais óbvios do mundo, a estrutura do universo garante que o futuro será sempre desconhecido. A incerteza existe de fato e não pode ser erradicada. Mudanças ocorrem e precisamos estar preparados para nos adaptar a elas. Nada do que aconteceu no passado pode necessariamente ser repetido em um futuro alterado.

Isso é especialmente verdadeiro no ambiente econômico. Em uma economia em crescimento e desenvolvimento, não há estagnação. Nada é exatamente o mesmo, de um dia para o outro. Existem mudanças constantes nos preços, na disponibilidade de recursos, nos gostos dos consumidores, na disponibilidade de trabalhadores e sobretudo na tecnologia. Se um sistema não puder levar em conta estes fatores, ele não serve para nada.

Em uma economia em crescimento, existem perdas e ganhos, histórias de sucesso e falências, triunfos incríveis e perdas terríveis e, principalmente, surpresas a cada esquina. Todo dia é uma oportunidade de se deparar com algo novo e melhor.

O governo fala em estabilização, mas não existe estabilidade em uma economia em desenvolvimento. Mudança,

mudança e mais mudança são os protagonistas. As instituições crescem e, depois, precisam ser derrubadas e substituídas por novas instituições.

Este é o cerne do que constrói uma grande civilização. Não é a segurança e a estabilidade, e sim a ausência de limites, a oportunidade de descobertas e reinvenções — estas são as forças motrizes do desenvolvimento social e econômico. E também é exatamente o tipo de coisa à qual burocracias e regulamentações se opõem. Elas eliminam oportunidades e reduzem as inovações. Elas tendem a preservar o que é antiquado e colocam empecilhos sobre o que está surgindo.

Mas eis aqui a ironia: se enxergarmos a História como a competição entre a segurança controlada de líderes despóticos e a incerteza sem limites da liberdade, as sociedades que abraçaram a liberdade sempre venceram. A liberdade leva ao crescimento e ao eventual triunfo.

No século XX, vimos vários experimentos de modelos fechados que usaram o Estado para tentar guiar as sociedades rumo a determinada meta. Isto fez com que fosse necessário conter a experimentação, a tentativa e erro, a liberdade humana e a responsabilidade.

Estes experimentos receberam diversos nomes: socialismo, fascismo, *New Deal*, entre outros. Mas todos fracassaram. Vários foram os motivos dos fracassos, mas o principal foi o fato de terem destruído a capacidade de abrir mão de coisas que não funcionavam mais e experimentar novas abordagens que podiam ou não dar certo.

Daniel Cloud, autor de *The Lily* [*O Lírio*], e-book da semana no Laissez Faire Club, explica que toda sociedade realmente bem-sucedida precisa ter duas características.

Primeiro, ela precisa ter implementado algum sistema para se livrar de leis, instituições, processos de produção e estilos de vida que não estejam mais funcionando. Isso significa que a vontade humana precisa ser liberta de seus grilhões dentro do contexto da responsabilidade pessoal e da propriedade privada. Pessoas, e não burocracias, precisam receber o poder de serem as principais responsáveis pelas tomadas de decisões, porque somente o ser humano que age pode, de fato, se adaptar às mudanças.

Segundo, é preciso que exista um sistema que permita às instituições e inovações tornarem maiores inovações ainda mais fáceis no futuro. Cada passo rumo ao avanço social precisa permitir que o passo seguinte seja menos oneroso e mais gratificante. Assim, as inovações não se tornam becos sem saída, e sim ferramentas que inspiram cada vez mais progresso.

Esta é outra maneira de dizer que o capital, as ferramentas que fazem outras ferramentas, é indispensável para um desenvolvimento econômico sério. Mas isso também significa que o capital precisa estar em mãos privadas – tanto em termos de propriedade quanto de controle – a partir das quais possa ser aplicado de formas que abracem o futuro desconhecido tendo em vista o processo de tentativa e erro.

Se pensarmos na reação do governo à crise financeira de 2008, ela seguiu um caminho exatamente oposto ao que se quer em uma economia em crescimento. O governo salvou instituições que não davam lucro. Ele tentou restaurar o *status quo* do mercado imobiliário. Tentou amenizar as mudanças necessárias nos recursos trabalhistas. Tentou reverter a história e deixar as coisas como eram, gastando e criando muitos trilhões de dólares para fazê-lo.

Mas as coisas jamais poderão ser como eram. A crise foi uma oportunidade de limpar o que não estava funcionando e inspirar a criação de novas instituições que dessem certo. No mundo digital, o qual o governo (em boa parte) não controla, isso ocorre todos os dias. Mas no mundo físico, que o governo controla, a política interveio para evitar a limpeza do que havia de ruim e o surgimento do novo.

Não é de surpreender que tenhamos acabado com uma estagnação terrível e opressora, sem fim em vista. O governo tentou transformar toda a macroeconomia em uma gigantesca zona de segurança para todos. Espera-se que consumidores endividados, empresas inchadas, trabalhadores mimados e com salários exagerados, setores subsidiados e instituições financeiras dependentes continuem simplesmente do jeito que são. É como se o governo estivesse tentando criar o parquinho de crianças moderno, um lugar de previsibilidade e segurança perfeitas, onde tudo que acontece foi pré-aprovado e nada de inesperado jamais ocorre.

Já se tentou fazer isso antes. Pode parecer uma boa ideia, mas o resultado é catastrófico para a ordem social.

O que os agentes econômicos realmente precisam é de um ambiente muito mais semelhante ao lago do parque nacional que visitei. Existem perigos e riscos. Não existe um salva-vidas trabalhando ali, e todos sabem. Todos sentem isso, o que faz com que os indivíduos sejam mais responsáveis, saboreiem aquela sensação incrível de aventura, ponderem cuidadosamente o risco e a recompensa e experimentem coisas que testem os limites. No fim das contas, como lhe dirão os estudantes que frequentam este parque, uma sociedade assim aperfeiçoa suas habilidades e inspira a imaginação; no final das contas, também é muito mais divertida.

ENSAIO 98

Mencken, o grande

Shawn Lyttle, um colega da Laissez Faire Books, fez algo muito perigoso ontem. Ele enfiou nas minhas mãos um pequeno livro chamado *Three Early Works* [*Três Obras Iniciais*], de H. L. Mencken. Abri-o e senti aquele som do meu cérebro sendo sugado para o mundo delirante do maior sociólogo americano.

Para qualquer um que ame a liberdade e as ideias, é impossível parar de ler Mencken. À medida que o lê, você sente sua constituição interior sendo alterada. É empolgante e transformador. Você sente que está pensando de verdade pela primeira vez em muito tempo. Tendo-o como seu guia, você abandona as convenções que nos cercam. Você se sente libertado, preparado para coisas novas, com o espírito renovado, desafiador, corajoso.

E lá se foi minha noite. Tinha milhares de outras coisas para fazer, mas, em vez disso, não consegui parar de ler este livro escrito há quase cem anos. O texto é original e incrivelmente ousado, como um documento banido que acaba de ser redescoberto.

Em termos de cultura, Mencken era um elitista erudito que compreendia o gosto popular como ninguém. Em relação à política, ele tinha um espírito anarquista e via a democracia como o sistema político mais idiota do mundo. Considerava a religião uma tolice projetada para sustentar mitos nos quais queremos acreditar, mas mantinha amizades profundas e duradouras com importantes autoridades eclesiásticas. Sobre a vida em geral, ele amava profunda e ardentemente a liberdade, e é isso o que torna sua obra tão inspiradora.

Se alguém não ficasse ao mesmo tempo deleitado e revoltado ao ler qualquer coisa que ele escreveu, Mencken se consideraria um fracasso. Como ele conseguia? Como escrevia uma prosa tão arrebatadora, que se sustenta por tanto tempo depois de escrita? De onde obtinha seu conhecimento? Como conseguia escrever tão bem? Mais uma questão reveladora: em nossa época de hipersensibilidade e conformismo opinativo, como ainda é permitido ler esse tipo de coisa?

As três obras iniciais contidas neste livro são *A Book of Prefaces* [O livro dos Prefácios] de 1917, *Damn! A Book of Calumny* [Maldição! Um livro de Calúnia] de 1918 e *The American Credo* [O Credo Norte-americano] de 1920. O primeiro mostra que ele era um crítico literário de primeira linha, provavelmente o maior que jamais existiu. Este homem foi um acadêmico genial, ainda que jamais tenha lecionado em uma universidade. Ele foi um jornalista em uma época na qual padrões elevados eram ligados a esta palavra.

Na primeira obra, Mencken escreve sobre Joseph Conrad (1857-1924), Theodore Dreiser (1871-1945), James Huneker (1857-1921) e *"O Puritanismo como Força Literária"* que ditou o tom literário da década seguinte. São obras que deixaram toda uma geração de joelhos, embasbacada. Ele não conquistava fãs dizendo o que as pessoas queriam ouvir, não procurava obter favores, nunca se curvava às convenções. Ao contrário. Ele é inquietante, perturbador, inesperado e revoltante. E foi assim que Mencken se tornou o pioneiro do que veio a ser chamado de crítica literária.

O livro seguinte recebeu o subtítulo hilário de *A Book of Calumny*. Uma calúnia é um comentário desfavorável falso, mas que é repassado assim mesmo. Ao chamar os 49 ensaios deste livro de calúnias, ele imediatamente se esquiva dos críticos que diriam que o que ele escreve não é verdade ou é perverso. Na verdade, a maior parte do que Mencken diz é tanto verdade quanto perverso. Os ensaios têm cerca de uma página e às vezes não passam de um parágrafo. São tão ricos e incisivos que você quase precisa parar depois de ler cada um – parar somente para absorver seu argumento, discutir com ele mentalmente, contemplando as implicações do que ele diz.

A última parte é seu livro *The American Credo*. Ele consiste de 488 pequenas frases sobre o que os norte-americanos acreditam sobre o mundo. É impossível ler algumas delas sem rir em voz alta. Na verdade, acabei incomodando uma sala inteira de hóspedes silenciosos deste excelente hotel no qual me encontro ao soltar involuntariamente urros altíssimos de deleite. Depois que até mesmo os garçons começaram a olhar para mim, percebi que se fosse continuar a ler precisaria ir para outro lugar.

Oferecerei aleatoriamente apenas algumas de suas reflexões extravagantes. Os americanos acreditam que:

— Quando alguém leva a namorada para ver macacos no zoológico, os macacos inevitavelmente farão algo muito constrangedor.
— Algo misterioso ocorre nos fundos dos restaurantes chineses.
— Óleo de poejo espanta mosquitos.
— Velhas senhoras nas varandas dos hotéis de veraneio se dedicam inteiramente a discutir escândalos.
— Todos os palhaços de circo têm algum tipo de desilusão amorosa.
— Um toureiro sempre tem tantas mulheres apaixonadas por ele que nem sabe o que fazer.
— A música de Richard Wagner (1813-1883) sempre é tocada em *fortissimo*, e por cornetas.
— A Maçonaria remonta aos tempos do rei Salomão.

E assim por diante, em todas as 488. A partir delas, é possível pintar um grande retrato da mentalidade norte-americana tal como ela era em 1920. Mencken satirizava constante e acintosamente os norte-americanos — ao mesmo tempo que amava profundamente a cultura do país. É um equilíbrio interessante. Ele nos ajuda a compreender a nós mesmos e a rir de nós mesmos, ao mesmo tempo em que desperta um nível desconfortável de crítica interna.

Os leitores não devem pular a introdução da terceira parte; ela é uma contribuição brilhante na compreensão do panorama geral. Leia o trecho seguinte, e lembre que estamos falando de 1920:

> O norte-americano de hoje, na verdade, provavelmente goza de menos liberdade pessoal do que qualquer homem da Era Cristã, e até mesmo sua liberdade política está sucumbindo rapidamente ao novo dogma

de que certas teorias de governo são virtuosas e legais, enquanto outras são abomináveis e criminosas. As leis que limitam o escopo da atividade livre se multiplicam a cada ano: atualmente, é praticamente impossível exibir qualquer coisa que possa ser descrita como uma individualidade genuína, seja na ação ou no pensamento, sem que se corra o risco de uma penalidade dura e ininteligível. Nenhum observador imparcial ficaria surpreso se o lema *"In God we trust"* [Em Deus confiamos] fosse removido algum dia das moedas da república pelos Junkers de Washington, e substituído pela palavra *"verboten"* [proibido], muito mais apropriada. Nem surpreenderia ninguém, exceto os mais românticos, se, ao mesmo tempo, a deusa da liberdade fosse tirada das moedas de dólar para dar lugar ao baixo-relevo de um policial com um capacete pontiagudo. Como se não bastasse, esta decadência gradual (e cada vez mais progressiva) da liberdade vem ocorrendo praticamente sem qualquer obstáculo; o americano ficou tão acostumado com a negação de seus direitos constitucionais e com a regulamentação minuciosa de sua conduta por hordas de espiões, abridores de cartas, informantes e agentes provocadores que não faz mais qualquer objeção séria.

Deixem-me, por favor, citar a observação dele sobre o cerne do espírito americano, um ponto que explica a total desorientação que afeta os jovens de hoje:

> Mas qual é, então, a característica que de fato define o norte-americano — isto é, fundamentalmente? Se ele não é o monopolista exaltado da liberdade que julga ser, nem o nobre altruísta e idealista que alardeia ser

enquanto bate no peito, cheio de retórica, nem o degradado perseguidor de dólares das lendas europeias, quem é ele? Oferecemos uma resposta com toda a humildade, pois o problema é complexo e há pouca luz sobre ele na literatura; ainda assim, a oferecemos com a firme convicção, nascida de vinte anos de meditação incessante, de que esteja substancialmente correta. Ela é, em poucas palavras, a seguinte: aquilo que separa o norte-americano de todos os outros homens e dá uma coloração peculiar não só aos padrões da sua vida cotidiana, como também ao desenrolar de suas ideias interiores, é o que, na falta de um termo mais exato, pode ser chamado de aspiração social. Isto é, sua paixão dominante é uma paixão por subir ao menos um ou dois degraus na sociedade da qual faz parte – uma paixão por melhorar sua posição, romper uma obscura barreira de casta, conquistar a aprovação daqueles que, apesar de todo o seu discurso de igualdade, o norte-americano reconhece e aceita como seus superiores. O americano é um alpinista. Seus olhos estão permanentemente fixos em um degrau que está logo além do seu alcance, e todas suas ambições secretas, todas suas energias extraordinárias estão reunidas em torno da ânsia por alcançá-lo... O norte-americano tem um ímpeto violento de avançar e está inteiramente convicto de que seus méritos permitem que ele tente fazê-lo e o consiga, mas, do mesmo modo, tem um medo enlouquecedor de acabar descendo alguns degraus, e é deste segundo fato, como veremos, que brotam alguns de seus traços mais característicos... Uma posição segura é algo praticamente desconhecido entre nós. Não existe um norte-americano que não espere subir um ou dois degraus, se for bom; não há qualquer tipo de empecilho ao seu progresso. Mas também não existe um norte-americano que não precise continuar lutando por qualquer posição que ocupe; não existe nenhuma barreira de casta para protegê-lo se ele escorregar. Pode-se observar todo dia o movimento de indivíduos, famílias, grupos inteiros, nas duas direções. Todas as nossas cidades estão repletas de aristocratas de araque – aristocratas, para todos os efeitos, sob o ponto de vista de seus vizinhos – cujos avôs, ou mesmo os pais, foram trabalhadores braçais; e, trabalhando para eles, sendo sustentados por eles e até mesmo sendo tratados com condescendência por eles, estão trabalhadores cujos avôs foram os senhores da terra.

Podem ver, então, o quanto Mencken realmente amava este país? Ele amava este país e odiava o governo, especialmente porque via o que o governo estava fazendo com a cultura norte-americana e com o espírito de seu tempo.

O tempo dele é o nosso tempo. Mencken fala com tanta ênfase para nós quanto falava com sua geração. É por isso que ler o máximo possível de Mencken é uma boa ideia – antes que isso se torne ilegal.

ENSAIO 99

Amar o desconhecido

Por que permitimos que o poder policial do Estado domine e inevitavelmente arruíne tantos aspectos da nossa vida? Por que toleramos as invasões dos nossos lares, empresas e contas bancárias?

Uma teoria: as pessoas encontram mais conforto na segurança falsa do Estado do que na incerteza de um futuro guiado pela liberdade.

Queremos um plano. Queremos um mapa. Queremos que nos assegurem o que o amanhã trará.

Os políticos não nos dão isso, mas ficam felizes em prometer. A liberdade não faz tais promessas.

Ótimo. Neste caso, se valorizamos a liberdade, precisamos encontrar uma forma de acolher, amar, compreender e apreciar a beleza de um futuro desconhecido. Só porque não o conseguimos imaginar não significa que ele não poderá nos deleitar e maravilhar com surpresas criativas. Como podemos desenvolver a afeição e a confiança em algo que ainda não podemos ver?

Precisamos entender melhor como a sociedade evolui. Creio ter aqui o guia exato para isso.

"O verdadeiro indicador da genialidade humana", escreve Daniel Cloud em The Lily [O Lírio], uma defesa poeticamente arrebatadora da liberdade econômica, *"está no fato de podermos produzir coisas que ultrapassam a nossa compreensão"*.

E o que é que não conseguimos compreender? Um futuro que está sempre obscurecido pela incerteza. O fato de nenhum de nós saber o que o amanhã trará é universal, algo que une toda a Humanidade.

Cloud tem uma opinião radical sobre essa condição. Ele escreve que essa condição de não saber é exatamente a fonte do progresso, da criatividade, da inspiração e do aprendizado produtivo da sociedade. É também o motivo pelo qual precisamos de uma liberdade radical para descobrir e adaptar. Ele nos incita a aceitar o que a maioria das pessoas teme, a aprender a amar o que não sabemos e a usar a incerteza como nossa melhor ferramenta para construir um futuro melhor.

Esta defesa incomum de instituições libertadas vai na raiz do problema com que se deparam todos os intelectuais e todas as sociedades: como podemos confrontar a questão da mudança? Devemos lamentá-la como algo desestabilizador e contrário aos planos racionais? Ou a recebemos de braços abertos, com a alegria e a ansiedade de podermos aprender amanhã o que não sabemos hoje? As conclusões dele desafiam a essência das ciências sociais, incluindo a economia em voga atualmente, bem como as suposições dominantes em relação à política atual.

Cloud tem uma experiência extremamente interessante que o preparou para escrever essa expansão da defesa da sociedade livre ensinada inicialmente por F. A. Hayek. Cloud leciona Filosofia da Ciência na Universidade de Princeton. Antes disso, administrou diversos fundos de investimento e viajou e trabalhou extensivamente na China. Este livro reúne seus dois amores: o empreendedorismo em mercados reais e a filosofia de alto nível, com foco na evolução biológica.

Em sua vida empresarial, ele observou como o empreendedorismo se baseia mais fundamentalmente na adaptação a condições desconhecidas: aqueles que se superam nesta difícil tarefa são os mais dispostos a reconhecer os limites de sua compreensão e a aprender à medida que avançam. Eles fazem com que a "irracionalidade" trabalhe a seu favor. Por outro lado, o mundo da academia está repleto de pessoas que têm pavor de admitir qualquer ausência de compreensão, por acreditarem que seu conhecimento sobre o mundo e as ideias é completo e totalmente racional.

Este livro, portanto, poderia ser rebatizado de *What My Academic Friends Could Learn About Society From Understanding the Real World of Economics* [*O que meus amigos acadêmicos poderiam aprender sobre a sociedade a partir da compreensão do mundo real da economia*]. O livro se chama *The Lily*, em uma referência à célebre passagem do Sermão na Montanha: *"Considerai os lírios, como crescem: não trabalham, nem fiam; contudo, vos digo que nem mesmo Salomão, em toda a sua glória, se vestiu como um deles"*. Da forma como Cloud apresenta o trecho, o lírio não tem sobre si o peso de um plano racional para o seu bem-estar e, por este mesmo motivo, adaptou-se e se tornou a mais bela de todas as flores.

E é assim com as sociedades. Sociedades livres sempre superam as sociedades controladas. Isso não acontece porque as sociedades livres recebem mais atenção e cuidado por parte dos intelectuais e elites políticas, mas justamente pelo contrário. Quanto mais os intelectuais tentam racionalizá-las e mais o Estado tenta cuidar delas, mais estagnadas as sociedades permanecerão, até acabarem em ruínas. Mas sociedades que se deixam desenvolver a partir da energia interna de indivíduos dispostos a resolver problemas, evoluindo de formas inesperadas e aparentemente irracionais, crescem de uma maneira consistente com o bem-estar de todos.

Em uma passagem típica da poesia evocativa desta obra, Cloud pergunta:

> Por que, exatamente, o governo do povo, pelo povo e para o povo não despareceu permanentemente da face da Terra, apesar das repetidas investidas de seus oponentes, do Duque de Alba (1507-1582) a Josef Stalin (1878-1953), que pareciam ter tudo a seu favor e enxergavam seus oponentes desorganizados e desunidos com um desprezo incontido? Parecemos um pouco como o tolo, incessantemente caindo de penhascos, mas sendo elevado repetidamente às alturas sobre as asas de anjos, combatendo cavaleiros de armaduras com um pedaço de pau, lançando nosso pão sobre as águas e recebendo de volta mil vezes mais, e sempre mais sábios quando estamos menos sóbrios. Seria pura sorte nos salvarmos sempre da nossa própria estupidez ou há algo mais acontecendo aqui, algum novo sistema?

Esta teoria amplia o papel daquilo que o autor chama de "jogo" no decorrer do desenvolvimento econômico e social. As pessoas devem ser livres para tentar e fracassar, aprender enquanto trabalham, improvisar e se adaptar rapidamente, encontrar novas formas de fazer as coisas, formas que se afastem completamente dos planos e das tradições. Ser livre para fazer isso se torna essencial.

"Não importa até que ponto uma sociedade que não seja livre dependa necessariamente do medo da punição, em vez de depender do desejo de impressionar como motivação para um bom desempenho", escreve o autor, *"a disposição para cometer erros ou introduzir variações divertidas será menor, e a evolução incremental de novas habilidades complexas será menos provável. Ninguém quer ser fuzilado por tentar algo frívolo; Stalin teve muito sucesso ao erradicar este tipo de ousadia"*.

Ele aplica esse modelo à questão das empresas capitalistas. As apostilas de administração tendem a mapear os planos de como as empresas devem funcionar. Mas os planos são praticamente inúteis na opinião deste autor. Como se impede que grandes organizações fiquem estagnadas da mesma maneira que sociedades governadas por grandes Estados morrem? Por meio da liberdade e da disposição de empregados e administradores de tentar coisas novas e ir e vir. As empresas que atraem e mantém grandes talentos – e isso inclui o talento criativo, com capacidade de se divertir – são as que prosperam, enquanto as que não conseguem fazer isso tendem a encolher, tornar-se tecnologicamente atrasadas e morrer. Isso determina quais instituições prosperam ou entram em decadência.

A perspectiva cloudiana ajuda a mostrar o que faz com que os grandes empreendedores perdurem. Ela não tem nada a ver com o suposto poder do capital. O capital pode desaparecer com a mesma rapidez que surgiu. *"Como as pessoas obtêm lucros anormais nos mercados? Ficando na minoria, estando corretos e sendo persuasivos"*.

A durabilidade real da riqueza em determinadas mãos tem a ver com a velocidade com que os concorrentes aprendem:

O verdadeiro motivo pelo qual os lucros do empreendedor não desaparecem rapidamente por meio de arbitragem é que pessoas que não são tão criativas levam muito tempo para perceber que o empreendedor não é louco e começar a imitá-lo e, a essa altura, ele já está se dedicando a outro projeto incerto, com base em um novo palpite perspicaz. Você se torna um Bill Gates, um Steve Jobs ou Warren Buffett fazendo isso repetidas vezes e estando certo em quase todas. As pessoas dificilmente ficam ricas somente por mensurar corretamente um risco; a fonte real de ganho econômico em uma economia capitalista tecnologicamente dinâmica são intuições individuais sobre incertezas objetivas.

O exemplo definitivo de uma instituição que proíbe idas e vindas, experimentação e diversão é o Estado:

> O planejador econômico que quer ser de fato bem-sucedido no planejamento racional de uma economia precisa antes de tudo suprimir exatamente o tipo de negociação que os indivíduos poderiam fazer se não estivessem acorrentados às suas mesas, pois ele precisa fazer com que as pessoas sigam o plano, fiquem onde estão e façam o que lhes é mandado. Essa supressão parece fazer com que a evolução das instituições e habilidades cesse totalmente – com consequências graves depois de anos ou décadas.

O Estado sempre favorece o planejamento racional e certo, em vez de permitir o imprevisto em um ambiente de liberdade. Por este motivo, os Estados se opõem àquilo que consideram desperdício de concorrência, fracassos empresariais, pesquisas e empreendedorismo.

"Em um mundo no qual todos simplesmente cooperássemos como pessoas sensíveis, não haveria espaço de fato para conversas com ambos os lados, e é isso que o racionalista político sempre se pega tentando eliminar. Para manter as coisas racionalmente favoráveis", escreve Cloud, *"ele precisa cortar a evolução social pela raiz, mas isso o deixa em conflito direto com as coisas que nos tornam humanos"*.

Esta tendência se torna a fonte do fracasso. A evolução social jamais pode ser planejada ou projetada:

> Mercados planejados são mercados doentes, mercados que estão sempre em crise, pois sua função social mais importante – facilitar a seleção entre concentrações concorrentes de capital com base em como fazer as coisas no mundo real funcionar melhor na prática, fazendo a distinção entre formadores reais de capital e tolos – foi atrapalhada pela interferência desastrada do planejador. Quando o Estado tenta planificar um mercado, ele precisa tentar transformar seus opositores mais inteligentes em lêmures estúpidos que vão para onde mandam; mas então eles se tornam inúteis para sua antiga função, que é a de escolher os melhores riscos.

Às vezes, pode ser difícil enxergar os custos relacionados à planificação estatal, apenas porque as mudanças e avanços que acompanham a liberdade não podem ocorrer e não conseguimos observar o que deixa de acontecer:

> Enquanto se estiver apenas implementando tecnologias antigas, inventadas por outras pessoas, pode-se fazer funcionar uma economia planificada e uma sociedade administrada; mas, assim que o limite

tecnológico for atingido, assim que a atuação livre da inovação endógena se tornar genuinamente necessária para manter o ritmo de crescimento, assim que se tornar de fato necessário lidar com incertezas reais, tudo começará a parar em algum ponto arbitrário do cenário, como ervilhas deslizando sobre tartarugas cobertas por um lençol, e começará a morrer quando as tartarugas se afastarem.

Ainda pior e mais perigoso são os ataques frenéticos à sociedade comercial que continuam ressurgindo em nossa história – o ódio à classe empresarial que leva à destruição completa. Ele cita o Camboja como um caso específico: a aplicação do racionalismo político levada a consequências insanas, que gerou a um derramamento de sangue inimaginável e à extinção da própria sociedade. Ele faz um alerta: as pessoas ainda não aprenderam com esses experimentos de hiperracionalismo na política e ninguém está imune a estes frenesis.

Esta é a primeira obra importante do professor Cloud, mas ela surge depois de uma vida inteira de experiências instigantes em dois mundos muito diferentes, a especulação capitalista em mercados emergentes e o mundo estático e calmo da academia. Ele reúne os dois para incitar os intelectuais a aprender com a experiência dos mercados do mundo real e para que os participantes do mercado ganhem mais confiança em seu papel primordial de aceitar uma sociedade em desenvolvimento e evolução. Para tanto, Cloud utiliza diversas ferramentas da ciência econômica a fim de criar metáforas biológicas sobre a filosofia da sociedade, do mundo antigo até os tempos modernos.

O estilo de sua prosa é diferente de tudo que você já viu de um pensador deste calibre. É rapsódica, imaginativa e poética. Sua erudição muitas vezes é estarrecedora; sua visão é revigorante e inovadora. É impossível escapar à sensação de que ele tocou em algo muito importante e profundo. Nesta obra, Cloud atua como nosso professor, ensinando-nos a amar e apreciar o ponto específico da liberdade que a maior parte das pessoas considera lamentável; ele nos ensina a amar aquilo que ainda não conhecemos.

ENSAIO 100

Spooner, o profeta

Quão mais ridículo pode ficar o serviço postal dos Estados Unidos? Você não vai acreditar nisso. Eles deram início a uma campanha de relações públicas para fazer com que as pessoas parem de enviar tantos *e-mails* e comecem a lamber mais selos. É assim que eles estão lidando com os US$ 10 bilhões que perderam no ano passado. Enquanto isso, em vez de oferecer serviços melhores, eles cortam ainda mais serviços, o que só pode garantir que os correios ficarão piores do que já são.

É bem verdade que o correio ainda tem lugar no mundo digital, como diz o serviço postal. Mas o governo não deveria ser a instituição a administrá-lo. A empresa já tem concorrentes no serviço de entrega de encomendas, mas o governo continua se opondo firmemente a permitir que empresas privadas entreguem qualquer coisa semelhante a cartas expressas. E é assim que tem sido desde o início. O Estado, e somente o Estado, é que pode cobrar das pessoas por qualquer correspondência em papel que não seja urgente e esteja dentro de um envelope.

Tudo se resume ao controle. O governo gosta disso. E está longe de ser novidade.

Você conhece a história sensacional de Lysander Spooner? Ele viveu de 1808 a 1887. Sua primeira grande batalha foi acabar com o monopólio dos correios. Na década de 1840, ele estava cansado, como a maioria das pessoas da época, dos preços altos e do serviço ruim. Mas, como intelectual e empreendedor, decidiu fazer algo a respeito. Fundou a American Letter Mail Company, e sua empresa de envio de cartas fazia concorrência séria ao governo.

Spooner abriu filiais em várias grandes cidades, organizou uma rede de ferrovias e navios a vapor e contratou pessoas para levar a correspondência para onde ela precisava chegar. Seu serviço era mais rápido e mais barato que o do governo. Então, ele publicou um manifesto para combater o poder: "The Unconstitutionality of the Laws of Congress Prohibiting Private Mails" [A Inconstitucionalidade das Leis que Proíbem o Correio Privado]. Brilhante. Ele atraiu as pessoas para a sua causa. E lucrou com isso.

O governo o odiava, bem como sua empresa, e começou uma batalha judicial contra ele. O correio governamental reduziu drasticamente o preço de seus serviços, utilizando dinheiro público para cobrir os prejuízos. A meta era levar Spooner à falência, no que acabaram sendo bem-sucedidos. O sistema postal privado de Spooner precisou ser fechado. O mesmo ocorre hoje em dia, quando o governo fecha escolas privadas, moedas privadas, estradas privadas, empresas privadas de segurança, bem como quaisquer outras iniciativas privadas que ignorem o planejamento central, ou qualquer um que defenda a liberdade.

A partir da história acima, pode-se ver que os correios não são um "monopólio natural" – um serviço que o governo precisa oferecer porque a livre iniciativa não consegue fazê-lo. Trata-se de um monopólio forçado, mantido vivo unicamente por conta de leis e subsídios. Se os correios fechassem as portas hoje, existiriam mil empresas correndo para ocupar seu lugar. Assim como na década de 1840, o resultado seria serviços melhores e mais baratos. O governo administra a empresa de correios porque quer controlar os postos de comando da sociedade, incluindo as comunicações. A *Internet* é um serviço global de comunicações que conseguiu passar incólume pelo Estado antes que ele a pudesse matar.

Retornemos ao século XIX. Spooner não desapareceu. Ele era mais que um empreendedor. Era um intelectual brilhante e pioneiro, como fica claro na coletânea *The Lysander Spooner Reader* [*O Leitor de Lysander Spooner*]. Ele era um defensor das liberdades individuais e um opositor fervoroso de todas as formas de tirania. Era um abolicionista antes que isso se tornasse uma tendência, mas também defendeu o direito do Sul de se separar.

O mais incrível é que ele foi provavelmente o primeiro norte-americano do século XIX a retornar à antiga tradição antifederalista dos Estados Unidos pós-revolução. Spooner conseguiu isso fazendo a pergunta que ninguém ousava fazer: por que a Constituição dos Estados Unidos – não importa como seja interpretada – deve ser vinculativa para todo e qualquer indivíduo que viva naquela região geográfica?

A Constituição foi aprovada há gerações. Talvez se possa dizer que aqueles que a assinaram estivessem vinculados a ela, mas e quanto àqueles que se opunham a ela na época e às gerações futuras? Por que nós, que estamos vivos, somos obrigados a viver com base em um acordo feito em pergaminhos escritos por pessoas que estão mortas há tanto tempo? Por que nós, que estamos vivos, estamos atados às interpretações de seu significado feitas por um grupo privilegiado?

Do ponto de vista de Spooner, as pessoas têm ou não têm direitos. Se elas têm direitos, nenhum pergaminho antigo que restrinja estes direitos deveria ter o poder de aboli-los. Tampouco importa o que diz um bando de velhos de togas pretas; direitos são coisas reais, não construtos legais que podem ser ampliados ou reduzidos com base nos resultados de deliberações em tribunais. Inúmeros norte-americanos antes de Spooner teriam concordado com ele! E este ainda é o caso.

Tenhamos em mente, no entanto, que Spooner viveu em uma época na qual estes debates ainda faziam parte da memória viva. Ele sabia algo que muitas pessoas hoje em dia não sabem: os Artigos da Confederação tinham como intenção uma confederação de estados mais livre do que a Constituição. A Constituição acabou por aumentar o poder do governo, apesar de todo o seu linguajar a respeito da restrição do poder governamental. Lembremo-nos, também, de que poucos anos depois da Constituição ter sido imposta, as autoridades federais já prendiam pessoas pelo crime de criticar o presidente!

Spooner falava com clareza: o que você chama de Constituição não tem autoridade para tirar meus direitos. E vem daí seu famoso ensaio: "No Treason: The Constitution of No Authority" [Nada de Traição: a Constituição Sem Autoridade]. Nele, Spooner argumenta que o Estado não tem quaisquer direitos sobre a liberdade de expressão. Em "Vices Not Crimes" [Vícios, Não Crimes], ele mostra que as pessoas de qualquer sociedade são capazes de coisas terríveis, mas a lei só deveria se preocupar com a agressão contra a pessoa e a propriedade. Lê-los todos reunidos, como neste livro, é uma experiência radicalizadora – uma experiência libertadora. Faz com que você veja o mundo de uma maneira completamente diferente.

É verdade que não estão ensinando sobre Spooner nas escolas públicas. Mas ele foi um gigante por qualquer critério, o Thomas Jefferson do século XIX (embora ainda melhor do que Jefferson na maioria das questões). Ainda há muito para se aprender com ele. Não é de se surpreender que seu legado tenha sido abafado.

Esta edição de sua melhor obra foi publicada pela Fox & Wilkes, um selo da Laissez Faire Books. Incrivelmente, ainda é possível comprá-la e lê-la sem ser preso – pelo menos por enquanto.

ENSAIO 101

A sentença de doze anos

Quando se examina o desfile de idiotas e drogados que compõem o movimento Occupy, é difícil não pensar: o que há de errado com essas pessoas? Elas são, em sua maioria, crianças. Não têm empregos. A maioria nem mesmo parece empregável. Aqueles capazes de conseguir um emprego não conseguem encontrar um salário que estejam dispostos a aceitar. Em vez disso, desfilam em bandos por horas a fio, berrando insanidades e se imaginando radicais.

Nem mesmo sabem por que é que estão protestando, pelo menos não exatamente. Eles se opõem à injustiça, à desigualdade e coisas do gênero, mas o que isso significa? Significa que as pessoas naqueles prédios têm dinheiro e eles não. Eles são contra isso.

Enquanto isso, eles vagam por aí com seus *iPhones* e *Androids* com planos de dados caros pagos pela mamãe e o papai, ao mesmo tempo que protestam contra o sistema capitalista que colocou estes milagres em suas mãos. Eles alegam ser contra os homens de terno, mas exigem que os homens de terno tenham mais poder de regulamentar, tributar, redistribuir, provocar inflação, interferir e planificar centralmente.

O que está acontecendo? Vamos contar a verdade inefável que ainda é praticamente um tabu nos dias de hoje. Essas pessoas foram educadas pelo governo. Dos seis aos dezoito anos, ficaram sob os cuidados do Estado dentro de um sistema do qual foram obrigados a fazer parte.

Este argumento foi defendido pela primeira vez em um livro incrível, publicado em 1974 e editado por William Rickenbacker (1928-1995). Chama-se *The Twelve-Year Sentence* [*A Sentença de Doze Anos*]. Não só é um dos melhores títulos da história do mercado editorial como também um dos poucos livros que ousaram dizer o que ninguém queria ouvir. É bem verdade que seus ensaios são todos acadêmicos e precisos (o livro se originou a partir de uma conferência acadêmica), mas ele exibe um ardor pela liberdade por baixo da sua superfície repleta de notas de rodapé. Ainda mais notável é que ele foi lançado muito antes do movimento de ensino em casa, muito antes que uma parcela da população conseguisse perceber o que estava acontecendo e começasse a sair do sistema.

A verdade central que este livro nos revela é a seguinte: o governo planejou a vida de seu filho e forçou tanto você quanto ele a entrarem no sistema. Mas, segundo os autores, o sistema é um golpe e um embuste. Ele não prepara as crianças para uma vida de liberdade e produtividade, e sim para serem escravos endividados, dependentes, burocratas e bucha de canhão em épocas de guerra.

Estou pensando neste livro enquanto assisto à cobertura televisiva dos protestos. É isso o que o sistema produziu.

A SENTENÇA DE DOZE ANOS

Esta é a multidão que se agrupava nas classes, se reunia para os almoços nos refeitórios, sentava-se horas a fio nas carteiras e eram testados dezenas de milhares de vezes para que se tivesse certeza de que tinham absorvido adequadamente o que o governo queria que soubessem. Agora eles estão por aí e querem que suas vidas tenham algum sentido, mas não sabem qual.

E isso é apenas o começo. Existem dezenas de milhões de vítimas deste sistema. Elas estavam quietas, enquanto havia empregos e a economia crescia. Mas quando as fortunas despencaram, elas se transformaram em uma multidão saqueadora em busca de uma figura paterna que lhes conduza à luz.

Pense na expressão "sentença de doze anos". O governo pegou essas crianças aos seis anos de idade e as colocou atrás de carteiras, cerca de trinta por sala de aula. Ele pagou professores para que lhes dessem aula e as mantivessem ocupadas, enquanto seus pais trabalhavam para doar 40% de seus contracheques ao governo a fim de financiar o sistema (entre outras coisas) que educa seus filhos.

E assim se sucede por doze anos, até que as crianças atinjam os dezoito anos, quando o governo decide que é hora de elas entrarem para a universidade, onde ficam sentadas por mais quatro anos, mas, dessa vez, à custa da mamãe e do papai.

O que elas aprenderam? Aprenderam a se sentar numa carteira e abstrair por horas e horas, cinco dias por semana. Podem ter aprendido a repetir as coisas ditas por seu carcereiro, digo, professor. Aprenderam a contornar um pouco o sistema e a ter algo semelhante a uma vida às escondidas.

Elas aprenderam a viver para os fins de semana e dizer "graças a Deus é sexta-feira!" Talvez tenham aprendido umas poucas habilidades no caminho: esportes, música, teatro ou o que for. Mas não têm ideia de como transformar seu conhecimento e capacidades limitadas em uma atividade remunerada, em um sistema de mercado que depende fundamentalmente da iniciativa individual, da agilidade mental, de escolhas e de trocas.

Elas são profundamente ignorantes a respeito das coisas que fazem o mundo funcionar e constroem a civilização, pelo que, em geral, refiro-me ao comércio. Nunca trabalharam no setor privado. Nunca receberam uma ordem, nunca se depararam com a verdade estimulante do balanço contábil, nunca correram riscos, sequer administraram dinheiro. Sempre foram apenas consumidores, jamais produtores, e seu consumo foi bancado por outros, seja por meio da força (impostos) ou por pais capitalizados movidos pelo sentimento de culpa.

Portanto, faz sentido que elas não tenham qualquer simpatia ou entendimento do que é a vida para os produtores deste mundo. Abaixo as classes produtivas! Ou, como diziam nos primeiros anos da Revolução Bolchevique: *"expropriem os expropriadores"*. Ou sob Josef Stalin: *"matem os kulaks"*[24]. Ou sob Mao Tsé-Tung (1893-1976): *"erradiquem os Quatro Velhos"* (costumes ancestrais, cultura, hábitos e ideias). A juventude nazista protestou da mesma maneira contra as classes mercantis que, segundo eles, não tinham *"sangue e honra"*.

O mais surpreendente não é que este sistema estatal produza autômatos estúpidos. O milagre é que alguns deles conseguem escapar e viver vidas normais. Eles se educam. Conseguem empregos. Tornam-se responsáveis. Alguns vão além e realizam grandes coisas. Existem formas de superar

---

[24] Termo pejorativo para se referir aos camponeses relativamente ricos. (N.T.)

a sentença de doze anos, mas a existência da penitenciária educacional continua sendo uma oportunidade perdida, imposta coercitivamente.

Os norte-americanos são ensinados a amar esta sentença porque ela é "gratuita". Imagine atrelar este termo ao sistema escolar público! Ele é tudo, menos gratuito. Ele é compulsório em seu cerne. Se você tenta escapar, está "matando aula". Se você se recusa a pagar para sustentar o sistema, é considerado culpado de sonegação. Se coloca seus filhos em escolas privadas, paga em dobro. Se você os educar em casa, os assistentes sociais estarão observando cada passo que você der.

Não existe um fim à vista para esta reforma. Mas ninguém fala em abolição. Ainda assim, você consegue imaginar que, no século XVIII e em boa parte do século XIX, este sistema nem existia? Os norte-americanos eram o povo mais educado do mundo, se aproximando da alfabetização praticamente universal e sem ter um planejamento governamental centralizado ou sentenças de doze anos. A educação compulsória era impensável. Isso só veio muito mais tarde, trazido pelo mesmo pessoal que nos deu a Primeira Guerra Mundial, o Fed e o imposto de renda.

Escapar é muito difícil, mas nem mesmo prisões de segurança máxima são impenetráveis. Portanto, milhões conseguiram escapar. Dezenas de milhões permanecem presos. Toda essa geração de jovens é vítima do sistema. Isso não os torna menos perigosos, justamente porque nem se dão conta; isso se chama Síndrome de Estocolmo: muitas destas crianças se apaixonaram por seus captores e carcereiros. Elas querem dar ainda mais poder a eles.

Precisamos celebrar os profetas que anteviram isso tudo. William Rickenbacker previu. Ele e os coautores deste livro sabiam o que estava acontecendo. Sabiam como descrever a situação. Ousaram dizer a verdade, falar o que não podia ser falado: o sistema está mais para prisão do que para educação e terminará quando os fugitivos estiverem soltos nas ruas, protestando contra tudo e todos.

Mesmo depois de quase quarenta anos, este livro não perdeu nada de sua força. Ele deveria ocupar um lugar entre os grandes documentos da História que ousaram exigir que o carcereiro saísse da frente e soltasse os detentos.

ENSAIO 102

O que são os Estados Unidos, afinal?

Existem ocasiões na vida norte-americana — e elas têm sido muito frequentes nos dias de hoje — em que se tem a vontade de gritar: "que diabos aconteceu com este país?!" Todo mundo se depara com incidentes que despertam uma revolta específica, violações graves das normas de um país livre que causam ferimentos muito profundos e pessoais.

Nós nos perguntamos: será que lembramos o que significa ser livre? Se não — e creio que não — então *The Idea of America: What It Was and How It Was Lost* [*A Ideia da América: O Que Ela Era e Como Foi Perdida*], uma antologia de boas lembranças do nosso passado, editada por William Bonner e Pierre Lemieux, é o livro essencial do nosso tempo.

Mencionarei apenas duas revoltas que me ocorrem de pronto. Nos últimos seis meses, voltei ao país duas vezes depois de viagens internacionais, uma de avião e outra de carro. A cena que testemunhei ao voltar de carro me chocou. As filas eram ridiculamente longas e os agentes de controle de fronteira, usando óculos escuros, botas e portando armamento suficiente para combater um exército invasor, percorriam as filas de cima a baixo com cães imensos. Periodicamente, abriam as portas de carros e vans e deixavam os cachorros entrar nos veículos, enquanto os motoristas ficavam sentados ali, inexpressivos, tentando ficar calmos e fingindo não se incomodar.

Quando finalmente cheguei à janela da alfândega, fui interrogado, não como um cidadão do país, mas como um terrorista em potencial. O agente queria saber tudo a meu respeito: casa, trabalho, onde eu estivera e por quê, se eu me hospedaria em algum lugar antes de chegar ao meu destino, quem compunha minha família e outros assuntos que me deram arrepios. Percebi imediatamente que não poderia me recusar a responder qualquer uma das perguntas e que ainda teria que respondê-las educadamente.

Isso é poder.

A segunda vez que entrei no país foi por um aeroporto, e havia dois pontos onde as bagagens eram escaneadas, além da checagem de passaporte e uma longa rodada de interrogatórios. Dessa vez, não havia cães; os passageiros eram os cães e todos estávamos nas coleiras dos agentes. Fazíamos tudo que eles nos mandavam fazer, não importava o quanto fosse irracional. Andávamos de um lado para o outro, em passos sincronizados e silêncio absoluto. Um passo fora da linha e alguém seguramente gritará com você. Em determinado momento, um agente armado começou a falar em voz alta e zombeteiramente das roupas que eu vestia e esforçou-se para ter certeza de que todos o estavam ouvindo. Não pude fazer nada além de sorrir, como se estivesse sendo elogiado por um amigo.

Isso é poder.

Claro que esses casos não são nada perto das notícias que ouvimos quase diariamente sobre os abusos e ultrajes nas viagens domésticas, que agora exigem corriqueiramente que todos se submetam a revistas íntimas digitais. Passamos a esperar por isso. Dificilmente conseguimos escapar da presença da polícia em nossas vidas. Lembro-me vagamente de quando eu era jovem e julgava que os policiais eram servidores públicos. Hoje, a presença deles desperta medo em nossos corações, e eles estão em todos os lugares, sempre trabalhando sob a presunção de que têm poder absoluto e eu e você não temos nenhum poder.

Ouvimos *slogans* sobre a "terra dos homens livres" e ainda cantamos canções patrióticas nos estádios de beisebol e até mesmo nas igrejas aos domingos, e estas canções sempre falam da nossa abençoada liberdade, das batalhas dos nossos ancestrais contra a tirania, do amor especial pela liberdade que dá vida à nossa herança cultural e à nossa autoidentidade nacional. O contraste com a realidade fica cada dia mais claro.

E não se trata apenas de nossa liberdade pessoal e de nossa liberdade de ir e vir sentindo que estamos exercendo nossos direitos. Isso tudo nos atinge no reino da economia, onde nenhum bem ou serviço troca de mãos sem estar sujeito ao controle total do Estado-Leviatã. Nenhuma empresa está realmente segura de ser atingida por legislaturas, regulamentadores e pela polícia fiscal, e reclamar disso só a transforma em um alvo ainda maior.

Poucos ousam dizer isso publicamente: os Estados Unidos se tornaram um Estado policial. Todos os sinais estão visíveis, entre eles o fato de termos a maior população carcerária do mundo. Se não somos um Estado policial, é de se perguntar quais serão os indicadores que nos dirão que cruzamos essa linha? Quais são os sinais que ainda não percebemos?

Podemos discutir o dia todo sobre quando, precisamente, este declínio começou, mas não pode haver dúvida quanto ao dia em que essa queda no abismo despótico se tornou tão abrupta: foi depois dos ataques terroristas de 11 de setembro de 2001. Os terroristas queriam golpear a liberdade. Nossos líderes nacionais juraram que os terroristas jamais venceriam e depois passaram dez anos golpeando incansavelmente a liberdade tal qual a conhecíamos.

O declínio tem sido rápido, mas não suficientemente rápido para que as pessoas ficassem tão chocadas quanto deveriam. A liberdade é um estado difícil de ser lembrado depois de perdido. Adaptamo-nos à nova realidade assim como as pessoas se adaptam a doenças degenerativas, gratos por pequenos alívios na dor e sem qualquer esperança de voltarmos a nos sentir saudáveis e bem algum dia.

Ainda pior é que todo esse tempo que passamos obedecendo, cumprindo ordens e fingindo ser maleáveis para evitar transtornos acaba nos socializando e até mesmo mudando a maneira como encaramos a vida. Assim como no romance de George Orwell, nós nos adaptamos ao controle governamental como se isso fosse o novo normal. Os alto-falantes gritavam que tudo era feito em nome da nossa própria segurança e bem-estar. Essas pessoas que estão tirando nossas roupas, nos assaltando, humilhado e empobrecendo, fazem isso pelo nosso próprio bem. Nunca acreditamos nisso de fato, mas a mensagem ainda afeta nossa forma de enxergar.

Os editores do *The Idea of America* estão incitando uma nova e séria autoavaliação nacional. Eles argumentam que a liberdade é o único tema que dá de fato vida ao espírito norte-americano tradicional, completa e verdadeiramente. Não estamos unidos na religião, na raça ou no credo, mas

O QUE SÃO OS ESTADOS UNIDOS, AFINAL?

temos essa história maravilhosa de nos revoltarmos contra o poder a favor dos direitos humanos e da liberdade e contra a tirania. Por este motivo, o livro começa com os documentos fundadores essenciais que, se levados a sério, defendem a liberdade radical não como algo concedido pelo governo, e sim como algo que temos como direito.

O amor pela liberdade tem raízes no nosso passado colonial, e é emocionante ver o excelente relato de Murray N. Rothbard do nosso período pré-revolucionário impresso aqui, com comentários de Patrick Henry (1736-1799) e Thomas Paine que enfatizam o argumento em questão. Lord Acton vem em seguida, com um ensaio esclarecedor sobre o propósito da Revolução Americana, que não era a independência em si, e sim a liberdade. Ele argumenta, de maneira contundente, que o direito à secessão, o direito de anular leis, de dizer não ao tirano, de abandonar o sistema, constitui a grande contribuição dos Estados Unidos à história política. À medida que lemos, começamos a nos perguntar onde estão essas vozes hoje e o que aconteceria a elas se manifestassem com versões modernas dos mesmos pensamentos. Esses revolucionários estão propagando ideias que o regime moderno tenta sepultar e até mesmo criminalizar.

A voz do novo país e seus temas voluntaristas nos é apresentada por Alexis de Tocqueville (1805-1859), juntamente com os escritos de James Madison. Como Bonner e Lemieux argumentam em suas próprias contribuições, a ideia de anarquismo – isto é, viver sem um Estado – sempre esteve sob a superfície da ideologia norte-americana. Aqui, eles trazem essa ideia à tona com um ensaio do protoanarquista J. Hector St. John Crevecoeur (1735-1813), que, ao falar sobre os Estados Unidos, disse: *"Não temos príncipes para os quais labutamos, passamos fome e sangramos: somos a sociedade mais perfeita que existe atualmente no mundo"*.

A corrente anarquista continua com textos maravilhosos de Thomas Jefferson, Henry David Thoreau (1817-1862) e Voltairine de Cleyre (1866-1912), além de algumas decisões judiciais reforçando o direito ao porte de armas de fogo. O livro termina com mais um lembrete de que a sociedade americana é aberta e hospitaleira aos recém-chegados. A escolha final de *Give Me Liberty* [Dê-me Liberdade], de Rose Wilder Lane (1886-1968), foi inspirada.

O valor deste livro aumenta drasticamente com textos adicionais de Bonner, cuja prosa clara e intelecto incisivo estão à mostra tanto no prefácio quanto no posfácio, bem como Lemieux, cuja introdução fez meu sangue ferver com todos os exemplos de loucuras cometidas pelo governo em nosso tempo. Bonner, principalmente, propõe a ideia intrigante de que o futuro dos Estados Unidos de verdade nada tenha a ver com a geografia; ele existirá onde mentes e corações livres estiverem. A digitalização do mundo abre novas possibilidades para justamente isso.

O contraste é claro entre o que os Estados Unidos deveriam ser e o que se tornaram. Pode ser doloroso analisar isso com cuidado. Avaliações realmente honestas como essa são raras. Adaptar, seguir adiante, fingir não perceber são estratégias mais fáceis para se lidar com a situação sombria com a qual nos deparamos. Mas não foi assim que os fundadores dos Estados Unidos lidaram com seus problemas. Este livro pode nos inspirar a pensar e agir mais como deveríamos.

Devemos nos preparar.

Nas palavras de Thomas Paine:

> Ó, vocês que amam a humanidade! Vocês que ousam se opor não só à tirania, mas ao tirano, apresentem-se! Todo o mundo antigo está tomado pela opressão. A liberdade foi perseguida ao redor do globo. A Ásia e a

África há muito a expulsaram. — A Europa a vê como uma estranha e a Inglaterra já lhe deu um alerta para que parta. Ó, recebam os fugitivos e preparem a tempo um asilo para a Humanidade.

ENSAIO 103

Conspirações e como derrotá-las

Alguém me perguntou outro dia se eu acreditava em conspirações. Ora, claro que acredito. Eis aqui uma: o sistema político. Ele nada mais é que uma conspiração gigantesca para roubar, enganar e subjugar a população.

As pessoas participam deste sistema na esperança de melhorar nossas vidas ou pelo menos diminuir o dano causado pelo governo. No entanto, vejamos os resultados: exatamente o oposto. Não importa quem seja escolhido como líder temporário para "reformar" o sistema, o regime prospera e a população definha.

Deveria ser óbvio, a esta altura, que reformas não acontecem colocando cada vez mais gente nas fileiras da classe opressora. Mas, de algum modo, o povo continua a se ludibriar. Pior ainda, o regime tem plena consciência disso, ainda que a população não perceba. Então, sim, chamo isso de conspiração.

O termo conspiração vem das raízes latinas *con* e *spiro*, que significam "respirar junto". Ele implica em um interesse em comum e em um entendimento entre as pessoas que nem sempre precisa ser abertamente declarado. No uso normal do termo, o propósito de uma conspiração é sempre negativo ou destrutivo – uma trama enganosa para fazer algum mal.

É por isso que o governo está sempre acusando os outros de conspirarem – células terroristas, a resistência armada dentro e fora do país, setores rebeldes e conspiratórios da sociedade –, mas se exime totalmente da pecha. O regime se vê como irrepreensivelmente fantástico, jamais destrutivo, jamais nefasto; logo, ele é incapaz de conspirar.

Tudo depende de como se enxerga a questão. Não é preciso se exaltar estudando os Bilderbergers ou os Trilateralistas[25] para enxergar conspirações reais. Basta olhar para qualquer burocracia governamental. Todos lá sabem qual é o objetivo: mais poder, mais dinheiro e menos trabalho. A classe burocrática "respira junto" rumo à mesma meta perversa de se tornar mais rica e mais segura, enquanto dificulta a vida normal para aqueles que estão sujeitos aos seus ditames. E tudo isso à custa de todas as outras pessoas.

A única ficção aí é a enganação. Ela só funciona enquanto existe um consenso social que a sustente. A tarefa de qualquer um que se oponha à grande conspiração, portanto, é revelar e expor a realidade encoberta por todas as notícias das maravilhosas realizações do governo. A ficção não se sustenta à luz da lógica e da evidência. A cortina precisa ser aberta.

---

[25] Referência a grupos de homens poderosos (industriais, financistas, políticos) que os conspiracionistas acreditam ditar os rumos da Humanidade. (N.T.)

Para mim, o autor moderno que melhor dissecou a verdadeira natureza da política moderna é Hans-Hermann Hoppe. Ele tem uma clareza mental incrível a respeito da política moderna, principalmente o funcionamento da democracia. É um sistema de governo desenvolvido para dar às pessoas mais controle direto sobre o governo; na realidade, este sistema deu ao governo mais controle direto sobre as pessoas.

Tenho a satisfação de anunciar que a Laissez Faire Books publicará seu novo livro, uma imensa antologia cujo título foi retirado de Frédéric Bastiat: *The Great Fiction* [*A Grande Ficção*]. Ela será lançada eletronicamente para os membros do Laissez Faire Club e, portanto, oferecida gratuitamente, como parte da assinatura.

Como já contei a muitas pessoas, o Laissez Faire Club funciona como qualquer outro clube privado de alto nível. Depois que você se torna membro, as bebidas são por conta da casa. E este livro de Hoppe é uma bebida bastante forte!

Associar-se ao clube agora lhe dá direito a todos os livros que já lançamos – além dos filmes curtos que acompanham os livros e fóruns para discuti-los –, a este livro de Hoppe e a tantos outros lançados semanalmente. É um negócio formidável e a maneira perfeita de derrotar a grande conspiração.

Se você não estiver familiarizado com a obra de Hoppe, prepare-se para *The Great Fiction* mudar fundamentalmente como você vê o mundo. Nenhum autor vivo hoje em dia foi mais eficaz ao destruir as ilusões que todos têm sobre a economia e a vida pública. Hoppe faz com que todos vejam claramente a verdade sobre a questão mais crítica com a qual a Humanidade se depara hoje em dia: a escolha entre liberdade e estatismo.

Todos os textos de Hoppe sobre política podem ser vistos como uma elucidação do argumento de Bastiat. Ele vê o Estado como uma gangue de ladrões que usa a propaganda como forma de disfarçar sua natureza real. Ao demonstrar isso, Hoppe fez contribuições enormes à literatura, mostrando como o Estado se origina e como a classe intelectual ajuda a perpetuar esse embuste, seja em nome da ciência, da religião ou do fornecimento de algum serviço como saúde, segurança, educação ou o que for. As desculpas sempre mudam; o funcionamento e objetivo do Estado são sempre os mesmos.

O leitor ficará surpreso com a abordagem de Hoppe, pois ela é bem mais sistemática e lógica do que se espera de autores que falam sobre esses assuntos. Suspeito que isso se dê porque ele só chegou aos seus pontos de vista depois de uma longa batalha intelectual, tendo se afastado sistematicamente de uma posição socialista de esquerda convencional até se tornar fundador de sua própria escola de pensamento anarcocapitalista.

Esta obra específica vai além da política, no entanto, e mostra todo o escopo do pensamento de Hoppe em assuntos como economia, história, metodologia científica e história do pensamento. Em todos os campos, ele traz o mesmo nível de rigor, a mesma motivação por um compromisso inflexível com a lógica, o mesmo destemor diante de conclusões radicais.

Parece simplista demais descrever Hoppe como um membro da tradição austríaca ou libertária, pois na realidade ele abriu novos caminhos, de mais formas do que deixa transparecer em seus textos. Estamos lidando aqui com um gênio universal, e é exatamente por isso que o nome de Hoppe aparece com tanta frequência em qualquer discussão sobre os grandes intelectuais vivos.

Hoppe também é uma figura extremamente controversa. Não acredito que ele gostaria que fosse diferente. Além do mais, isso sempre ocorre com mentes criativas que não se encolhem diante das conclusões de suas próprias premissas. A perspectiva a partir da qual ele escreve surge de uma ligação apaixonada, mas científica, com a liberdade radical, e sua obra surge no momento em que o Estado ganha força.

Tudo que ele escreve vai contra o senso comum; rompe paradigmas. Justamente quando você imagina ter compreendido sua maneira de pensar, Hoppe toma um rumo que você não esperava. Não são apenas as conclusões que têm relevância, mas também a maestria com que chega a elas.

Tenho a honra, como editor-executivo da Laissez Faire Books, de publicar uma obra dessa importância. O livro é um testemunho de que o progresso das ideias ainda é possível em nossos tempos. Enquanto isso for verdade, enquanto a tradição representada por Hoppe estiver viva e se aperfeiçoando, temos razões para acreditar que a liberdade humana não sucumbiu, nem acabará por sucumbir à grande conspiração.

ENSAIO 104

Economia por e para seres humanos

"*A Economia coloca parâmetros nas utopias das pessoas*". Sim. É exatamente isso. É por isso que os políticos odeiam economia. É por isso que a mídia é tão... seletiva quanto a quais economistas convidam para falar de política.

É por isso que os departamentos de Economia das universidades são depreciados pelos sociólogos, filósofos, professores de literatura e praticamente todos que têm anseios românticos por uma utopia coercitiva.

> Os ensinamentos dos princípios da Economia devem nos dizer o que não fazer, talvez mais ainda do que servir como um guia para a ação pública.

É isso mesmo, de novo. Não controle os preços. Não socialize a medicina. Não aumente os impostos. Não infle a oferta de dinheiro. Não erga barreiras comerciais. Não trave guerras. Os economistas não param de estourar as bolhas das pessoas. E é porque os economistas dizem esse tipo de coisa que a classe dominante quer que eles se calem.

Isso acontece há centenas de anos. Toda geração nos últimos quinhentos anos tem visto uma batalha sendo travada entre aqueles que querem usar o poder do Estado para contorcer e distorcer o mundo para que ele se encaixe em seus devaneios e os economistas que viram a futilidade dessa manipulação e alertam contra ela.

O homem que escreveu as palavras citadas acima foi Peter Boettke, professor de economia na George Mason University. Ele é um dos principais produtores de economistas da nação, tendo orientado dezenas de dissertações ao longo de vinte anos e espalhado seus alunos por universidades de todo o país e do mundo.

Seu novo livro, que deveria ser lido por todo estudante universitário que suspeite secretamente que a economia não é tão maçante quanto dizem, é *Living Economics* [*Economia Viva*], recém-publicado pelo Independent Institute. É um livro grande, mas proporciona uma leitura exuberante da página um à página 450.

A expressão "economia viva" significa duas coisas: 1) a economia faz parte da vida, quer reconheçamos isso ou não; e 2) a economia é uma disciplina viva, embasada em princípios universais, mas constantemente mudando em nuances e formas de aplicação.

O propósito do professor Boettke é proporcionar um passeio guiado pela profissão tal como ela é hoje em dia e como ele gostaria de vê-la se transformando. Ele faz isso explicando, antes de tudo, o que o interessou nesta ciência.

O fato é que ele se lembra das filas nos postos de gasolina da década de 1970 e se lembra de ter ficado espantado ao descobrir que tinham sido totalmente fabricadas pelas políticas de Washington. Era uma combinação de controle de preços do petróleo e pressões inflacionárias advindas de uma má política monetária. Ao contrário do que os especialistas da mídia e os políticos diziam na época, não tinha nada a ver com a ganância dos produtores, manipulações secretas de preço ou especulação financeira.

Isso bastou para ele. Boettke percebeu que a economia está entrelaçada com todos os aspectos de nossas vidas. Ela é inescapável. Quando se deixa o mercado funcionar, o resultado é beleza e crescimento. A humanidade prospera. Quando os mercados são truncados e tolhidos, as pessoas sofrem.

Então, ele percebeu quão pequena era a compreensão do público sobre economia. E percebeu que poderia ter um papel a desempenhar na mudança deste quadro. E tem. Seus alunos agora ensinam outros alunos em seis instituições diferentes de doutorado, além de dezenas de outras instituições.

Nesta obra, Boettke reflete sobre sua decisão de tornar a economia sua vocação. A economia, enquanto realidade em nosso mundo, existirá para sempre, quer existam pessoas que queiram estudá-la e explicá-la ou não. Como disciplina, ela se desenvolveu muito tarde, especialmente na Alta Idade Média, e surgiu justamente para elucidar o modo como o mundo funciona, a fim de evitar que reis e outros poderosos usassem a força para interferir com seus mecanismos.

Nas palavras de Boettke:

> Não precisamos entender a economia para aproveitar os benefícios da liberdade de troca e produção. Mas certamente precisamos entender a economia para

sustentar e manter a estrutura institucional que nos permite realizar os benefícios advindos da liberdade de troca e produção.

O que se segue a esse material inicial é um mergulho no âmago do que a economia ensina. Boettke escolhe um caminho muito envolvente; ele narra a história por meio de uma série de biografias intelectuais dos economistas que ele mais admira. Lemos sobre seu professor, Hans Sennholz (1922-2007), sobre Ludwig von Mises, F. A. Hayek e Murray N. Rothbard (o capítulo sobre Rothbard é especialmente lisonjeiro). Ele fala de James M. Buchanan (1919-2013) e Gordon Tullock (1922-2014). Talvez os capítulos mais interessantes sejam aqueles em que ele encontra uma "austrianidade" nos lugares mais inesperados – como na obra de Kenneth E. Boulding (1910-1993), por exemplo.

Ao contrário da maior parte dos livros de Economia, este livro é muito caloroso e humano. Boettke se esforça para descrever a economia como a ciência das escolhas humanas no mundo real. Sua prosa equivale ao seu senso intelectual. Ele nos poupa da costumeira pompa acadêmica e dos absurdos de tentar encaixar as pessoas e suas decisões espontâneas em modelos mecânicos. Ele jamais fala com seus leitores com condescendência. Este leito não encontrou exibicionismo, floreios, posturas defensivas ou picuinhas. Sua prosa e sua linha de pensamento são abertas e generosas.

Não é de se surpreender que a Escola Austríaca esteja no centro da narrativa. Isso faz todo o sentido, levando em conta a escolha de biografias, claro. E expõe toda a sua maneira de ver o mundo, explica porque ele consegue escrever sobre problemas do mundo real e explicar o fracasso do planejamento em termos tão lúcidos.

Ao mesmo tempo, alerta Boettke:

A principal característica que faz de alguém um austríaco não é a disposição a identificar a obra da pessoa com este rótulo, e sim as propostas econômicas substanciais com as quais esta pessoa, enquanto economista, se identifica.

Tendo isso em mente, ele demonstra que as ideias austríacas estão muito mais difundidas do que se poderia imaginar.

No geral, Boettke tenta mostrar que a profissão perdeu muito da arrogância que tinha da década de 1930 à de 1970. Apesar de ainda existir um positivismo metodológico e uma húbris matemática na forma, ele tenta mostrar que os antigos costumes mudaram para dar mais ênfase às instituições e às escolhas humanas. Ele detecta a ascensão de certa humildade na profissão, o que abriu caminho para uma abordagem mais ampla e eclética que inclui até mesmo libertários radicais como o próprio Boettke.

Um livro como este proporcionará a qualquer pessoa um panorama vasto sobre o que a economia tem a oferecer ao mundo das ideias. É uma excelente visão geral sobre o que há de bom e de ruim na profissão hoje em dia. Mas até mesmo quando critica a profissão, não há raiva; ao invés disso, há uma convicção de que a abertura e a franqueza são o melhor caminho para encontrar a verdade. Não consigo pensar em algo melhor para alguém que está estudando economia ter em mãos quando o conteúdo das aulas começar a se afastar da realidade.

Quanto ao próprio autor, não posso acrescentar nada além do que Israel M. Kirzner já disse (e tenho quase certeza que Kirzner nunca escreveu um endosso tão exagerado):

Living Economics é um livro incrível por vários motivos. O volume reflete de maneira brilhante a espetacular abrangência das leituras do professor Boettke e a reflexão profunda e cuidadosa com que ele lê. Mas a verdadeira marca deste volume consiste de algo que vai além da profunda compreensão econômica e da riqueza de observações doutrino-históricas extremamente inteligentes que preenchem suas páginas. Sua marca está nas circunstâncias deliciosas das quais estas riquezas emergem e que expressam a extraordinária generosidade intelectual de Peter Boettke, bem como seu inigualável entusiasmo intelectual – qualidades raras que o permitiram descobrir pepitas de valiosas ideias teóricas nas obras de uma vasta gama de economistas, muitos dos quais costumam ser considerados distantes da tradição austríaca, a qual o próprio Boettke representa de maneira tão esplêndida. A pena prolífica de Boettke mergulha não na tinta comum da concorrência profissional, e sim no tinteiro de um acadêmico sério, absolutamente benevolente – e brilhante – que está procurando, com toda a sua integridade intelectual, aprender e entender.

Muitos outros disseram o mesmo: Bruce Yandle, Richard Wagner, Steve Hanke, Randall Holcombe e dezenas de outros. À medida que lemos as homenagens, percebemos que são mais do que elogios obtidos por meio de coerção a fim de enfeitar capas de livros. Boettke conseguiu deixar os próprios economistas novamente entusiasmados com o que fazem. Ele fará o mesmo com você e o ajudará a respeitar a criatividade, a coragem e a aventura associadas a essa grande arte que elucida o funcionamento do nosso mundo como nenhuma outra.

ENSAIO 105

Em defesa de fazer um *blog* em tempo real ao ler um livro

O burburinho em torno da próxima grande novidade: produtos e serviços que alegam torná-lo mais inteligente. A *Forbes* diz que essa é a próxima indústria de trilhões de dólares. Videogames que deixariam seus usuários mais inteligentes estão chegando ao mercado. *Sites* e aplicativos que prometem resultados rápidos estão explodindo.

Sou um cético quanto às ferramentas que vêm sendo promovidas nos dias de hoje, mas não quanto à ideia geral. Faz todo o sentido. Talvez você não possa fazer nada a respeito da capacidade intelectual essencial com a qual nasceu, mas certamente pode melhorar a eficiência e o funcionamento do equipamento que tem.

Só Deus sabe o quanto pensamos em deixar nossos corpos em forma. Gastamos muita energia para fortalecer nossos corpos, perder peso, diminuir nossas barrigas e inchar nossos peitos e braços. As academias continuam sendo uma indústria em pleno crescimento, e não parece haver fim à vista para livros de dietas, estratégias, teorias e ambições.

Tudo isso é terrivelmente superficial quando comparado à questão muito mais importante de se encontrar formas de melhorar nossa capacidade de pensar. Mas, assim como acontece com academias e máquinas de exercício para nossos corpos, logo descobriremos que não existem atalhos para... o trabalho duro.

Por que tão pouca preocupação com a mente? Podemos facilmente nos enganar e pensar que estamos em boa forma intelectual. É difícil admitir para nós mesmos que não estamos raciocinando muito bem, que estamos nos atendo demais aos nossos preconceitos, que não estamos nos desafiando, que temos uma capacidade reduzida de criar e absorver novas informações.

Primeiro passo: admitir que existe um problema a ser resolvido.

Para deixar o corpo em forma e superar a nossa tendência natural de sermos condescendentes com nós mesmos, as pessoas têm diversas estratégias. Contratam *personal trainers* para levá-las além do que imaginam ser capazes. Frequentam aulas para poder se exercitar com outras pessoas. Viajam para retiros de um mês, nos quais a alimentação é monitorada e elas são forçadas a se exercitar o dia todo.

Nada disso funciona com a vida intelectual. Nela, é só você e seu cérebro, e se você não tiver disciplina para encarar o desafio, nada vai melhorar. Você precisa de alguma estrutura para o ajudar, como o caminho virtual na esteira ou na bicicleta ergométrica, algo que o mantenha no caminho e o desencoraje de tomar atalhos.

EM DEFESA DE FAZER UM BLOG EM TEMPO REAL AO LER UM LIVRO

O melhor método que conheço é algo que tirei do mundo do jornalismo digital. Quando as pessoas frequentam eventos ao vivo, como *shows* ou conferências, elas tuitam ou escrevem *posts* em *blogs* à medida que eles acontecem. Pode-se ver isso também em debates políticos. O jornalista ouve, relata e responde em tempo real.

Isso torna a leitura excitante e é também uma forma muito desafiadora de escrever. Você precisa prestar muita atenção e permanecer envolvido constantemente. Não se pode perder o fio da meada de repente e deixar passar parte do que está acontecendo. É um desafio obter informação do mundo externo e traduzir seu significado em prosa. Também é uma maneira excelente de se lembrar e aprender com qualquer evento.

E se tratássemos um livro como um evento? Ele é, de fato, um evento. Um grande livro pode ser tão interessante e revigorante — e até mesmo mais evocativo — do que um evento ao vivo na vida real. Obviamente, isso vale tanto para a ficção quanto para a não ficção, contanto que o livro seja bem escrito e lide de uma maneira provocativa com um assunto que você ache instigante.

Isso nos afasta do uso que costumamos fazer de nossos talentos intelectuais. Veja bem, não estou menosprezado o tuíte, a atualização do Facebook, o *e-mail* ou o videogame. Todas essas atividades são melhores do que as que consumiram os cérebros de várias gerações a partir da década de 1950, que consistiam em ficar sentado em uma cadeira macia e assistir a pessoas em uma tela falando com você.

Mas fazer um *blog* em tempo real enquanto se lê um livro é muito melhor porque mantém o foco necessário em um único assunto. É uma tarefa muito difícil que requer concentração diária, criatividade e disposição de ir até o fim. O resultado será óbvio para você ao fim da longa estrada. Você terá vivenciado um aumento na sua capacidade de pensar, escrever, ler e processar ideias.

Escrever um livro usando um *blog* é diferente de fazer uma crítica ou escrever um trabalho sobre um livro. O objetivo é processar a informação e reagir à medida que ela chega até você em tempo real. O *blog* ao vivo não apenas relata o conteúdo do livro, mas também reage a esse conteúdo e a como ele interage com suas próprias ideias pré-existentes e como pode ou não ter alterado sua compreensão.

Se, ao ler você, se vir refletindo sobre um exemplo ou se lembrando de algum debate que teve com alguém sobre o tema, tudo isso é material perfeito para um *blog* em tempo real. Coloque-os no *blog*. O objetivo é fazer uma crônica literária de como determinada obra afetou sua maneira de pensar, capítulo a capítulo, e fazer isso da maneira mais intelectualmente honesta possível.

Em outras palavras, se você acredita no que o escritor está escrevendo, diga. Se o escritor esclareceu uma experiência ou pensamento que você já teve, diga. Se o escritor se contradisse e você percebeu isso, registre também. Não há motivo para tentar antever o que há no capítulo seguinte. Escreva apenas aquilo que você aprendeu até agora conforme o evento literário se desenrola.

Parte do desafio aqui é fazer com que sua própria escrita se torne atraente, independent do que você lê. Você notará que provavelmente começará a escrever com um estilo semelhante ao livro que você consome em tempo real. Isso é bom, pois esse tipo de imitação também é uma parte importante do aprendizado.

Eu sugeriria uma meta de palavras para cada intervenção ao vivo no *blog*, talvez 750 palavras por capítulo. Se o livro tiver vinte capítulos (jamais pule), você acabará com uma monografia de ótimo tamanho nas mãos. Isso é extremamente gratificante!

Coloque um título no texto e o releia. No começo, você poderá ficar surpreso com o escreveu. Então, você estará na posição cômoda de ver se e até que ponto o livro de fato mudou sua maneira de pensar.

Isto é um fato: sua capacidade de se lembrar do conteúdo e utilizá-lo em conversas e pensamentos posteriores aumentará enormemente. Você aprenderá a ser minucioso, e não seletivo, em suas leituras. Não só isso, você perceberá uma melhora na sua capacidade de perceber coisas e ideias, pensar sobre elas, processá-las e acrescentá-las ao seu raciocínio.

É como um campo de treinamento intelectual que você cria e administra por conta própria.

Não é tão difícil quanto pode parecer inicialmente. E a utilização do modelo do *blog* ao vivo fornece a estrutura disciplinar para lhe inspirar a avançar até o fim.

Que livros? Eu sugeriria os quatro que fazem parte da seção de economia da One Library. Comece com o livro do próprio Henry Hazlitt sobre o assunto. Passe para o livro de F. A. Hayek. Em seguida, fale sobre *A Lei*, de Frédéric Bastiat. E termine com *A Bubble that Broke the World* [*A Bolha que Quebrou o Mundo*], de Garet Garrett. São todas excelentes escolhas, mas existem milhões de outras. O mais importante é escolher grandes livros que lhe interessem.

Uma das coisas que espero com o Laissez Faire Club é que possamos usar os fóruns como um ambiente para publicar o conteúdo destes *blogs* ao vivo. É preciso certa humildade para publicar este tipo de coisa, mas essa também é uma virtude que espero que a atmosfera fraterna do clube consiga cultivar.

Também podemos aprender assistindo ao aprendizado dos outros. Quase sempre, aprendemos quando estamos abertos ao aprendizado. As pessoas mais inteligentes que conheci também eram as primeiras a admitir que não sabiam algo.

Seja no clube ou fora dele, o método de utilizar um *blog* ao vivo é uma ferramenta literária eficaz que fará mais do que todas as engenhocas que você possa vir a ter na próxima década para melhorar sua capacidade de pensar e processar informação. É algo que todos nós deveríamos exigir de nós mesmos, nem que seja só para experimentar e ver os resultados.

O *blog* também é uma excelente atividade para jovens estudantes. É verdade que a difusão desta abordagem não contribuirá em nada para a indústria de trilhões de dólares e certamente não nos dará uma barriga de tanquinho, mas poderá representar uma contribuição poderosa para fazer com que todos nós pensemos com mais clareza.

PARTE IX

Piratas e Imperadores

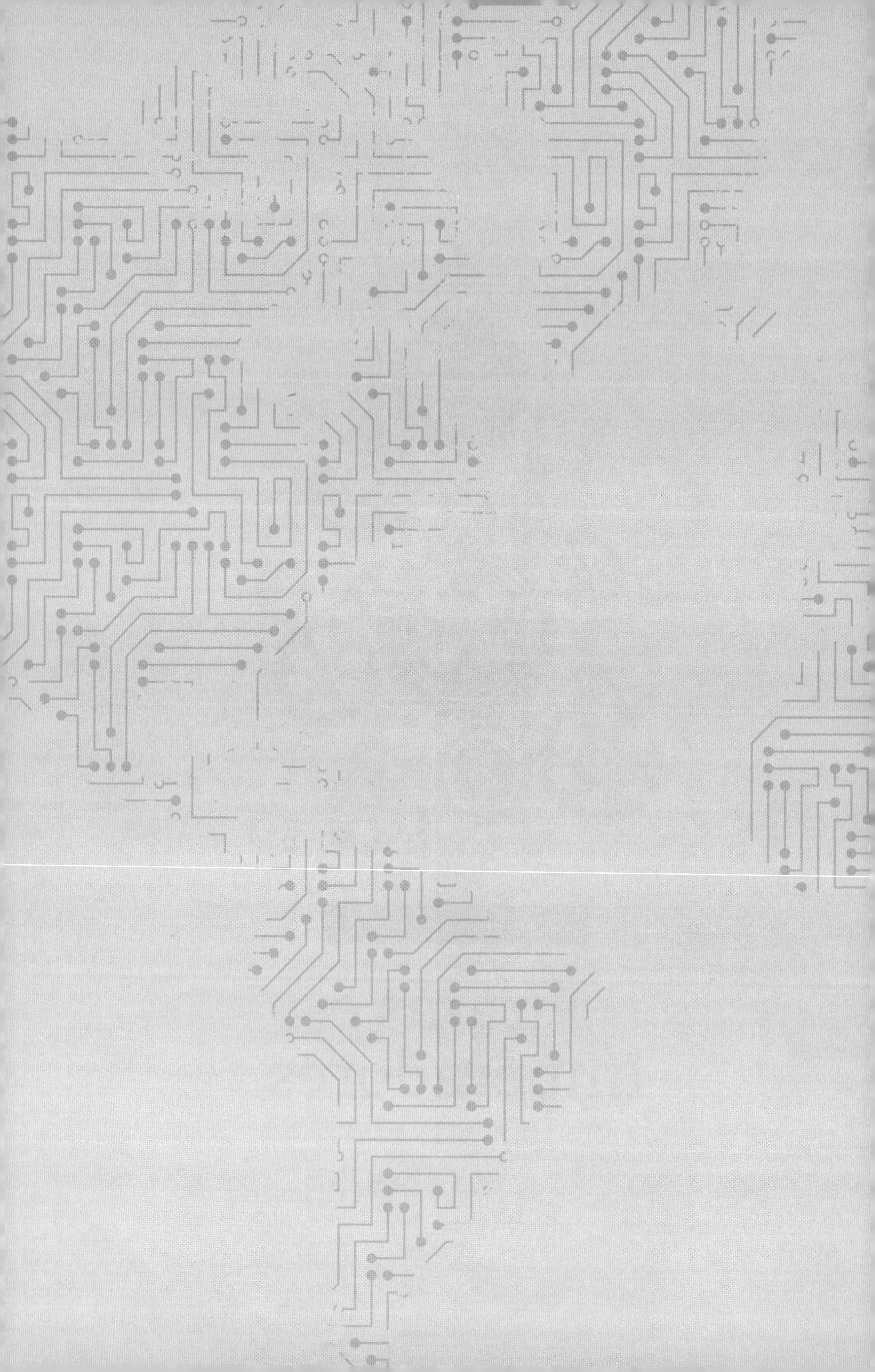

ENSAIO 106

O Irã e o pesadelo recorrente

Talvez a independência energética dos Estados Unidos não seja algo tão maravilhoso, afinal de contas. Há alguns anos, quando a classe política norte-americana defendia uma guerra contra a China, o que impediu a investida foram os interesses comerciais norte-americanos, que perguntavam essencialmente: "O quê? Vocês estão loucos? Isso é ruim para os negócios! Precisamos da China e a China precisa de nós. Não podemos fazer negócio durante uma guerra".

Por outro lado, um Irã isolado é um Irã dispensável. E os Estados Unidos energeticamente independente são Estados Unidos bélicos, considerando-se capaz de dizer a países como Japão, Turquia e Espanha de onde eles podem comprar o petróleo, em qual quantidade e sob quais termos.

Como os Estados Unidos saem impunes disso? Dê uma olhada nas bases militares norte-americanos ao redor do mundo e você entenderá. Os Estados Unidos podem ser um império em decadência, mas, até que essa decadência se transforme em queda, continuaremos a ver essa encenação repetida de sanções seguidas por guerras.

Entre as ameaças diárias de Israel contra o Irã e as afirmações absurdas de Barack Obama de que o vento e o sol podem substituir facilmente a combustão interna, precisamos contar com o primeiro-ministro turco Recep Tayyip Erdogan para ouvir algo que faça sentido. Ele disse que um ataque israelense ao Irã seria desastroso para toda a região. Isso certamente envolveria os Estados Unidos em uma guerra que seria igualmente desastrosa para os Estados Unidos como um todo (mas, de alguma forma, benéfica para o governo norte-americano).

Não existe prova mais clara de que o governo não aprende nada com o passado – seu longo histórico de fiascos, desperdício, destruição e mortes sem sentido – do que a pressão contra o Irã que aumenta a cada dia. Esse comportamento repetido será tão ruim ou pior do que a confusão no Iraque.

Os norte-americanos que não prestaram atenção às provocações contra o Irã não deveriam se sentir tão mal. É como assistir a reprises na televisão. Foi interessante na primeira vez, talvez, mas você só assiste pela segunda vez se não houver nada melhor. Ou talvez os líderes dos Estados Unidos estejam contando cinicamente com a falta de memória: quem se importa com o passado?

A trama parece a mesma do Iraque (e somente três letras de diferença). A verdade é que a maioria dos norte-americanos não sabe diferenciar Irã de Iraque de qualquer jeito. Todos os elementos estão presentes. O Irã é governado por um homem de quem os Estados Unidos não gostam.

Dizem, sem provas, de que o Irã "pode" estar "pesquisando" tecnologia nuclear, o que o Irã nega ter qualquer coisa a ver com "armas de destruição em massa", mas os Estados Unidos sabem que não devem acreditar nisso.

O primeiro passo é o caminho das sanções. O segundo passo é observar que as sanções não conseguiram transformar os líderes estrangeiros em cordeirinhos obedientes. O terceiro passo é fazer afirmações loucas diárias que não podem ser confirmadas nem refutadas com credibilidade. Por fim, outra guerra.

Os Estados Unidos não compram petróleo iraniano, mas o país está liderando uma campanha mundial para impedir que outros países comprem petróleo do Irã. O Irã tem a quarta maior reserva de petróleo do mundo. Eles atualmente exportam para a China, responsável por 22% das exportações de óleo cru do Irã. Japão (14%) e Índia (13%) vêm em seguida. A União Europeia é responsável por 18% das exportações totais do Irã, principalmente Itália e Espanha. A Coreia do Sul (10%) e a Turquia (7%) também são importantes importadores.

De todos estes países, somente a China ainda não se curvou à pressão norte-americana para diminuir ou interromper a importação de petróleo iraniano. Enquanto isso, o setor petrolífero iraniano cresceu loucamente nos últimos dez anos, aumentando nove vezes em dólares de 2000 até hoje. Ele é hoje o quarto maior exportador, atrás da Arábia Saudita, da Rússia e dos Estados Unidos. E há reservas não exploradas enormes no Irã; o país está bem posicionado para subir no *ranking* nos próximos anos. A política norte-americana parece construída para matar o *boom* do petróleo iraniano antes que ele ganhe muita força.

Enquanto isso, e a despeito da mais recente fala de Barack Obama sobre os Estados Unidos se afastarem do consumo e produção de petróleo, está muito claro, neste momento, que os Estados Unidos estão em uma posição melhor de alcançar o sonho da independência energética do que em qualquer momento desde da década de 1970. Como escreve Robert Samuelson: *"Em 2011, a importação de petróleo caiu para 45% do consumo, o sexto ano de queda"*. Mais do que isso, se você considerar todos os recursos domésticos, as reservas comprovadas são só uma gota no oceano.

O que significa isso tudo? Significa que as pessoas consideram que há um risco baixo para os Estados Unidos ameaçarem o Irã e até mesmo entrarem em guerra. Isso poderia destruir outro grande concorrente dos amigos dos Estados Unidos na região, como o Kuwait e a Arábia Saudita, sem ter graves consequências para os Estados Unidos (além de colocar em risco propriedades e vidas, mas desde quando o governo se importa com isso?)

A Casa Branca disse praticamente isso. "Atualmente, parece haver oferta suficiente de petróleo não iraniano para permitir que os países estrangeiros reduzam significativamente a importação de petróleo iraniano", disse um comunicado da Casa Branca. "Na verdade, muitos compradores de óleo cru iraniano já reduziram suas importações ou anunciaram estar travando discussões produtivas com fornecedores alternativos".

Por este motivo, os Estados Unidos apertam mais e mais o cerco. É como na década de 1990 com o Iraque. A mesma coisa. Inacreditável. E tudo com base em uma lógica pública completamente não comprovada: a de que o Irã está desenvolvendo secretamente um programa nuclear para desenvolver armas de destruição em massa, apesar de não haver prova alguma disso.

Assim como aconteceu com o Iraque, a lógica oficial para a beligerância não tem nada a ver com a dinâmica motriz real, que se resume à produção, oferta, comércio e concorrência pelo petróleo. Devemos acreditar que os Estados Unidos só estão tornando o mundo um lugar mais seguro destituindo líderes loucos que querem armas nucleares; a realidade é que os Estados Unidos estão fomentando a guerra só para impor o que vê como os interesses econômicos do governo, seus produtores protegidos e os regimes amigos ao redor do mundo.

Thomas Jefferson resumiu da melhor forma o argumento contra toda essa pressão contra o Irã: "O estado de paz é o que mais melhora os modos e a moral, a prosperidade e a felicidade da humanidade". Sanções e guerra fazem exatamente o oposto.

ENSAIO 107

Que dia incrível para o Estado totalitário

Ah, que final de semana, com céu azul, pássaros cantando, flores de cerejeira se abrindo e o anúncio do governo de que tem controle totalitário sobre tudo. Espere! Qual foi essa última coisa? Foi um decreto executivo assinado na última sexta-feira do qual ninguém no planeta pareceu se dar conta até trinta horas mais tarde. O decreto não tem número, mas é chamado de "Preparação de Recursos para a Defesa Nacional".

Vamos chamá-lo de PRDN. Ouvi falar dele pela primeira vez na manhã de domingo. Uma coisa chamada *The Examiner* publicou algo sobre este decreto, no qual o presidente Barack Obama, no caso de uma emergência e até mesmo em "tempos de paz", assumiria o controle sobre toda a energia, comida, água e pessoal – todo o mundo natural e material como o conhecemos! – e se diria no direito de exigir que profissionais servissem ao Estado.

Loucura, certo? Mais daquela coisa conspiracionista que ultimamente tem enchido a *Internet*. Às seis da manhã, ainda havia somente esta notícia, mas havia 463 fóruns de discussão e 1.410 comentários de *blog*. Seis horas mais tarde, havia oito notícias (nenhuma delas na imprensa tradicional), mais 712 fóruns de discussão e 3.640 comentários de *blog*. Ah, e incontáveis tuítes.

Como todos estes paranoicos podiam estar gritando contra algo que sequer fora confirmado pelo *New York Times*, pela *CNN* e pela *MSNBC*? Não é de se admirar que o governo tenha tanta dificuldade para governar uma nação de esquisitões ingênuos.

Só havia um problema: o decreto estava nos servidores da Casa Branca. Você pode lê-lo com os próprios olhos. Ele foi publicado na noite de sexta-feira, 16 de março de 2012, último dia do recesso de primavera em muitas faculdades, justamente quando a maioria dos jornaleiros fechavam até a semana seguinte e as pessoas planejavam churrascos e passeios.

Aqui no *site Whitehouse.gov* encontramos o comunicado de que *"os Estados Unidos precisam ter uma base tecnológica e industrial capaz de cumprir as exigências da defesa nacional e capaz de contribuir para a superioridade tecnológica do equipamento de defesa nacional em tempos de paz e em tempos de emergência nacional"* e, portanto, deve assumir o controle total sobre a energia, comida, água, saúde, equipamentos e, claro, pessoas.

Sim, você leu direito a última parte. O poder Executivo diz poder convocar civis de *"habilidade e experiência notáveis sem pagamento e empregar especialistas, consultores e organizações"*.

A autoridade mencionada no documento é a Lei de Produção para a Defesa de 1950, outra imposição ditatorial, mas que teve aprovação do Congresso. O ditador da época era o presidente Harry S. Truman (1884-1972). A lei permitia que ele requisitasse todos os recursos possíveis para travar a Guerra da Coreia: convocar pessoas e permitir que o Executivo impusesse controle de salários e preços à vontade.

Foi sobre esta lei que o senador Robert A. Taft (1889-1953) falou em sua campanha em 1952. Ele a considerava inconstitucional, ilegal e totalitária, nada mais do que uma tentativa de reavivar o Estado total da Segunda Guerra Mundial como parte dos poderes normais do Estado em todas as outras épocas. Ele dizia que era um sinal claro de que tínhamos perdido nossa amarração como nação.

Os historiadores do período consideram esta lei como o ato que sedimentou a cultura política da Guerra Fria, quando o governo acumulou cada vez mais armas de destruição em massa, instituiu o recrutamento obrigatório, travou guerras com quem quisesse e onde quisesse e supôs ter controle total sobre a indústria, enquanto a população vivia temendo o holocausto nuclear.

Não há diferença hoje: uma tomada inconstitucional de poder em cima de uma tomada inconstitucional de poder anterior em cima dos casos anteriores. Até onde sei – e os especialistas de verdade precisam realmente se envolver aqui e explicar os detalhes – não há muita novidade aqui exceto, talvez, a afirmação de que o governo pode obrigar todos a serem escravos sem pagamento, além da inclusão de uma função estranha para o Federal Reserve.

A Parte III, Sec. 301(b) diz:

> Toda agência garantidora é designada e autorizada a:
> (1) agir como agente fiscalizador na elaboração de seus

próprios contratos garantidores e agir de acordo com a seção 301 da lei; e (2) firmar contratos com qualquer banco central para ajudar a agência a funcionar como agente fiscalizador.

Isso sugere que todo órgão federal que faça parte do Executivo pode fazer um acordo em separado com o Fed para imprimir todo o dinheiro de que o órgão precisa para o que quer que seja, sem ter de pedir ao Congresso qualquer tipo de alocação especial de recursos. Também é possível que esse poder já existisse.

À medida que o dia avançou, várias pessoas da porção "responsável" da blogosfera começaram a dizer a mesma coisa. Isso não é novidade. É apenas uma atualização do que já existia. Houve uma atualização em 1994 e atualizações sob todas as administrações anteriores. Não há nada de novo aqui: isso é normal para o Executivo.

Isso acontece há sessenta anos. Que sejam oitenta. Que sejam cem, se você levar em conta o planejamento central da Primeira Guerra Mundial. Na verdade, isso remonta à Guerra de Secessão, quando Abraham Lincoln (1809-1865) assumiu poderes ditatoriais. Ou remonta à administração do presidente John Adams (1735-1826) Adams, que criminalizou a sedição durante o fervor bélico contra a França.

É verdade que a água na qual o sapo está sendo fervido talvez esteja um pouco mais quente do que antes, mas não culpe Barack Obama por ter a ideia da sopa de sapo! É verdade que este argumento tem alguma relevância para os que tentariam ter uma vitória política à custa somente dos democratas. O que não entendo é por que este pano de fundo deveria confortar qualquer pessoa que tenha em mente os interesses mais amplos da liberdade humana.

O que é verdade agora também era verdade em 1994, em 1950, em 1932 e em 1917. Qualquer pessoa que ame a liberdade humana deveria ficar assustada diante da suposição de um controle totalitário em qualquer época, principalmente em nosso tempo, quando talvez possamos fazer algo a respeito.

Estes poderes talvez sejam tão antigos quanto as montanhas, e a batalha entre o poder e a liberdade é o drama fundamental da História humana, mas há uma diferença importante desta vez: temos uma mídia digital que nos permite vermos as coisas com nossos próprios olhos.

Isso é o que faz a diferença.

ENSAIO 108

Nicarágua e o teatro político da Guerra Fria

Alguns amigos e colegas de trabalho passaram férias no Rancho Santana, na Nicarágua, onde você pode viver como um rei com o salário de um plebeu. As praias estão entre as melhores do mundo e as pessoas adoram norte-americanos. Lá, você encontra todo conforto e produtos, e até coisas melhores do que se pode comprar na Wal-Mart. A comida local é incrivelmente boa. Há até mesmo cervejas locais que são melhores do que a maioria encontrada nos mercados dos Estados Unidos. Em geral, é tudo muito bom, a coisa mais próxima de um paraíso que o mundo tem a oferecer.

Como sei disso? Larry Reed, hoje presidente da FEE, a Foundation for Economic Education [Fundação para a Educação Econômica], e eu visitamos este país por uma semana durante o volátil ano de 1985. Naquele tempo, as superpotências, de alguma forma, decidiram escolher este país como teatro para uma das últimas demonstrações de força da Guerra Fria.

Os Estados Unidos diziam que os comunistas tinham assumido o controle em nome dos soviéticos e estavam exportando a revolução pela região. Os soviéticos diziam que os Estados Unidos estavam tentando derrubar um governo eleito democraticamente financiando esquadrões da morte. Você se lembra de Oliver North[26] e tudo aquilo? O drama foi intenso.

Fomos lá para ver o que acontecia. A partir das notícias norte-americanas, esperávamos encontrar uma guerra civil e comunistas travando uma batalha contra rebeldes amantes da liberdade. O que encontramos foi algo bem diferente. Acabamos nos reunindo com líderes dos dois lados do conflito, mas eles não usavam trajes de guerra. Era mais uma briga política do tipo que você encontra no Capitólio diariamente. Nós nos reunimos com oficiais do alto escalão do regime e também com líderes oposicionistas como Violeta Chamorro, que mais tarde foi eleita presidente.

Antes de partir para a viagem, eu lera um livro ótimo de Shirley Christian, repórter do *New York Times*. Ele se chamava *Nicaragua: Revolution in the Family* [Nicarágua: Revolução em Família]. A reportagem detalhada contava como o que parecia ser um ambiente revolucionário por fora era na verdade um cabo-de-guerra normal entre duas facções governantes. A ideologia exerce um papel muito pequeno na realidade além do de servir como uma espécie de pretexto. Quando um lado assume o controle, ele faz coisas para ferir o outro lado, e assim por diante. Em outras palavras, política como sempre.

---

[26] Ex-militar norte-americano envolvido no caso Irã-Contras. (N.T.)

Fiquei maravilhado ao ouvir isso. Era algo bem distante da linguagem que se ouvia de Washington na época, a qual dizia que o lugar era um campo de batalha da grande disputa maniqueísta do nosso tempo. Mas não foram apenas combatentes em ascenção da Guerra Fria como eu que acabaram ludibriados. Havia peregrinos políticos de esquerda do Primeiro Mundo que acabaram sugados por este teatro e também foram à Nicarágua para vivenciar a nova utopia igualitária. Essas pessoas foram minha principal fonte de diversão durante uma semana.

Assim, aonde quer que fôssemos, encontrávamos estudantes de literatura dos Estados Unidos, seminaristas da Alemanha Ocidental, defensoras dos direitos das mulheres da Inglaterra e vários tipos hollywoodianos que foram oferecer seus serviços aos libertadores agora no controle. Todos vivíamos juntos no centro de Manágua, em um hotel que cuidava de todas as nossas necessidades. Chega de operários e camponeses. Vivemos realmente como reis por uma semana.

O café da manhã era incrível, com sucos de toda a região. Nunca mais vi nada parecido. O café era inacreditável, tão forte que precisava ser diluído em leite fresco quente. Você podia comer um almoço gigantesco e pagar apenas um ou dois dólares. O jantar sempre parecia ter algum tipo de entretenimento e bebidas locais que, como aprendi na prática, são perigosas para bebedores inexperientes.

Meu bar preferido não ficava muito longe da sede legislativa. Não me lembro do nome, mas na época, chamava-o de "bar comunista". Isso porque era lá que todos os comunistas se reuniam para beber quase todas as noites. Mais uma vez, eram pessoas de todos os Estados Unidos e Europa Ocidental, e elas se sentavam e conversavam sobre a grande utopia que estava sendo construída diante de seus olhos.

Havia imagens de Che Guevara (1928-1967), Fidel Castro (1926-2016) e Vladimir Lenin nas paredes. O material de leitura era a revista *Vida Soviética*, e juro que algumas edições eram da década de 1950. Larry e eu as folheávamos e gargalhávamos das imagens e propagandas. Não sei se aquele lixo era trazido pelos estudantes ou enviadas diretamente por Moscou, mas, pensando bem, o segundo cenário é mais provável.

Certa noite, fomos ao cinema. Eu fumava na época, então senti o prazer singular de soltar fumaça durante um filme e vê-la se misturar à luz do projetor e criar um belo ambiente de filme *noir*. Lembro-me de pensar que este era um prazer que eu jamais poderia experimentar nos Estados Unidos. Talvez houvesse algo de bom na ideia comunista mesmo! (Brincadeira). Desde então, fiquei sabendo que o cigarro foi banido dos cinemas, e tragicamente.

Pegamos um táxi depois do cinema. Larry e eu estávamos no banco de trás e duas mulheres com aparência calejada estavam no da frente. Tentei puxar assunto e falar de como o filme era bom. Uma das mulheres me respondeu: era horrível, mas exatamente o que se esperava, já que os imperialistas norte-americanos enviavam seus fracassos para cá a fim de explorar os operários tirando o dinheiro deles. Depois dessa lição de moral, fez-se silêncio. Falei de novo, dizendo inocentemente que, ainda assim, achara o filme muito bom. Ela resmungou alguma desaprovação extremada quanto à minha opinião e seguimos em silêncio até chegarmos ao hotel.

Na manhã seguinte, durante o café, conheci Gary Merrill (1915-1990), ex-marido de Bette Davis que estrelara muitos filmes em seu auge, incluindo o grande sucesso de Davis, *A Malvada*. Ele usava um vestido. Perguntei por quê. Ele disse que podia fazer aquilo na Nicarágua porque era um país livre onde o espírito humano fora libertado graças ao controle socialista. Perguntei se ele se considerava um comunista. "Só sei que tudo isso funciona", respondeu ele.

Tivemos uma conversa encantadora, no geral, mas ele disse que precisava ir, pois ia se encontrar com alguns oficiais do governo. Aquilo significava que precisava tirar o vestido e usar um terno. Perguntei por que ele precisava abdicar da liberdade ao se encontrar com oficiais do governo. Ele respondeu que sua intuição dizia que causaria uma impressão melhor usando terno. Que boa intuição! Encontramos Gary muitas outras vezes durante a viagem e só tenho ótimas memórias de sua alegria.

Mais tarde naquele dia, decidimos passear e ver os prédios do governo. Estávamos tirando fotos como loucos na sede do ministério da Defesa, pedindo a todos os soldados e guardas que fizessem pose. Um brutamontes aproximou-se e nos mandou parar. Resistimos um pouco, e de repente percebemos que estávamos presos. Eles pegaram a câmera de Larry e pretendiam estragar as fotos. Mas não conseguiram descobrir como a abrir. Devolveram-nos o equipamento e nos soltaram. O lado bom: tínhamos uma história legal para contar!

Relembrando o acontecido, percebo que a forma mais rápida de ser preso em Washington, D.C., seria tentar chegar o mais perto possível do Pentágono com uma câmera e tirar fotos de todos os guardas. Você provavelmente seria detido por mais do que algumas horas!

Nesta viagem, também aprendi algo sobre o câmbio. O governo daquele tempo tentava controlar rigorosamente as taxas de câmbio. Havia um câmbio oficial no hotel e no aeroporto. E havia a taxa de câmbio do mercado, nas ruas.

Você não precisava procurar muito para encontrar alguém que vendesse moeda no mercado negro. Havia crianças de sete ou oito anos, jovens empreendedores em ascensão. Eles estavam por todos os cantos do lado de fora do hotel e ninguém os incomodava. O raciocínio matemático deles era absolutamente incrível. Eles calculavam o câmbio de qualquer quantia em segundos.

Como eles sabiam a taxa de câmbio? É um pouco misterioso para mim, mas eles deviam recorrer uns aos outros numa espécie de acordo cooperativo/concorrente, talvez arbitrando com os cambistas do outro lado da rua ou da cidade. Difícil dizer, mas sem dúvida eram mestres do ofício.

Penso nisso ao ouvir as pessoas reclamando da ideia de moedas concorrentes nos Estados Unidos. As pessoas dizem: ah, seria confuso demais e ninguém entenderia o sistema! Talvez houvesse uma curva de aprendizado, mas com certeza, com o tempo, a capacidade de raciocínio matemático do norte-americano médio chegaria ao nível do de uma criança camponesa nicaraguense. É pedir demais, certamente, mas é possível.

Para minha decepção, não vimos derramamento de sangue, esquadrões da morte, *gulags* ou silos secretos de mísseis. Visitando a universidade local, também poderia ter conhecido todos os comunistas que conheci. E os oficiais do governo eram parecidos com os que se encontraria em qualquer lugar: ambiciosos, preguiçosos, arrogantes e inúteis. Todos sabiam disso. Suponho que o mesmo ainda valha hoje.

Alguns anos mais tarde, o "ditador" da Nicarágua se submeteu a uma eleição democrática e foi tirado do cargo. Mais tarde, bem depois do fim da Guerra Fria e de todos deixarem de se importar com o país, ele foi reeleito. Nada mudou muito, de um jeito ou de outro.

"*A maioria dos norte-americanos*", escreve o guru dos investimentos Chris Mayer,

> [...] ficaria surpresa se soubesse que a Nicarágua é o segundo país mais seguro da América Central, atrás

apenas da Costa Rica. O Banco Mundial a coloca como o segundo país mais fácil da América Central, atrás do Panamá, para se abrir uma empresa. Na questão de "facilidade para fazer negócio", a Nicarágua está bem à frente de queridinhos perenes do mercado como o Brasil e a Índia – e até mesmo da vizinha Costa Rica. Um relatório recente do FMI disse que a Nicarágua era o país da América Central que mais protege os direitos dos investidores.

Acredito nisso. O país está certamente entre os lugares mais belos que já visitei, e prefiro passar uma semana aqui a visitar o Velho Mundo. A comida é melhor e mais barata e as pessoas parecem insistir e admirar mais suas liberdades fundamentais. As pessoas dizem que visitar a Nicarágua hoje faz com que se lembrem de como nos restam poucas liberdades nos Estados Unidos.

Como a história muda em um piscar de olhos: nosso país se parece cada vez mais com o pesadelo que os Estados Unidos diziam estar impedindo ao assumir o controle da América Central. Hoje, a América Central se beneficia de uma negligência benigna e gloriosa, enquanto os "guerreiros da liberdade" finalmente conseguiram o que queriam nos Estados Unidos e nos trouxeram uma tirania que Daniel Ortega jamais teria ousado impor, nem mesmo no auge do seu poder.

ENSAIO 109

Vitória no Iraque?

Não há nenhum tratado de paz, nenhum inimigo subjugado, nenhuma glória nacional e com certeza nenhuma liberdade recém-descoberta. A "libertação" do Iraque deixa um ditador-marionete odiado no comando, com um mandato "para se certificar de que a autoridade central reforçada continue", nas palavras de um telegrama dos Estados Unidos revelada pelo *WikiLeaks*.

Ainda assim, os Estados Unidos declararam vitória no Iraque depois de uma guerra que durou não nove anos, como diz a mídia, e sim vinte anos, se você incluir a primeira guerra e a década de sanções cruéis entre uma guerra e outra. Ao menos 4.500 norte-americanos morreram e 32.226 ficaram feridos, milhões de iraquianos também morreram, a economia iraquiana está em ruínas e a economia norte-americana está mais de um trilhão de dólares mais pobre.

Vitória no Iraque?

Enquanto os norte-americanos realizavam sombrias cerimônias de despedida em aeroportos fortemente protegidos, centenas de iraquianos queimavam a bandeira dos Estados Unidos e amaldiçoavam os infiéis como nunca antes. No dia em que os norte-americanos foram embora, houve atentados em Tal Afar, Mossul e Bagdá que mataram seis iraquianos e feriram 44.

As mortes daquele dia mal apareceram no noticiário porque são rotina. O país antes pacífico e relativamente próspero – pessoas de toda a região e do mundo iam estudar nas suas universidades e tocar em suas orquestras sinfônicas – fora reduzido a tribos religiosas em guerra com populações muito reduzidas depois de tanta emigração ao longo dos anos de guerra. As cicatrizes são profundas e o ressentimento, extremamente alto.

Mas, para a elite governante dos Estados Unidos, isso é vitória. Durante as cerimônias finais, vários oficiais assumiram o microfone para garantir aos soldados que o sacrifício deles não foi em vão, que eles são bravos e corajosos e deixaram para trás um legado maravilhoso. Mas os soldados sabem a verdade. Todos sabem. A guerra foi um desastre do começo ao fim, e totalmente desnecessária.

Analisando a primeira parte da guerra contra o Iraque, ela foi travada porque George H. W. Bush, o primeiro presidente Bush, enfrentava uma popularidade baixíssima, o fim da Guerra Fria e clamores crescentes para que se diminuísse a presença imperial norte-americana no mundo. Ele tinha uma desavença pessoal com aquele que fora um ditador-marionete dos norte-americanos, Saddam Hussein (1937-2006), e um orçamento militar gigantesco que precisava gastar, antes que a pressão aumentasse para se devolver o dinheiro.

A justificativa escolhida por Bush foi impor um castigo ao Iraque por invadir o Kuwait. Telegramas vazados reforçaram o que observadores já sabiam, que os Estados Unidos haviam dado luz verde para que o Iraque agisse daquela forma. Bush disse que a agressão não seria aceita, mas, hoje, os Estados Unidos não só são donos e controlam o Kuwait — habitado agora por tropas norte-americanas — como também pretende controlar o futuro do Iraque. Não há nada de errado com esse tipo de agressão.

Assim, a primeira grande oportunidade de paz depois da Guerra Fria foi perdida em uma guerra sem sentido contra um dos países islâmicos mais livres e não fundamentalistas, onde pessoas de todas as religiões viviam em relativa paz. Bush também declarou vitória na época, mas manteve as sanções comerciais. O presidente Bill Clinton deu continuidade às políticas punitivas que mantinham o controle sobre o país.

Depois dos atentados de 11 de setembro de 2001, George W. Bush, o segundo presidente Bush, aproveitou a oportunidade de repetir a missão do pai e declarou guerra mais uma vez. Aproveitando a onda de ódio por conta do ato terrorista em solo norte-americano, ele atacou um país que todos admitiam não ter nada a ver com o 11 de setembro (se bem que os terroristas admitiram que os ataques foram motivados, em parte, como vingança pelas sanções) e depois sob a alegação falsa de que Saddam estava construindo armas de destruição em massa. Precisávamos realmente levar a sério a ideia de que um país empobrecido, sem exército de verdade e com crescimento econômico negativo, era uma ameaça ao mundo.

Muitas pessoas esperavam que o presidente Barack Obama detivesse a loucura do que ele chamava de "guerra estúpida", mas não. Em vez disso, ele aumentou as tropas. Haveria mais violência, missões mais longas para os soldados, mais pressão, aumento na vigilância, mais medidas autoritárias. Nada deu certo. Como disse o *Wall Street Journal*: "*O avanço militar norte-americano foi contido por armas primitivas: bombas caseiras feitas com fertilizantes ou peças descartadas de artilharia".*

A resistência só aumentou. O povo iraquiano nunca foi convencido a amar o império que os governava. Os únicos políticos iraquianos genuinamente bem-sucedidos atualmente são os que ousam se opor à presença dos Estados Unidos. Por fim, o óbvio se tornou inegável até mesmo para os conquistadores arrogantes: a única esperança para o Iraque era a saída dos Estados Unidos.

Os Estados Unidos prometeram libertação e trouxeram conflito, destruição e morte. A saída neste momento não é uma vitória, e sim uma derrota incrível, o verdadeiro arquétipo da verdade que a força militar mais poderosa do mundo não pode vencer um povo que não se submete.

Esta lição não é desconhecida dos que permanecem no Iraque. Há duas bases e milhares de soldados e diplomatas ainda lá. Todos são alvos e continuarão a ser por muitos anos. Enquanto isso, a vida no Iraque certamente começará a melhorar agora. A renda é menor hoje do que era em 1940, então uma melhora não será difícil.

Na verdade, a retirada das tropas é uma das poucas boas notícias que o Iraque teve em décadas. E deveria ser um modelo para os Estados Unidos no futuro. Feche o restante das bases e tire o restante das tropas. E faça isso nos outros mais de 140 países nos quais há tropas estacionadas. Isso seria um avanço.

Em 2004, o vice-presidente Dick Cheney declarou sobre o Iraque: *"Acho que tem sido uma notável história de sucesso até aqui quando se analisa o que foi conquistado".* Ele podia muito bem estar falando em nome dos empreiteiros militares que, como disse Robert Higgs, ganharam dinheiro com o saque que a guerra promoveu aos contribuintes norte-americanos.

E não se trata apenas do saque: trata-se de liberdade. Guerra e liberdade não são compatíveis. Essa e outras guerras parecidas nos tornaram menos seguros e mais dependentes do estado policial. Elas dão vazão a uma máquina de guerra que deveria ter sido desmantelada há 25 anos. Em vez disso, ela sobrevive para encontrar uma guerra em algum lugar para travar outro dia.

ENSAIO 110

O Irã e a perspectiva do terrorismo interno

Odeio ser a pessoa a levantar este assunto tão desagradável, mas deixe-me começar com uma pergunta: você se lembra dos motivos que os terroristas do 11 de setembro de 2001 deram para os ataques que mataram tantos, causaram tanto dano e levaram os Estados Unidos a lançarem fúria sobre o mundo e seus próprios cidadãos?

Eles e Osama bin Laden (1957-2011) citaram três fatores: o financiamento dos Estados Unidos aos assentamentos israelenses, o apoio dos Estados Unidos ao regime mantido na Arábia Saudita e a década de sanções ao Iraque.

Como o país foi à guerra contra o Iraque depois dos ataques, praticamente ninguém pensa nos dez anos anteriores, durante os quais os Estados Unidos puniram o Iraque com sanções cruéis que causaram muitas mortes, sobretudo de crianças. Isso foi feito para impedir que o Iraque desenvolvesse armas de destruição em massa – só que nenhuma prova de que tal programa existia veio à tona.

Os terroristas se viam retaliando algo que a maioria dos norte-americanos sequer começa a entender e nem mesmo sabe. Isso não justifica os ataques, mas serve como uma janela para entendermos as motivações por trás deles. Como podemos evitar ataques terroristas futuros se não analisarmos o raciocínio que levou aos atos cometidos em primeiro lugar?

Mas há algo na guerra que parece apagar da memória tudo o que aconteceu antes. Principalmente nos Estados Unidos, prevalece a ideia de que as guerras sempre acontecem em um vácuo. A história resumida é sempre a mesma: aqui estamos nós, cuidando de nossas vidas, quando, de repente, pessoas más estrangeiras começam a ameaçar nosso estilo de vida, então é claro que precisamos destruí-las.

Como prova disso, convido você a ler a incrível antologia de ensaios publicada em 1976 em um livro chamado *Watershed of Empire* [*O Divisor de Águas do Império*], editado por James J. Martin (1916-2004) e Leonard P. Liggio (1933-2014), com ensaios de Murray N. Rothbard, Justus Drew Doenecke, William L. Neumann (1915-1971), Lloyd C. Gardner, Robert Freeman Smith, Robert J. Bresler e James T. Patterson, além de um prefácio de Felix Morley (1894-1982). O tema é a motivação da Segunda Guerra Mundial. A Laissez Faire Books tem um belo estoque deste livro tão sincero que provavelmente jamais será reimpresso (espero que você perceba a ironia). O fato é que a guerra não aconteceu do nada; ela foi precedida por anos de provocações e uma pressão imperialista do dólar que gerou uma reação da Alemanha e do Japão.

Agora, leio as manchetes sobre o Irã. Os paralelos com o Iraque são absurdamente evidentes. Israel está prometendo alguma ação militar contra o Irã, não para impedir um programa nuclear existente, e sim para evitar que ele tenha início. A administração Barack Obama diz que não interferirá ou impedirá um ataque e reafirma a aliança com Israel, aconteça o que acontecer. Os Estados Unidos já impuseram sanções ao Irã e estão preparados para reforçá-las (e sabemos muito bem, por experiência própria, como esta parte do mundo reage às nossas sanções!). Além disso, as bases norte-americanas na região estão se espalhando.

As condições que levaram ao 11 de setembro não só estão se repetindo, como também se pode dizer que estão ampliadas em relação à primeira vez. Alguém acredita que isso seja bom para a paz e a tranquilidade interna no país? Alguém realmente pensa no que isso pode gerar no *front* interno? Acho que não, já que, aparentemente, não aprendemos nada com o 11 de setembro, a não ser colocar toda a segurança aeroviária nas mãos do governo e me impedir de levar um saca-rolhas no avião.

Ninguém esperava pelo 11 de setembro. Ninguém espera que as sanções atuais e os discursos de guerra com o Irã inspirem terroristas suicidas ou algum outro ato impensável de violência aqui, no nosso país. O ataque não precisa ser enorme. Pode ser pequeno e localizado. E, se acontecer, acho que diremos outra vez a nós mesmos que "eles nos odeiam por causa da nossa liberdade", e daí apertaremos ainda mais as amarras no *front* interno. Nenhum esquema de segurança oneroso e ineficiente será suficiente neste dia fatídico.

Sério, vale a pena pensar no que aconteceria a este país depois de outro ataque terrorista em larga escala. Quais são os limites do estatismo? O que nosso governo estaria ou não disposto a fazer dessa vez? Que parte da Declaração de Direitos terá relevância nessas condições? Estas são coisas impensáveis justamente porque qualquer observador atento do momento político atual entende as implicações. Será o fim das liberdades que nos restam.

Já toleramos um nível de militarização impensável há uma geração. Washington, D.C., é uma fortaleza. Todo prédio do governo é administrado como se as pessoas do lado de fora preparassem um ataque. Praticamente ninguém se lembra de quando a polícia local parecia só uma extensão da ordem civil, e não uma casta distinta e fortemente militarizada. A verdade é que todo este "regime de segurança" está mais do que preparado para expandir suas ações a qualquer momento.

Pelo amor de Deus, o procurador-geral dos Estados Unidos fez um discurso na Northwestern University defendendo a posição da administração Obama de que o governo pode perseguir e matar cidadãos norte-americanos sem os procedimentos jurídicos geralmente considerados um sinal de governança civilizada. Uma fala dessas seria impensável há uma década.

Sim, eu sei, somente "teóricos da conspiração" chamam a atenção para isso. O resto de nós deve apenas fingir que o governo é uma maravilhosa força benigna no mundo, fazendo o que pedimos como parte do grande contrato social. Claro que não há plano nenhum de se acumular mais poder, tirar mais dinheiro, destruir o que resta da Constituição e violar os direitos humanos em nome da mentira de nos dar mais segurança e impor a justiça aos homens maus do mundo.

Depois dos ataques de 11 de setembro, houve uma sensação de impotência total que tomou conta dos defensores da paz na Terra. O Estado avançava e não havia nada em seu caminho. Por fim, depois de alguns anos nos quais nossas vidas foram transformadas e a liberdade diminuiu, as coisas se acalmaram. Há algo no ritmo desse batuque em relação ao Irã que me faz perguntar: será isso a calmaria antes da tempestade?

ENSAIO 111

As eleições e a ilusão de escolha

A temporada política despertou a histeria de sempre, para o deleite das pessoas que ganham a vida com isso. Mas para quê? Só há dois tipos de políticos que acabam eleitos, escreveu H. L. Mencken: *"Primeiro, elogiados homens das massas que realmente acreditam no que as massas acreditam e, em segundo lugar, espertalhões dispostos a sacrificar qualquer convicção e autorrespeito para manter seus empregos"*.

Isso resume bem. O lado bom das eleições é que às vezes os debates, as discussões, os candidatos e os partidos levantam questões fundamentais sobre em que tipo de sociedade queremos viver. Isto é o melhor que podemos esperar.

Mas há um lado ruim em toda essa balbúrdia: a impressão de que a mera existência do processo eleitoral dá a "nós, o povo" a escolha fundamental de que tipo de Estado queremos. Não é verdade. Os políticos que elegemos são só de fachada. Eles são bandidos, mas não constituem o que é chamado de Estado. Isso acontece em praticamente todo Estado desenvolvido do mundo nos últimos duzentos anos.

Todo o processo eleitoral leva as pessoas a acreditarem que o Estado está personificado em seus líderes. Nem tanto. Na França, esse sistema acabou com a execução de Luis XVI (1754-1793); na Alemanha, com a ascensão de Otto von Bismarck (1815-1898); e, na Rússia, com a Revolução Bolchevique. O Estado pessoal morreu nos Estados Unidos precocemente, o que até Thomas Jefferson descobriu ao virar presidente, em 1801; ele se sentiu impotente para fazer qualquer coisa.

O Estado moderno independe da vontade de um líder ou administração específicas. Votar e eleições só mudam os administradores temporários, mas não alcançam a raiz do problema.

O primeiro livro que enxergou a realidade em meio a esta fachada foi escrito pelo grande sociólogo alemão Franz Oppenheimer (1864-1943). Ele se chama, apropriadamente, *Der Staat* [*O Estado*]. Foi escrito em 1908, quando o Estado começava a se estabelecer profundamente na ordem social – mais do que em qualquer momento dos mil anos anteriores. Ele descreveu o Estado como uma classe que domina todas as outras, obedecendo a uma lei diferente e prosperando por meio da violência contra a pessoa e a propriedade. Ele resume essa violência com uma expressão: "meios políticos". Ele a contrasta com os "meios econômicos", cuja essência é a associação humana voluntária e o comércio. O livro teve enorme influência por intermédio da obra *Our Enemy, The State* [*Nosso Inimigo, o Estado*], de Albert Jay Nock (1970-1945).

Violência? Isso parece o contrário das eleições, não é? Claro, estamos exercendo nosso livre-arbítrio ao escolhermos quem nos lidera. A verdade é que as pessoas que concorrem a cargos públicos se especializam principalmente naquilo que fazem melhor: concorrer e ser eleito como um fim em si. O Estado real está sob a superfície deste teatro público. Ele é o enorme exército de burocratas profissionais e seus decretos. É o aparato de força que fiscaliza um código tributário gigantesco. É o Federal Register, grande demais para ser impresso. É o Banco Central, seus funcionários, seu maquinário, sua função de socorrer o Estado a qualquer custo. São as centenas e milhares de agências que pretendem controlar todos os aspectos da vida.

A melhor fonte para compreender melhor a realidade do aparato estatal moderno é a incrível obra de Robert Higgs, *Against Leviathan* [*Contra o Leviatã*]. Nenhum autor contemporâneo documentou tão bem o alcance do Leviatã moderno em todas as suas manifestações. Ele entende como o bem-estar social e a guerra não se opõem, e sim trabalham juntos para compor as duas principais atividades do Estado moderno. Ele entende como o Banco Central trabalha para sustentar o sistema. Ele compreende como o Estado serve como máquina de fazer dinheiro para todas as formas de grupos de interesse e como isso funciona para levar a população a acreditar que o Estado está fazendo o bem para o povo, quando na verdade está arruinando suas vidas.

Mais do que tudo, Higgs entende que o sistema político que tanto encanta a mente do povo não é propriedade nossa. O sistema político pertence e é administrado pelo próprio Estado e para um objetivo específico: perpetuar a ideia de que escolhemos o regime que nos governa. É por isso que não há muita diferença entre os partidos políticos. Como diz Higgs, os Estados Unidos têm *"duas facções rotativas de um Estado unipartidário fantasiadas de alternativas autênticas, uma especializada em acabar com a liberdade econômica e a outra concentrada em acabar com todo outro tipo de liberdade".*

Depois que as eleições terminarem – daqui a penosos dez meses! – e nossos novos administradores assumirem seus postos, os analistas nos dirão novamente: "o sistema funcionou!" Sim, funcionou exatamente da maneira que eles querem. Nada mudará muito. Se você não gosta do resultado, há algo errado com você. Se você não gosta das regras, impostos, sofrimento humano, guerras, inflação, invasões, confiscos e todo o aparato, é melhor você concorrer a um cargo, votar em outro candidato ou se lançar na política em tempo integral!

Isso não é escolha. Quando vamos ao mercado, temos a escolha do que comprar. Ou podemos sair sem comprar nada, optando por ficar com o dinheiro. Seja qual for o resultado, ele está em nossas mãos. O sistema eleitoral é diferente. O mercado é o Estado. Os produtos que ele oferece são produzidos pelo Estado. Não há escolha real, só nuances de diferenças para nos manter entretidos. E não podemos simplesmente sair. Não existe a opção "nenhuma das alternativas acima" e não há como ficar com o dinheiro.

De vez em quando, aparece alguém que desafia fundamentalmente o sistema e, de alguma forma, consegue atrair a atenção do público e até usar o sistema para incitar o desmonte dele. Foi o que aconteceu com a candidatura de Ron Paul, e é precisamente por isso que a mídia se esforça tanto para ignorá-lo ou deixar que outros manifestem as opiniões dele.

As elites não estão tão preocupadas com o fato de ele poder se eleger. O sistema é arranjado o bastante para evitar isso. A ameaça real – e o dr. Paul entende isso melhor do que ninguém – é o desafio intelectual fundamental que ele propõe. Seu livro *Liberty Defined* [*Definindo a Liberdade*] contém radicalismo e poder intelectual suficientes para desestabilizar toda a estrutura que Oppenheimer e Higgs descreveram tão bem.

As ideias nestes livros têm muito mais poder do que qualquer urna de votação. Elas revelam a ilusão da escolha e desmascaram a violência embutida na sociedade dominada pelo Estado, um sistema que ninguém escolheu, mas que foi imposto à população por meio da propaganda, de guerras, subornos e todo tipo de artimanhas. Se houver uma forma de recanalizar toda a energia humana que as pessoas depositam na política para a leitura e o pensamento, o Estado finalmente terá um adversário.

ENSAIO 112

A diferença entre OWS e os protestos contra a Guerra do Vietnã

Os manifestantes do movimento Occupy Wall Street (OWS) se imaginam fazendo parte da grande tradição radical norte-americana, dispostos a desafiar o poder e correr o risco de serem presos a fim de atingir seus objetivos. O caso mais óbvio de um movimento de massa assim seriam os protestos antibélicos dos anos 1960. Eles começaram pequenos e cresceram até se tornarem comuns e efetivamente provocarem uma mudança política drástica. O exército norte-americano saiu do Vietnã, implicitamente se declarando derrotado e de luto por uma longa história de calamidade.

Mas considere as diferenças gigantescas. O movimento contra a Guerra do Vietnã tinha um objetivo claro. Ele queria pôr um fim ao conflito. Ele tinha um inimigo claro: os políticos e burocratas que queriam que a guerra durasse para sempre. E tinha uma mensagem clara: essa guerra é errada. Ele tinha uma motivação intensa: os manifestantes temiam ser recrutados para matar e morrer. Isso é o que significa se opor ao poder.

Até onde se sabe, o movimento Occupy não tem nada dessa clareza. Dez mil artigos foram escritos sobre essas pessoas e ainda não há consenso quanto a qual é o verdadeiro problema. Os objetivos do movimento são postados aqui e ali, mas nem todos entre os manifestantes concordam com eles. A motivação é igualmente amorfa e variada: desemprego, a perspectiva de empregos piores, renda menor, efeitos adversos do socorro financeiro aos bancos, desejo de viver de uma forma meio decadente e uma vontade destrutiva de acabar com as recompensas de uma vida de esforço.

O pior, do meu ponto de vista, é que o movimento não se opõe realmente ao poder. Ele se alia ao poder para exigir que o Estado assuma mais responsabilidades e controle ainda mais a vida das pessoas. Eles imaginam que estão exigindo direitos humanos, mas o objetivo principal citado em *sites* públicos é uma lista de maneiras para o governo violar os direitos humanos ou pelo menos se intrometer agressivamente neles.

Aumentar o salário mínimo, por exemplo, limita o direito dos trabalhadores de negociar seus contratos. O salário mínimo diz: você não pode oferecer menos por seus serviços do que o Estado permite. Assim, o salário mínimo não só *promove* o desemprego como também restringe o direito humano de associação de acordo com os temos escolhidos pela pessoa.

Da mesma forma, o pedido para nacionalizar a saúde interfere com o direito dos médicos e pacientes de negociarem seus próprios contratos. A exigência por tarifas alfandegárias interfere no direito das pessoas de realizarem trocas em paz com o mundo todo e efetivamente consolida o Estado como único território geográfico permitido para associações econômicas.

A imposição de novos impostos tira a propriedade das pessoas. Essa propriedade é adquirida por meio do trabalho, que depois é tirada à força para que o Estado a use em seus objetivos políticos. Esta exigência é uma receita para mais empobrecimento.

A pressão para refinanciar a infraestrutura doméstica nega à iniciativa privada a oportunidade de usar seus recursos e talentos para reconstruir lucrativamente e de uma forma verdadeiramente sustentável. Há um motivo para a infraestrutura estatal estar sempre desmoronando: ela é construída pelo Estado com toda a irracionalidade econômica inerente à maioria dos projetos estatais.

O problema verdadeiro do movimento OWS é sua ingenuidade política. Os manifestantes imaginam que, ao atacar a livre iniciativa e o sistema capitalista, eles estão defendendo o direito do homem comum. É exatamente o contrário. A única alternativa real à livre iniciativa é uma economia administrada pelos elementos mais cruéis e impiedosos da sociedade, que sempre parecem gravitar rumo ao estatismo.

Se o movimento OWS tiver sucesso, ele despertará em um mundo governado por burocratas federais e bandidos militarizados. O mundo todo será administrado como o sistema postal, a TSA, o IRS e a alfândega. Isso não tem nada a ver com liberdade e direitos humanos.

Por este motivo, o movimento OWS não é uma ameaça real à autoridade consolidada. Até aqui, sua mensagem tem sido a de que o Estado precisa ser mais fiel a si mesmo, que os piores aspectos dos partidos Democrata e Republicano precisam ser implementados intensamente. Este é um movimento que o Estado é capaz de amar. Na verdade, a Casa Branca se aproxima cada vez mais do movimento, dizendo que Barack Obama "continuará a reconhecer a frustração que ele também sente".

Mais uma vez, o contraste com os protestos contra a Guerra do Vietnã dos anos 1960 não poderia ser mais evidente. A Casa Branca odiava os manifestantes. Os políticos dos dois partidos temiam o que o "poder do povo" significava naquele tempo.

Se tivéssemos um movimento economicamente equivalente hoje em dia, ele pediria o fim do Fed, a privatização da educação e da saúde, o direito ao comércio global sem tarifas, o fim do roubo estatal às pessoas e empresas e o direito de ficar com o que se tem. Em resumo, um movimento verdadeiramente radical pediria um capitalismo consistente e autêntico como condição para a paz na política internacional.

Isso é que seria radical.

ENSAIO 113

Como os políticos destruíram o mundo

Um dos aspectos mais legais da vida moderna está prestes a desaparecer. Estou falando da grande inovação nos últimos dez anos que possibilitou que máquinas de venda automática aceitem cartões de débito e crédito. Chega de procurar moedas nos bolsos. Chega de precisar alisar notas de um dólar para que elas entrem certo na máquina e não sejam devolvidas. Em vez disso, você coloca o cartão, é cobrado e recebe um extrato útil no fim do mês que descreve seus hábitos de compra.

Comerciantes estão cada vez mais dispostos a aceitar cartão de débito e crédito para pequenas transações. É assim que a Redbox ganhou dinheiro e pôs filmes novos em alta qualidade ao alcance de todos. É mais fácil comprar um filme do que uma refeição barata. O mesmo serve vale as lojas de conveniência. Você está sem dinheiro, então pega o cartão e paga por uma garrafa de suco ou barra de chocolate.

O mesmo vale para o comércio *online*: compre uma coisinha ou faça uma doação a uma instituição de caridade com micropagamentos. Isso faz parte da vida moderna — algo que aprendemos a amar e a considerar normal. É incrível e inovador. Torna nossas vidas melhores e o mundo um lugar mais belo.

Como isso poderia desaparecer? Envolva os políticos. E eles se envolveram e tudo está chegando ao fim. Está desaparecendo por meio de um caminho tortuoso que exige alguns minutos para ser entendido. Portanto, deixe-me explicar.

Como parte de um "ataque" político ao mundo financeiro, a Lei Dodd-Frank foi aprovada no ano passado e as taxas das administradoras de cartão de crédito agora têm um teto de vinte e um centavos por transação. Os gênios no Congresso concluíram que isso economizaria dinheiro para os consumidores porque a taxa média é na verdade de quarenta e quatro centavos. Os mestres do universo acharam que, aprovando a lei, podiam corrigir o mundo. Ah, como os poderes e privilégios deles são necessários!

Mas sabe de uma coisa? O mundo é um pouco mais complexo do que isso. O que realmente aconteceu foi que, para tornar as pequenas transações lucrativas, as empresas passaram a cobrar taxas mais altas de transações maiores e a usar este dinheiro para subsidiar os custos das transações menores. Transações menores não custavam, em média, vinte e um centavos. Elas custavam seis ou sete centavos. Isso foi possibilitado pelas altas taxas que os políticos decidiram eliminar por meio de leis.

De muitas maneiras, isso faz sentido do ponto de vista financeiro. As empresas de cartão de crédito têm todos os motivos para maximizar a quantidade de instituições que usam seus serviços. Compensar os custos variáveis por meio de um modelo heterogêneo faz exatamente isso. Funciona, assim como tudo no mercado tende a funcionar.

Talvez você já tenha entendido o que está acontecendo. Se as empresas não podem mais subsidiar as pequenas transações, elas precisam distribuir o modelo de receita igualmente para todos. Agora incapazes de cobrar quarenta e quatro centavos, elas podem cobrar vinte e um centavos. Mas transações que antes custavam seis centavos também aumentarão para vinte e um centavos. Isso é intolerável para os pequenos comerciantes.

Um efeito imediato é que o aluguel um filme da Redbox vai aumentar em vinte centavos, para US$ 1.20. Isso são os políticos roubando sua carteira. Muitos comerciantes já estão se recusando a aceitar cartões de crédito para compras inferiores a US$ 10. É direito deles. É opção deles. Se eles não puderem fazer com que funcione financeiramente, porão um fim à prática. Para outros pequenos comerciantes, como lojas de conveniência e de doces, isso é uma catástrofe.

Máquinas de venda automática? Aproveite enquanto é tempo. Muitas destas máquinas serão desligadas, do contrário o preço de uma lata de Coca-Cola precisará aumentar 20%. Em breve, você talvez precise voltar a procurar moedas ou alisar suas cédulas de um dólar.

Inacreditável, não? Sim, é. Esta é uma lei que foi supostamente criada para ajudar. Que Deus nos proteja da ajuda dos políticos!

Veja só o que eles fizeram. Eles destruíram uma das grandes facilidades emergentes da vida moderna. Quantas pequenas doações não serão mais feitas? Quantos *widgets* e sistemas de micropagamento decretarão falência? Que tipos de projetos de caridade ou empresas virtuais não surgirão porque não podem mais arcar com os custos do negócio?

E tudo isso está acontecendo em tempos de recessão. É golpe após golpe, dados por uma classe política que diz estar estimulando a economia. Com certeza, as empresas de cartão de crédito avisaram que isso aconteceria. Elas disseram que a lei acabaria com seu modelo de negócio. Mas os políticos tendem a tratar toda reclamação empresarial como mentira. Por isso, ignoraram. Eles pensaram, ei, colocamos um teto de preço em algo e o mundo obedece às nossas ordens, então qual é o lado ruim?

O lado ruim só aparece mais tarde. E praticamente ninguém entende realmente a causa. Eles só sabem que o preço do aluguel de filmes aumentará, e culpam as empresas. Todos culpam as empresas por tudo. Enquanto isso, esses miniditadores arrogantes estão escondidos em um canto, esperando que ninguém note a confusão em que eles transformaram o mundo.

Este é um arquétipo do que geralmente é chamado de "consequências indesejadas" da legislação governamental. É apenas uma peça minúscula de um quebra-cabeças muito maior. Multiplique isso milhões de vezes e você terá uma ideia de por que o mundo está tão bagunçado. Os políticos tentam consertá-lo e ele só piora. Eis uma regra geral: os políticos não deveriam fazer nada, nunca, exceto, talvez, repelir suas tentativas estragadas de melhorar nossas vidas.

Epílogo

Momentos hayekianos da vida

Nunca me canso de olhar pela janela dos aviões. Durante toda a História humana, até praticamente anteontem, nenhum ser humano viu o mundo deste jeito. As pessoas podiam subir no alto das montanhas e ver os vales lá embaixo. Mas ver a paisagem toda era privilégio dos pássaros e de Deus. Então, há cerca de cem anos, isso mudou e pudemos ver o que nunca tínhamos podido experimentar diretamente.

Não é a natureza pura e simples que me fascina. São as cidades. As cidadezinhas. As luzes. As vastas terras cultivadas. A ordem aparente da civilização que ninguém planejou, mas que parece emergir pouco a pouco de mentes criativas. Tudo que vemos foi um dia uma ideia depois tornada realidade por meio da ação.

Apesar de toda a pretensão do governo e da arrogância de suas autoridades e da mentalidade planejadora dos burocratas, o que você vê pela janela do avião é essencialmente anarquia organizada, a prova do que milhões de unidades explosivas de criatividade (também conhecidas como pessoas) são capazes de construir quando cooperam em busca de seu interesse próprio.

Também fico intrigado pelas extensões gigantescas aparentemente vazias que se estendem entre o leste e o oeste dos Estados Unidos, e isso me deixa admirado com essa história de "superpopulação" ou de como estamos ficando sem espaço. Sob as condições certas, todo o planeta poderia caber neste lugar, e com bastante espaço livre. Ah, e você se lembra da conversa, há alguns anos, sobre estarmos ficando sem espaço para aterros sanitários? Loucura!

Esta não é a única lição a se aprender com essa visão de pássaro. Há uma cena no filme *O Terceiro Homem,* de 1949, que se passa em Viena depois da Segunda Guerra Mundial, quando o criminoso Harry Lime e o escritor Holly Martins, que está visitando a cidade, estão no alto de uma roda-gigante. Eles olham para baixo e Holly pergunta a Harry se ele alguma vez viu uma de suas vítimas. Harry responde:

> Vítimas? Não seja melodramático. Olhe para baixo. Diga-me. Você realmente sentiria pena se um daqueles pontinhos parasse de se mover para sempre? Se eu lhe oferecesse vinte mil libras por cada pontinho que parasse, você me diria mesmo, meu caro, para ficar com o dinheiro, ou calcularia quantos pontos poderia se dar ao luxo de poupar?

A alusão a como os pilotos de caça veem o mundo deve ter sido óbvia nos anos depois da guerra. As pessoas são apenas pontinhos lá de cima, tão valiosas quanto formigas que esmagamos rotineiramente com os pés ao caminharmos pela grama.

É essencialmente assim que o Estado nos vê. O Estado é uma ave de rapina olhando para baixo, vendo não vidas prósperas e preciosas, e sim pontinhos que podem ser detidos e comidos ou que recebem permissão para se mover de maneiras que ele aprove. O Estado se imagina o senhor de todas as coisas, mas, sem a capacidade de realmente criar coisas belas, ele recorre repetidamente a seu poder de destruir sem misericórdia.

O grande desafio da liberdade é ver o mundo de cima, não como uma ave de rapina, e sim com a reverência que sentimos como passageiros ao olharmos pela janela de um avião. Deveríamos ver uma complexidade preciosa e maravilhosa, uma ordem que pode ser observada, mas jamais controlada do alto.

É assim que imagino que F. A. Hayek via o mundo ao escrever seu famoso artigo "The Use of Knowledge in Society" [O Uso de Conhecimento na Sociedade], publicado durante a guerra, em 1945. Na opinião dele, todo o problema econômico fora radicalmente mal compreendido. A economia não está realmente relacionada com a melhor forma de usar os recursos sociais. Em vez disso, disse ele, o problema econômico era encontrar um sistema que utilizasse da melhor maneira possível as várias formas de conhecimento do tempo e espaço que existe na mente dos indivíduos. Este conhecimento, escreveu, é basicamente inacessível aos planejadores centrais.

> O caráter peculiar do problema de uma ordem econômica racional é determinado precisamente pelo fato de que o conhecimento das circunstâncias que

devemos usar nunca existe de uma forma concentrada e integrada, e sim apenas como pedacinhos dispersos de conhecimento incompleto e frequentemente contraditório que todos os indivíduos têm. O problema econômico da sociedade é, portanto, não apenas um problema de como alocar "determinado" recurso — se "determinado" é entendido como restrito a uma mente única, a qual resolve deliberadamente o problema estabelecido por estes "dados". Ao invés disso, trata-se de um problema de como garantir o melhor uso destes recursos conhecidos por todos os membros da sociedade, para fins cuja importância relativa só os indivíduos conhecem. Ou, em resumo, é um problema da utilização do conhecimento que não é dado a ninguém em sua totalidade.

Olhando de cima, portanto, só podemos ver, mas não podemos realmente conhecer todos os dados que fazem a ordem social ser como é. Se não podemos saber na totalidade o que motiva a escolha individual e a ação humana, com certeza não a podemos substituir pela vontade dos agentes planejadores e esperar um resultado melhor.

Admito que tive dificuldade durante anos para apreciar completamente essa ideia. Mesmo depois de ler o texto cem vezes, o argumento central de Hayek me escapava, pelo menos até certo ponto.

Mas, quando estava em São Paulo, no Brasil, tive uma experiência incrível que me ajudou a cristalizá-la. Fui a um dos prédios mais altos no meio da cidade. No terraço, há um lugar muito chique chamado *Sky Bar*. Ele tinha vista para toda a cidade, em todas as direções. Você podia girar e não ver nada além da evidência das mãos humanas lutando para criar vida.

Há cerca de vinte milhões de pessoas nessa cidade, mas, pela aparência do lugar, dá para imaginar cinco Nova

Yorks espremidas juntas. Parece não haver um centro. Ela apenas se estende indefinidamente, de uma forma que é impossível para a mente humana compreender totalmente. O que você pode fazer além de prestar reverência a tal paisagem? Foi exatamente isso o que eu e os meus amigos do Instituto Ludwig von Mises Brasil fizemos.

O Brasil é um Estado socialista, mas, como todos os Estados socialistas modernos, só finge fazer o que diz. Em vez de inspirar o surgimento de novas maravilhas, ele só atrapalha com suas intromissões, regulamentações e impostos. Como todos os Estados, ele suga a produtividade e a riqueza da sociedade, em vez de contribuir.

De alguma forma, percebi que isso é mais óbvio do que nunca do alto do *Sky Bar*. É o auge da arrogância para qualquer grupo imaginar que pode controlar um lugar assim. O mercado negro e a economia semiformal prosperam. As coisas sem autorização definem a própria vida. A espontaneidade prevalece. Toda a cidade se rebela deliciosamente contra a ordem oficial, e é exatamente isso o que torna este lugar maravilhoso.

Sim, há planejamento. Muito. Indivíduos planejam suas vidas. Empresas planejam sua produção. Consumidores planejam suas compras. Mas o governo não planeja nada. Ele só interfere e mente quanto ao motivo pelo qual faz isso.

É como Hayek disse:

> Não se trata de discutir se o planejamento deve ou não ser feito. Trata-se de discutir se o planejamento deve ser feito de uma forma centralizadora, por uma autoridade única para todo o sistema econômico, ou se deve ser feito de uma forma dividida entre muitos indivíduos.

De pé no alto daquele prédio, tentando imaginar e compreender o tamanho de São Paulo, um casal entrou na minha frente e bloqueou minha visão. Eles se envolveram em um abraço longo e afetuoso. Quem são essas pessoas? Há quanto tempo elas se conhecem? Qual dos dois ama mais? Essa exibição pública de afeto levará a quê? Era só uma noite ou a esperança de toda uma vida?

Não tenho a menor ideia quanto a isso e não sonharia em interferir. Somente os dois sabem e podem moldar suas vidas, com erros e tudo. São duas pessoas entre vinte milhões que moram lá. Esses vinte milhões são apenas 10% da população do Brasil, e o país tem apenas 3% da população mundial. E cada indivíduo pensa por si próprio. Graças a Deus. De alguma forma, dá certo.

No final, ninguém controlará este mundo.

Índice Remissivo e Onomástico

Índice Remissivo e Onomástico

5 Min. Forecast, 132
16 CFR PART 1205 - o Padrão de Segurança para Cortadores de Grama de Empurrar, 203
1984, de George Orwell, 170

A

ABC, 159
AC Chassagne-Montrachet, 517
Ação Humana, de Ludwig von Mises, 95, 282
Acton, Lord [John Emerich Edward Dalberg-Acton, 1º Barão de Acton (1834-1902)] 548, 599
Adams, John (1735-1826), 629
Afeganistão, 123, 170, 225, 536
África, 601
África do Sul, 150, 517
Against Leviathan [*Contra o Leviatã*], de Robert Higgs, 649
Agora Financial, 29, 416-17, 421, 425, 543
Agora Inc., 417, 556
Albright, Madeleine Korbel (1927-), 172
Alemanha, 147, 170, 369, 644, 648
Alemanha Ocidental, 633
Almanaque Anual, 149
Alta Idade Média, 609
Amazon, 80-81, 84, 317, 443
América Central, 636-37
América Latina, 155, 258, 297
American Airlines, 379-80, 383
American Credo, The [*O Credo Norte-americano*], de H. L. Mencken, 569-70
American Letter Mail Company, 585
Angry Birds, 56
Android, 109, 111, 589

Anonymous, 42
Apple, 77-78, 80-81, 109-11, 210, 274-75, 278, 285, 459
Arábia Saudita, 177, 623-24, 643
Argentina, 150, 351, 517
Arno Press, 496
Arnold, 209
Art of Being Free, The [*A Arte de Ser Livre*], de Wendy McElroy, 126
Ásia, 150, 600
Ásia Central, 150
Associação Norte-americana de Produtos para Animais de Estimação, 527
Ataques terroristas de 11 de setembro de 2001, 548, 640, 643, 645-46
Atenas, 216
AT&T, 78, 109, 112
Austin, 67
Austrália, 147, 150, 159
Áustria, 116

B

Bach, Johann Sebastian (1685-1750), 429
Bagdá, 639
Bain Capital, 434
Baker, Dean (1958-), 335
Baltimore, 417
Banco Central Europeu, 369, 375-76
Banco Mundial, 277, 375, 637
Band-Aid, 206-07
Bangladesh, 500
Barnes, Roy (1948-), 133
Bastiat, Claude Frédéric (1801-1850), 539, 545, 552-55, 557, 604, 617
Baum, Caroline (1958-). 408

BBC Four, 43
BBH Labs, 67-68, 71
BB&T, 348
Beale, Simon Russell (1961-), 43
Bell, Alexander Graham (1847-1922), 26
Beltway, 195
Berkshire Hathaway, 484
Bernanke, Ben (1953-), 97, 222, 227, 337, 339-41, 345, 355, 365-66, 375, 378, 395-98, 404-05, 408
Bernstein, William J. (1948-), 511
Best Buy, 76, 325-26
Bicyclette Pinot Noir, 519
Bies, Susan (1947-), 340-41
Bilderbergers, 603
Bin Laden, Osama (1957-2011), 643
Birdzell, Jr., L. E. (1880-1973), 501
Bismarck, Otto von (1815-1898), 648
Bitcoin, 358
Block, Walter (1941-), 268
Blogger, 468
Bloomberg, 408
BMI, 42
Bodog.com, 137
Boétie, Étienne de La (1530-1563), 129
Boettke, Peter (1960-), 608-12
Bonner, Bill (1948-), 417, 554-59, 561, 595, 599-00
Book of Prefaces, A [*O livro dos Prefácios*], de H. L. Mencken, 569
Boston Consulting Group, 63
Botsuana, 351
Boulding, Kenneth (1910-1993), 610
Bradford, William (1590-1657), 302-03
Brasil, 114-16, 119-21, 124-25, 148, 150, 268, 284, 637, 666-68
BREIN, organização antipirataria, 451

Bridezillas, 532
Bubble that Broke the World, A [*A Bolha que Quebrou o Mundo*], de Garet Garrett, 617
Buchanan, James M. (1919-2013), 610
Buenos Aires, 48
Buffett, Warren (1930-), 410, 560, 580
Burocracia, de Ludwig von Mises, 292
Bush, George Herbert Walker (1924-), 639-40
Bush, George Walker (1946-), 97, 355, 640
Byrd, William (1539-1623), 430

C

Calçada da Fama de Hollywood, 183
Califórnia, 197, 517
Câmara de Comércio, 47, 321
Camboja, 150, 582
Campanha por Cosméticos Mais Seguros, 180
Canadá, 137, 150
Canadian Football League, 137-38
Cântico, de Ayn Rand, 450
Capitólio, 177-78, 390, 632
Carnegie, Andrew (1835-1919), 410
Carden, Art, 218
Carter, James Earl Jr., "Jimmy" (1924-), 170, 335
Casa Branca, 58, 204, 392, 529, 551, 624, 627, 655
Casa da Moeda, 227, 371
Case for Gold, The [*Em Defesa do Ouro*], 372
Castro Ruz, Fidel Alejandro (1926-2016), 634

ÍNDICE REMISSIVO E ONOMÁSTICO

Ceaușescu, Nicolae (1918-1989), 450
Centro para Pesquisa Econômica e Política, 355
Chamorro, Violeta Barrios de (1929-), 632
Chanel, 452
Cheney, Richard Bruce "Dick" (1941-), 641
Chicago, 187, 192, 439
Chile, 517
China, 45, 85, 147-48, 150, 155, 171, 187, 258, 277, 351, 369, 374-75, 546, 577, 621, 623
Chodorov, Frank (1887-1996), 30, 423
Chomsky, Avram Noam (1928-), 122, 124
Christian, Shirley (1938-), 632
Chuang Tzu (369-286 a.C.), 546
CIA, 149, 176-77
Cleyre, Voltairine de (1866 -1912), 600
Click Wine Group, 519
Clinton, William Jefferson "Bill" (1946-), 386, 640
Clos de la Roche, Grand Cru, 517
Cloud, Daniel, 565, 576-78, 581-83
CNN, 63, 627
Coca-Cola, 150, 658
Coeficiente de Gini, 500
Coelho de Souza, Paulo (1947-), 445
Colbert, Claudette (1903-1996), 182
Colbert, Jean-Baptiste (1619-1683), 544
Collins, Suzanne Marie (1962-), 443
Colômbia, 150
Comissão de Comércio Internacional dos Estados Unidos, 110
Comissão Norte-americana do Ouro, 372

Comitê de Nutrição e Necessidades Humanas, 524
Commanding Heights, 491
Condado de Prince George, 359
Congresso dos Estados Unidos, 39-40, 139, 142, 163, 166, 239, 276, 281, 292, 335, 348, 382, 391-92, 453, 505, 529, 535, 551, 628-29, 657
Connecticut, 234, 286, 325
Conrad, Joseph (1866-1912), 600
Constituição dos Estados Unidos, 241, 438, 586
Copa do Mundo de Iatismo, 402
Copland, Aaron (1900-1990), 120
Copyright Act, 321
Coreia do Norte, 123, 171, 480
Coreia do Sul, 623
Corleone, Família, 212
Cortina de Ferro, 85, 169
Corrupção Estrangeiras, FCPA, na sigla em inglês), 281
Costa Rica, 137, 637
CPI (Consume Price Index), 367, 408
Crayola, 288
Crawford, Joan (1905-1977), 182
Creative Commons, 468
Crevecoeur, J. Hector St. John (1735-1813), 599
Crisco, 522
Cronkite, Walter (1916-2009), 490
Cruise, Tom (1962-), 75
Cuba, 171
Cyber Monday, 326

D

Daily Caller, 214
Daily Reckoning, 556

Dallas, 340
Dalmia, Shikha, 499
Damn! A Book of Calumny [*Maldição! Um livro de Calúnia*], de H. L. Mencken, 469-70, 569
D'Argenson, René Louis de Paulmy Voyer (1674-1757), Marquês, 544
Davidson, Adam (1970-), 223
Davis, Bette (1908-1989), 182, 184, 634
Décima Sexta Emenda, 241
Declaração de Direitos, 438, 645
Definindo a Liberdade, de Ron Paul, 651
Dent, Charles (1960-), 233
Departamento de Energia, 191, 193-94
Departamento de Estatísticas do Trabalho, 57
Departamento de Habitação e Desenvolvimento Urbano, 102
Departamento de Justiça, 39, 42, 77, 110, 280, 350
Departamento de Segurança Doméstica, 138
Departamento de Transportes, 102
Departamento do Trabalho, 102, 212-14
Dia de Ação de Graças, 301-03
Dictatorships and Double Standards [*Ditaduras e Dois Pesos e Duas Medidas*], de Jeane Kirkpatrick, 170
Digital Millennium, 321
Dilbert, 345
DiLorenzo, Thomas James (1954-), 277
Dinamarca, 500
Doenecke, Justus Drew (1938-), 644
Dreiser, Theodore (1871-1945), 570

Dorsey, Jack (do Twitter), 356
Double Irish With a Dutch Sandwich ("Irlandês Duplo com um Sanduíche Holandês"), 274
Doutrina Kirkpatrick, 169
Dow Corning, 285
Dr. Seuss, [Theodor Seuss Geisel (1904-1991)], 457
Dropbox, 84
Duque de Alba (1507-1582), 578
Dwolla, 357-58

E

Ebbers, Bernard John "Bernie" (1941-), 559
Edison, Thomas Alva (1847-1931), 26
Elfos e o Sapateiro, Os, dos irmãos Grimm, 509
Emenda dos Direitos Iguais, 253
Emenda Durbin, 390
Emirados Árabes Unidos, 150
Empire Unplugged, 335
EPA (agência de proteção ambiental), 197
Era Digital, 28-29, 34, 37, 39, 42-43, 54, 65, 83, 87, 94, 97, 139, 147, 163, 165, 217, 246, 345, 347, 355, 357, 417, 423, 444, 455, 461, 473, 485, 496, 504
Era do Bronze, 43
Era do Jazz, 385, 388
Era do Trabalhador Supérfluo, A, de Herbert Gans, 224
Era Dourada dos Estados Unidos, 26, 118, 310, 365, 397
Era Progressista, 219
Erdogan, Recep Tayyip (1954-), 622
Escola Austríaca, 96, 116, 433, 487, 493, 610

ÍNDICE REMISSIVO E ONOMÁSTICO

Espada de Dâmocles, 486
Espanha, 115, 621, 623
Estado, O, de Franz Oppenheimer, 648
Estados Unidos, 26, 85, 110, 114-15, 117-23, 125, 137-39, 145-48, 155-57, 159, 165-72, 176-77, 182, 184, 186-87, 194, 197, 213, 216, 218-21, 228-30, 234, 237-39, 241, 266-67, 273, 275-82, 289-90, 296, 311, 314, 321, 367, 380, 386, 437-38, 441, 463, 500, 519, 537, 549, 553, 558-59, 584, 586, 595, 597, 599-00, 621-25, 627, 631-34, 636-41, 643-46, 648-49, 664
Estátua da Liberdade, 120
Estrela Polar, 126, 421
Etiópia, 277, 500
Europa, 148, 216, 221, 228, 374, 377, 380, 383, 386, 455, 537, 544, 549, 601, 633
Europa ocidental, 148, 633
Europa oriental, 336-37, 347
Examiner, The, 626
Explosivos C4, 178

F

Faber, Marc (1946-), 561
Facebook, 27, 35, 45-46, 48-49, 56-57, 59, 86, 89-90, 94, 97, 134, 166, 189, 247, 311, 357, 438, 452, 467, 488, 615
Fair Labor Standards Act, 313
Faktorowicz, Maksymilian, 181-82
Falência da Lehman, 379, 381
Fallgatter, Ruth, 286
Fat Bastard, 519
Fat Head, 523
Fausto, de Charles Gounod, 420

FDA, 180-81, 184, 266
Federal Register, 194, 462, 649
Federal Reserve, 96-97, 147, 149, 334, 338, 351, 392, 628
Federal Trade Commission, 264
Feira Mundial de 1904, 182
Feira Mundial de Chicago de 1893, 192
Feira Mundial de Paris de 1900, 37
FEMA (Agência Federal de Gerenciamento de Emergências), 134
Fim do *laissez-faire*, 385
FileSonic, 85
Finlândia, 157, 500
Fisher, Richard (1949-), 340
Fitzgerald, F. Scott (1896-1940), 388
Flora *vs.* Estados Unidos, 238
FMI (Fundo Monetário Internacional), 375, 637
Food and Drug Administration, 264
Foundation of Economic Education (FEE), 433, 553, 631
Founding Fathers *ver* Pais Fundadores
FOMC (Comitê Federal de Mercado Aberto), 404
Forbes, 208, 280, 613
Ford Jr., Gerald Rudolph (1913-2006), 335
Foreign Corrupt Practices Act (Lei de Práticas de Corrupção Estrangeiras), 281
Formulário 1040, 237
Formulário W-2, 312
Fort Bliss, 365
Fórum Anual da Liberdade, 142
Fox & Wilkes, selo da Laissez Faire Books, 588
Foxx, Jamie (1967-), 41
França, 419, 439, 518-19, 544, 553, 629, 648

Franklin, Benjamin (1706-1790), 192
FreedomFest, 474
Freeman, The, 433
Free Staters, 142-44
French, Douglas (1944-), 29
Friedman, David (1945-), 549
Friedman, Milton (1912-2006), 408

G

Gallo (vinicultora norte-americana), 518-19
Games Workshop, 320
Gans, Herbert J. (1927-), 224
Gardner, Lloyd C. (1934-), 644
Garland, Judy (1922-1969), 182
Garret, Edward Peter "Garet" (1878-1954), 30, 418, 617
Gates, William Henry III "Bill" (1955-), 111, 410, 580
Geist, Michael (1968-), 137
Geithner, Timothy Franz (1961-), 339-40
General Electric, 285
George Mason University, 608
Georgia, 132
Gerald Ford Museum, 251
Ghacks Technology, 85
Gingrich, Newton Leroy "Newt" (1943-), 333, 348
God's Composer [*O compositor de Deus*] (Tomás Luis de Victoria), 43
GoDaddy, 452
Gold: The Once and Future Money [*Ouro: A Moeda do Passado e do Futuro*], de Nathan Lewis Garrett, 372
Goldman Sachs, 112, 369, 484
Good Money [*Dinheiro Bom*], de George Selgin, 371

Google, 33, 86, 89, 109-10, 132, 210, 274, 278, 452, 464, 480
Google News, 27
Google+, 33
Gordon Gekko, 520
Gosplan (Nome coloquial da política de economia planejada da União Soviética), 518
Gounod, Charles (1818-1893), 420
Gourmet Live, 522
Gournay, Jacques Claude Marie Vincent de (1712-1759), 544
Grand Rapids, 251, 253-54
Grande Depressão, 218, 226, 313, 315, 366, 385
Grande Gatsby, O, de F. Scott Fitzgerald, 388
Grant, James (1946-), 352
Great Fiction, The [*A Grande Ficção*], antologia de Frédéric Bastiat, 604
Gray, Elisha (1835-1901), 26
Grécia antiga, 537, 547
Greenspan, Alan (1926-), 339, 342, 345
Guerra ao Terror, 176, 437, 440
Guerra Civil, 632
Guerra da Coreia, 286, 628
Guerra do Vietnã, 652, 655
Guerra Fria, 38, 76, 148, 169, 439, 441, 628, 631-33, 636, 639-40
Guerras religiosas da Inglaterra, 455
Guerrero, Francisco (1528-1599), 430
Guevara, Ernesto de la Cerna, "Che" (1928-1967), 634
Gupta, Rajat (1948-), 484-85
Gutenberg, Johannes (1400-1468), 254

H

Hades, 558
Halloween, 360
Hanke, Steve H. (1942-), 612
Hayek, F. A. [Friedrich August von] (1899-1992), 30, 103, 116, 261, 344, 352, 418, 483, 489-93, 514, 539, 577, 610, 617, 665-67
Hazlitt, Henry (1894-1993), 334-35, 418, 617
Hegel, Georg Wilhelm Friedrich (1770-1831), 168, 172
Henry, Patrick (1736-1799), 599
Higgs, Robert (1944-), 90, 641, 649, 651
Hill, Doug (1950-), 416, 422
História da Riqueza do Ocidente, A, de Nathan Rosenberg e L. E. Birdzell, Jr., 501
Hobbes, Thomas (1588-1679), 128
Hodgson, Peter C. L. (1912-1976), 286, 288
Hoffman, Reid (1967-), 54
Holanda, 274, 500
Holcombe, Randall G. (1950-), 612
Hollywood, 183
Holocausto nuclear, 628
Hoppe, Hans-Hermann (1949-), 46, 129, 131, 495, 604-06
Horowitz, Glenn, 133
Houston, 187
How an Economy Grows and Why It Crashes [*Como uma economia cresce e por que ela entra em colapso*], de Peter Schiff, 154, 157
How Capitalism Saved America, de Thomas DiLorenzo, 276
Hudson, Michael, 396
Hulu, 523

Human Rights Watch, 213
Huneker, James (1857-1921), 570
Hunt, Ethan, 75
Hussein, Saddam (1937-2006), 639-40

I

Idade da Pedra, 77, 194, 224
Idade Média, 20, 178, 510, 546-47, 609
Idade Média cristã, 546
Idea of America, The: What It Was and How It Was Lost [*A Ideia da América: O Que Ela Era e Como Foi Perdida*], antologia editada por William Bonner e Pierre Lemieux, 595, 598
Iêmen, 176-77
Ilhas Cayman, 157
Império Romano, 124
Inconstitucionalidade das *Leis que Proíbem o Correio Privado, A*, de Lysander Spooner, 585
Independent Institute, 608
Índia, 45, 147-48, 150, 258, 277, 351, 369, 623, 627
Indonésia, 351
Inglaterra, 147, 155, 228-30, 320, 371, 374-75, 455, 500, 504, 548, 601, 633
Institute on Taxation and Economic Policy [Instituto de Tributação e Política Econômica], 277
Instituto Mises Brasil (IMB), 116, 119-20, 126, 667
Internet Explorer, 77
Investment University do Oxford Club, 471, 475
iPads, 33, 76, 78

iPhone, 76, 109-10, 297, 364, 368, 387, 512, 518, 520, 589
Irã, 621-25, 643-46
Iraque, 225, 536, 558, 622, 624, 638-41, 643-44
Irlanda, 274, 537
IRS (Internal Revenue Service), 238
Irmãos Grimm, 508-09
Islã, 170, 235, 387
Islândia, 381, 549
ISPs (provedores de *Internet*), 468
Itália, 537, 623

J

James Bond, 73
Japão, 170, 290, 500, 621, 623, 644
Jay Gatsby, 388
Jay Van Andel Museum, 251
Jefferson, Thomas (1743-1826), 124, 234, 242, 437-39, 441, 539, 588, 600, 625, 648
Jesus Cristo, 257
Jetsons, Os, 231, 289
Jobs, Steve Paul (1955-2011), 111, 580
Jogos Vorazes, 127, 129-31, 442, 444, 446-47, 450
Jones, Davy (1945-2012), 93
Journal of Economic Perspectives, 219
Journal of Political Economy, 220

K

Kirzner, Israel M. (1930-), 424, 611
Kelley, Florence (1859-1932), 220
Keys, Alicia (1981-), 41
Keynes, John Maynard (1883-1946), 225, 352, 374, 385, 388, 490, 493

Kindle, 78
Kirkpatrick, Jeane (1926-2006), 170-71
Kroger (máquina de venda automática), 289
Kofinas, Demetri, 29
Kuwait, 624, 639-40

L

Lady Gaga, [Stefani Joanne Angelica Germanotta (1986-)], 58-59
Laissez Faire Books, 126, 372, 415, 417, 432, 467, 474-75, 491, 543, 549, 553-54, 568, 588, 604, 606, 644
Laissez Faire Club, 321, 416, 419, 422, 425-26, 432, 491, 565, 604, 617
Lane, Rose Wilder (1886-1968), 600
Lao-Tsé (século VI a.C.), 546
Las Vegas, 474
Legislação SOPA, 39-43, 82-83, 88-91, 139, 452, 466
Lehrman, Lewis (1938-), 372-73
Lei de Combate à Pirataria (SOPA, na sigla em inglês), 39, 82, 88
Lei de Comércio com o Inimigo, 234
Lei de Expatriação do Inimigo, 233-34
Lei de Produção para a Defesa, 628
Lei de Trabalho em Homenagem ao FDR, 219
Leis de Estrangeiros e Sedição, 234
Lei de Responsabilidade e Transparência dos Cartões de Crédito (CARD, na sigla em inglês), 391
Lei de Say, 493
Lei Dodd-Frank, 390, 657
Lei Seca, 108, 145, 160, 385, 388, 451

Lending Club, 356
Lenin, Vladimir Ilich Ulianov (1870-1924), 69, 458, 634
Lessons for the Young Economist [*Lições para o Jovem Economista*], de Robert Murphy, 246
Leviatã, 348, 385, 424, 445, 597, 649
Lewis, Nathan S., 372
lfb.org, 467, 544
Leonard, Thomas C., 219-20
Libertopia, 145
Lieberman, Joseph Isadore "Joe" (1942-), 234
Lily, The [*O Lírio*], de Daniel Cloud, 565, 576-77
Lincoln, Abraham (1809-1865), 629
LinkedIn, 50-51, 53, 55, 57
Living Economics [*Economia Viva*], de Peter Boettke, 608, 611
Londres, 216, 503
Lórax, O, do Dr. Seuss, 457
Los Angeles, 63, 182, 228
Luis XVI (1754-1793), 648
Lysander Spooner Reader, The [*O Leitor de Lysander Spooner*], 586
Lyttle, Shawn, 568

M

M. Le Gendre, 544
MacBooks, 76
Machan, Tibor (1939-2016), 549
Maclean's, 521
Madison Jr., James (1751-1836), 242, 599
Malásia, 147, 258
Malawi, 177
Malvada, A, 634
Manágua, 633
Manuais de Dieta, 524
MakerBot, 320
Malpass, David (1956-), 407
Mao Tsé-Tung (1893-1976), 592
Marge Simpson, 523
MarketWatch, 405
Maryland, 359, 417
Marx, Karl (1818-1883), 51, 69, 508
Massachusetts, 178
MasterCard, 392
Max Factor, 182-85
Mayer, Christopher "Chris" (1954-2011), 147, 636
McCloskey, Deirdre (1942-), 90
McElroy, Wendy (1951-), 126
McGovern, George Stanley (1922-2012), 524
McGregor, Robert "Rob" Roy (1671-1734), 285
Meca, 254
Medellín, 150
MediaFire, 84
Meeker, Royal (1873-1953), 220
Megaupload, 39-42, 82-86, 138-39
Mencken, Henry Louis (1880-1956), 30, 235-36, 557, 568-71, 574, 647
Menger, Carl (1840-1921), 362, 483
Merrill, Gary (1915-1990), 634
Meucci, Antonio (1808-1889), 26
México, 150, 155, 279-80, 282
Michigan, 251
Microsoft, 77-78, 452
Mises, Ludwig von (1881, 1973), 30, 95, 103, 116, 282, 292-93, 323, 344, 361, 416, 424, 483, 501, 508, 539, 548-49, 610
Missão Impossível, 73, 75
Missão Impossível - O Protocolo Fantasma, 75-76
Mísseis Stinger, 177
Mitchell, Scott, 325-27

Mobs, Messiahs and Markets [*Multidões, Messias e Mercados*], de Bill Bonner, 556, 561
Mongólia, 150, 351
Monkees, The, 93
Monsanto, 460
Morales, Cristobál de (1500-1553), 430
Morgan, John Pierport "J. P." (1837-1913), 112
Morgan Stanley, 112
Moscou, 169, 181, 634
Mossul, 639
Mother Nature Network, 521
Motion Picture Association of America, 42
MTV, 491
Murphy, Cillian (1976-), 448
Murphy, Robert (1976-), 246, 250, 376
Myers, Andrew, 320

N

NASCAR, 75
Nashua, 142
National Public Radio, 333, 522
Naughton, Tom, 523
Navalha de Hanlon, 230
Neumann, William L. (1915-1971), 644
Neuwirth, Robert, 160-61, 311
Nevada, 452
Newburgh, 177
New Deal, 218, 396, 565
New Hampshire, 142-43, 144, 154
New Haven, 286
New York Times, 58, 68, 177, 223-24, 227, 267, 275, 280, 275, 526, 537, 627, 632

Netscape, 77, 81
Nicarágua, 147, 150, 417, 631-33, 636-37
Nicarágua: Revolução em Família, de Shirley Christian, 632
Niccol, Andrew, 448
Nickelodeon, 491
Nixon, Richard Milhous (1913-1994), 333, 375
Nock, Albert Jay (1870-1945), 30, 103, 539, 648
Nook, 78
No Treason: The Constitution of No Authority [*Nada de Traição: A Constituição Sem Autoridade*], de Lysander Spooner, 587
North, Oliver (1943-), 632
Northwestern University, 646
Noruega, 500
Nosso Inimigo, o Estado, de Albert Jay Nock, 648
Nova York, 117, 228
Nova Zelândia, 82, 150
Nozick, Robert (1938-2002), 549

O

Obama, Barack Hussein (1961-), 28, 78, 97, 112, 212-13, 355, 381, 387, 551, 622-23, 626, 629, 640, 645-46, 655
Occupy Wall Street (OWS), 387, 589, 652-54
Ockeghem, Johannes (1420-1497), 430
Odin, 254
One Library, 617
Ópera Imperial Russa, 181
Oppenheimer, Franz (1864-1943), 648, 651

ÍNDICE REMISSIVO E ONOMÁSTICO

Organização das Nações Unidas (ONU), 530
Organização "Milionários Patriotas pela Robustez Fiscal", 409-10
Oregon, 517
Oriente, 155
Oriente Médio, 533
Ortega Saavedra, José Daniel (1945-), 637
Orwell, George [Eric Arthur Blair] (1903-1950), 170, 450, 598
Oxford, 54
Oxford Club, 471, 474

P

P. Diddy, [Sean John Combs (1969-)], 41
Padrão-ouro, 261, 276, 333, 335-36, 370, 372-73, 385, 388
Paine, Thomas (1737-1809), 30, 242, 599-600
Pais Fundadores, 439, 559
Palen, Tim, 443
Palestrina, Giovanni Pierluigi da (1525-1594), 430
Panamá, 637
Pandora, 430
Pao Ching-yen (século IV d.C.), 547
Papola, John, 352, 489, 491, 493
Parábola dos Talentos, 394, 398
Paraguai, 148
Paraíso, 151, 169, 226, 250, 254, 298, 333, 401, 512, 631
Passat BlueMotion, 228
Paul, Ron (1935-), 47, 335-36, 348-49, 372, 287, 650
PayPal, 54, 357
PBS, 491
Pensilvânia, 233

Pentágono, 102, 178, 635
Pequim, 48
Perilous Times: Free Speech in Wartime From the Sedition Act of 1798 to the War on Terrorism [*Tempos Perigosos: Liberdade de Expressão em Tempos de Guerra, do Ato de Sedição de 1798 até a Guerra ao Terror*], de Geoffrey R. Stonem, 437, 441
Peru, 148
Pickford, Mary (1892-1979), 182
Plano Roswell 2030, 134
Playstation 3, 325
Plender, John, 388
Plymouth, 302-03
Poderoso Oz, 347
Polo, Marco (1254-1324), 151
Polônia, 336
POM Wonderful, 262, 267
Pozen, Sharis, 77-79, 81
Prez, Josquin des (1450-1521), 430
Primeira Emenda, 438
Primeira Guerra Mundial, 234, 439, 441, 552, 593, 629, 639
Procter & Gamble, 522
Projeto Estado Livre, 141, 143, 145
Projeto Manhattan, 74
Propriedades monetárias do ouro, 369
Protestos contra a Guerra do Vietnã, 652, 655
Purgatório, 151

Q

Quarta de Blecaute, 39, 44
Quatro Velhos, Os, de Mao Tsé-Tung (velhos costumes, cultura, hábitos e ideias), 592

R

Rachman, Gideon (1963-), 386-87
Rajiva, Lila, 556, 561
Rancho Santana, 631
Rand, Ayn (1905-1982), 450, 494, 496
RapidShare, 84
Reagan, Ronald (1911-2004), 139, 372, 491
Recording Industry Association of America, 42
Red Bicyclette, 519
Redbox, 391, 656, 658
Reed, Larry, 631, 634-35
Renascimento, 544
República Dominicana, 147
Resnick, Lynda, 263
Resnick, Stewart, 263
Retrospectives: Eugenics and Economics in the Progressive Era" [*Retrospectivas: Eugenia e Economia da Era Progressista*], de Thomas C. Leonard, 219
Reuters, 487
Revolução Bolchevique, 592, 648
Revolução Industrial, 371, 373, 511
Revolução Norte Americana, 145, 241, 599
Richman, Sheldon (1949-), 433
Rickenbacker, William (1928-1995), 590, 593
Rietveldt, Melchoir, 451
Robb, Greg, 405
Roberts, Russell (1954-), 352, 491-92
Robomower, 210
Rockwell, Norman (1894-1978), 300
Roll Global, 266
Rolls-Royce Phantom, 400
Roma, 43, 197, 547
Roma antiga, 43, 197, 547
Romênia, 450
Romney, Mitt (1947-), 47, 157, 172, 434
Roosevelt, Franklin Delano (1882-1945), 74, 212, 214, 218-19, 234, 490
Rosenberg, Nathan (1927-2015), 501
Roswell, 132, 134
Rothbard, Murray N. (1926-1995), 30, 103, 116, 346, 366, 371, 375, 488, 494, 496, 539, 549, 599, 610, 644
Russell, Dean (1915-1998), 554
Rússia, 147, 150, 170, 181, 187, 369, 623, 648

S

Salmon, Felix (1972-), 487-88
Salomão, 571, 577
Salt Lake City, 142
Samsung, 285
Samuelson, Robert Jacob (1945-), 624
San Diego, 471
San Francisco, 159
Santorum, Richard John "Rick" (1958-), 47
São Paulo, 116-17, 666, 668
Schiff, Irwin (1928-2015), 154
Schiff, Peter (1963-), 153-57
Schriefer, Joe, 418
Schumpeter, Joseph (1883-1950), 321, 424
Seager, Henry Rogers (1870-1930), 220
Seattle, 519
SEC (Securities and Exchange Commission ou Comissão de Valores Mobiliários), 487

ÍNDICE REMISSIVO E ONOMÁSTICO

Secessão, 438, 599
Segunda Guerra Mundial, 37, 74, 170, 252-53, 314, 374, 439, 522, 628, 644, 664
Selgin, George (1957-), 371-72
Sennholz, Hans F. (1922-2007), 610
Serviço postal dos Estados Unidos, 584
Sermão na Montanha, 577
Shipler, David (1942-), 177
Silly Putty, 284, 286-88
Sinclair, Upton Beall (1878-1968), 522
Síndrome de Estocolmo, 593
Singapura, 148
Síria, 150
Sistema D, 160-61
Sistema de reserva fracionária, 261
Skype, 35, 291, 503
Skousen, Mark (1947-), 474
Smith, Lamar Seeligson (1947-), 41
Smith, Robert Freeman (1931-), 644
Snickers, 150
Sobran Jr., Michael Joseph (1946-2010), 557
Socialismo, de Ludwig von Mises, 292, 501
socialnet.com , 54
Solidariedade (sindicato polononês), 336
Sorens, Jason, 142
Soros, George (1930-), 560
South by Southwest, 67
Spencer, Herbert (1829-1903), 539
Spike TV, 491
Spooner, Lysander (1808-1887), 240, 584-88
Spotify, 430
Sprague, Harrison, 359
Sprint, 112
Squareup, 356

Sri Lanka, 148
Ssu-ma Ch'ien (145-90 a.C.), 547
St. Louis, 182
Stalin, [Josef Vissarionovitch Dzhugashvili (1878-1953)], 578-79, 592
Stallman, Richard (1953-), 91
Stanford, 54
Stealth of Nations [*O Lado Furtivo das Nações*], de Robert Neuwirth, 160, 311
Stewart, Martha, 484
Stockton, David, 339-40
Stone, Geoffrey R. (1946-), 437, 440
SugarSync, 85
Suécia, 157, 500
Suíça, 500
Summers, Lawrence H. (1954-), 386
Suprema Corte dos Estados Unidos, 42, 191, 238
Sweelinck, Jan Pietersrzoon (1562-1621), 430
Swizz Beatz, [Kasseem Dean (1978-)], 41

T

Taco Bell, 295-99
Taft, Robert A. (1889-1953), 628
Tailândia, 150
Tajiquistão, 500
Tal Afar, 639
Talibã, 171
Tallis, Thomas (1505-1585), 430
Tannehill, Morris, 494-96
Tannehill, Linda, 494-96
Taussig, Frank William (1859-1940), 221
Tecnologia *on the margin*, 74
TechCrunch, 84

Temple, Shirley (1928-2014), 315
Teoria Geral do Emprego, do Juro e da Moeda, de John Maynard Keynes, 225
Terceiro Homem, O, 664
Terrafugia, 231-32
Texas, 67, 143, 365
Thatcher, Margaret Hilda (1925-2013), 491
Thingiverse, 320-21
Thinking Putty, 284
Thneed-Ville, 457, 460-61
Thoreau, Henry David (1817-1862), 600
Three Early Works [*Três Obras Iniciais*], de H. L. Mencken, 568
Tide (sabão líquido), 359-62
Tiger by the Tail, A [*Um Tigre pelo Rabo*], de F. A. Hayek, 491, 493
Timberlake, Justin Randall (1981-), 448
Titanic, 276
T-Mobile, 78, 109, 112
Tocqueville, Alexis de (1805-1859), 599
Trilateralistas, 603
Truman, Harry S. (1884-1972), 628
TSA, 102, 108, 188, 328, 538, 552, 654
Tullock, Gordon (1922-2014), 610
Turcomenistão, 148
Turquia, 147-48, 150, 277, 369, 621, 623
Twain, Mark [Samuel Langhorne Clemens (1835-1910)], 557
Twelve-Year Sentence, The [*A Sentença de Doze Anos*], editado por William Rickenbacker, 590
Twitter, 27, 56-61, 189, 356-57, 443, 452

U

Underwriters Laboratories, 34
União Europeia, 623
União Soviética, 168-69, 171, 347, 518, 538
Universal Music, 42
Universidade de Columbia, 220, 224
Universidade de Princeton, 577
Universidade de Yale, 142
uploadbox.com , 86
Uruguai, 148
Use of Knowledge in Society, The [*O Uso de Conhecimento na Sociedade*], de F. A. Hayek, 665
Uzbequistão, 148

V

Vale do Silício, 118
Valhalla, 254
Veblen, Thorstein (1857-1929), 401
Velho Mundo, 183, 236, 637
VeriSign, 138
Verizon – 112
Vices, Not Crimes [*Vícios, Não Crimes*], de Lysander Spooner, 587
Vida Soviética, 538, 634 Victoria, Tomás Luis de (1548-1611), 43, 430
Viena, 664
Vietnã, 150, 351, 652, 655
Visa, 392
Virgílio, [Publio Virgilio Maro (70-19 a.C.)], 151
Virgínia, 29, 36, 315, 389, 433, 438
Volkswagen, 228-29

X

Xangai, 159, 505

Y

Yahoo, 452
Yandle, Bruce (1933-), 612
YouTube, 56, 89-90, 93, 153, 431, 468, 503

W

Wagner, Wilhelm Richard (1813-1883), 571, 612
Walgreens, 363
Wall Street, 486
Wall Street Journal, 112, 325, 336, 395, 407, 640
Wal-Mart, 275, 279-83, 364, 368, 402, 631
Warhammer, 320
Warrick, Earl L., 285
Washington, D. C., 42, 214, 279, 313, 335, 358, 386, 453, 490, 572, 609, 633, 635, 646
Watershed of Empire [*O Divisor de Águas do Império*], editado por James J. Martin e Leonard P. Liggio, 644
Webb, Sidney (1859-1947), 220

West, Kanye Omar (1977-), 41
What Has Government Done to Our Money? [*O que o governo fez com nosso dinheiro?*], de Murray Rothbard, 371
What My Academic Friends Could Learn About Society From Understanding the Real World of Economics [*O Que Meus Amigos Acadêmicos Poderiam Aprender sobre a Sociedade a partir da Compreensão do Mundo Real da Economia*], 577
Whitehouse.gov, 627
Wiggin, Addison, 29, 417-18, 543
WikiLeaks, 638
Wikipedia, 44, 89, 166
Will.i.am, [William James Adams Jr. (1975-)], 41
Wired Magazine, 320
Wired.co.uk, 41
World Right Side Up [*O Mundo Voltado para o Lado Certo*], de Chris Mayer, 147
World Wide Web, 85
Wordes, Andrew, 132-36, 536
WordPress, 468
Wright, James (1874-1961), 285

Z

Zoho, 84

Liberdade, Valores e Mercado são os princípios que orientam a LVM Editora na missão de publicar obras de renomados autores brasileiros e estrangeiros nas áreas de Filosofia, História, Ciências Sociais e Economia. Merecem destaque no catálogo da LVM Editora os títulos da Coleção von Mises, que será composta pelas obras completas, em língua portuguesa, do economista austríaco Ludwig von Mises (1881-1973) em edições críticas, acrescidas de apresentações, prefácios e posfácios escritos por especialistas, além de notas do editor.

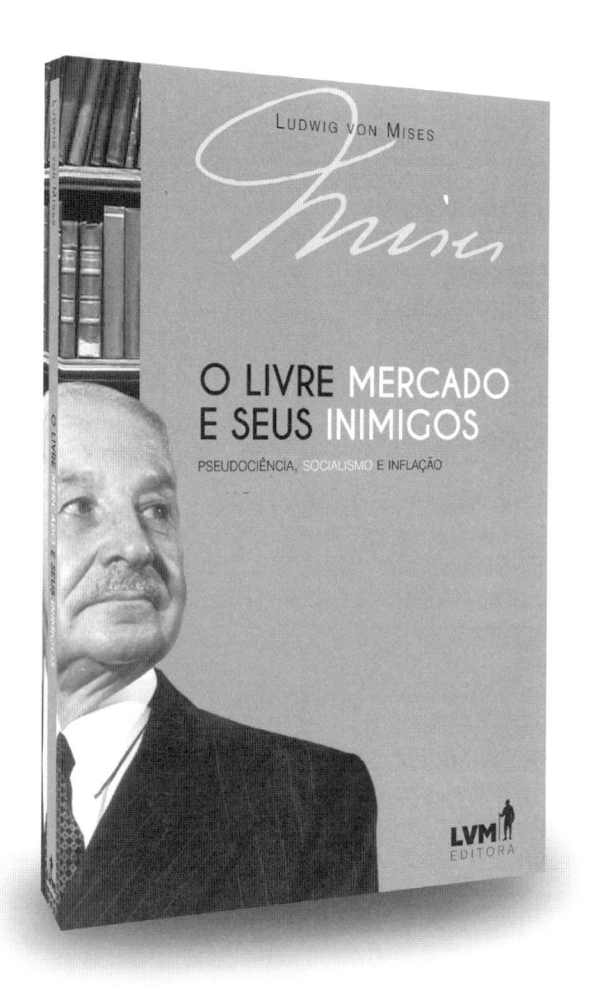

O Livre Mercado e seus Inimigos reúne a transcrição das nove palestras ministradas, em 1951, por Ludwig von Mises Mises na Foundation for Economic Education (FEE), em Nova York. A análise filosófica e histórica do autor ressalta as principais objeções à Economia e a deturpação desta pelas abordagens positivistas e historicistas, além de apontar a importância da compreensão da ação humana. Sendo uma espécie de síntese do pensamento misesiano, o presente livro apresenta com clareza inúmeros temas econômicos fundamentais. Além da introdução original de Richard M. Ebeling, nesta edição foram inclusos uma apresentação de Henry Hazlitt, um prefácio de Helio Beltrão, um proêmio de Jeffrey A. Tucker e um posfácio de Joseph T. Salerno.

Esta obra foi composta pela Spress em
Guardian (texto) e Bitter (título)
e impressa pela Rettec para a LVM em junho de 2018

A Bela Anarquia

COMO CRIAR SEU PRÓPRIO

MUNDO LIVRE NA ERA DIGITAL